普 通 高 等 教 育 "十 一 五" 国 家 级 规 划 教 材
住房城乡建设部土建类学科专业 "十三五" 规划教材
高等学校城乡规划学科专业指导委员会规划推荐教材

中国城市建设史（第四版）

董鉴泓 著

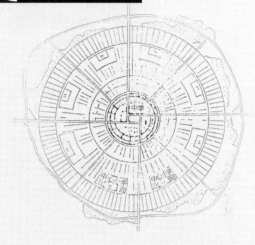

中国建筑工业出版社

图书在版编目（CIP）数据

中国城市建设史 / 董鉴泓著. —4版. —北京：
中国建筑工业出版社，2014.10（2025.5重印）
普通高等教育"十一五"国家级规划教材 住房城乡
建设部土建类学科专业"十三五"规划教材 高等学校城
乡规划学科专业指导委员会规划推荐教材
ISBN 978-7-112-17342-6

Ⅰ.①中… Ⅱ.①董… Ⅲ.①城市建设—城市史—中
国—高等学校—教材 Ⅳ.①TU984.2

中国版本图书馆CIP数据核字（2014）第232120号

本教材分为"古代部分""近代部分"和"现代部分"三篇，系统地阐述了奴隶社会、封建社会、半殖民地半封建社会及1949年后中国城市的发展历程和特点。本书为第四版，在前版的基础上进行了完善，可作为高等学校城乡规划及相关专业教材。

为更好地支持本课程的教学，我们向使用本书的教师免费提供教学课件，有需要者请与出版社联系，邮箱：jgcabpbeijing@163.com。

责任编辑：杨　虹
责任校对：李美娜

普通高等教育"十一五"国家级规划教材
住房城乡建设部土建类学科专业"十三五"规划教材
高等学校城乡规划学科专业指导委员会规划推荐教材

中国城市建设史（第四版）
董鉴泓　著
＊
中国建筑工业出版社出版、发行（北京海淀三里河路9号）
各地新华书店、建筑书店经销
北京雅盈中佳图文设计公司制版
北京云浩印刷有限责任公司印刷
＊
开本：787毫米×1092毫米　1/16　印张：24¾　字数：546千字
2020年12月第四版　2025年5月第八次印刷
定价：**58.00元**（赠教师课件）
ISBN 978-7-112-17342-6
（26113）

第三版前言

—Preface—

　　《中国城市建设史》（第二版）于1989年7月出版至今已重印多次。本书1992年3月获建设部颁发的全国高等学校优秀教材一等奖，于1992年11月获国家教委颁发的第二届普通高等教育优秀教材全国优秀奖。

　　《中国城市建设史》（第三版）修编工作除原有的上篇古代部分及中篇近代部分外，增加了下篇现代部分，对中篇近代部分的编写章节作了调整。全书增加了一些资料及实例，修改了部分文稿，调整了一些插图。

　　《中国城市建设史》（第三版）由董鉴泓主编，参加修订工作的有同济大学建筑与城市规划学院王雅娟博士、陆希刚讲师、在职博士生，张冠增博士、教授，武汉理工大学李百浩博士、教授，华南理工大学田银生博士、教授。新增下篇现代部分由李百浩主持编写，研究生郭建参与了部分工作。

　　本教材被选为同济大学"十五"规划教材，受同济大学教材、学术著作出版基金委员会资助。

董鉴泓

第二版前言

— Preface —

　　本书是按照高等教育城市规划专业的《城市建设史》的教学要求编写的。

　　本书在 1961 年完成初稿,由董鉴泓主编,刘利生参加了部分资料的收集工作。1963 年及 1964 年,先后经过修改补充,完成了二稿及三稿,阮仪三参加了大部分的资料收集和插图绘制。1980 年为适应当时编写高等教育应急教材的要求,在三稿的基础上完成高等学校试用教材《中国城市建设史》,由董鉴泓、阮仪三改编修订。由中国建筑科学研究院建筑历史理论研究室程敬琪主审。

　　这次修订本,根据几年来的教学实践,又补充了近年来的一些科研成果,由董鉴泓主编完成。阮仪三参加了修订工作。参加这次修订本资料工作的还有叶华及研究生滕序、张建华、汤志平、王克建、齐胜利、苑剑英等。

　　本书在编写及修订过程中,有些资料是由许多研究单位、学校、有关城市提供的,在此谨表谢意。

董鉴泓

目　录

—Contents—

上篇

古代部分

第一章　我国原始居民点的形成

第一节　原始社会生活及劳动情况

在原始社会的漫长岁月中，人类过着完全依附于自然采集的经济生活，当时的居住方式主要还是穴居、树居等，还没有形成固定的居民点。随着生产力的提高，逐渐地形成了原始群居的固定的居民点（表1-1）。

原始社会人们劳动生活的发展情况　　　　表1-1

地质年代			绝对年代	考古年代		生产方式	文化	居住情况
第四纪	全新世		5000～10000年	新石器		原始公社解体	龙山文化	农业畜牧业为主形成固定的居民点聚落
			10000～15000年	中石器		原始公社发展	仰韶文化	
	更新世	后期中期	15000～50000年 5～15万年	旧石器	晚期中期	原始公社形成原始群居	周口店十五地点中国猿人文化周口店十三地点	依附自然的采集经济，居住形式为巢居及穴居
		初期	15～50万年		初期			

在旧石器时代的初期，人们只用极简单的石工具，生活完全依附于自然，穴居或树居，居住地点一般靠近河流，住处的洞内发现人与动物轮流居住过。

当时人们已经知道狩猎，因为在一些洞穴中发现不同性质的动物骨骼在一起，显然系人们捕杀的。人死后就葬在洞内。当时人们求生是十分困难的，在一个洞中所发现的 38 个人体遗骸中，15 岁以下的孩童占 40%。这种穴居及树居的情况不仅在中国如此，世界各地都是如此，这是由于原始人类当时求生的本能及可能性只能是这样。

在旧石器时代的中期，通过劳动，人的手已较灵巧，石器制作技术有一定的提高，可制砍伐器、投掷的石球及木棍，但仍以狩猎生活为主。这时已开始集体的狩猎及围猎，这样就开始形成比较稳定的劳动集体——原始群，群居达到 50 ~ 100 人，但仍然以穴居及巢居为主。

旧石器时代的晚期，我国以山顶洞人及广西柳江人为代表，生产能力有一定进步，发现有骨针及装饰品，石工具也较精细，有多种骨工具，生产方式仍为采集及渔猎，但以渔猎为主，洞中人居上室，死者葬下室，人们也会制造火，生活范围更加扩大，逐渐形成了母系的原始氏族部落。

中石器时代，已发现有嵌入木骨把柄的细石器，也会制作陶器，虽然仍过着渔猎的采集生活，但已开始有农业。农业的逐渐产生，便产生了人类历史上的劳动分工，农业与畜牧业及狩猎业分开，开始逐渐形成一些以农业为主的固定的居民点，这就是最初的原始的村落。

到新石器时代，农业逐渐发展，到后期逐渐成为主要的生产方式。1949年后在我国各地普遍发现新石器的遗址，其中包括青藏高原等气候寒冷、生活困难的地区，各地发现有许多规模较大的村落，这些居民点的分布也相当稠密，在河南淇水沿岸某一段，15 个现代村落范围内，发现 11 处新石器时代的村落遗址。甘肃渭河沿岸占地 70 公里范围内，发现遗址 69 处，有的遗址范围很大，达二万平方米。遗址中一般发现大量陶器、石制手工工具等；西安半坡遗址，发现的工具有 200 多件，其中有石的网坠，陶的纺轮、骨针、骨锥等，可见当时在农业之外也兼营渔猎。

黄河流域较大的聚落遗址，有河北武安磁山、陕西临潼白家村、河南漯河翟庄、舞阳贾湖村、鄢陵刘庄、古城、长葛石固、许昌丁集、中牟业王和冯庄以及郑州南阳寨等。河南新郑裴李岗，是中原地区中等规模的聚落遗址的代表。

长江流域有著名的浙江余姚河姆渡遗址，距今 7000 ~ 6500 年。是由数栋长屋组成的聚落，长屋的残存长度 23 米，宽约 3.2 米，形式与今日西南少数民族地区的干阑式建筑一样。河姆渡居民以稻作农业为主，兼养家畜、狩猎、捕鱼、采集。在 400 多平方米范围内，普遍发现由稻谷、稻杆、稻叶混在一起的堆积物，其厚度从 10 ~ 20 厘米到 30 ~ 40 厘米不等，最厚处达 70 ~ 80 厘米（王震中，中国文明起源的比较研究，陕西人民出版社，1994：70）。

这时原始公社已发展完善，而在其后期则逐渐解体，过渡到奴隶社会。

第二节　原始的居住形式

原始的居住形式有穴居、巢居、半穴居、地面建筑等。穴居及巢居的时间最漫长，以后逐渐发展为半穴居及地面建筑。

一、穴居

在古代的许多传说中，关于穴居有如下一些记载：

《易经·系辞》："上古穴居而野处，后世圣人易之以宫室"。

《墨子·辞过》："古之民，未知为宫室时，就陵阜而居，穴而处……"。

《论语》："天下之民穴居野处，未有宫室，则与鸟兽同域，于是黄帝乃伐木构材，筑作宫室，上栋下宇，以避风雨"。

早期的穴，多为竖穴，形如"Ｕ"，也有上小下大成袋形的竖穴，形如"Ａ"，山西方泉县荆村就是一例。

新石器时代的袋穴有"Ａ"形，也有旁边有踏步可以上下的，如"Ｏ"或上下用树枝"Ａ"形。

中国最早的象形文字，也可以反映一些当时的建筑的形象，有关房屋建筑的字多冠以"宀"，为屋顶，即"介"，与穴居有关。

甲骨文中象征穴居的有"出"字，原为"Ａ"，表示趾已露出于穴外，后来转为"凸"字。

穴与窖不同，窖一般多小而深，多为贮藏用。

二、巢居

古代文献中关于巢居有如下一些记载：

《庄子·盗跖篇》："古者禽兽多而人少，于是民皆巢居以避之，昼拾橡栗，暮栖木上，故命之曰有巢氏之民"。

《风俗通》："上古之时，草居患'宿羔'，噬人虫也，故相问：'无恙乎'？"。

巢居今日当然已无遗迹可寻，但在某些较原始的少数民族部落中，如云南某些部落，直到1949年后还发现有树居的情况，有些农村夏天看庄稼的临时窝棚，也和巢居很相似。

上述穴居与巢居的两种形式，以后也均有发展变化，有的一直延续至今，如河南、陕西省的许多农村中至今还有穴居。西南地区一些井干式的房屋或竹楼，也是由巢居演变而来的。

干阑式建筑是由巢居直接演化来的。著名的例子除了浙江余姚河姆渡遗址，还有云南剑川海门遗址等地。早期的干阑式建筑多采用多桩密集排列的方式。在剑川海门遗址，发现有200多根密集的松木桩。浙江吴兴钱山漾的干阑遗址也是密桩，桩上搭梁铺板。在海门遗址发现的4根松木横梁，一面较平整，另一面两端有榫槽。在河姆渡和马家浜遗址也可看到成套的榫卯结构技术，说明当时木构技术已经发展到了一定的水平。

三、半穴居

这种方式是穴居的发展，也是穴居与巢居形式的一种结合。1954年在西安半坡村发现的遗址中，有大量的半穴居的建筑，这种居住形式延续很久，在辽宁的汉代村落遗址中也有这种半地下的建筑。

半坡遗址的早期房屋，多为方形袋穴，4米×4.3米，穴深0.8米，为保留火种中央为火坑，屋中间有支柱，四周也有支柱，用树枝编笆涂泥成墙，木料相接用捆扎，尚无榫卯技术，地面及墙均用火烤过。

这种半地下的建筑形式，在甲骨文中也可看到其形象，例如，高字原作"高"，下面的"口"，即为穴的象形，"食"为穴上的屋顶。宫字在甲骨文中作"宫""宇""宇"，表示两穴或数穴相连，上有屋顶。根据屋顶形式的不同，产生不同的建筑名称，如"堂"表示复杂的屋顶，"亭"表示简单的屋顶，"厂"表示有屋顶并一边有墙，如廓、廊等。

四、地面建筑

半坡遗址中，后期多为地面建筑，实际上仍接近半穴居的形式，不过穴更浅，一般只凹下 22 ～ 38 厘米。有方形及圆形两种形式，方形为 3.89 米 × 3.58 米，有 12 根柱径为 15 ～ 22 厘米的圆柱，排成三列，中间较高一些，构成屋脊，墙仍为树枝及涂泥。

圆形建筑直径为 5 米，周围一圈圆形柱子，中间有 4 根柱子，门多朝南，进门处有矮墙，中间为火坑。

在黄河流域，随着建筑向地面的发展，长方形平面逐渐取代圆形和方形平面而占主导地位，面积由小增大，室内空间逐渐由单室向双室、多室进化（黄河流域的史前住宅形式及其发展，见田昌五、石兴邦主编，中国原始文化论集，文物出版社，1989：281）。结构有多种形式：一是挖坑栽柱，原土回填砸实；二是柱基掺加小碎石、料姜石渣、骨料和碎陶片等，以增加柱脚的固定性；三是柱基下置扁平砾石或大石头作柱础，或铺设一段圆木作柱础；四是在柱洞内壁与底部抹一层白灰等。墙体分为土墙、草筋泥墙、白灰皮墙、土坯墙等。在建筑材料方面发现有白灰面的使用，表面坚固光滑、清洁美观，起防潮作用。在甘肃秦安大地湾的两座房屋的地面建造中，甚至发现了轻混凝土的应用，是古代建筑史上的一个奇迹。屋顶形式方面，大体分为圆锥形、"人"字坡形、平顶形等几种（谢瑞琚、赵信，黄河上游原始文化居住建筑略说，见田昌五、石兴邦主编，中国原始文化论集，文物出版社，1989：297）。

以上这类建筑是构架建筑的简单的原始形式，以后逐渐发展成为中国传统的木构架系统的建筑。

我国东北及内蒙古还发现用大石堆砌的建筑。

长江流域也发现这种地面建筑，但因地下水位高，一般均建在高地上。

第三节　原始的居民点

农业生产逐渐成为主要的生产方式，氏族部落的形成，必然会产生聚族而居的固定居民点。

原始的居民点遗址都是成群的房屋及穴居的组合。一般范围较大，居住也较密集，如山东日照两城镇遗址（龙山文化），达 36 万平方米。山西夏县西阴村遗址也达 45 万平方米。内蒙古赤峰东八家石城遗址，东西约 140 米，南北约 160 米，有 80 多家住宅遗址。

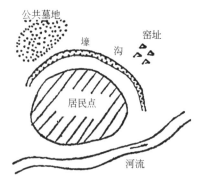

图 1-3-1　半坡村原始村落示意图

居民点的位置，由于生产及生活的要求，有一定的选择。一般位于较为高爽，土壤肥沃松软的地段。如在山坡时，一般选在向阳坡，靠近河湖水面，这不仅因为水为生命不可缺少的条件，而且也因靠近水面的地带最利于农业及渔牧业。居民点遗址也大多在沿河的第二台地上，因为原先是在靠近河流的第一台地上，因年久河流冲刷侵蚀，便逐渐成为第二台地。居民点在沿河发展的情况，国外也多见，如埃及的尼罗河两岸及巴比伦的两河流域。当时，河流主要还不是起通航的作用，这与以后沿河发展的商业城市的情况是不同的。

发现的居民点遗址已有一定的分区。当时的生产及生活方式尚简单，因而分区也很简单。对人来说，最简单而基本的当然是生与死的区别，因而居民点中首先有住址及葬地的区分。当时，最普遍的手工业是制陶器，相应的便有窑地。从西安半坡村遗址就可以看出这种简单的分区（图 1-3-1）。在遗址范围内住址群在中心，东边为烧制陶器的窑址，北边是集中的公共墓葬地，发现的墓葬有 250 多座，在居住区沟外的空地上，分布着各种形式的窖穴，是氏族的公共仓库区。其他如宝鸡百首岭遗址，公共墓地有墓葬 400 多座，集中在住址群的南边。华县元君庙约 60 座，大体成南北向直线排列。

居民点遗址中建筑的布局也有一定的规律，适应当时部落的生活方式。聚落的中心是供氏族成员集合的大房子，在其周围则环绕着小的住所，其门都朝向大房子。例如西安半坡遗址，中央有一较大房子，约 10 米 × 12 米，系圆角房屋，屋内未发现一般的生活用器物，其北为数十座方形或圆形小屋，门都朝向大房子，南部未发掘，情况尚不明，但可以明显地看出住宅与公共建筑的分区。宝鸡百首岭遗址也有类似情况，宝鸡另一处仰韶文化的居民点遗址中心是一个公共活动的场地，房屋在西面，南面、北面环绕此场地，而且门也开向此场地。

半坡村一般小屋大约住 4 ~ 5 人，是血缘相近的，也可能是对偶家庭，但是这些家庭并不是生产生活单位。恩格斯曾说过："这种对偶家庭，本身还很脆弱，还很不稳定，不能引起自营家庭经济的要求和愿望，故早期传下来的共产制家庭经济并未因它而解散（《家庭私有制和国家的起源》，人民出版社，1954：46）。"

半坡遗址文化层厚达 2 ~ 4 米，这说明当时生活资料有了较为经常可靠的保证，使得较长的定居成为可能，人们在此生殖繁衍了漫长的岁月。

半坡遗址中在居住地段尚有一条壕沟，城子崖遗址中也发现一段夯土墙。内蒙古赤峰东八家石城遗址四周也有用天然石块堆砌的墙垣，墙断面呈阶梯形，上部宽 1.2 米，现有一段高 1.5 米。在辽宁西部及黑龙江、吉林等遗址也发现周围有围墙。这些壕沟、夯土墙、石墙可能都是为了防御，这也说明城墙（壕）与城市并不是一回事。这种居民点还没有分化成为城市、乡村两种不同性质的居民点。当时生活虽然有了保证，但是还没有剩余产品及私有制，也还没有交换及商业，因而就没有固定交换场所的市，但有了固定居处。

陕西临潼姜寨遗址，面积约 5.5 万平方米，经过多次的考古发掘，显示了较为完整的原始聚落的概貌。总体布局是经过统一规划建设的，与半坡遗址有相同的特点。聚落有明显的分区，居住区是主体，其外围有壕沟围护，推测壕沟内侧还应有篱笆或栅栏。在壕沟外的东部及东北部为墓葬区，西南临河河岸上是陶窑区（图1-3-2）。

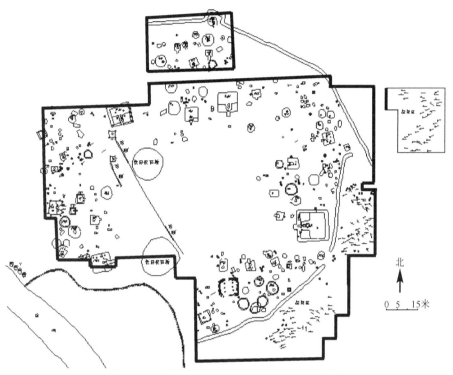

图1-3-2 陕西临潼姜寨母系氏族部落聚落布局
资料来源：摹自《考古与文物》，1980（3）

在居住区，发现有100座左右房屋，分为五个组群，每一组约有十几至二十多座房屋，居住着一个家族的成员，各以一个"大房子"为主体。组群的分布状况为：东、西、南三方各有一组，西北方有两组，围绕一个1400多平方米的中央广场布置，各群房屋的门均朝向中央广场，呈向心布局。房屋所在的周围地势较高，中央广场的地势略低。

姜寨的房屋分为小、中、大三类。小型房屋数量最多，平面为方形和圆形两种，多为半地穴式，少数为地面式，室内面积一般在15平方米左右，大的有20多平方米，小的仅8～9平方米。这样的小型房屋可能是一对对偶带着一二个子女住的。中型房屋一般为30～40平方米，一般为方形，半地穴式，在每个组群中同一时期的中型房屋只有一座，可能是家族长及其家庭的住宅。大型房屋即通常所说的"大房子"，室内面积为53～128平方米，应该是氏族举行集会议事等的公房。

居住区中还发现有许多圆形袋状、方形袋状、椭圆形、长方形圆角及不规则形的窖穴，与房屋交错在一起，可能是储藏生活及生产用品的。此外，还有两处牲畜的圈栏地。

这种原始的居民点虽与城市不同，但有些往往成为以后城市的基础，我国发现的一些早期城市，如郑州和安阳，均有前期的新石器时代原始居民点遗址发现。

我国黄河流域的原始居民点多在靠近河流的较高台地上，在长江中下游由于地势低下，水道纵横，居民点多在靠近水的墩上。在浙江吴兴钱山漾由于多水潮湿，还发现高出地面的桩上建筑。遗址中有许多木桩排列成长方形，中间架设横梁，上面铺垫几层竹席和芦席，同时用这种材料及竹竿树枝等做成四壁及屋顶。

第四节　城市的产生

在我国历史上，传说在公元前 21 世纪的夏代以前仍为原始社会，如财产公有及禅让制度等。距今约 5000 ~ 7000 年的仰韶、龙山、良渚、青莲岗等文化时期的大量原始村落遗址中也证明了这种情况。《礼记·礼运篇》中所描述的大同社会如下："大道之行也，天下为公，选贤与能，讲信修睦，故人不独亲其亲，不独子其子，使老有所终（养老），壮有所用（工作），幼有所长（抚育）。鳏（老男无妻）寡（老妇无夫）孤（幼儿无父母）独（老人无子）废疾者，皆有所养。男有分（职业），女有归（生活可靠）。货恶其弃于地也，不必藏于己（生产品共同所有）。力恶其不出于身也，不必为己（各尽所能）。是故谋闭而不兴（不欺诈争利），盗窃乱贼而不作（不掠夺）。故外户而不闭（没有私财，不用关门），是谓大同"。

这些描述是孔子写的，他距原始社会尚不太远，所述的情况基本上是符合事实的。

随着生产工具的进步，生产力不断的提高，生产发展产生了剩余产品，也就产生了私有制，这就使原始公社的生产关系逐渐解体，而慢慢过渡到奴隶制社会。

传说中夏禹传子而不禅让，标志着已进入私有制的社会。《礼记·礼运篇》中叙述的小康社会，正是描述了原始公社的解体及向奴隶制的过渡："今大道既隐（原始公社解体），天下为家（变公有为私有），各亲其亲，各子其子，货力为己（财产私有），大人世及以为礼（小孩继承财产认为是当然的事），城廓沟池以为固（保护财产）……以立田里（土地私有）……是谓小康。"

从这段描述中可以看出，由于私有制的产生，就需要有城廓沟池来保护私有财产。虽然城廓沟池的形式不同，但在性质上都是防卫性的。传说夏代就已："筑城以卫君，造廓以守民"。

有了剩余产品及私有财产就需要交换，起初这种交换是不固定的，也没有专门的商人。《易经·系辞下》曰："庖牺氏没，神农氏作，列廛于国，日中为市，致天下之民，聚天下之货，交易而退，各得其所"，就说明了这种临时性交易情况。后来交易的数量及范围越来越大，就产生了固定的交换场所，这就是"市"或"市井"，也就是最初的城市型的居民点。

由于生产的不断发展，手工业逐渐成为一个独立部门，如传说中夏代有铸鼎，用铜作兵器等，这就产生了人类社会的第二次劳动大分工，手工业及商业从农业畜牧业中区分出来。这种生产与生活方式的变化也使居民点产生了分化，出现了以商业手工业为主的城市，和以农业为主的乡村。最初这两种类型居民点的区别是不大的，后随着奴隶社会的发展，其差别也逐渐增大，并形成了城乡之间的对立。

这个过程说明城市是在原始社会解体并向奴隶社会过渡的时期产生的。城市是伴随着私有制和阶级而产生的。这种情况与国外大部分城市产生的过程是一致的。

小结

人类最初只能过着依附自然的采集经济及巢居穴居的生活，到了新石器时代，由于农业的发展及原始部落的聚族而居，才产生了原始固定居民点的村落。

在原始村落后期，就已由于生产及生活的需要而产生简单的分区，一般分为居住区、墓葬区和烧制陶器的陶窑区等。村落布局有统一的规划，十分注重防御，以壕沟和栅栏围护。建筑也有了一定的分工及组合，有了居住建筑和公共建筑的区别，并发展出了储藏空间。

城市是由于手工业及商业的产生及发展而从一般的村落居民点中分化出来的。城市属于社会经济的范畴，城市与单纯防御作用的城（壕）墙在概念上是有区别的。

第二章　殷周时代的城市

　　夏代逐渐形成奴隶制社会,至公元前 17 世纪,黄河下游的商部落逐渐强盛,终于灭了夏朝,奴隶制社会有了进一步的发展。

　　商代的生产技术有了新的发展。主要是冶铜技术的发展,使铜器成为主要生产工具,虽然仍用一部分石器及骨器,但大部分骨器已逐渐转变为装饰品。由于学会了犁地,使农业产量提高,畜牧业发达,手工业类型逐步增多,商业也兴盛起来。在殷墟(商代后期都城遗址)中发现石工、玉工、骨干、冶铜、制陶等作坊遗址,奴隶主还设有专门管理手工业奴隶的机构,还发现当时的货币——产于海边的贝壳,可见已有专门的商人。

　　奴隶社会中有奴隶主和奴隶两个对立的阶级,还有一些自由民。这种阶级分化与对立,在商代的城址中有明显的反映。

　　周部落兴起于渭河上游,以农业为主,逐渐强大,向东迁移,终于灭了商朝建立周朝。周代的奴隶制更健全,在建城的制度中有明显的反映,周代的都城有丰、镐(在西安西南)、王城及成周。

第一节 殷商时代的城市

一、商城（郑州）

1949 年后，在郑州附近发现商代的一段夯土墙和大片遗址，在约 25 平方公里的范围内，断断续续地分布着居住遗址，还有各种作坊。虽然，由于大部分遗址尚在今日郑州市区内，无法探明，而且考古界对已发掘的一段夯土墙是否即为一完整的城墙尚有不同看法，但从遗址的规模，居民的成分、职业，大量的作坊等来看，这里显然与一般居民点有很大不同。绝非氏族公社的居民点，而是一个大的城市。这也是我国目前发现最早的城市遗址。

《竹书纪年》中记载："仲丁，名庄，元年辛丑，王即位，自亳迁于嚣。"《史记·殷本纪》记载："帝仲丁迁于隞"。"嚣"与"隞"为同音字，系指同一地方，可能就是现在发现的商城。仲丁距今约 3500 年左右。

郑州商城平面近似长方形。北城墙长约 1690 米，西城墙长约 1700 米，南城墙和东城墙长约 1870 米，周长近 7 公里。西北、西南和东南城角都近似直角，惟北城墙东段向东南倾斜。在郑州商城四面城垣上，共发现 11 个宽窄不同的缺口，这些缺口有些是城墙废弃后损坏的，有的可能与商代城墙有关。从考古文物可知，郑州商城已是一个城垣周长达 7 公里，包括城外郊区总面积约为 25 平方公里的古代大城。在这个城市内外，有宫殿、平民住宅区，有铸铁、制骨、制陶等手工业作坊，有农业居民点，也有一些墓葬区。

夯土墙遗址在今城北面，尚有数段露出地面达数米，系用 3 厘米直径的夯杆捣土。现存遗址宽 4～6 米，最宽处达 7～8 米；高 4 米，最高处达 9 米；夯层厚约 8～10 厘米，很匀平，夯土相当坚实。整个夯土墙的范围，大部分与后代的城墙重合。整个范围南北 2000 米，东西 1700 米，比近代郑州城墙范围大 1/3，因为大部分在郑州市区下面，无法进行发掘（图 2-1-1）。

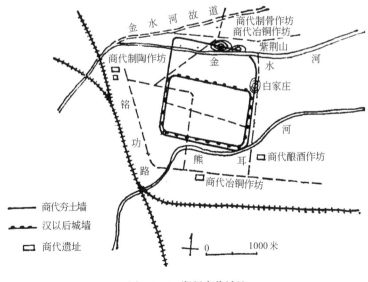

图 2-1-1 郑州商代城址

在城内铭功路曾发现一奴隶主住宅，面积最大的房屋为 16.2 米 ×7.6 米，小的为 5 米 ×4.5 米。房屋一般先挖房基再填土夯实。为了防潮，整个地基用火烤后铺一层白灰面，再填土夯实，再铺白灰面，多达五六层。墙是版筑的，现仍留有版的痕迹。版筑墙技术为地面建筑创造了有利的条件，是建筑技术上的一大进步，也是商代劳动人民的重要创造。在奴隶主的大房屋附近有窖穴，为贮藏粮食及财富之用。在郑州还发现一些半地下的房子，一般为 3.3 米 ×2 米或 2.2 米 ×1.7 米，房基平整，但未夯打，也未铺白灰面，可能系一般平民的住宅。还有一种全部陷入地下的穴，可能是奴隶居住的。

半穴居的住屋，可分为早期和晚期：早期的门多开在较长的一边，偏近一角，多南向，半穴的一角有半圆形竖穴用来烧火，部分半穴内还筑有低矮的土床，穴内地面一般低下 1.4 ～ 2.2 米，门槛比穴内地坪稍高，门槛外挖一空场，比门槛又低下 21 厘米；晚期半穴居入地略浅，在穴帮上加筑版筑墙，地坪有白亚石灰粉夯筑数层，地面上还有柱窝，有的内部还有隔墙。

居室面积的大小悬殊甚大，这就可以看出阶级的差别。至于奴隶住的地下的穴，则与原始社会的情况差不多。

从部分发掘的成组房屋，看不出有完整的布局关系。

在一些半穴居住室之间，还常间有一些制陶、制骨、冶铜等场地。

建造房屋还要活人和牲畜陪葬，如在一处房基下有小孩骨架两副，狗骨架一副；另一处房墓下小孩及大人骨架各三副。其埋葬方向与房屋一致。这些都反映出奴隶的悲惨命运。

商城附近有贾鲁河、金水河、须索河等，可见城市与河流有密切关系，也说明早期的城市与农业有密切关系。这种早期的奴隶社会的城市，与乡村还没有严格的分野。

在城市的北面和南面均发现较大的冶铜、制骨、陶器及酿造作坊等，冶铜作坊的范围很大。

周灭商后，周武王封其弟管叔鲜于此，称管国。管城城区即在商城的基础上建造，也就是今日郑州城的范围。

二、殷墟（安阳小屯）

据史载，公元前 14 世纪时盘庚迁殷，在此建都 270 余年。殷都即在今安阳小屯一带。1949 年前由于发现甲骨文，曾进行了发掘。1949 年后又进行了大规模的考古发掘，发现在沿洹河两岸 10 余里的范围内布满遗迹，有宫室、庙宇、一般住宅、坟墓、土穴、窖和地牢等。据《史记》记载："纣时稍大其邑，南距朝歌（河南淇县），北距邯郸及沙丘，皆离宫别馆"。此范围长达 100 多公里。

以小屯村为中心，发现大量的夯土房屋台基，这是当时宫室建筑群的遗址。房屋台基沿洹河两岸呈带状分布，长达 5 公里。目前，并未发现城墙，但自小屯西南至东北方向有一条长约 750 米，最宽处达 20 米，深约 5 ～ 10 米的大沟，呈斜坡状，可能是防御性壕沟。

数十处王宫建筑遗址，比商城的白灰面夯土建筑又有进步，全为地面建筑，用填基法在洼地或早期窖穴上填筑，或在地面挖基坑，再填土夯实。房屋形状多为矩形或凹形。面积大的有 40 米 ×10 米，中小型的有 28.4 米 ×8 米。朝向为正南北，可见当时已知道定向。柱下有垫石（础石），直径为 30 ～ 60 厘米的天然鹅卵石，还有些用铜锧盖在垫石上，垫石排在同一水平位置上，可知当时已有测定水平的技术。房屋的结构是由柱础支撑的高大的木构架。遗址尚未发现屋瓦，可能仍用草屋顶，也就是传说中的"茅茨土阶"。

当时，仍以杀人及牲畜来奠基。有一处大的王宫下埋牛 30 头、羊 100 头、狗 78 头，还有 1 人。柱石之间的夯土层中，在门下埋有小孩，两门之间埋有一人一狗，每门最多的有 4 ～ 5 人，呈跪姿并执有戈及盾，是作为守卫者被活埋的。房屋落成后，又将活人埋在房屋周围。

王宫附近的窖穴内藏有粮食、生活用具，还有大量农具。在一窖中还发现 17097 块甲骨文，可能是王宫的档案库。

王宫的外围有密集的居住遗址，可能为小奴隶主或自由民的住宅。一般奴隶没有住宅，而与牛马一起住在牢内。

王宫的基址有一定布局，成组排列。住宅有东西、南北两屋相对，中间为庭院，已发现四组，建筑轴线与磁针方向北偏东 5 度左右，可知当时已注意朝向及日照。

发现有半穴居，还有穴及竖穴。发现一长 20 米、宽 10 米、深 2.8 ～ 3.0 米的窖，为圈牛的牢；还有深 7 ～ 8 米的窖，有上下脚窝，可能是关罪犯或奴隶的牢。

有的地面建筑已采用木构架的形式，可从甲骨文上看到一些建筑的形象，如：𩫕（高）、�（亨）等字。从这些象形字中可以看到石基、墙及两坡的屋顶。

殷墟也有各种手工业作坊，如青铜器、骨器、陶器等。在小屯东南约 1.5 公里处有一片规模较大的铸铜作坊。

殷墟附近有许多贵族的墓葬。有的规模很大，最大的墓室面积达 4500 平方米，最小的也有 450 平方米。

宫室与墓葬的工程规模宏大，可见当时奴隶主集中大量的奴隶进行长期的无偿劳动。建筑技术的进步，主要表现在奴隶主使用的一些建筑上。

第二节 周代的都城

周原，位于陕西省关中平原的西部，包括今凤翔、岐山、扶风、武功四县的大部和宝鸡、眉县、乾县的一小部分，范围约 200 多平方公里。岐山、扶风两县的北部是其中心地区，这里北依岐山，南临渭河，古称岐邑，周人早期活动的根据地和灭商以前的都城就坐落于此。据文献记载，周人于古公父时（约公元前 12 世纪末或公元前 11 世纪初）迁至此地，作为都邑，《史记·周本纪》对此有记载：周之先人古公亶父为戎狄所逼，"遂去豳，度漆沮，逾梁山，止于岐下。……于是古公乃贬戎狄之俗，而营建城廓室屋，而邑别居之"。《诗·大雅·绵》对岐邑的建设有极为详细的描述。公元前 11 世纪后半叶周文王迁都于丰京后，这里仍是周人重要的政治中心，西周初年曾为周公和召公的采邑，至西周末年，由于戎人的入侵而废弃。考古发掘的周原遗址东西宽约 3 公里，

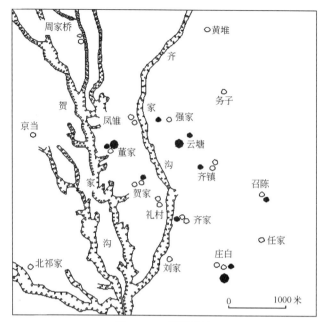

图 2-2-1　周原遗址

南北长约 5 公里，内涵丰富，发现有宫殿、庙宇、住宅遗址，也有铸铜、制陶、制骨、制玉石等手工业作坊遗址，还有窖藏、墓葬遗址等（图 2-2-1）。

西周的都城为丰京及镐京，城址均在西安西南丰水的东西岸，迄今已发现较集中的周代遗址和窖藏的大量铜器，但尚未进行详细的探查。城址的具体范围及有否城墙均难肯定。遗址发现瓦片，当时屋顶已非草顶，比殷商时代有进步。

西周初年，政治中心在丰、镐，对于黄河下游，特别是原来商代的中心地区，不便统治，故周武王时，曾命周公在洛阳附近新建王城及成周两个城市，传说都曾经过相宅，而且有一定的规划。建城的目的是将殷商的"顽民"集中管制于成周，在其西 30 里建王城（洛邑），派兵 8 师（每师 2500 人）驻守，目的在于监视殷"顽民"。

洛邑（王城）——在东周时（公元前 8 ～前 7 世纪），曾是都城。《尚书·洛诰》记载："我卜涧水东，瀍水西，惟洛食"。《史记·周本纪》：武王对周公曰："自洛汭延于伊汭，居易毋固……营周于雒邑而后去"。可见其位置在今洛阳城西涧河的东岸。1949 年后，在洛阳西郊的西工、中州路一带，发现东周时代的夯土城墙址，可能即为周王城，其部分已为涧水冲毁，部分在涧水西岸。这也与记载的"涧洛斗，毁王城"相符合。发现的文化遗址多为东周及春秋时代，与该城建于西周初年的记载不符。遗址为不十分规则的方形，面积约 2890 米 × 3320 米，如以米折合周代尺度，与"方九里"记载大致相近。中心部分的建筑遗址，分布在城中央偏南，也与"王城居中"的记载相符。由于城址均在洛阳市区下面，未详细探查，城内的窖址及道路布局等均尚未查清，城址北芒山一带有大量周代墓葬群，城址中间曾发现汉代河南县城址，可见河南县城建城时尚利用一部分周代城市作基础（图 2-2-2、图 2-2-3）。

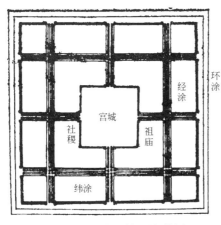

图 2-2-2 周王城复原想像图

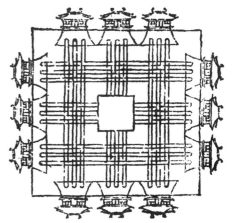

图 2-2-3 《三礼图》中的周王城图

第三节 殷周时代的邑、都、市、城、廓、国

邑与都：卜辞中邑字为弓，象形土地和人民，实际上指生产对象和劳动力。可见邑并不仅是指城市，而是泛指所有的居民点。奴隶主所居的是大邑，四野农夫所居的是小邑，小邑住十家称"十室之邑"，田在邑外，一邑有田十"田"（周制 1 田为 100 亩），领主有若干邑即有若干田地及若干家农夫，代表他的领地及财产。春秋时邑扩大，但名义上仍称"百邑""千室之邑"或"百乘之家"，每十室有一乘战车，故百乘之家就是千室之邑。

《尔雅》记载："邑外谓之郊，郊外谓之牧，牧外谓之野，野外谓之林"，可见邑与农牧等生产用地的关系。这种邑可以明显看出即为一般村落。

《左传》记载："凡邑有宗庙先君之主曰都，无曰邑，邑曰筑，都曰城"，可见邑与都的区别。这种邑都是奴隶主的驻地。

邑与市：中等的邑有时设市，故称"有邑之市"，如韩国之中 70 邑有市，《周易·系辞》记载："日中为市，致天下之民，聚天下之货，交易而退，各得其所"。这就相当于以后赶集的"市""墟""场"等。可见并不是所有的邑都有市。

"市"与"井"常常连在一起，常称"市井"，因为市一定是在居民点中，即在邑中，而居民点中必然有井，《易经·井卦》卦辞："改邑不改井，无丧无得"。说明邑可以迁，但井一定要；也有一种说法，每天人们都要去井中打水，顺便在井旁交换货物；还有一种说法，市中必然有井，在交换前要在井中洗濯清洁之后，然后交换。

城与国：周代，"国"字即"或"字，"或"字象形以戈守土，"国"与"土"义同，"国"象形，"土"象意，故国与城意义也同，而且古代灭、械均可以借作或（国）。这也可见当时的城，有的外筑土墙，有的外为沟池，有的外为木栅栏，这也说明城是防御性的构筑物。

周公修王城及成周，因为成（城）是一个主要的条件。

城与廓：《墨子·非攻篇》《孟子·公孙丑篇》《战国策》中都提到："三里之城，七里之廓"。《管子·度地篇》记载："内为之城，外为之廓"。传说

在夏代，"筑城以卫君，造廓以守民"。

从以上的记载中，可见城与廓是有区别的，廓比城大，或城在廓内，城廓均是防御性的。这时已有阶级分化，奴隶主贵族居城内，一般人民居城外廓内。

根据春秋战国时代，几个城市的遗址的情况，可以看出鲁国滕城分内外城即城与廓。赵国邯郸分东西城即城与廓。齐国临淄大城为廓，东南角小城为城。可见，城廓的形状也不一定，有的城也并没有廓。

甲骨文中有"🔲"，及"🔷"，应释为"壃"，即今之墉字。也可以释为廓字，廓字古文作"鄣"，廓与墉两字相通。字中"○"象形城垣，"🔺"象形城楼，可以推测到殷代的城廓，有的两门，有的四门，门上有城楼。这些城垣和后来的形状基本一样，有齿，甲骨文中有"🔲""🔲""🔲"等，均释为齿，实即为城墙之象形。

城与市及城市：市指交易场所，城指防御城垣，有城的不一定全是市，市也不一定全有城墙，城与市的概念不同。而城市的经济性质不同于农村居民点，城市代表这种居民点产生的时代，即私有制及阶级产生后，需要用城垣保护私有财产，如《礼记》中所指的："城廓沟池以为固"。同时，也指这时商业、手工业与农业分开，而需要专门的固定的交易场所。从而从一般的居民点（邑）中分化出来。

第四节　周代的城制及其影响

《周礼·考工记》中曾记载："匠人营国，方九里，旁三门。国中九经九纬，经涂九轨。左祖右社，面朝后市，市朝一夫"。《周礼·考工记》据研究为春秋战国时的作品。但这种具体的记载，以及后世一些都城的布局，均可说明周代王城是有一定规划制度的，而且这种城制对中国古代城市的布局也有一定的影响。

匠人营国指匠人丈量土地及建设城市。方九里应为每边长九里，如果按古尺折算，也与洛阳周代城址的 2890 米 ×3320 米基本相符。旁三门指每边开三门，《玉海》中也曾记载："王城面有三门、凡十二门"。国中九经九纬指城内有九条直街、九条横街，也可能是有三条南北向三条东西向主要干道，每条干道由三条并列的道路组成。经涂九轨指为车轨的 9 倍，可并排走三辆车。据伊东忠太考证，当时车宽 6.6 尺，左右各伸 7 寸，共 8 尺，九轨为 72 尺，即为 12 步，相当于 18 米。市朝一夫，即市与朝各方百步。左祖为祖庙，右社为社稷坛。

周人以农立国，因此在城市的规划建设上也打下了烙印，这里记述的王城规划意匠显然与"井田制"的土地制度有关。尽管后人根据这段记述推测的平面图略有不同，但"国中九经九纬"以及更次一级的经纬道路，就像田中的阡陌一样把城市划分成不同等级的"井"字，相套组合成方格网平面。再从"市朝一夫"看，井田的基本单位——"夫"，即一农夫所受之一百亩耕地，被用来作为城市规划用地的基本单位。在这种规划概念与方法下，使城的形制较为规整，与周朝社会推行的"礼制"能很好地配合，这也是为什么它能在后世得到发扬光大的原因。

《考工记》中还记载："经涂九轨，环涂七轨，野涂五轨"。说明道路宽度有分级，市内宽，环城窄，城郊更窄。还记载："环涂以为诸侯经涂，野涂以为都经涂"。说明按封建等级，都城有大小，其中道路宽度也不同。

《考工记》还记载："匠人建国，水地以县，置槷以县，眠以景。为规，识日出之景与日入之景，昼参诸日中之景，夜考之极星，以正朝夕"。可见，当时已会定水平并运用简单的天文知识来定朝向方位。

周代的建筑虽没有实物材料，据文献记载，已有对称轴线的布局，平面组合也很有规则，宫殿设"三门"，内有"六宫"，门有毕门、左塾、右塾，宫有东房、西房、东序、西序、东堂、西堂。

周代还规定士大夫贵族的宅第为"前堂后寝"，这和北京故宫的"前朝后寝""外朝内庭"一致。

周代建筑已广泛采用油漆，色彩也有等级规定，天子柱瓦用丹色，诸侯用黑色。

周代城市规划制度及其建筑布局的一些文献记载，虽然未为考古发掘完全证实，但从我国古代一些城市建设的实例来看，其影响是颇为深远的，如旁三门，宫城居中，左祖右社等。大多数都城的布局都遵循这些制度，在唐长安、宋汴梁、元大都、明北京的实例中尤为明显。

■ 小结

商是灭夏后建立的第二个奴隶制王朝，统治历时 500 余年。殷商时代已出现为考古证实的城市，城市往往是奴隶主的驻地，因此宫殿占有十分重要的位置。城市中集中着为奴隶主服务的各种手工业和商业，如青铜器、骨器、陶器等。从发掘出的奠基的奴隶遗骨可以看出城市中明显的阶级差别和对立。周代的都城是丰京、镐京和后来建立的王城、成周，这时已有按一定规划建设的城市。《考工记·匠人》记载的关于城市规划的制度对后代有很大的影响。早期的城市还与农业有着密切的关系，与一般农村的差别还不是很大。

第三章 春秋战国时代的城市

第一节 城市建设及发展概况

从周王东迁（公元前 770 年）至周王朝分裂，就是春秋战国时代，是奴隶制向封建制转变的时期。生产力进一步提高的标志是铁工具的出现并在生产上的广泛应用，土地私有及地主土地所有制的确立。手工业及商业的发展，促进了城市发展、城市数目增加、城市人口增加，出现了不少商业都会。手工业的分工也较细，城市有不少世代的手工业者。商人也有了势力，有的甚至做了官，如秦相吕不韦。商业交换的发展，使一些封建主集中的都城，或交通要道，发展成繁荣的商业都市，如齐国即墨（山东平度）、安阳（山东曹阳）、薛（滕县），赵国离石（山西离石）、魏国大梁（开封）、安邑（山西夏县），韩国的郑（河南新郑）、长子（山西长治），楚国郢都（湖北江陵）、宛（南阳）、寿春（安徽寿县），越国的吴（苏州）等。也有些手工业中心，或出现在交通要道上的定期或不定期的市集也发展成为城市。

各国之间经常互相攻伐，城市的防御作用突显，从墨子与公输般关于论争攻城守城技术的故事就可知当时对城市防御的重视。

由于筑城的活动很多，管子曾对城市选址加以总结："高毋近阜而水用足，下毋近水而沟防省"。

这时期的城市既是统治阶级的政治中心，也是商业手工业集中的经济中心，城市统治着农村。

第二节 春秋战国时代重要的都城

战国时代各国都城的规模均较大，如燕下都、赵邯郸、齐临淄、郑韩故城等。

一、燕下都（公元前 4 ~ 前 3 世纪）

燕上都在蓟（今北京附近）。燕下都（图 3-2-1）在今河北易县东南，易水岸边，东西长约 8 公里，南北宽约 4 公里，为现存战国城址中最大者。城分内城及外城两部分。内城东墙约长 3200 米，城墙东南角为圆角，靠近北墙有 16 米宽的缺口，正中有小块夯土，两旁有路土和石头，可能为城门遗址。北墙长约 4500 米，自东 900 米处有一夯土台，1800 米处有武阳台。西墙长约 3100 米。南墙只有一段，长约 1500 米。

外城东墙长 230 米，城角亦为圆角。北墙全长 8300 米，南墙长 1500 米，数处阙口可能为城门。北墙有阙口，传为运粮河入口处。

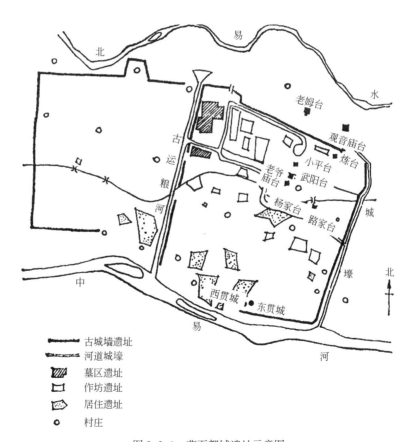

图 3-2-1 燕下都城遗址示意图

城墙用版筑，底厚6～7米，高4～7米，最高处达10米。

内城分布30多处夯土台，一般高6～7米，最高者达20米，多利用天然土台筑成。在武阳台村西北的武阳台，位于内城北墙正中，纵横130～140米，高10米，为城市中心的建筑。台东南及西南有两组对峙的建筑遗址。东南一组占地约4万平方米，与武阳台之间有着几座形式不同的建筑遗址。在武阳台正北有老姆台，长达95米，高10米，是城最北的四层大夯土台，老姆台与武阳台之间尚分布着一些方形、长方形及曲尺形的建筑基址。在内城西侧高阳村附近有冶铁、冶铜、铸钱等遗址，可能是手工业作坊所在。南部贯城村、沈村一带，居住遗址很多，可能为当时市民居住区。外城东北角有窑址。内城西北角有许多大的墓葬群。

在有些大土台上还发现木柱痕迹、铜块、大的筒瓦、砖、陶质下水管和铺地方砖等。大瓦呈半圆形，最大的长71厘米，直径25.6厘米，可见当时城市建筑规模很大。

二、赵邯郸（公元前4～前3世纪）

公元前386年赵国都城迁至邯郸，公元前228年为秦所灭，先后建都159年。赵都邯郸位于太行山东麓，其宫城在今邯郸市区西南，由三个小城组成，平面似"品"字形。城内总面积512万平方米，东城东西最宽处935米，南北最宽处1434米。西城比较规整，东西宽约1326米，南北长约1396米。北城近方形，东西宽约1362米，南北长约1557米。城址有夯土平台15处，有几处形成一条轴线，可能是宫殿建筑群。南面一台最大为221米×288米，高13.8米，台上东西两侧有双列柱石，是宫殿的主要建筑遗址（图3-2-2）。

在邯郸市区范围内，在1977年的大面积探查时发现汉代及以前的城址，乃是邯郸古城。西壁与南壁的交叉点距王城的北城东壁约80米，地下夯土城墙遗址已找到的有9000多米。这个大城就是赵邯郸城，与规模较小的王城的关系和齐临淄类似。

三、齐临淄（公元前4世纪）

齐临淄（图3-2-3）城址在今山东临淄城北，城墙目前尚有残址。故城由大小两城构成，大城南北约4.5公里，东西4公里，小城嵌在大城西南角，周围约7公里强，总面积约12.5平方公里，是目前所知春秋战国时期各古城中规模最宏伟的古城。齐国故城形势险要，城墙宽厚高大，小城嵌在大城西南角，自成体系，有以"桓公台"为主体的大片建筑群。桓公台高14米，台基呈椭圆形，南北86米，建于生土之上，位于小城西部偏北处，是当时齐国庙寝所在，城内南半部还有一些手工业作坊遗址。淄河由大城东城墙外流过。大城是贵族与平民所居。《管子·大匡》记载："凡仕者近宫，不仕与耕者近门，工贾近市"。大城市还有较大面积的空闲地段和贵族、平民的墓地。

《左传》记载，春秋时期城门有八座：东门、东闾、北门、西门、雍门、稷门、扬门、虎门。诸子和后代著作认为还有其他城门：广门（见《晏子春秋》内篇·杂上）、南门（见《韩非子》十过）、申门（见《左传》文公十八年杜预注）。现

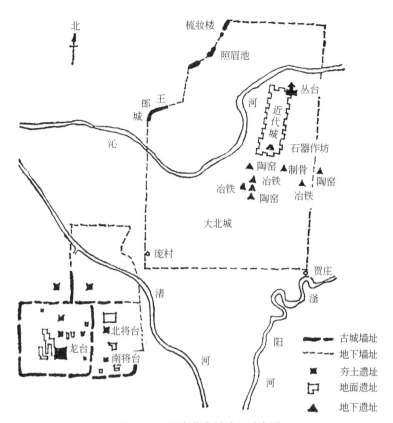

图 3-2-2　赵都邯郸城遗址示意图

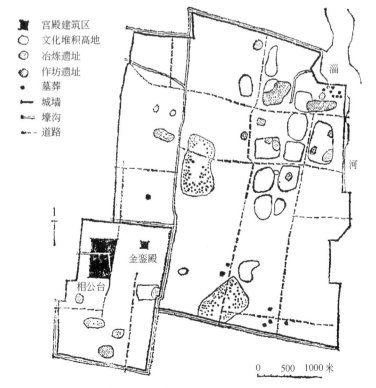

图 3-2-3　齐临淄故城遗址示意图

已钻探出十座城门，有十条道路与之相连（小城三条、大城七条）。

临淄是战国时代最大最繁华的城市。据《战国策·齐策》苏秦为赵合纵说齐章中记载："临淄之中七万户……甚富而实。其民无不吹竽鼓瑟、弹琴、击筑、斗鸡走犬、六博蹋鞠者；临淄之途，车毂击，人肩摩，连衽成帷，举袂成幕，挥汗成雨，家敦而富，志高而扬"。苏秦虽有夸张，但也不致远离事实。

7万户，按每户5口估计，城市总人口当在30万以上，从城址之大，也完全有此可能。从所描写城市内的繁荣拥挤，可见当时就已有商业性的街道。

四、曲阜县鲁城

鲁城（图3-2-4）平面呈不规则的横长方形，东西最长处约3.7公里，南北最宽处约2.7公里左右，面积约10平方公里。城垣南垣较直，东、西、北三面皆有弧度，四角呈圆角，城垣周长11771米，周围有城壕，西、北两面城壕利用古洙水的河道。

古城共11座城门，东、西、北面各三门，南面两门，绝大部分门道宽10米左右，东北门和北东门较宽。东北门即上东门，门道宽14米，长38米，门内路宽17米，门外（城外）路宽18米。城市道路有两层，上层路面厚0.45米，下层路面厚0.3米。鲁城内已发现10条主干道路，东西向和南北向各五条，宽度10米左右。城北垣西门与南垣西门之间，都有交通干道连接。

鲁城中部偏北有大规模的夯筑基址，应是宫室遗址，遗址东、西侧有战国铸铁遗址。城西部有西周至汉代的居住遗址，西周、春秋的墓地和东周制陶的遗址。西北部也有西周至汉代的居住遗址，北部有西周居住遗址和冶铜遗址，东北部和东部有西周和东周的居住遗址。东南部和南部不见一般的大型居住遗址和作坊遗址，但在宫室遗址的南和东南面，分布着许多大型建筑遗址。

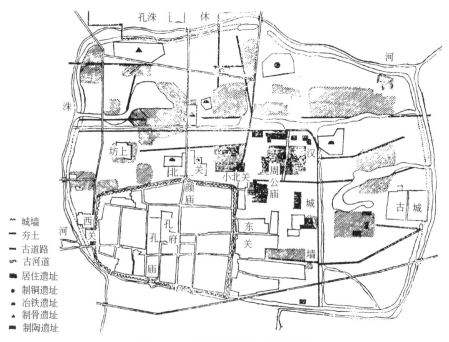

图3-2-4　曲阜县鲁故城遗址分布图

五、郑韩故城

郑韩故城（图 3-2-5）在今河南新郑县城附近，位于双洎河与黄水河之间的交汇地带，依自然地势筑成。郑韩故城在春秋时期称"郑城"，是韩国和郑国先后建都的地方。郑国在新郑建都 391 年，于周烈王元年（公元前 375 年）被韩哀侯灭掉。韩灭郑后，把国都从阳翟迁到新郑，直至秦始皇十七年（公元前 230 年）被秦所灭。郑韩两国先后在此建都长达 535 年之久，郑韩故城跨越我国奴隶社会和封建社会两个历史阶段，是历史上春秋战国时期重要的都城之一。

图 3-2-5 韩故城城址图
资料来源：《郑州市志》

城分主城及外廓城两部分。城址平面呈不规则长方形，东西长约 5000 米，南北宽约 4500 米。中部有一道南北向的夯土墙将故城分成西城和东城两部分。城墙周长 19320 米，面积 16 平方公里。郑韩故城城墙是用黄土和黏土分层夯筑而成的，一般高度为 10 米，最高处约 16 米，城基宽约 40 ~ 60 米。城墙由北墙、东墙、南墙、内城墙及战国城墙组成。

主城内是宫殿区及贵族居住区，居住区位于宫殿的北边，在断崖上尚可看见很多当时的房基、下水管道和水井，居住区北有残存的烧陶窑址。外廓城内主要是手工业、商业和一般市民居住区，有规模很大的冶铁遗址，曾掘出鼓风管、炉渣、红烧土及铁砂。冶铁场北面有一处玉器制造场及骨器制造场，发现有锯过的骨器。手工业区的西边，是当时商业交易的场所。外廓城内还有一座

仓城，是储存物资的大型仓库，从遗址之大，遗物之多，可以想像当时城市是很繁荣的。

六、淹城

淹城（图 3-2-6）在今江苏省常州市南，离市区约 7 公里，是西周时代淹国的都城。有三重城墙，分王城、内城、外城。王城呈方形，周长约 0.5 公里；内城为不规则圆形，周长约 1.5 公里；外城也是不规则的圆形，周长约 3 公里。城墙均用土筑，三道城墙都只有一个旱路城门，并且三个城门不开在一个方向上。有一条道路通向内城。内城地势高，城中间有块高地，可能是王城宫室遗址。三道城墙外都有护城河，内、外城的护城河水面宽广。在外城西部有并列的三个土墩。城外附近土墩很多，皆为不同时期的古墓葬群。现在地面上还基本上保存着该城遗址。

淹城城内及护城河内散布着许多印纹陶片。在内城河发现有数十只陶罐，据鉴定是战国初期遗物，此处还出土过许多铜器都具有战国时期南方文化的特征。护城河内还发掘出长 11 米的独木舟，经放射性碳 14 测定，约为 2000 年前遗物。据这些可靠的考古鉴定，淹城为战国时期的城市遗址。

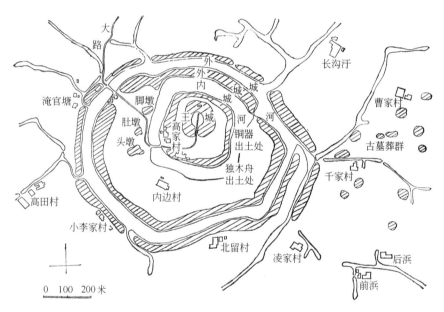

图 3-2-6　淹城平面图

七、楚都郢

楚国都城郢（图 3-2-7）在今湖北省荆州市境内的长江北岸，因位于纪山之南，故又称纪南城。据推测，纪南城始建于楚惠王中后期，毁于顷襄王二十年（公元前 278 年），是战国时代的楚都郢，楚在此建都将近 200 年，是楚国全盛时期的都城（郭德维，楚都纪南城复原研究，文物出版社，1999（2）：33）。

纪南城址略呈长方形，东西约 4500 米，南北约 3500 米，总面积约 16 平方公里。东、西、北城墙均较直，惟南墙的东部向外略凸出一个小的长方形。

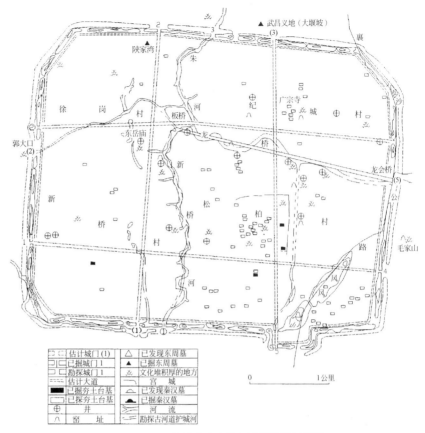

图 3-2-7　纪南城内遗迹分布及干道等复原图

城墙的东南角为直角，其余三个角为切角，这在古代城市中比较少见，是纪南城的一大特色。现查明的城门有 7 处，其中东墙有陆门一处，西墙有陆门两处，南墙的西门为水门，东门为陆门，北墙的东门为水门，西门为陆门。城外四周为护城河。

在城的中部偏东南一带，发现了较密集的夯土台基，并且有可能是宫墙的夯土墙遗址，所以可能是宫殿区。城内东北部也分布着若干较大规模的夯土基址，可能是另一重要的宫室建筑群所在。在城内西南部的陈家台发现铸炉二座及残台基一座，并且有铜、锡炼渣、陶范和鼓风管等，应该为金属铸造作坊的遗址。城中的瓦窑址发现最多，主要分布在松柏村和纪城村一带。制作生活用品和仿铜陶礼器的作坊主要在城西的新桥。在龙桥河的两侧发现有很多的陶窑址，表明这一带应为制陶的作坊区。

城中的遗迹除了夯土台基外，以古井的发现为最多，约有 400 多口，遍布全城，其中以龙桥河西段长约 1000 米、宽约 60 米的范围内最密集，有 256 口，可以说明人口分布的一些状态。此外，在城外的近郊也发现一些古井。

上述实例中可以看出，都城一般都有城与廓之分：有的相重，如齐临淄；有的内外两重，如鲁国都城；有的并列，如燕下都与赵邯郸。城为贵族王宫，廓为一般市民住宅，城中一般都有王宫，修筑在人工夯筑的高台上，目的是防卫及显示其威严。

第四章　秦汉时代的城市

第一节　秦汉时代社会及城市概况

　　战国为秦所统一，结束了长期的战争分裂局面，这种统一也反映了各族人民的共同愿望。秦朝曾实行了不少有益于全国统一、生产发展及社会进步的措施，如："税同率、币同值、车同轨、书同文、度同长短、量同大小、衡同轻重、政令统一"，这些对工商业的繁荣及城市的发展起到很大作用。秦在统一全国的基础上，建立了强大的中央集权及郡县制度，北起辽东（辽东、辽西郡），南至福建（闽中郡），东到苏常（会稽郡），西达川地（蜀郡、巴郡），共设置了三十六郡。后来，又在今天西南边境一带再置四郡，疆域达到雷州半岛一带。

　　秦灭六国后，拆除各国都城城墙，并将大量人口集中于都城咸阳。"徙天下富户十二万居咸阳"，咸阳有了很大的发展，还曾广征民工在北边筑长城。为便利交通，建立了通往全国各地的驰道。

　　各国都城虽被拆毁，但这些城市仍然是地区的商业中心，如临淄、邯郸、寿春等；还出现了一些新的都会，如云阳、琅琊，冶铁中心临邛，海上贸易中心南海会稽、琅琊、之罘等。

　　短暂的秦朝在农民起义中被推翻，刘邦与项羽长期战争后建立了汉朝。八年的战争及分裂，经济受到很大破坏，人口减少很多。汉代政权建立之后，大力发展城市建设成为国家兴旺和开拓疆域的象征。公元前 201 年，汉高帝刘邦曾下令"天下县邑城"（《汉书·高帝纪第一下》），即全国的县城都要修筑城垣，以成为坚固而完善的统率地域的据点。经过战后的休养生息，劝农扶桑，省赋减役等政策，到汉景帝时经济逐渐恢复发展，很快出现了著名的"文景之治"的稳定和繁荣的局面，进一步为城市的大规模发展奠定了基础。据统计，汉代的城市大约有 1700 多处（邹逸麟．中国历史人文地理．科学出版社，2001：312）。汉武帝时国际商路的开辟，全国政治上的统一及国力的强大，商业得到发展，出现了许多商业都会；有的是在原有城市的基础上发展的，有的是新发展的。同时，伴随着国土的扩大，还在河西走廊以西设立酒泉、武威、张掖、敦煌四郡，在青海一带建临羌，在贵州、云南等地建有犍，在南粤置九郡，同时开发福建沿海等地。宣帝时，除了长安、洛阳之外，分布在关中、三河、巴蜀、齐鲁、燕赵和南阳六个最发达的地区的其他城市也名噪一时，如"燕之涿、蓟，赵之邯郸，魏之温、轵，韩之荥阳，齐之临淄，楚之宛、陈，郑之阳翟，三川之二周，富冠海内，皆天下之名都也"（《盐铁论》），其他还有陶、睢阳、彭城、寿春、江陵、番禺、桂林、珠崖、成都等。都市的分布远较以前为广。

汉武帝时为抗击匈奴，开发西域，在进军路线上建立了一些新的城市，如上述的武威等四郡，在北方的军队驻地附近形成一些小的军市，边寨还设有许多防御的营寨及烽燧，其中有的形成设防的城镇，有的并未形成城市。1949年后，在当时五原、云中等地，发现不少汉代城堡遗址，规模并不大，平面往往呈"回"形，有内城及外城。如，呼和浩特东郊塔布秃村的西汉城址，版筑土墙；外城长约 900 米，宽约 850 米；官署等在内城；民居及兵营在外城南部，并有屯田及演兵场所。

东汉时，因战乱的波及，中原、西北、东北等地的城市遭到一定的破坏，所以复兴后的光武帝曾下诏合并郡县，大约有 1100 处城镇被保留。但无论是经济、规模还是文化水平，都不能和西汉时代相比较。后因首都东迁，长江流域与中原的商业交通更频繁，东汉时增加的 10 座新城市大都位于长江流域，如荆州的汉宁、沅南，扬州的永宁、临汝、建昌，益州的汉昌、哀牢、博南，交州的封溪、望海等。特别是长江以南的城市也得到发展，如会稽、丹阳、豫章、荆襄等。广东的徐闻、合浦，广州为海外贸易中心。

总体来看，西汉的疆域大于秦代，尽管秦始皇刻石称"四守之内，莫不为郡县"，但城市的数量并不大。西汉的城市以北方诸省为主，江汉流域各州下辖的县城总数占全国的 23.5%，而北方的占 77.5%，为 1228 处。到东汉时，北方各州所占比例下降为 70.7%，南方则上升到 29.3%。这一现象到了三国和魏、晋时期，便成为中国历史上人口、城市和经济中心南移的第一次浪潮（周长山．汉代城市研究．人民出版社，2001：21）。

第二节　秦朝都城咸阳

秦王朝的都城咸阳规模很大，但有关咸阳的文献资料较少。1949 年后，陕西省文管会经过初步探查，探明咸阳的城址在今咸阳以东约 20 公里处长陵车站附近的渭水北岸。秦咸阳城南部已为渭水冲毁，城址范围很大，尚残留一些夯土城墙。在北墙头有一条东西长二余里、宽两丈的夯土墙遗址，但不能确定是咸阳城墙还是仿建的六国宫城墙，也有一些宫殿遗址，还发现一些陶制的下水管道。下水管道断面很大，可见当时城市排水系统很完善。

咸阳城，从孝公十二年（公元前 350 年）"作为咸阳，筑冀阙，秦徙都之"以后至公元 207 年秦覆灭，一直为秦都城，历时约 140 多年（见《史记·秦本纪》）（图 4-2-1）。

图 4-2-1　秦咸阳宫复原图

孝公初建的咸阳城，主要以咸阳宫为主，限于渭水之北，以后逐渐向渭南发展，"秦于渭南有兴乐宫，渭北有咸阳宫，秦昭王欲通二宫之间，造横桥长三百八十步"。到始皇统一时，咸阳规模已大大扩充，并不断向南发展，体现了想在丰、镐之间广为经营的规划（图 4-2-2）。

渭北咸阳城筑有城垣，城门见载的有西门，宫门有棘门、司马门、雍门等。考古发掘了咸阳城北垣，遗址长达 1048 米，是夯筑土墙。与墙相邻有密集的宫殿遗址。

渭南部分于昭王时开始拓展，建兴乐宫，始皇时又建了信宫、阿房宫等，诸庙、章台和上林也位于渭南。"丰镐之间，帝王之都也"，渭南成为始皇的建设目标，其所占地位日益提高。目前，文献资料仅载"表南山之巅以为阙"，并未说明当时有外廓城，可能诸宫各有宫城，未必有大城。

渭北咸阳主要是向东发展。《史记·秦始皇本纪》记载："秦每破诸侯，写放其宫室，作之咸阳北版上、南临渭，自雍门以东至泾、渭，殿屋复道周阁相属"，形成了"六国宫殿区"。城北及城西未有更多的营建。

随着城市经济的发展和生活的需求，秦咸阳有了集中的工商业区：市。《史记·李斯列传》所载的"公子十二人戮死于咸阳市""腰斩咸阳市"等证明了当时市的存在。考古推测市在城南，并由若干按商品分类的"肆"组成，有管理机构"市亭"（也叫"旗亭"），有专门的市官，对货币收入等有极为严格的管理制度，出售的商品还标明产地和出售地。

在城北宫殿区附近，有铸铁、冶铜的作坊和陶窑等遗址，说明当时有为宫廷服务的宫府手工业作坊，这种布置方法在春秋战国时期较为普遍。

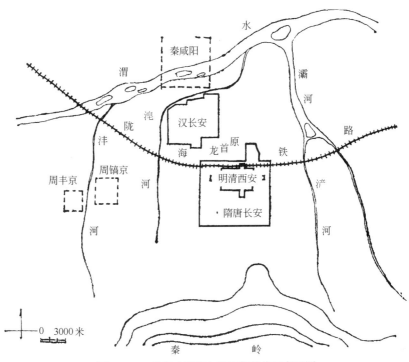

图 4-2-2　长安（西安）附近都城位置变迁图

咸阳的居民区位于城南，由于大部分沦入渭水，遗址已无处可考。但自商鞅后秦采用了什伍之制进行居民组织，设"里监门"对闾里进行严格管理。故可推测，当时的闾里布置也是规整划一的，但每个闾里的具体规模尚未可知。

秦始皇时咸阳城进行不断的扩建，统一六国后，为防止叛乱，又将各国富户集中在咸阳，又在渭水南岸新建阿房宫。阿房宫规模宏大，穷奢极侈。《阿房宫赋》的描写当然也有过分夸大的地方，但也可想像其宏大的规模。目前，在西安西北的阿房村，有大土台一处，周长 200 余米，高约 15 米，中部有三个一米多宽的花岗石的平头柱础，系阿房宫主殿的遗址。据记载"（当时殿内）东西五百步，南北五十丈，上可以坐万人，下可以建五丈旗"（《史记·秦始皇本记》）。阿房宫与渭水北岸宫殿群及咸阳城有大桥联系，（尚）有架空栈道连接各个宫殿。从阿房宫直至南面的终南山均为皇帝专用禁苑，其中尚分布不少离宫（图 4-2-2）。

第三节　西汉都城长安

一、汉代城市概况

汉初从汉高祖刘邦到惠帝，还处在城市经济的恢复阶段。从汉文帝到汉武帝，经济上的繁荣，政治上的统一，也促使国内商业的发展，商业都会很多。

汉初即在北边设了许多边防城堡，与烽燧等防御设施组成一个严密的防御系统，一般为"五里一燧，十里一墩，三十里一堡，百里一城寨"（《居延汉简记》），"第二十二燧至十七隧二十一里"，可见为五里一燧。《斯坦因西域考古记》中曾记述这种燧，底方 20 英尺，向上逐渐缩小，每燧 3 ～ 40 人不等。这一些烽燧还算不上城市，其中也有一些叫军市，是为了满足驻军的需要而设。《前汉书·冯唐传》："今臣窃闻，魏尚为云中守，军市租尽以给士卒"。东汉亦有军市，《祭遵传》："祭遵从征河北，为军市令"。1949 年后在当时的五原、云中等地发现一些汉代边防城堡。

二、汉长安城修建过程及演变

汉袭秦制，长安城的建设也是为巩固中央集权制服务。

长安城并不是一下子建设起来的，而是随着经济的发展，为了巩固中央集权制及防御匈奴奴隶主的侵袭，在建国后七年至惠帝五年，先（前）后（历经）二十年间逐步形成的。刘邦入关后在建国之初，曾利用一处秦代名兴乐宫的离宫扩建为长乐宫，不久又在其旁建造未央宫和北宫，并以此为基础建造长安城。二宫及长安城的修建均由军匠出身、后任少府的杨城延主持，他有丰富的营造经验。未央宫是利用龙首山地形，因地制宜地先建造前殿，而舍弃以前将大殿建在人工夯筑的工程浩大的土台上的做法。在未央宫和长乐宫之间建有武器库、粮仓、织室（纺织文绣作坊）、暴室（染坊）（图 4-3-1）。

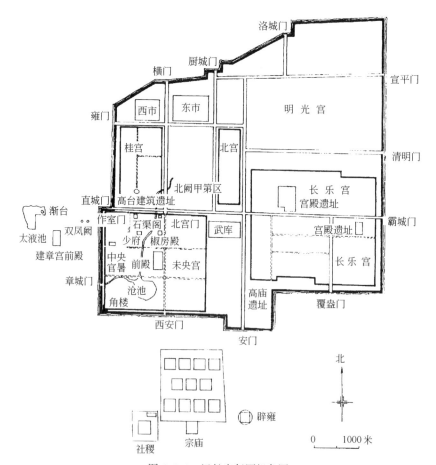

图 4-3-1　汉长安复原想象图

长安原先并无城墙，长安城墙是在宫殿等已建造成后，在惠帝时三次发动民工在冬闲时修筑的。据《史记·吕后本纪》记载，（惠帝）三年，方筑长安城。四年就半，五六年城就。汉高祖刘邦改秦代的离宫兴乐宫为自己的皇宫，称为长乐宫，但在惠帝之后，仅作为太后起居之用，因位于未央宫之东，故亦称东宫。汉武帝时又在城西修建章宫，还修城内桂宫、明光宫。王莽时在城南大量修建辟雍等礼制建筑。在推翻王莽的战争中，城市受到损坏。东汉时改为陪都，称西京。光武十年（公元 34 年）"修长安高庙"。十九年（公元 43 年）"修西京宫室"。东汉末年，董卓割据时，其部将又纵兵烧毁长安，以后始终未恢复原状。南北朝时，前秦、后秦、北齐、北周等均建都长安，对城市进行了一些修复工作。到隋文帝杨坚时，在城东南另建新都，汉长安城才完全废弃，但仍有一些宫殿为隋御苑中的一部分。

为了配合地形及现状，城市平面呈不规则矩形，据文献记载："城周为六十五里""长安城中，经纬各长三十二里十八步，地九百七十三顷""城墙高三丈五尺，下阔一丈二尺，上阔九尺。"还有记载："城址曲折仿北斗星，称为斗城。"这是后人附会，实际上是为了配合渭水河岸的地形。按汉尺每尺合 0.23 米，5 尺一步，300 步一里，周长应为 22 公里。实际探测城址为 25.1 公里，基本上符合。

城共有 12 个城门，东为宣平门、清明门、霸城门，南为覆盎门、安门、西安门，西为章城门、直城门、雍门，北为横门、厨城门、洛城门，是王城旁三门的制度。1949 年后已将各城门的位置探明，并挖掘了其中宣平门、霸城门。宣平门亦称东都门，是出入最频繁的城门，从东西汉直到南北朝都是主要的城门。从挖掘资料看，三个门洞保存完整，均宽约 8 米，间隔 4 米，每门可容 4 轨，共 12 轨（汉代车轨约 1.5 米）。

通城门的大道由三条并列的道路组成，与门道宽度大致相同，中间应为驰道，为帝王专行道路。这些情况与班固写的《西都赋》："披三条之广路，立十二之通门"及《三辅黄图》引张衡《西京赋》："城廓之制，侧旁开三门，参涂夷庭，方轨十二，街衢相经。"等文献相符。宣平门门洞由木柱支撑，横有木梁，王莽时烧毁，墙土发赤。霸城门经逐步发掘，三条并列的街道，中间约 20 米，总宽约 47 米。与其他诸城门相对的均为主要街道，宽度在 40 ~ 50 米间。其他还有次要道路。覆盎门、西安门及霸城门通向长乐、未央宫，实际上就是宫门。街道都是南北向与东西向直交的。城也就是《西京赋》中所说的"街衢相经。廛里端直，甍宇齐平"。文献中记的街名有华阳街、章台街、夕阴街、尚冠街、太常街、炽盛街、香室街等（图 4-3-2）。

城中大部为宫殿所占，仅长乐、未央二宫约占 1/2，其他尚有桂宫、北宫、明光宫。各宫均有宫墙、宫门，并有架空道相通。未央宫前殿的台基现尚有遗址。

城东北系手工业作坊，曾发掘出一个很大的陶俑作坊，还有冶铁及兵器制造作坊等。长乐宫与明光宫之间发现不少封泥，说明这一带可能是地方政府驻京的代表机构。在城南安门外有数组礼制建筑，规模很大，为皇帝祭祀专用（图 4-3-3）。

城南直至曲江池，终南山全部为上林苑范围，为帝王专用园林，其中还有一些离宫。

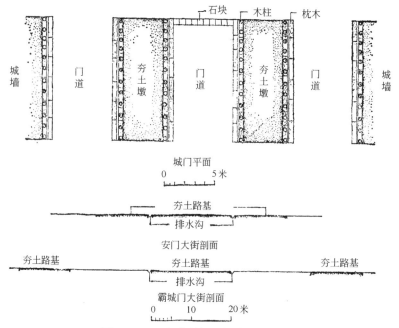

图 4-3-2　汉长安城门及街道构造示意图

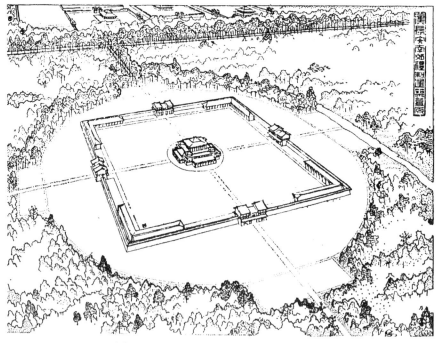

图 4-3-3　汉长安南郊礼制建筑总体复原图

汉长安最盛时人口约 30 万，《汉书·地理志》："平帝刘衍元始二年（公元 2 年），有户口八万八百，人口二四万六千二百"，加上皇族、奴仆、驻军等，应在 30 万以上。

史书载，汉长安有九市，分布在南北主要道路的东西两例："六市在道东，三市在道西"。有名可查的有东市、西市、柳市、小酒市、直市、交门市等，其中有的不一定在城内，如《三辅黄图》中："直市在富平津西南二十五里"。集中设市，反映当时商业已较发达，需要集中管理，《三辅黄图》记载："当市楼有令署，以察商贾财货买卖贸易之事，三辅都尉掌之"，王莽时称，东市为京，西市为畿，管平价税收及捕盗，市之中按专门行业集中成肆。行业的种类已较前代为多，《汉书·货殖列传》记载，汉武帝时，已有酿酒、粮食、皮革、竹木、油漆、铜器、布帛、绸缎、皮毛、毡席、制鞋、典当等数十种。

一般的居住地段称闾里，多在城内各宫殿之间。据文献载，长安共有160个闾里，其中有名可查的有宣明、建阳、昌阴、尚冠、修城、黄棘、南平、大昌、陵里、戚里、函里、北焕等。闾里内："室居栉比，门巷修直"，可见为一些院子并联排列。里四周有墙，每面有门，闾即为里的门。里内设"弹室"，专管弹压平民，每街尚有亭长。城内除去宫城所占用地，如为160个里，则每个里的面积很小。闾里也可能不全在城内。汉长安闾里，记载不详，发掘资料也缺乏。

汉代为加强中央集权，管理各地贵族富豪，在汉长安周围皇帝陵墓处设陵城。如汉武帝时："元朔二年，徙郡国豪杰及訾三百万以上于茂陵"，成帝时："徙五百万以上五千户于昌陵""徙一百万以上居平陵"。这些陵城都是消费性城市，人口一般在10万～20万人，其中茂陵最大，号称有27万人。西汉王朝的11座陵城分南北两大片，尤其是北区的各陵并肩而立，形成壮观的城市带，所谓"南望杜霸，北眺五陵，名都对郭，邑居相承"（班固《西都赋》）。因为北区的五陵：高祖长陵、惠帝安陵、景帝阳陵、武帝茂陵、昭帝平陵最为显贵，后世也以"五陵少年"代表纨绔子弟（图4-3-4）。

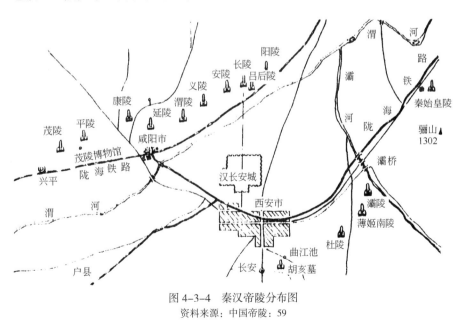

图4-3-4　秦汉帝陵分布图
资料来源：中国帝陵：59

第四节　东汉都城洛阳

东汉光武帝刘秀登基后，先在鄗县建立政权，但由于地处河北一隅，非帝王之都，后将首都改在洛阳（雒阳）。当时，长安在战争中受到严重破坏，宫室荡然，人口稀少，短期内难于恢复，而且公孙述及魏嚣割据独立，匈奴也日益南下，均对关中有威胁，同时刘秀本来的根据地也在河南而不在关中。洛阳虽然在战争中也被破坏，但南宫尚完好。

东汉洛阳在原来周代成周的位置，即今天洛阳以东的白马寺东。南面为洛水，北面为邙山，地形北高南低，城北有谷水。城址是否即周代成周的位置，虽尚未经考古证实，但按文献记载的位置应是同一地点或在附近。据《史记·周本纪》记载，武王灭商之后，曾在雒邑营造宫室。西周的首都是镐京，洛阳即为陪都。尤其在战国时期，由于地理交通和水运的便捷，成为中原地区最大的商业都市（周长山，汉代城市研究，2001：82）。1949 年前在东汉洛阳城址北部金村发现的一组周代贵族墓葬，也说明这一点。

洛阳的城墙建筑方法与长安相同，都是用黄土夯筑，城的规模按文献记载："南北九里七十步，东西六里十步，呈长方形"，所以采用九、六的数字。据说这些数字含有尊贵的意思。后来的实测表明，东墙长 4200 米，西墙长 3700 米，北墙长 2700 米，因洛河改道被毁的南墙经复原后测得长度为 2460 米，基本上是一个不规则的长方形。城市共有 12 门，东为上东门、中东门、望京门，南为开阳门、平城门、津门，西为广阳门、雍门、上西门，北为夏门、谷门等（图 4-4-1）。

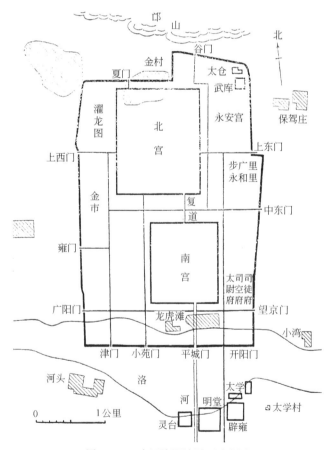

图 4-4-1　东汉洛阳城平面示意图

根据图 4—4—1 可以看出，东汉洛阳城是一座不规则的长方形，东西窄而南北宽，其中仍然以宫殿为主，南北两宫占据了城墙内几乎一半的土地，加上为皇帝和贵族服务的园林及官府、太仓以及武库，一般市民的活动空间极其有限。城门南面是和长安一样的祭祀建筑，包括太学在内。

光武初年的主要宫殿在南宫，据文献记载，在秦代和西汉时，已经有了南北宫的建筑。明帝时造北宫及诸王府，和帝至桓帝、灵帝时增建东宫及西宫。南宫城的正门为正阳门，亦即京城南面的正门，在城中偏东。北宫在城的东北隅，南北二宫均居京城的南北城垣。文献记载两宫相距 7 里，按此推算，南北宫均长一里多，周长 4 里多，较西汉长安的宫殿规模小很多。

南北宫之间均为方整的闾里，街道呈方格形，城内有东西、南北方向大街各五条，长的有 2800 米，短的 500 米，宽度自 10～40 米不等，相互交叉形成 24 段。按此估算，应有 140 多个闾里。

城内除了宫殿及闾里外，尚有几座皇家苑囿，如芳林苑等。城外也有七八座皇家苑囿，见于文献的有上林苑（在西郊）、广成苑、鹤德苑、平乐苑、单圭灵昆苑，其中单圭灵昆苑最大，周围约 11 里。此外，还有一些是贵族的私家园林，以大将军梁冀的花园最著名。

祭祀的建筑如太庙等均在城南，其位置大约在今洛水之南，主要的官署在南宫附近。

在董卓时，东汉洛阳受到很大的破坏，主要宫殿均已烧毁。

魏文帝曹丕亦建都洛阳，当时南宫已残破不堪，遂拆除改为闾里，而将主要宫殿建在北宫，城址无大变化，另在城东北角建金镛城。魏明帝又建南宫，而其位置则在城中。

西晋时亦建都洛阳。在"八王之乱"时，为军事防御在城北加筑城墙，称洛阳垒。在以后的战乱中城市又一次受到破坏。

南北朝时，元魏孝文帝元宏在太和十九年（公元 495 年），将首都由平城（山西大同）迁至洛阳，仍以原有城址为基础，进行一些改建。北魏的洛阳改建工作，对以后的都城规划颇有影响。

第五章　三国至隋唐时期的城市

第一节　三国至南北朝的社会经济背景及城市概况

一、三国与两晋时期社会经济背景及其对城市发展的影响

　　三国与两晋是统一王朝消失的时代。东汉后期，整个社会秩序趋于崩溃，爆发了黄巾农民起义，腐朽的东汉王朝名存实亡。从三国至南北朝，差不多有400多年的分裂局面。此间战争频繁，农民失去土地，人口大量减少，商旅不通，经济的发展受到严重影响。在这种情况下，不少城市在战争中受到破坏，城市的建设与发展处于停滞状态。公元189年董卓率兵入洛阳，废少帝，立献帝，专断朝政。袁绍、曹操等起兵讨伐，董卓挟汉献帝西迁长安，放火烧毁洛阳宫殿及城市，造成"洛阳何寂寞，宫室尽烧焚"（曹植，《送应氏诗》，《文选》卷二十）的局面。公元192年，董卓在长安为王允所杀，其部将李催、郭汜又烧毁长安，并互相攻杀，使关中数十万户人民死伤离散，几乎成为一座空城。汉代的东西二都大都毁坏。公元193年曹操攻徐州，公元219年曹仁破宛城，"名城空而不居，百里绝而无民者，不可胜数"（《后汉书·仲长统列传》）。几个大的商业都市也都受到惨重的打击。

三国之中，魏据中原，建都洛阳；汉据四川，建都益州（成都）；吴则据长江中下游地区，建都建业（南京）。在此三国鼎立的发展过程中，各国注重发展本地经济，因而部分城市也得以发展。曹操称魏公，定都于邺城，其间实行屯田制，使北方经济得到明显的恢复。邺城开创了都城规划严整布局的先例，其规划手法对于以后的都市布局有重大的影响。诸葛亮重视经济，主张"务农殖谷"，且耕且战，四川地区出现了"田畴辟，仓廪实，器械利，蓄积饶"的景况。孙权于公元211年徙至秣陵（次年更名建业），因其"舟车便利，无艰阻之虞；田野沃饶，有转输之籍……进可以战，退足以守"，建业逐步成为江南政治文化的中心。吴国又沟通了吴（苏州）与会稽（绍兴）的航道，成为江南运河的前身。

公元265年，司马炎废魏帝曹奂，自立为帝，改国号为晋，史称西晋，仍建都洛阳。此次统一是短暂的，其间实行的课田令与占田令并未使矛盾得以缓解。公元291～306年的"八王之乱"及北方匈奴、羯等民族的直入中原，使得北方地区出现了空前的大动乱，人民大批渡江南下。公元317年，司马睿在建康（邺）称帝，建立偏安于江南的政权，史称东晋。

二、南北朝时期社会经济背景及其对城市发展的影响

北朝与南朝是由混乱走向再统一的过程。西晋"八王之乱"后，北方游牧民族南下，纷纷建立割据政权，中原陷入分裂状态，直至北魏统一，长达130～140年，史称五胡十六国时期。其间两次统一分别是后赵石勒与前秦苻坚。第三次统一便是北魏拓跋氏。北魏道武帝定都平城（今山西大同）后，日趋强盛，至太武帝拓跋焘时结束了五胡十六国的混乱局面，于公元439年统一北方（黄河流域），与接替东晋的宋——南朝的第一个政权相对峙，历史进入了南北朝时期。这一时期由于中原的混乱，北方少数民族纷纷南迁，中原的汉民族也大量南迁，形成一次中华民族的大迁移、大融合。公元494年北魏孝文帝迁都洛阳，实行汉化政策，颁布均田令，洛阳城一派欣欣向荣的景象。陈庆之云："自晋、宋以来，号洛阳为荒土。此中谓长江以北，尽是夷狄。昨至洛阳，始知衣冠士族，并在中原。礼仪富盛，人物殷阜，目所不识，口不能传。"

南朝的宋、齐、梁、陈继承了东晋的正统，与北朝相抗衡，从公元420年起长达169年。由于原居住在中原的汉民族成批成宗族的大量南迁至江淮流域、长江流域及闽粤一带，使这一带原来较落后的经济得到发展。这些地区自然条件优越，迅速地成为中国的经济文化中心，人口大量增加，城市也得到迅速的发展。原来这一带的大城市只有吴城、会稽、建康等，这时建康已成为政治军事文化的中心。其他，如杭州、广陵（扬州）、明州（宁波）、洪州（南昌）等也成为较大城市。福建地区原来经济不发达，城市很少，这时福州及晋江等均有较大的发展。

佛教在东汉即已传入中国。南北朝时期佛教尤为盛行。城市在发展建设上也受到很大的影响。城市内部大量建造寺院、佛教建筑等，成为城市中心的重要建筑群。例如，洛阳"自迁都以来，年逾二纪，寺夺民居，三分且一。"最

盛之时佛宇多到 1367 所（《洛阳伽蓝记》）。

三、三国至南北朝时期的城市体系

三国至南北朝时期，由于战争的破坏和民族的迁移，城市发展总的趋势表现在北方中原地区城市的残破以及江南和周边地区城市的崛起。

中原地区的长安——洛阳一线，曾是全国城市体系的轴心地带，在三国至南北朝时期，成为军事争夺的主要战场，受创最重，大量人口逃离，昔日都市繁华的景象变成一座座城市的废墟。长安城里最荒凉的时候甚至"户不盈百"，只相当于西汉时期正常情况下一个里的人口数目。杨衒之在《洛阳伽蓝记》中云："余因行役，重览洛阳。城郭崩毁，宫室倾覆，寺观灰烬，庙塔丘墟，墙被蒿艾，巷罗荆棘……"，描绘了战乱城市的衰败景象。

以建康为代表的江南城市的崛起，标志着江南经济的上升趋势，反映了全国城市体系格局的深刻变化。"洛京倾覆，中州士女避乱江左者十六七"（晋书，王导传），大量人口涌向江南，促进了经济文化的空前发展，使长江流域出现了"荆城（荆州）跨南楚之富，扬郡（扬州）有全吴之沃"的形势。城市的发展带动了腹地的发展。这一时期南方发展起来的重要城市还有京口（今镇江），因北临大江，南通吴郡、会稽，西连建康而成一方都会。山阴（今绍兴）为豪门大族聚居之地，又是两浙绢米交易中心，即所谓"海内巨邑"（宋书，顾恺之传）。襄阳为南北通商贸易的据点。江陵则为东晋南朝境内除都城建康外的另一处政治经济中心。番禺（广州）因南朝时海上贸易的发展，更为富庶，"卷握之资，富兼十世"（南齐书，州郡志上）。

除江南地区外，与中原城市丘墟形成对照的还有河西走廊。由于中原混战，"中州避难来者日月相继"（晋书，张轨传）。在五胡十六国时期，河西走廊为前凉、西凉、北凉等政权割据，由于偏安一方，社会相对稳定，其割据政权的中心城市姑臧（今武威）也得以迅速发展，北凉时人口达 20 多万。

山陕高原的北部地区，历来是北方游牧民族与中原"诸夏"的接触地带。魏晋南北朝时期，北方民族强盛，山陕高原北部则成为其"威制"南方的战略基地，在其建立政权后，都城往往选在此处，其中最重要的是鲜卑族北魏政权的平城（大同）和匈奴族夏政权的统万城。

在城市的行政管理体系方面，在三国与西晋时期，州正式成为一级政区，开始实行稳定的州郡县三级制。曹魏有郡约 90，吴有郡 43，蜀有郡 22，共约有郡 155。对两汉而言，南北郡数均有增加。南方郡数增加比较明显，且南北郡数比重发生了变化，三国大体上是北方占 6/10，南方占 4/10。西晋时总共郡 162，秦岭、淮河以北有郡 86，以南有郡 76，北方占 53%，南方占 47%。与此同时，南方的地区政治中心也随着郡级政区的增多而增多。县的情况南北也不同。魏有县 700 余，吴有县 313，蜀有县 100，共有县 1200 左右。与两汉比较，黄河流域的县不仅没有增加，反而减少；而南方明显增加。南方郡县的增多也明显反映了东汉末年以来，南方地区逐渐开发的结果。

西晋末年永嘉之乱，北方先后处在游牧民族所建立十六国的统治之下。各国往往在各自统治的较小区域内随意分置许多州，州制开始发生混乱。此后由于政局混乱，兵战连年，人口流动不定，州郡废置不常，至南朝后期，实行了400多年的州郡县三级制已经处于完全崩溃的境地。

总之，在魏晋南北朝时期，城市体系的状态十分紊乱，除江南城市的兴起与发展具有长远意义外，北方的城市此起彼伏、动荡不定。然而，就具体城市而言，曹魏邺城开创了城市规划与建设的新局面，建业的发展带动了江南城市的兴起以及中国经济重心的逐步转移。

第二节　曹魏都城邺城的规划

一、曹魏都城邺城的规划

东汉末年军阀混战时，长安洛阳先后被毁，城市建设也呈停滞状态。而此时，在曹操统治中心，却新建了一座都城邺城。曹操实行屯田制，招募失去土地的逃亡农民来耕种、开垦荒地，定出法律，严禁大地主豪强兼并，使农业生产迅速恢复。他还实行"唯才是举""以法治军"，在政治及军事力量方面都得到加强，统一了半个中国。为了加强其后方根据地，建了新都邺城（图5-2-1）。

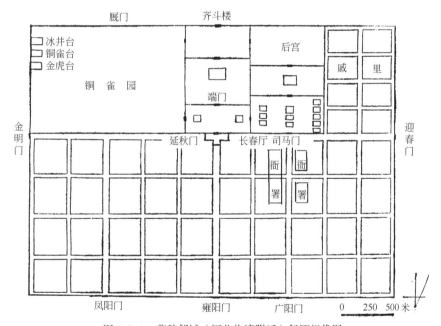

图 5-2-1　曹魏邺城（河北临漳附近）复原想像图

邺城址位于今河北省临漳县附近，漳河沿岸，除了位于城西北角的铜雀台、金虎台尚有遗址外，城址大部分已为漳河冲毁，只能依据文献资料来研究（图5-2-2）。

据《水经注》记载邺城的规模为："东西七里，南北五里，饰表以砖，百步一楼，凡诸宫殿门台隅雉，皆加观榭。层甍反宇，飞檐拂云，图以丹青，色以轻素。当其全盛之时，去邺六、七十里，远望若亭，巍若仙居"（《水经注》

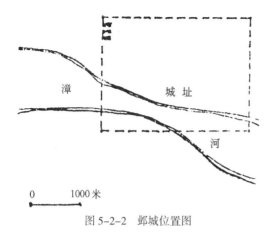

图 5-2-2　邺城位置图

卷 10 "浊漳水注"）。按晋尺 1 尺为 0.25 米，1 里合 441 米，东西为 3087 米，南北为 2205 米。又记载："（邺）城之西北有三台，皆因城为之基，巍然崇举，其高若山，建安十五年魏武所起"（《水经注》卷 10 "浊漳水注"），"中曰铜雀台……，南则金虎台……，北曰冰井台"。《邺中记》记载："……三台皆砖甃，相去各 60 步，上作阁道如浮桥……施则三台相通，废则中央悬绝也"。三台今只有两台尚有遗迹。南面一台为金虎台，台基底部东西约 70 余米，南北约 120 米，呈长方形，高约 8～9 米。此台基北相距约 80 米另有一台基，残存部分最宽处 50 米，长约 80 米，高仅 3 米，按文献推测应为铜雀台。最北的冰井台已完全为漳河水冲毁。如按相距 60 步的位置推算出冰井台的位置，假定其为城西北转角处，再直角引出一线假定为北城墙，则适与现有一条高出地面的长约 1.5 公里的沙丘重合。

据文献记载，城市中间有一条通向东西主要城门的干道，将城市分成两半部。北半部全为统治阶级专用地区，正中为宫城，其中布置一组举行封建典礼的宫殿建筑及广场。宫城东为一组宫殿官署，其北半部为曹操的宫室，南半部为官署。官署东为戚里，为王室贵族的居住区。宫城西为铜雀苑，为王室专用园林，靠近西城为粮食武器库。东西轴线南半部为官衙和一般的居住区，划分为若干正方的坊里，还有三个市，还有手工作坊。

东西干道通向东城门迎春门及西城门金明门。南北向有三条干道：中轴线干道由南门雍阳门，通向宫门及宫殿建筑群，以北城正中的齐斗楼为终点；西面一条干道，由铜雀园大门通至凤阳门；东面一条干道，由军政中心的司马门通向广阳门，两旁也有一些官署。东西干道与中轴线干道"丁"字相交于宫门前，并建有三座止车门，形成一个关闭形的广场。

城中的水系是在城西北引漳河水，由三台下流入铜雀苑及宫殿区，分流一部分至坊里区，由东门附近流出城外。园林也很多，除铜雀苑外，城西有文武苑，北城外有芳林苑，其东有灵芝苑等。

宫殿建筑群的布置很严整。正中宫城部分，入宫门为一封闭形广场，经过端门至大殿前宽广的庭院，大殿在正中，举行大典时用，殿前左右有钟楼及鼓楼。东部的宫殿官署区布局也很严整，进入司马门，干道两边为各种官府衙门，形成重重院落，后半部为后宫为曹操居住之用，是按照"前朝后寝"的制度规划的。

邺城的主要宫殿在西晋末年毁坏，后赵石虎在此建都时有所修复，对三台也曾扩建。北齐时，在邺城南又筑一邺南城，《邺中记》记载："邺南城东西六里，南北八里六十步，高欢以北城窄隘，令仆射高隆之更筑此城"。城址目前已无痕迹，大部分已为漳河冲毁。

邺城的规划布局在古代城市的规划中有重要的影响，城市有明确的分区，统治阶级与一般居民严格分开，一方面是继承了古代城与廓的区分，也直接继承了汉代宫城与外城的区分。不同点是，区分更明确，不像汉长安与洛阳宫城与坊里相参，或为坊里所包围。这也反映了阶级的对立及当时等级的森严，统治阶级对人民的防范，三台就有明显的防御性质。整个城市的布局，将道路正对城门，干道"丁"字相交于宫门前，这样把中轴线对称的布局手法从一般的建筑群，扩大应用于整个城市。这种规划手法对以后的都城布局有很大影响，如唐长安等城。

二、东魏、北齐邺南城的规划

东魏、北齐邺都南城紧附于曹魏邺城之南，为南北向的长方形。高欢以"北城窄隘"，故筑南城，"东西六里，南北八里六十步"（陆翔，《邺中记》《丛书集成初编·史地类》）。以晋尺计算，六里为2.646千米，八里六十步为4.41千米，面积为11.64平方千米，比北城宽畅。其形制由东西向的长方形变为南北向的长方形，布局整齐甚过北城。全城有11个城门，南3门，东西各4门。实际上为13门，在北城南墙上开有二门，作为南城的北门。城门对称设置，东、西4门相对应，由于宫城在北，北面二门与南面三门中的左、右二门对应。宫殿位于北部中央，其南面正门阊阖门与南墙正南门、朱明门之间的干道就是全城的中轴线。宫城正中南门有三道门，即阊阖门、端门、止车门，开创了宫城正门由多门构成的先河。宫城南半部也有由大殿构成的中轴线，即太极殿、昭阳殿，昭阳殿东有宣光殿，西有凉风殿。北部称为后宫，大殿很多，可能因地制宜，自由布设，最北部则为后园，即御花园。由此可见，邺都南城的宫殿布局，也为后来唐、宋、元、明、清都城的宫殿布局开创了先河。由于有明显的中轴线，全城里坊、市场完全左右对称布局，十分整齐。"南城自兴和迁都之后，四民辐凑，里闾阗溢。盖有四百余坊，然皆莫见其名，不获其分布所在。其有可见者有东市（东郭）、西市（西郭）、东魏太庙、大司马府、御史台、尚书省卿寺、司州牧廨、清都郡、京畿府……"（嘉靖《彰德府志》，卷8）。坊也就是居民区，北城称里，南城称坊，从此以后坊名就成为居民区的称谓。400余坊自然是以中轴线为中心左右对称布局。东、西二市的具体位置虽难确指，但对称布局却毫无问题（图5-2-3）。

邺都南城这种完全对称布局的新格局，开创了中国都城整齐划一的新规制，隋唐长安城和元明清的北京城，其布局特点，都渊源于邺都南城。尽管"邺都南城，其制度盖取诸洛阳与北邺"，但其在继承中又有所发展，开创了一代都城的新模式。"自高欢善之，高洋饰之，卑陋旧贯，每求过美，故规模密于曹魏，奢侈甚于石赵"（嘉靖《彰德府志》，卷8）。

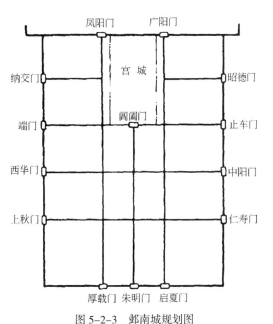

图5-2-3 邺南城规划图

第三节　北魏时都城平城、洛阳的改建、扩建

一、北魏都城平城的规划

北魏统一北方后，最初建都于平城（山西大同）。初建都时，并无城廓，后来把原平城的西郊改为宫城，在宫城南面改筑为坊，大的坊可容四五百家，小的可容六七十家。《魏书·太祖纪》记载：“天赐三年（公元406年）六月……引沟穿池，广苑囿，规立外城，方二十里，分置市里，经涂洞达”。可见，当时是在宫城之南建坊里，与曹魏的邺城布局类似。这种布局对洛阳改建扩建时的布局也有一定影响。

北魏政权在都城平城的建设上，完全采纳了中原社会的城市观念。平城本身有门阙，有苑囿，“分置市里，径涂洞达”。都城周围也按照中原古老的“王畿”的概念，确定了大范围的“畿内之田”，形成了一套完整的京—畿地域结构。同时，又几次从各地包括长安向平城遣徙吏民、能工巧匠，以提高京师的社会经济水平。北魏灭掉河西走廊的北凉政权以后，还将那里的一批学者迁居平城，以提高京师的文化水平。但是，在当时的自然环境和社会环境上，平城不具备发展大都市的地理条件，其中最突出的问题是，相对于首都不断增加的众多的人口，粮食终究不能自给，又没有从外地调运粮食的畅通高效的漕路，平城逐渐成为一座饥饿之城。所以，孝文帝决定迁都洛阳，他说：“朕以恒代（晋北地区）无运漕之路，故京邑民贫，今移都伊洛（洛阳地区），欲通运四方……”（《魏书·成淹传》）。北魏政权以平城为首都百年以后，终于放弃平城，迁都洛阳，平城重又变为地方性城市。

二、北魏都城洛阳的改建、扩建

洛阳自东汉至魏晋均为都城。三国至西晋时虽然屡次遭受破坏，但均经过修复，城基础无大变动，而宫殿位置则有几次变迁。

北魏孝文帝元宏时，为了更便于统治全国以及进一步学习汉民族的先进文化，决定将政治中心南迁。孝文帝太和十七年（公元493年），他去洛阳出巡，决定迁都于此，并开始营建，十九年九月新城建成（图5-3-1）。景明二年又筑坊里320个（或记作323，《洛阳伽蓝记》记作220，此处据《魏书·广阳王嘉传》），每坊方300步。景明三年宫室全部建成。东魏时将都城迁至邺城，这里改为洛郡阳。西魏大统四年，东魏侯景围西魏独孤信于金墉城，将洛阳宫室民居烧毁，建筑留存的只有十分之二三，洛阳城又一次被毁。

根据近年考古发掘，北魏洛阳位于洛水北岸，由于洛水北移，遗址南面已被冲毁。其余都城城墙、城门、宫城、城内街道和永宁寺址，都已探明，局部郭墙也已探出。

洛阳北倚邙山，南临洛水，地势较平坦，自北向南有坡度向下。城市范围东西20里，南北15里，建有坊里320个，坊有坊墙。建造坊里的目的是“虽有暂劳，奸盗永止”，以便于管制市民而设的。据《洛阳伽蓝记》记载，北魏洛阳的居民有十万九千余户，城南还有一万户南朝人和夷人，加上皇室、军队、

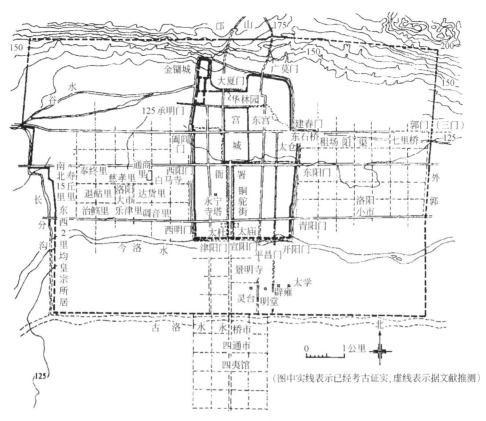

图 5-3-1　汉魏洛阳复原示意图
资料来源：中国建筑史：56

佛寺等，人口当在六七十万以上。

城市的总体布局，宫城建于原来的汉魏洛阳城内居中偏北，宫城南北长约1398 米，东西宽约 660 米，占大城面积 1/10 左右，是都城最重要的中心建筑区。北面为北宫及帝王专用园林，正对宫门阊阖门的铜驼街为城市主要轴线，其西侧为官署寺庙坛社。街东有左卫门、司徒府、国子学、宗正寺、太庙等。街西有右卫府、太尉府、将作曹、太社和灵太后所营建的永宁寺 9 层木塔等。城南还设有灵台、明堂和太学。祭天的圜丘在城南洛河南岸。

京城西面郭内多贵族宅第，靠近西郭墙的寿丘坊是皇子居住区，号称王子坊。靠近洛阳大市一带都为手工业者和商人所聚居。京城东面的太仓是皇室的粮库，租场是征收各地贡赋的地方，附近还有小市，所以这一带也很热闹，居民密集，有的里坊中，居民达二三千户。城东建春门的外郭门是通向东方各地的出入口，洛阳士人送迎亲朋都在此处。里坊的规模是一里（300 步）见方，但从考古勘察所得结果来看，则未必都很整齐划一。每里开 4 座门，每门有里正 2 人、吏 4 人、门士 8 人管理里中的住户，可见当时对居民控制是很严的。

城内有好几处集中的市，文献提到的有大市、小市、四通市，大市在西阳门外 4 里、街道之南，小市在城东，外国商人则集中在南郭门外的四通市，靠近四通市有接待外国人的夷馆区。

大城北面有三座小城，各有墙垣，连接为一整组建筑，它们北靠邙山，南依大城，城垣宽厚坚实，地势险要，是洛阳城的军事要塞。据《水经注》谷水条记载："谷水又东迳金镛城北，魏明帝于洛阳城西北角筑之，谓之金镛城……谷水迳洛阳小城北，因阿旧城，凭结金镛，故向城也。永嘉之乱结以为垒，号洛阳垒。"其中的金镛城就是这三座小城。

道路呈方格形，以通向城门的御道为骨架，以铜驼街为中轴线，城门内道路约宽40米。从内城已探明的道路布置来看，是不规则的方格网，这可能是北魏重建洛阳时沿用旧城原状较多的缘故。北魏洛阳城内的树木也是很多，登高而望，可以看到"宫阙壮丽，列树成行"。谷水所经，两岸多植柳树。

洛阳城中宫苑、御街、城壕、漕运等用水主要是依靠谷水，因为谷水地势较高，由西北穿外郭与都城而注入华林园、天渊池和宫城前铜驼御道两侧的御沟，再曲折东流出城，注于阳渠、鸿池陂等以供漕运。

隋代，在洛阳城西三十里原汉河南县城，另建东都洛阳，此城便荒废。隋末农民起义时，王世充曾在此建都，可见城市仍有一定的基础（图5-3-2）。

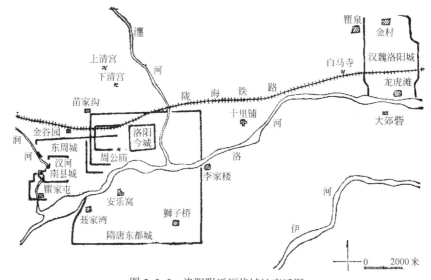

图5-3-2　洛阳附近历代城址变迁图

第四节　六朝都城建康（建业）

南朝都城建康亦为历史名城，最早的城址为春秋末年越国灭吴国后建的越城，位于今南京中华门外秦淮河的南岸，长干桥的西南。据记载，该城周围有二里80步，北依聚宝山（今雨花台），南凭秦淮河，扼秦淮河入江通道，在军事上地势十分重要。公元前333年，楚威王夺取该地后，在石头山（今清凉山）上筑金陵邑城，紧靠长江，军事上比越城更重要。三国时，孙权于公元211年（汉献帝建安十六年），迁都于此，在金陵邑的原址上建石头城，完全利用山坡的自然地形筑城，周长达7里100步，南面开一门，北面开二门，东面开一门，西北因紧靠长江，未开门。在石头城的东面建造都城建业，北依复舟山及玄武湖，南临秦淮河，东凭钟山西麓，西隔冶城山而与石头城相望，城周围二里19步。

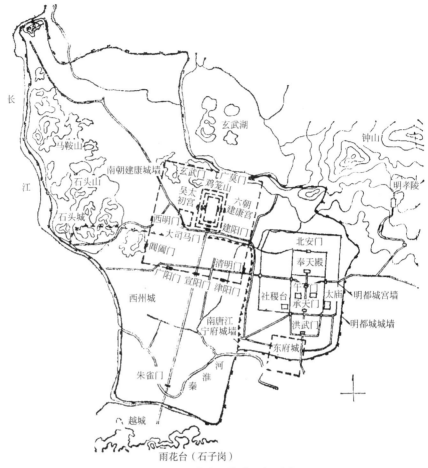

图 5-4-1　南京历代城址变迁图

东吴皇帝所居的宫城在都城中部偏北，主要宫殿有太初宫及昭明宫。从昭明宫的宫门南出，经过都城的正门宣阳门至秦淮河岸的朱雀门的七里间是最繁华的所在。沿秦淮河一带，为市场及居民最集中的地区（图 5-4-1）。

公元 313 年因避晋愍帝司马邺名，改名为建康。公元 317 年，东晋王朝南迁，建都于此。以后又经宋、齐、梁、陈诸朝，一直为南朝都城。

孙吴建立的建业都城，位于今南京玄武湖之南，即今南京市区所在。城垣周围 20 里 19 步（见陈文述《秣陵集》），城平面呈方形，从都城南墙中门宣阳门开始，南到淮水，长 5 里，形成一条中轴线，称为苑路。孙吴初建的太初宫位于城西部。

东晋王朝（公元 317 ~ 420 年）初年，国力很弱，政权操在几家大豪门贵族手中，北朝的军事势力又咄咄逼人，因此在建国初期的六七年间，只是利用孙吴时代的都城。咸和七年（公元 332 年），局部改建宫殿，称建康宫。太和三年（公元 368 年），在宰相谢安和大匠毛安之主持下，又加扩建，新宫内外殿宇共达 3500 间。建康宫的宫城即孙吴时的后苑城，通称台城，周围 8 里，呈方形。南面正中为大司马门，也称章门，给皇帝上奏章的拜伏在此等候回音；东为东掖门，西为西掖门，北为平昌门。

东晋中期的义熙元年（公元 405 年），新建军政中心东府城。位子青溪南岸、秦淮河北岸，周围三里 90 步。又在西晋末年的扬州治的所在地建西州城，安置诸王。这就形成宫城、东府城、西州城鼎足之势。三城之间是居住坊里及商市。

从东晋建都后，经过 200 年的发展，城市人口增加很快。到了梁武帝统治时期，城市人口达 28 万户，约超过 100 万人，成为当时全国政治、经济、文化中心的大城市。城区北至钟山，南至雨花台，西至石头城，东至倪塘，建康城周围 20 里，共九座门，南门称宣阳、广阳、津阳，东门为建阳、清明，西门为西明、阊阖，北门为广英、玄武，都是一门三道，上有重楼。宫城南面正门大司马门距都城南门宣阳门二里。宣阳门外 5 里便是秦淮河畔的朱雀门。

主要商市在秦淮河北与雨花台（当时称石子岗）之间："淮水之北，有大市百余，小市十余"。南朝的政府专门设有大市、南市、北市的令，专管征税等事务，在沿江码头旁经常停靠着来自海外、闽广、长江中上游及"三吴"的大量商船，有时多达万艘以上。

建康还集中着许多官办手工业，如织锦及造纸，设有锦署及纸官署，还有八处大冶炼所。

南朝佛教极盛，尤其是梁代。城内有几百座佛寺，唐朝诗人杜牧在诗中写道："南朝四百八十寺，多少楼台烟雨中"。建康还是当时中外经济文化交流的中心，城内有不少外国使者、商人及僧侣。

宋、齐、梁、陈诸朝，还大规模地扩建了玄武湖周围的园林，如宋文帝时筑冬宫、北堤、禾游苑、华林园等。玄武湖内有方丈、瀛洲、蓬莱三神山，湖北有上林苑。齐武帝时建新林苑、元圃园等宫殿园林。

建康城因位于长江岸边的丘陵地区，山、湖河等地形较复杂，而且是各朝逐步扩建，因而整个城市平面呈不规则形，是我国古代大城市中不规则形平面的典型。但其中宫城部分则按照一定的规划制度，比较方正规则；坊市地区则比较凌乱，有明显的自发发展的情况。

隋文帝杨坚灭陈后（公元 589 年），曾下令将建康城荡平耕垦，另于石头城新建蒋州城统治这一地区。唐代曾先后设江宁、白下、上元等县郡，成为一般的地区中心的城市，是江南地区经济、文化中心。

南朝的建康城，实际上是一组城市形成的，除了在城内有宫城、东府城、西州城外，原来的石头城及越城仍为重要的军事堡垒。为了安置北方大量南下的农业人口，在建康附近还先后设了琅琊、淮南、广州、高阳、堂邑、南东海、南兰陵、南东平等九个"侨郡"，其中，琅琊郡领有临沂、即丘、阳都和怀德四个侨县，均在建康的近郊，都有县城。

第五节　隋唐都城长安

一、隋唐时期的社会背景及城市概况

魏晋南北朝时期，大约 400 年间，由于割据分裂和长期的战争，农村经济受到很大的破坏，商业和手工业也受到严重的影响。国家的统一与和平，成为

各族人民的共同愿望，国内各民族有了进一步的融合。这种情况为隋朝的统一创造了条件。隋初经济有所恢复，沟通了大运河，在这种条件下，隋文帝杨坚建造了规模宏大的大兴城和东都洛阳城。

隋炀帝多次发动战争，及对人民的残酷统治，使这个短暂的王朝在农民起义的斗争中被推翻了。李渊父子取代了农民起义的成果，建立了唐朝。从唐太宗（贞观）到唐玄宗（开元）百余年间，经济空前繁荣，文化高度发展。唐代在隋朝大兴城和洛阳城的基础上，发展建成了东、西都城长安与洛阳，这是当时世界上最大的城市，其规划布局，严整的坊里、市肆制度，对后代和日本的城市都有着深远的影响，在中国城市建设史上占有重要的位置。

南北朝后，中国的经济中心逐渐由中原转向江淮流域，隋、唐时的军事、政治中心仍然以关中地区为主，这就出现了军政中心与经济中心分离的情况。大运河的修通，沟通了南北交通，解决了关中对江淮地区物资大量需求的流通问题，繁荣了商业，运河沿线的一些重要城市随之大大发展，如"淮（安）、扬（州）、苏（州）、杭（州）"在当时号称四大都市，汴州（开封，是汴水与黄河交汇处）、宋州（商丘）、睢扬、泗州等也是重要的商业城镇。唐中叶后，为保卫漕运，这些城市均驻重兵，成为重要的军事据点。

通往西域的陆上国际交通，汉以后曾中断，唐代又恢复，国际贸易和军事行动，使这一带的城市重新繁荣起来。吐鲁番的高昌和交河故城，都还完整地保留着唐代边疆城市的基本轮廓。当时，还有亚非各国特别是阿拉伯商人经海路来中国经商，广州和扬州是其重要的通商港口城市，唐末泉州也成为重要的通商口岸。所有的海、陆贸易又都以首都长安为中心。

魏晋南北朝时期的民族大迁移和大融合，使少数民族地区的生产技术和经济有了提高和发展，原来很荒凉的边远地区出现了许多新的城市，如渤海国的上京龙泉府及西域的一些城市。

唐代驿站驰道以长安为中心通往全国各地，交通畅通，加以国际贸易的发达，促进了国内商业、手工业的发展。有许多官营的手工作坊，如织锦、煮盐、冶铁、瓷器、酿酒等。大城市有繁荣的市肆和适应商业发展的邸店、货栈等。

除了南北朝之后发展很快的佛教之外，唐代国际交通的发展，使得一些西方宗教也传入中国，如伊斯兰教、景教、摩尼教等，再加上统治阶级对中国原有道教的提倡，各城市宗教建筑异常活跃，长安、洛阳城中有大量占地很大的寺院。宗教也影响了一些建筑形式。

唐朝中叶，特别是"安史之乱"以后，国力渐衰，最后在一系列农民起义过程中被推翻，出现了五代十国的局面，使城市和建筑的发展又陷入停滞状态。

二、隋大兴城的修建

长安附近从西周到秦汉，长时间是都的所在地，如丰、镐、咸阳、长安等。这些都城在东汉末年的战乱中受到破坏，关中地区人口减少、耕地荒芜，此之后魏晋各朝建都于洛阳。但北朝的前秦、后秦、西魏、北齐又在汉长安建都，北周灭北齐后也以此为都，隋文帝灭北周统一全国后，仍在此建都，原因为：

1. 长期混战使邺城、洛阳等城破坏严重。

2. 江南初定，政治统治还不够巩固。

3. 关中平原军事形势有利：北可御突厥，西扼巴蜀要道，东可出潼关控制黄河中下游。

4. 隋朝势力原来就在这一带。

隋文帝在长安建都时，决定放弃原来的汉长安城，在其东南另建新城，原因为：

1. 汉长安历经破坏，难于修复，而且"风水"不利。"此城从汉以来，凋残日久，屡为战场，旧经丧乱，今之宫室，事近权宜，又非谋筮从龟，瞻星揆日，不足建皇王之邑……"（《隋书·文帝本记》及《册府元龟·十三》）。

2. 汉长安已有多朝建都，不在新地建都不能体现新王朝的新气象。"王公大臣，陈谋献策，咸云羲、农以降，至于姬、刘，有当代而屡迁，无革命而不徙，曹、马之后，时见因循，乃末代之晏安，非往圣之宏义"（引文同上）。

3. "汉营此城，经今将八百岁，水皆咸卤，不甚宜人"（引文同上）。

4. 汉长安宫殿与一般建筑杂处，分区不明，防卫和管理也不方便。

宋代吕大防在《长安图题记》中记载："隋氏设都，虽不能尽循先王之法、然畦分棋布，闾巷皆中绳墨，坊中有墉，墉有门，逪亡奸伪，无所容足，而朝廷宫寺，门居市区，不复相参，亦一代之精制也，唐人蒙之以为治……"。

宋敏求《长安志》也记载："自两汉以后至于晋齐梁陈，并有人家在宫阙之间。隋文帝以为不便于民，于是皇城之内，唯列府寺，不使杂居，公私有辨，风俗齐肃，实隋文新意也"。

新城选定在"川原秀丽，卉物滋阜，卜食相土"的龙首原高地，位于汉长安东南，在开皇二年（公元 582 年）动工，命太子左庶子宇文恺创制（即制定规划）。

宇文恺可说是一位规划专家和建筑工程师，根据《隋书·宇文恺传》记载，他不仅主持规划了长安和洛阳二城，还从事过水利、长城、桥梁等方面的工程，也亲自设计过一些房屋。

新城历时 9 个月，动用民工数万人，初步建成，定名为大兴城（隋文帝在后周时被封过大兴公），以后隋阳帝、唐初又经数次修建。新城址用地原来还有一些村庄，建城时拆迁，但村名仍保留，原有坟地也一律迁葬。

隋亡后，唐朝仍在这里建都，改名长安城，屡有修建，但城市基本轮廓仍和隋初建城时相同。

三、隋唐长安的地形与规模

长安新城南对终南山及子午谷，北临渭水，东有浐、灞二水和汉代漕渠遗迹，城西一片平原。东北部较高称龙首原，东南部已伸入曲江池及较大起伏的丘陵地区。

隋初建城规模，据宋敏求《长安志》记载："外廓城东西十八里一百一十五步，南北十五里一百七十五步，周围六十七里"。1957 年探查，城址东西长 9721 米，南北 8651 米，周围约 36 公里，不算后建的大明宫，城墙范围内用地约 8300 多公顷，算上大明宫共达 8700 公顷左右，不仅是中国历史上最大的城市，也是古代全世界最大的城市。城北还有广阔的禁苑：东到灞水西岸，北到渭水岸，西面包括汉长安城，南到长安北城墙，其中宫苑建筑很多，和城市面积合起来，有 25000 公顷左右。

《长安志》记载："共有户三十万"，实际上包括京兆府各县在内。就长安城内的长安、万年二县计，共有 8 万多户，按每户 10 人计，加上常驻兵 10 万人，官府僧道等 10 万人，总人口应在百万以上。

四、城市总体布局

隋唐长安是在曹魏邺城之后，第一个平地新建的都城，在规划布局上总结了过去的优良传统，按照一定意图去建造，成为我国严整布局的都城的典型（图 5-5-1、图 5-5-2）。

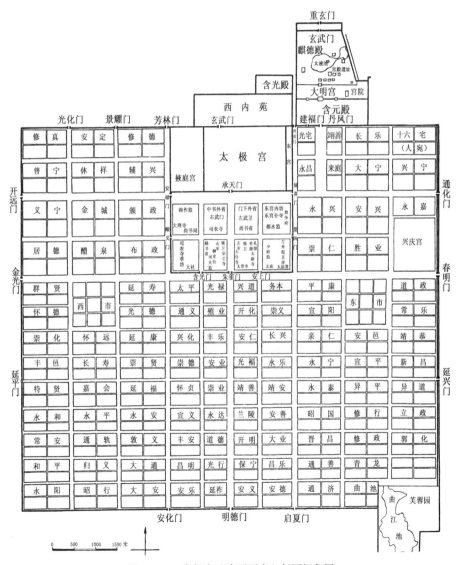

图 5-5-1　唐长安（陕西西安）复原想象图

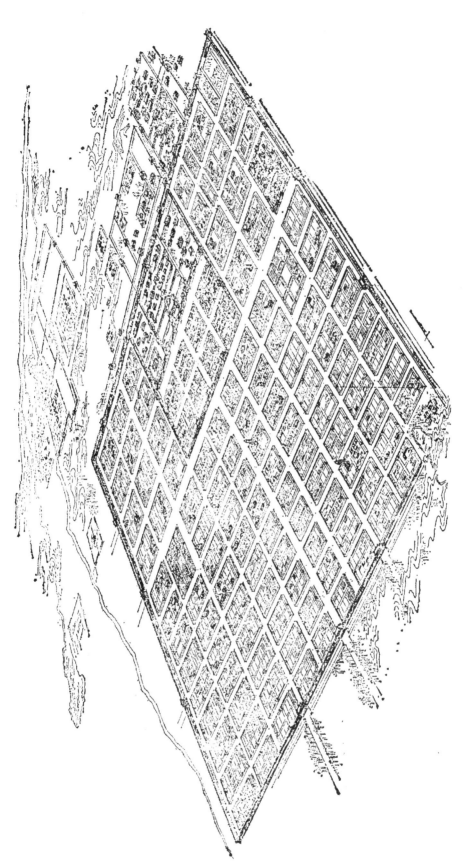

图 5-5-2　唐长安城全景示意图

宫城在城市中部偏北，主要宫殿座北朝南，有"南面为王"的含义，也便于控制全城。

　　宫城南面是皇城，有文武官府、宗庙、社稷坛等，还有为宫廷服务的官营手工作坊（将作监、军器监、少府监等），还驻有军队，其中包括保卫京师的左、右千牛卫等。皇城东西约2820米，南北约1843米。皇城与宫墙之间，用一条很宽的道路分开，文献记载宽为300步（约440米），实测约220米。实际上是一个大广场，可能是为了便于防御，也可能是为了用于练兵操演。在这里还可以"御承天门"接受百官和外国使臣的朝贺。

　　宫城南北长约1492米，宽与皇城同，由太极宫、东宫和庭掖宫组成。太极宫宽1967米，东宫宽150米，庭掖宫宽702米，后来总称西内。

　　城外东北的龙首原上，贞观八年（公元634年）曾建大明宫，作为太上皇李渊养老的宫殿，未建成时因李渊死而停工。高宗龙朔二年（公元662年），高宗患风湿病，觉得太极宫地位低湿，又复建大明宫，并常年移居在此，以后各代也都以大明宫为政治中心，称北内（图5-5-3、图5-5-4）。大明宫"北据高原，南望爽垲，每天晴日朗，南望终南山如指掌，京城坊市街陌，俯视如在槛内……"。经过发掘，主要宫殿有含元殿、麟德殿等（图5-5-5），中间还有太液池。

　　皇城东南，还有兴庆宫，称南内。兴庆宫原是兴庆坊，唐玄宗未即位时和其他几个王子的王府在此。后来向北扩建占永嘉坊地，开元二十四年又向西和南扩建，占道政坊部分和东市东北角。考古发掘得知，兴庆宫南北长1250米，宽1080米，南面就是通向春明门的大街。可能是防御要求，宫城四周道路加宽，因而影响了周围的坊、市。

　　宫城正门——承天门的遗址在今西安莲湖公园内，有三个门道，中间宽8.5米，西侧宽6.2米，东侧宽6.4米。

　　自承天门经皇城正门——朱雀门，直到外城南面正门——明德门（图5-5-6），是全城的中轴线。朱雀门至明德门的大街称朱雀街，长约5316米。东西向第一条横轴是宫城前通到通化门和开远门的大街。第二条横轴是皇城前

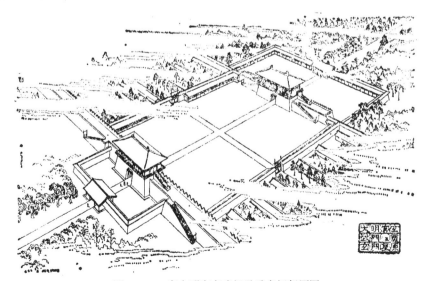

图5-5-3　唐大明宫玄武门及重玄门复原图

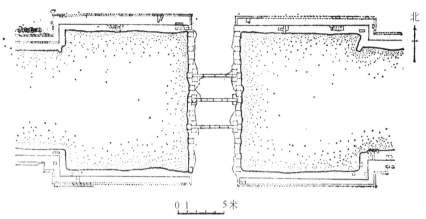

0 1   5米

图 5-5-4　陕西西安市唐太明宫重玄门发掘平面图

图 5-5-5　含元殿复原图（外观）

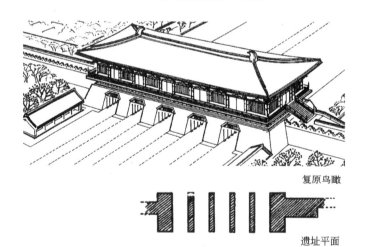

复原鸟瞰

遗址平面

图 5-5-6　唐长安明德门（傅熹年复原）

资料来源：侯幼彬，李婉贞 . 中国古代建筑历史图说，中国建筑工业出版社，2002.

面通到春明门和金光门的大街。两条横轴和中轴线两次相交在主要城门处，这种用道路交叉突出主要建筑物的做法，在中国古代城市总体布局中是常见的手法。和邺城相比，由一次"丁"字相交变为两次"丁"字相交。

北面原有兴安、玄武、芳林等门，建大明宫后又开丹凤门、建福门，北城西部也新开景耀、光化门。东面有通化、春明、延兴门；西面有开远、金光、延平门；南面有启夏、明德、安化门；南北和东西各门都互相正对，中间是城内主要干道（称为六街），城内的街道网也以这些干道作骨架，形成完全对称的布局。由这些路所划分的坊里，也东西对称，使整个城市布局严整、对称。这种对称布局突出了中轴线，又通过中轴线而突出占城市统治地位的宫殿。这种将城市作为一个构图的整体，使道路、坊里、建筑布局成为一个统一体的规划手法，是中国城市建设的优良传统，隋唐长安在布局上的整体性，超过以往的任何城市。

邺城以东西大街为界，把城市分为两半，统治阶级占北半部。隋唐长安也将统治阶级和一般人民的居住地区严格分开，以改变汉长安的"宫殿与民居相参"的情况，但由于规模很大，仅皇城部分就已大于邺城，不可能采用两半的分区方式，而是宫城、皇城居中偏北，被外城三面包围。这样市在南面，似乎与"面朝后市"的城制不符，不过北魏洛阳的布局，市也是在宫南。

祖庙与社稷坛在皇城内的左右，完全合乎"左祖右社"的城制，祭天在城南，和汉长安同。

五、道路系统

道路系统成严整的方格网系统，共有东西大街 11 条，南北大街 14 条，互相直角相交。南北向道路和子午线方向实测相差无几。

通向城门的主要干道，宽度大于其他道路。主要干道出城门后就是市际干道，二者是合一的。当时的主要交通工具是马车，不论市内或市际，对道路的要求是一样的。

隋唐长安的道路宽度，可以说是空前绝后，按文献记载，可分如下几种：

1. 宫前横街：前面讲述过为宽 300 步。

2. 丹凤门大街：宽 120 步，相当于 176 米，是大明宫与丹凤门的笔直通道，当时百官上朝通过此街，车马比较拥挤。

3. 朱雀大街，宽 100 步，相当于 147 米，实测宽度与此相符。其他南北向大街宽度文献记载都是 100 步、实测都小于此数，有 134、108、68 米和 20 米等各不相同。

4. 东西向街道，由北起第一、二、四街宽 60 步（相当于 88.2 米）。第四街实测为 75 米。

5. 东西向街道的第五街以下宽度都应是 47 步（相当于 69 米），实测第五街（通春明和金光门）宽 120 米，第六街 44 米，第七街 40 米，第八街 45 米，第九、第十街 55 米，第十一街 45 米，第十二街 59 米，第十三街 39 米。

6. 除全市性南北东西道路外，各坊里内有"十"字街或"一"字街，其宽度未见记载，实测怀德坊内"十"字街宽约 15 米，显然这是地区性道路，主要供人行。其间还有许多小路，通到每户，称为坊曲。有记载说，王公到崇仁坊妓院，车不能入内。

道路的宽度，并没有完全从经常的交通量出发，朱雀大街那样宽是为了帝王出行的特殊需要，日本园仁和尚关于长安的记载有："（会昌元年）八月早朝，幸南郊坛，坛在明德门前，诸卫及左右军，廿万众相随，诸奇异事，不可胜计……"。南北道路很宽，可能是为了便于位于城北的统治机构"捕亡奸伪"，可以使骑兵易于快速到达全城每个角落。

由于道路宽度超过实际需要，经常发生在道路上掘土筑屋或私自种植的事件，政府不得不三令五申地加以禁止。

道路路面多为泥土，少数地段也发现有砖瓦碎块填铺，因此遇雨就难于通行。朱雀大街路土厚达 0.4 ～ 0.5 米，路两侧有水沟，宽约 3 米、沟深 1.7 ～ 2.1 米，两壁坡度为 76 度，这些沟叫御沟、杨沟或羊沟。后唐马镐的《中华古今注》记载："长安御沟，谓之杨沟，谓植高杨于其上也。一曰羊沟，谓羊喜舐触垣墙，故为沟以隔之，故曰羊沟。亦曰禁沟，引终南山水从宫内过，所谓御沟"。显然，御沟有排水、植树的作用，隔羊不是主要的。

东市、西市里面的街道，宽度仅 16 ～ 18 米，路面用石子铺成，路两边有石砌排水明沟，宽约 30 厘米，沟外，沿店铺还有 1 米宽的人行道。很明显，这是与全市性道路不同的商业街。

东城和城墙平行，筑有夹层。开元十四年（公元 726 年）扩建兴庆宫时，先由大明宫通到兴庆宫，开元二十年（公元 732 年）又向南延伸，通到曲江池、芙蓉园。

夹城专供皇帝使用。"人主自由潜行往返，由外窥之而不能见及"。

六、坊里

唐长安全城共划分有 109 个坊里，坊名颇多变化，主要是与皇帝名字避讳。

坊里大小，按文献记载共有五种：

1. 朱雀大街两侧 18 个坊为 350 步 ×350 步，相当于 515 米 ×515 米，约合 26.7 公顷。

2. 朱雀大街两侧第二排的 18 个坊为 350 步 ×450 步，相当于 515 米 × 662 米，约合 34 公顷。

3. 春明门、金光门大街以南的其他 47 个坊为 350 步 ×630 步，相当于 515 米 ×955 米，约合 49.2 公顷。

4. 通化门、开远门之间的大街以北各坊为 400 步 ×650 步，相当于 588 米 ×955 米，约合 52.2 公顷。

5. 通化门、开远门之间的大街以南，金光门大街以北，皇城两侧的各坊 550 步 ×650 步，相当于 797 米 ×955 米，约合 76.1 公顷。

其他还有一些坊里，面积大小不等，如丹凤门大街两侧的光宅、翊善、永昌、来庭四坊，兴庆宫北的永嘉坊等，都是由于后来开辟丹凤门大街和扩建兴庆宫而形成的。

坊里面积如此之大，在古代中国城市中也是空前绝后的，其原因：一是坊里的划分完全是由干道网决定的；二是为了便于统治管理。坊里数目太多，不便于管理。

坊里内部，前两种在坊里中间有"一"字横街，有东西两个坊门；后三种在坊里中间有"十"字路，有四个坊门，皇城南面四排坊里只开东西门，朝北无门，一方面因为这些坊面积较小，另一方面出于"风水"考虑，认为朝北开门会冲了皇城宫城的"气"。

坊里四周有夯土的坊墙，墙基厚度2.5～3米左右，都临近各街沟边，墙高二米左右，每一坊里像一座小城。坊门在日出和日落时敲打钟鼓启闭。坊门关闭后，严禁在街上行走，每年只有正月十五上元节前后几天，可以夜不闭坊门。

一般居民只能坊内开门，只有贵族和寺庙可以向大街开门。这种规定当然是从便于管理出发，但唐中叶后执行也不严格，常有"起造舍屋，侵占禁街"的现象，政府不得不三令五申地禁止。

坊中有许多大府第占地很大，中唐以后官僚贵族追求排场，宅第宽大，有的府第占了半个或1/4坊里，这些大宅第有时很空。

坊里中还有不少寺庙也占地很大。"僧寺六十四，尼寺二十七，道士观十，女观六，波斯寺二，胡祆祠四。隋大业初有寺一百二十，谓之道场，有道观十，谓之玄坛。天宝后所增，不在其数"（宋敏求《长安志》）。靖善坊的兴善寺、保宁坊的昊天观甚至占一坊之地。晋昌坊的大慈恩寺房屋总计1897间，居住僧众不过300人。

一般居民住宅条件很差，在府第、寺庙之间，在弯弯曲曲的小巷"坊曲"内，低矮窄小，甚至一些低级官吏和知识分子的居住条件也很差。白居易《卜居》诗写自己"游宦京都二十春，贫中无处可安贫，长羡蜗牛犹有舍，不如硕鼠解藏身"。后来他住在长乐坊，也是"阶庭窄宽才容足，墙壁高低粗及肩"。政府对民居的格式有严格限制，"不得造楼阁，临视人家……庶人所造堂舍，不得过三间四架，门屋一间二架，仍不得辄施装饰"（《唐会要》卷卅一）。德宗建中四年（公元782年）五月，政府还制定间架税，两架一间上等屋税2000，中等屋税1000，下等屋税500。

建城之初，只划分了坊里，将土地分给建造者自己建造，住户之间的小巷坊曲，也是自发形成的，坊里内部布置相当零乱。由于政治中心在东北部，王富贵族多在东北建府，城东北人口最密。由于长安居住用地大大超过需要，城南几排坊里始终没有建成，"自兴善寺以南四坊，东西尽郭，率无第宅。虽时有居者，烟火不接，耕垦种植，阡陌相连"（徐松《两京城坊考》）。

七、市肆

城内有东、西二市，对称位于皇城南面各占二坊之地，约900米×900米。市内有东西和南北向街道各两条，呈"井"字形。"井"字街中央部分是市署、平准局，两市均有放生池，市门也有一定的开闭时间。两市在开元时还将河道引入。

市中有行和肆。同样性质的店铺集中在一起称行，记载的有220行，如绢行、珠宝行、大衣行、秤行、果子铺、鞦辔行、铁行、药行、绢行等。

日本园仁和尚在《游学长安记》记了会昌二年六月二十七日"夜三更，东市失火，烧东市曹门以西十二行，四千余家"。可见，当时市内店铺很多。

东市集中着为贵族官僚服务的各种商业，西市颇多外国商人的店铺，相当于一个国际贸易中心，以波斯人、阿拉伯人为最多，有胡店，有胡姬演胡戏，有波斯的珠宝商。

市内以商品交易为主，也有少量与店铺在一起的手工作坊，一般手工业作坊和家庭手工业，可能仍分散在各坊里中。

城内商业需要集中成市，说明商业已较"日中为市"的时代发达，但这样大的城市只有两个集中的市，反映商业不够发达，市民和市的关系不太密切。盛唐以后，商业和手工业分布在其他坊里的越来越多，如乐器作坊（小忽雷）集中在崇仁坊，毡曲在靖恭坊，制玉器在延寿坊，售美酒在长乐坊，造车工匠在通化门附近，东市附近各坊有很多邸店。各坊里中还有一些为日常生活服务的店铺。

市内市民云集，《唐六典·刑部》中规定："凡决大辟罪皆于市。"因而也是官府对犯人行刑的所在。

八、水系和绿化

因汉长安水质变碱，同时地势较高，水井有的深达数十丈，隋初放弃汉长安另建新城，也与此有关。吸取汉长安的经验，隋建长安将宫城皇城选在地势较低之处。

全城引水分东西二区。东面从浐河上游开渠分水，南流到城东高地上，再分几个支流入城，在城东南流入曲江池和芙蓉园，东北支流流经兴庆宫北的龙首渠，一面经皇城，进宫城，到城北的御苑，另一面流入城南坊里。城西引水分两支经南城墙入城，东支经皇城进宫城，在宫城里汇集到苑内的五个湖，再北流到城北御苑区；西支流入城西坊里，后来通到西市。

城市水系主要为饮用，同时在园林绿化上的意义很大，水的良好条件，使长安的园林绿化水平远比汉长安高。

后来把渠道通到西市，水系也起了运输供应的作用。城外的几条渠道完全是漕运的需要，由江淮供应的粮食、物资都集中在城东，这一带还有一些仓库。开元时，城东有个广运潭，曾集中各地船只，举办物资展览会。

城内最好的绿地是曲江池和芙蓉园，皇帝常去游玩，每年三月三日在此宴会群臣，堤岸上张结彩幕，江中有彩船，商人把奇珍异物陈列市中招徕顾客，富豪把名花陈列街上。不过一般人是不许入内游玩的。读书人考中进士后，特许游玩曲江池，并登大雁塔题名。

城北御苑绿化良好，其中还有不少离宫副院、球场（唐朝盛行马球）。

大宅第和寺庙里绿化也很好，诗人颇多描写，如"人人散后君须看，归到江南无此花"（白居易），又如"紫陌红尘拂面来，无人不道看花回，玄都观里桃千树，尽是刘郎去后栽"（刘禹锡）。

城内街道两旁也都有行道树，一般多种槐树，统治者对街道绿化很关心，在官方文件中常谈到街道绿化。皇城宫城内多种梧桐。

九、隋唐长安的破坏

长安城自建成到彻底破坏，共历 322 年，具体破坏情况在赵翼《二十二史札记》中有详细记述："唐人诗所咏长安都会之繁盛，宫阙之壮丽，以及韦曲莺花，曲江亭馆，广运潭之奇宝异锦，华清宫之香车宝马，至天宝而极矣！……

安禄山兵陷长安，宫殿未损，收京时战于香积寺，贼将张通儒守长安，闻败即遁，未暇焚剽。（惟太庙久为贼所焚，故肃宗入京，作九庙神主，告享于长乐殿。）都会之雄丽如故也。代宗时，吐蕃所燔，惟衙弄庐舍，而宫殿仍旧。朱泚之乱，李晟收京时……乃自光泰门入，泚果遁去。远方居人，至有越宿始知者，则并坊市亦无恙矣。……黄巢之乱，九衢三内，宫室亦尚宛然。自诸道勤王兵破贼后入城，争货相攻，纵兵焚掠，市肆十去六七，大内惟含元殿独存，此外惟西内、南内及光启宫而已。僖宗在蜀，诏京兆尹王徽修复，徽稍稍完聚。及奉表请帝还。其表有云，初议修崇，未全壮丽，则非复旧时景象可知也。及昭宗时，因王重荣、李克用沙苑之战，田令孜劫帝出奔，焚坊市，并火宫城，仅存昭阳、蓬莱二宫。还京后，坐席未暖，又因李茂贞之逼，奔华州。岐军入京，宫室廊闾，鞠为灰烬。自中和以来，王徽葺构之功，至是又扫地而尽，于是长安王气衰歇无余矣。"

　　唐朝末代皇帝昭宗末年，朱温迫其东迁，迁宫殿及民房，将木料筏至渭河东下，运到洛阳，城市被彻底破坏。

十、隋唐长安城市的规划思想

　　隋唐长安城的规划，仍是继承了中国古代都城规划的传统，由于完全是新建，这种传统的布局方式表现得更为明显，而且有所发展。直接影响长安规划的是曹魏邺城，邺城之后，北魏孝文帝关于洛阳的改建规划更直接影响隋唐长安。长安城平面方正，每面开三门，宫城居中，宫前左右有祖庙和社稷等，都是《周礼·考工记》上所列的王城制度，至于市在宫南，则洛阳已是这样布局。洛阳北面是邙山，城市向南发展，因此市在宫南。

　　城市布局上，不使"宫殿与居民相参"的意图十分明确。采用严格坊里制则是为了便于统治人民。道路突出宫殿，这一切都是从城市最高主人——皇帝的意图出发的。

　　隋唐长安城市规模、道路宽度、坊里面积都大得惊人，远远超过了实际需要，处处以大来反映当时大一统的强大威力。经过几百年分裂战乱，隋朝统一了全国，不久又建了中国历史上最强大的唐王朝，当时号称"天可汗"。因此在各方面都企图超越前代，以致城市面积超过当时人口需要很多，在唐代全盛时，长安城南部许多坊里始终未完全建成。

　　城市布局有一定的数字概念，每边开三门，一般门均有三个洞。皇城、宫城南面全是三门，明德门是五门洞，采用奇数，奇数可以有中心和对称。

　　毕沅在《长安志》注文中说，皇城前面四行坊，象征四季。九排象征周礼王畿九辅，十三排象征十二月加闰月。中国古代由于对一些天文、生物等自然现象的认识而形成一些"风水""八卦"的观念，对城市和建筑的布局是有影响的。宋代张礼在《游城南记·永乐坊》后注中记载："即横岗之第五爻也，今谓之草场坡，古场存焉。隋宇文恺城大兴，以城中有六大冈，东西横亘，象乾之六爻，故于九二置宫室，以当帝王之居；九三置百司，以应君子之数；九五贵位，不欲常人居之，故置玄都观、大兴善寺以镇之，元都观在崇业坊，大兴善寺在靖善坊。其冈与永乐坊东西相直"。

　　长安城规划对中国古代都城的规划有很大影响。后建的东都洛阳在许多方面类似长安，宋代东京汴梁也受其影响。金的中都是仿效汴梁的，元大都则模仿金中都，所以他们都间接受长安的影响。

长安的规划也是当时国内外一些城市的学习榜样，如唐代位于中朝边境的渤海国上京龙泉府（今黑龙江宁安），其布局方式基本与长安同。日本的古都平安京、平城京，也完全模仿唐长安规划，甚至连朱雀大街、东西市的名称也相同（图5-5-7、图5-5-8）。

平城京的面积相当于长安城的1/4，东西3000多米，南北近4000米，四周不建城墙，但绕以水渠，城内街道是东西南北向的棋盘式布局，把城区分为若干居民坊，每坊之内，又有东西、南北各三条街，把一坊分为16块，宫城位于北部正中，约占四坊面积，宫城南门叫朱雀门，朱雀门到外郭城"罗城门"的大街叫朱雀大街。朱雀大街把诸坊分为左京和右京，又称洛阳和长安，左右各有一市，称东市、西市。

第六节　隋唐东都洛阳

洛阳在很长时间内是多个朝代的都城，汉魏洛阳城在南北朝的战争中屡遭破坏。隋统一时已经残破不堪。

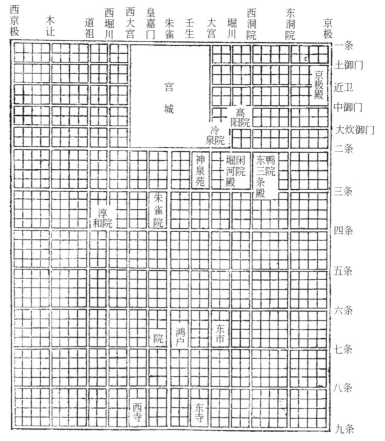

图5-5-7　日本平安京图

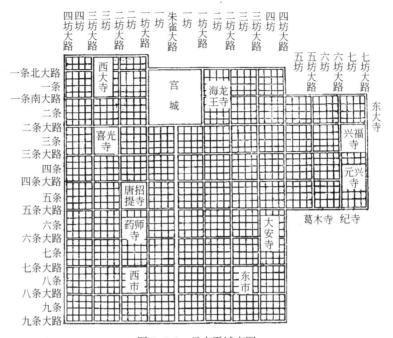

图 5-5-8　日本平城京图

南北朝后，中国的经济文化中心逐渐转入江淮一带，隋统一后政治中心和军事中心仍在关中地区和黄河下游，产生了政治中心和经济中心分离的情况。隋炀帝沟通大运河的目的和积极效果，就在于加强了两个中心的联系，大运河由泗州到汴州入黄河，经三门峡天险到达长安，所以洛阳的供应条件远较长安为好。隋统一全国建长安城后，隋炀帝（公元 605 ～ 618 年）又大规模建洛阳城，称为东京，称长安为西京，当时是两京并重的，皇帝经常住在洛阳。唐以后仍然继续这种情况，唐太宗三去洛阳，唐高宗住洛阳时间更长。唐太宗时一度废掉洛阳东都之名，改称洛阳宫，高宗又改为东都，他重视洛阳完全是由于地理位置和经济上的原因。武则天临朝称制（公元 690 ～ 705 年）改国号为周，在光宅元年（公元 684 年）改东都为神都，在此建都 15 年。唐玄宗在最初执政的 25 年内，去洛阳五次累计住 9 年多，以后宰相裴耀卿实行分段运输法，大大改善了漕运状况，长安供应有了保证，才不再长住洛阳。除了这些经济原因，洛阳更接近山东、江淮，便于在军事上加强对这一带的控制。

洛阳的修建略晚于长安，当时经济力量雄厚，加之隋炀帝穷奢极侈，因此极力追求"穷极壮丽"，他命权臣杨素主持新城建设，规划仍由宇文恺负责，自然有很多方面与长安相似。

洛阳在隋末战乱中曾有破坏，唐末在战争中又一次受到破坏，"宫室焚烧，十不存一，百曹荒废，曾无尺椽，中间畿内，不满千户，井邑榛棘，豺狼所嗥，既乏军储，又鲜人力……"（《旧唐书·郭子仪传》）。以后城市一直没有很好恢复。

一、城市规划布局

隋建洛阳时，先建宫城和皇城，皇城南面正门正对中轴线，在洛河上架桥，正对南面的定鼎门，这一中轴线北起芒山，南对龙门（伊阙），估计当时的规划

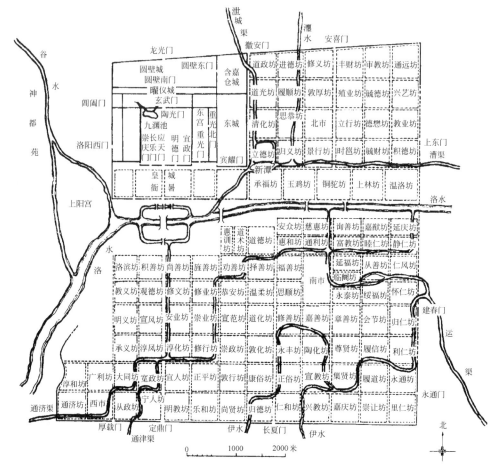

图 5-6-1　唐洛阳东都坊里复原示意图
资料来源：中国建筑史（第七版）．2015：68

意图，可能仍是参照长安城布局，以中轴线为骨干，建一座完全对称的大城市，但是后来因为宫城、皇城以西，就是在东周王城基础上建造的汉河南县城，旧有基础不便建造，坊里区就向宫城、皇城以东发展，并跨过了瀍河，又向南跨过了洛河，从而形成了皇城、宫城位于全城西北角，主轴线也偏于一侧的不对称布局。

全城面积约5300公顷，东西平均长7000米，南北7300米，基本是正方形。西南角顺应洛河河道，城墙部分弯曲。

城市西面无门，北面除了位于主轴线上的宫城后门外，还有徽安门、安喜门，东城有上东门、建春门、永通门，南面有长夏门、定鼎门、厚载门。由于整个城市布局不对称，城门的位置也不对称，各城门之间也不对应（图5-6-1）。

二、皇城和宫城

皇城、宫城位于全城西北角，宫城位于皇城北部，地势较高。皇城南面临洛河，以西是辽阔的禁苑区，占了涧河以西整个冲积平原，禁苑围墙长达229里138步，大部分坊里在洛河西岸的冲积平原上，这种宫城居高临下的局面也是体现帝王权威的思想。皇城在宫城的东、西、南三面。宫城略近正方形，南北稍短，东西稍宽。宫城之北有曜仪城，再北有圆壁城。皇城之东是东城，东城之北有含嘉仓城，所以《旧唐书·地理志》记载："宫城有墙四重"。宫城南墙有四门，正门是应天门，东是明德门，再东是重光门（就是东宫的南门），应天门西是长乐门。北墙正门叫玄武门、西墙有嘉豫门。皇城和城内，分布着各街署。含嘉仓城南北长 700 余米，东西宽 600 余米，仓内有粮窖 200 余座。

三、坊里

洛河将城分为南北二部分，北部在宫城以东有 29 个坊，南面有 78 个坊，共计 107 个坊，都位于平坦地区，它的划分和形状都很方正规则，除少数是 200 米 ×450 米外，大部分是 450 米 ×450 米的正方形，和魏晋记载的正方一里的尺度符合，据说坊内有"十"字形道路，坊有坊墙。

四、道路系统

洛阳的道路系统和长安相似，正对宫城主要城门的南北大街是全城最大的干道。以对着各城门的道路为干道形成骨架，和划分坊里的一般道路形成方格形路网，由于整个城市布局不对称，道路网不像长安那样完全对称。

道路宽度也较长安为小，最宽的主轴线大街——定鼎门大街宽 120 米左右，其余干道宽度为 40 ～ 60 米不等，一般道路宽度在 30 米以下。看来是吸取了长安的经验，宽度比较适应当时市内交通的需要，没有过多浪费用地，使城市布局更为紧凑。

五、市肆

城市里共有三个集中的市，最大的南市在洛河南岸，"东西南北居二坊之地，其内一百二十行，三千余肆，四壁有四百余店，货贿山积"。北市在洛河北岸，在该地区坊里的中央，占地一坊。西市在城市西南隅，厚载门内，也占地一坊。

在其他坊里也分布一些商业和服务业，例如，洛河两岸的道术坊有五行、占候、卜筮、医药等集居，沿洛河两岸和运河两岸诸坊，也都有商店和邸店。

洛阳水运比长安发达，长安只有较小的漕渠通到城中，洛阳位于洛河两岸，大船可在城中靠岸，当时洛河经黄河在汴州与汴河相通，能直达江淮各地，因此洛阳是物资的集散地，城市内的大商市都与洛河有直接关系。

隋代开的运河，经西苑横过皇城，平行洛水横穿皇城以东的坊里，所以运河以南、洛河以北的承福、玉鸡、铜驼、上林、温洛诸坊都是商业最繁荣的地方。武则天时（公元 701 年）又在皇城东南角元德坊开辟了一个大水潭，可以容纳各处来的商船。

第七节　隋唐时期的一般州县城市及商业城市

唐代国内最大的商业城市有三个：一为南方海港广州（番禺），一为长江与运河交会处的扬州（江都、广陵），一为运河至黄河的转运中心汴州（开封），此外益州（成都）、洪州（南昌）等地也是商业中心，现举扬州为例。

一、唐代的商业城市——扬州

扬州是当时最大的商业中心，因位于富庶的长江下游又是长江与大运河交汇处，除长江下游各地商旅在此集中外，长江中上游的商品在此转口，海外商船的货物也在此转运。扬州也是江、淮盐的集散地，当时盐铁是专卖的，盐铁转运使即设在扬州。扬州的海外交通，主要是海上丝绸之路，沿北部湾和中南半岛海岸南下，入马六甲海峡，经马来半岛西海岸、印度半岛东海岸，到已程不国（今斯里兰卡）。

扬州历史悠久。春秋时长江江面很宽，达 50 里，南至镇江，北至扬州北的蜀岗。战国时吴王夫差开邗沟，当时建沟城，在今平山堂西北一带。楚怀王十年筑广陵城，城在沟东蜀冈一带，秦统一全国后扬州成为重要交通中心，城市有了发展。汉初为盐铁等工业的中心，城址扩大，城的南边在蜀冈，南北达 10 里。

隋时长江江面已大为缩小，南岸仍在镇江。北岸在今城南十里的扬州渡（今扬子桥），运河即延伸至扬州渡入江，隋炀帝在此建临江宫。唐代北岸与江心的瓜州连成一片。玄宗时将运河延伸至瓜州，使瓜州成为大码头。

扬州的商业以药材、铜及铜器、玉器、盐等较盛。扬州是手工业中心，以铜器及毡帽著名，也有一些造船业。扬州也是外贸城市，伊斯兰教由海上转入，建有教堂。

唐代扬州城有子城和罗城，子城在蜀冈上，为春秋战果时的邗城。唐代为官衙集中地，又称衙城，城内有南北、东西道路"十"字交叉，通向城门。

罗城位于子城东南平原上，为居民坊里及商市所在，形状规整，呈长方形。城内有南北道路六条，东西道路十四条，其中南北干道三条，东西干道四条。道路宽度 5 ~ 10 米，路网为棋盘状，东西五排坊，南北十三排坊。坊长450 ~ 600 米，宽约 300 米。坊内部有"十"字形道路，布局与隋唐长安城相似，尚未发现有坊墙。

罗城内有两条南北向水道，是运河的一部分，河道两侧为码头街市，在城南有大市（图 5-7-1），是江南主要的物资集散地。

唐末由于节度使割据，汴河年久失修，逐渐淤塞，漕运受到一定影响，因此扬州的经挤地位也下降。军阀之间的战争也使城市受到破坏，五代时更为严重。宋以后扬州城址也有变迁。

二、唐代的一般州县——新绛

唐代的一般州县城市很多，但在后世多重建或改建，基本上能保持当时格局的不多，这里仅举山西新绛一个实例。

目前，新绛城内并无宋以前的建筑物，城墙也系明初重修，但有几处遗址和一些文献记载可以说明城市轮廓基本上与唐代变化不大（图 5-7-2）。

据文献记载，新绛在隋唐时，有名园"绛守居园"，为州衙的后花园，遗址尚在（今为新绛中学的校园）。唐长庆三年樊宗师所撰《绛守居园池记》，详细地描述了当时的环境与园地的情况。现存的州衙大堂，虽经改建，但屋架的主要构件至少是元代以前的遗物。

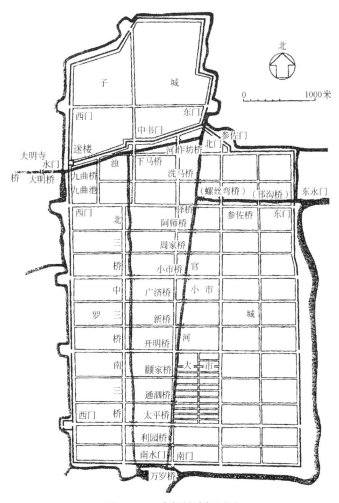

图 5-7-1 唐扬州城复原图
资料来源：蒋忠义：隋唐宋明扬州城的复原与研究，《中国考古学论丛》
1997 年"唐扬州城复原图"加工而成

《新绛县志》记载县署即古代的州衙。《绛守居园池记》中有两句描述城垣："陴缅孤颠，蚵倔，元武踞"，意为城墙在北山上耸立，由近及远，从现有北城看来，与描述相似。宋代绛州通判孙冲《重刻绛守居园池记序》所描述的城市情况："冲登城西与北引望，所谓黄原块天，汾水钩带者"，"西北正与姑射山相对，最居北，城上西连废门、台楼，东北可周览人家，依崖垦，列屋高下"。这些描述也与目前城市格局相似。《新绛县志》记载："县城即旧州城，自隋开皇三年，由玉壁徒此，始建。明洪武元年指挥郑遇春重修"。

新绛在隋唐时即为由太原（晋阳）至临汾，往西至稷山，然后在河津渡过黄河通往关中的要道上，故商旅较发达。城内民居及沿街店铺多为明代建筑。城内主要建筑州衙在城北山上，地势雄伟。后建的城隍庙即在州衙近旁，州衙附近山上还有钟楼（明宏治年间建）、鼓楼（元至正年间建），这一组建筑可以俯瞰及控制全城。城内以主要的南北街及东西街，将全城划分为正平、孝义、桂林、安元四坊。坊名尚在，也可能是当时坊里制的遗迹。由于北半部为山丘，

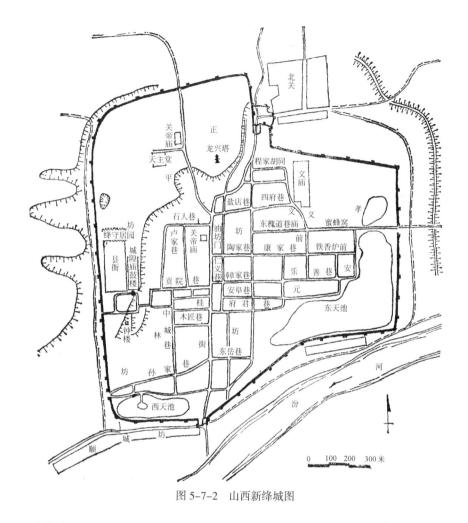

图 5-7-2 山西新绛城图

城南有临汾河，城市平面形状并不规则，充分结合了地形。主要干道为南北向。在布局中虽未采用以道路为对景的手法突出州衙，但却以地形位置突出州衙，显示了它的重要性。

第八节 南北朝至隋唐时期边远地区及少数民族地区城市

南北朝时，国内经过一次民族大迁移大融合，北方原来尚过着游牧生活的少数民族大量南下，吸取了汉民族较先进的农业生产技术，使这些边远地区的生产力有很大的提高。同时，也吸取了汉民族较先进的文化和政治制度，逐渐建立了封建制的生产关系，建立了一些集权制的封建国家。根据这种经济和政治的需要，也兴建了一些城市，其中可举西夏赫连勃勃的都城统万城为代表。这些城市都吸收了汉民族地区城市建设的经验，特别是一些都城，其中以唐代在东北地区建国的勃海国上京龙泉府比较典型。

唐代西域地区在中央政府直接管辖之下，也建设了不少城市。这些城市在一定程度上吸取了中亚西亚一带城市的建设经验，同时也受到汉民族地区城市建设的影响。其中，一些城市后来由于商路断绝，或由于河流改道枯竭，或沙漠扩大等原因，城市都先后废弃，城址也较完整地保留至今。1949年后经过考古调查，发现不少宝贵的材料，成为研究这些古代城市的重要资料，这些城市可以高昌城及交河城为例。

一、唐代的高昌城

该地古称西昌，高昌名始见于《前汉书·西域传》。汉代初元元年（公元前48年），在此设戊己校尉，进行屯垦。《北史·西域传》记载："高昌者，车师前王庭之故地……或云昔汉武帝遣兵西讨，师旅顿弊，其中尤困者因住焉，地势高敞，人庶昌盛，因名高昌。亦云其地有汉时高昌垒，故以为国号"。自晋及魏常设太守统之。晋咸和二年（公元323年），前凉王张骏在这里设高昌都，北凉曾定为国都。从北魏至唐贞观为鞠氏高昌王国时期，后并入唐称高昌。明以后城名虽旧，但城已移至故城以北的三堡一带（图5-8-1）。

高昌故城，在吐鲁番东约25公里、胜金口以南二堡与三堡之间，从胜金口流出的木头沟水，经过二堡流入故城中。

从现有城址看来，高昌城可分为外城、内城及北面的宫城三部分。外城略呈正方形，长宽约1500米，四面有呈弧线式的城垣，西北角向内凹，东墙北半部向外凸出，东西墙保存完好，城垣基址厚12米左右，残存部分最高达11.5米，外筑马路，夯土筑成，夯层8～12厘米。西面有二门，其北端一门还有曲折的瓮城。北东两面也可能有二门。南面有三个阙口，也可能是三个门。外城的东南及西南有寺院，西南角寺院很大，其东南和东北有两个"坊"的遗址（图5-8-2）。

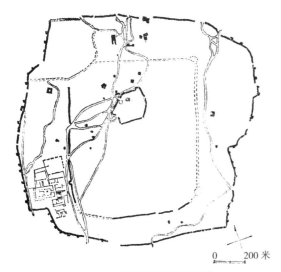

图5-8-1 唐高昌故城平面图

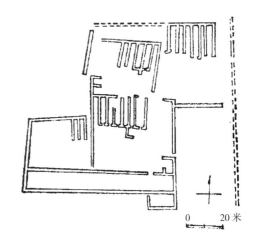

图5-8-2 唐高昌故城西南角寺院东南坊市遗址平面图

内城在外城中间。西、南两面城垣尚保存下来。北、东两面只有残迹，找不到城门的遗址。城正中偏北有一不规则形的圆形小堡垒，内西北有高台，台上有一高达15米的土坯砌的建筑物。在这高耸的建筑物周围的土墙外，一直向北，有几层台阶，越过内城墙与宫城中轴线上的几重殿基相对直。

宫城遗址在全城的北部，呈长方形。宫城北墙就是外城的北城垣，宫城南墙为内城的北垣，城内殿基很多。

居民住屋随地形有两种形式：地势低平的地方，用土坯堆砌或垒土成墙，再用土坯砌成拱顶房屋；地势较高的地方，从地面向下挖出院墙，在一面或数面挖窑洞为住房。

外城东南大寺附近的"坊"保存完整。寺东南的坊有两排很整齐的建筑遗址，与今天天山以南居民经常建造的纵券顶长筒形的房屋一样。在这南北两排相对的房屋之前，有一广场。坊的四角都有巷道式的路，通到坊外，但未发现坊门。这南北两排房屋可能为小手工业作坊，广场可能为集市交易的场所。

城内南部有些建筑遗址，附近有大陶瓮，可能为酿造作坊；其西北尚有一处铸造铜器的作坊，附近有许多绿色炼铜渣。

从宫城布局看，宫城在北，内城在南，与唐长安宫城与皇城位置相似。西南角寺院的东南坊市，也与唐长安的集中的市类似，外城也为一般居民的集居区。

二、唐代的交河城（雅尔湖古城）

唐交河城址在吐鲁番城西10公里，位于两条宽而深的河床之间的狭长地带上。两河在城南会合，交河城名可能由此而来。

该城位于往西及往北的两条交通要道上，在军事防御上也很重要。

两河间的岸地南北长约1650米，最宽处达300米，城址建在由北向南1000米的范围内，岸高10米。城市除西南郊有一些断续的城墙外，四周没有城墙遗址。出入城市有两条道路，一在南端，一在东面。东门面临河床，门内约20米外，正对城门有一岗楼似的建筑物（图5-8-3）。

从北向南，越过全城最大一座佛寺后，便是城内主要大道，宽约10米，长约350米，两侧是高厚的土墙。大街两旁的住宅被街巷划分成一块块的"坊"，坊外围着坊墙，与唐长安的坊里有些类似。走进这些小街及狭巷，方能看见院落的门户。这些院落式住宅与高昌城的一般民居相似。各坊中靠着坊墙对着街巷交叉口的地方都建有一所房屋，大约是作为巡警瞭望的"街铺"，在唐长安的坊里也有这类"街铺"的记载。

城外的河流已完全干涸，城市的废弃与此有关。

高大庙宇均在城市中部，建筑形式多不一致。中部的庙宇建筑，上为庙宇下为洞室。庙墙为长方形土坯砌成，附近多唐代遗物。北部庙宇的墙基由2尺见方的土块叠垒而成，下为方形地室，上覆苇草。这一带可能为回鹘人居住。

交河城在唐代鞠氏王建都高昌时，为交河郡。唐灭高昌国，改称交河县。元时并入吐鲁番城，遂废。

三、渤海国上京龙泉府

渤海国是满族的先世靺鞨人即女真人建立的地方政权。公元698年靺鞨粟末部首领大祚荣建立"震国"，建都于今吉林省敦化县敖东城。公元713年大

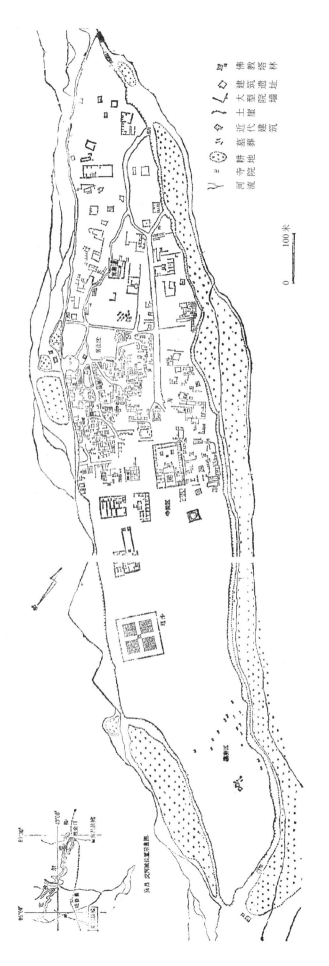

图 5-8-3 交河城平面图

祚荣受唐玄宗册封为忽汗州都督、左饶卫大将军、渤海郡王，遂改号"渤海"，成为唐朝政府管辖下的一个州。公元755年迁都到今宁安县的上京龙泉府。渤海国全盛时疆域南达朝鲜北部，东到日本海，包括东北大陆和俄罗斯南滨海地区全部和伯力边区大部，"方五千里"设5京、15府、62州、130余县。传15世存在200多年，在公元926年被契丹族所灭，城池也被毁。

渤海国上京龙泉府（图5-8-4）分外城、内城和宫城三重，东西宽4400米，南北长3400米，四面共开10个城门，南北各三，东西各二，中央大街将城市分成左、右两半，称朱雀大街，通向外城的正南门，宽达88米，还有四条大街纵横交错，各宽50米。在这五条道路中间，是划分坊里的次要道路。内城在外城北部中间，周围9华里，呈长方形。宫城在内城北部中央，周围5华里多，也呈长方形，城东是禁苑，现有池塘、假山和亭榭遗址。宫城城桓用玄武岩筑成，尚存三米多高，今称为五凤楼的是宫城的正南门，台基高6米，上有巨大的圆形础石，推想当年箭楼宏伟，宫墙壮观。宫殿为五重殿阁，布置在一条中轴线上，现均遗有巨大的础石，它们排列整齐，柱跨大、范围广（图5-8-5）。第一殿前有宽200米的广场，第二殿规模最大。这些宫殿都有主殿、侧殿，各殿之间有游廊相通，是皇室和最高统治机构所在。上京龙泉府是仿照唐长安建造的，形制极其相仿，连出土的雕花纹饰也与唐大明宫麟德殿的纹饰相同。

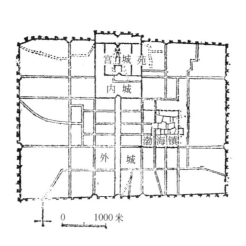

图5-8-4　唐渤海国上京龙泉府图

图5-8-5　唐渤海国石灯幢

第六章 宋元时代的城市

第一节 宋元时代的城市背景和城市概况

唐朝末年，由于中央政权和割据的藩镇之间的混战，不少城市和建筑在战争中受到破坏，以黄巢为首的农民起义失败后，五代十国的割据、混战形势持续了近80年。

当时的混战主要在北方进行，大量有先进技术的人民向南方迁徙，南方虽有战争，但时间不长范围不大，局面相对安定，社会经济有新的发展，使南北朝以来开始的经济文化南移形势更加发展，南方地区的城市更加繁荣。南方海上贸易也很发达，杭州、泉州、广州、明州（宁波）成为海外贸易的中心城市。建康和苏州也是重要的手工业和商业城市。

公元979年，北宋结束了五代十国的分裂局面，也采取了有利发展生产的措施：奖励开荒、兴修水利、讲究耕作方法等，开始的四五十年里，耕田增加近一倍，户口增加近二倍。商业、手工业，尤其是纺织、造纸、瓷器、冶炼等方面，都有了相当的发展，促使城市更加发展繁荣。唐代10万户以上的城市只有10多个，北宋时增加到40个。城市的发展和市民阶层的抬头，也影响了城市的布局和面貌，店铺密集的商业街，代替了严格管理的坊里和集中的市肆。

公元 1127 年，在北方逐渐强大的金朝，灭了辽国之后又灭了北宋，形成长期和南宋王朝南北相持的局面。

南宋控制的地区，长期稳定，经济上占全国重要地位，商业手工业有了进一步的发展。首都临安是政治、经济、文化中心，人口达到百万以上，建康是重要军事据点，经济枢纽。绍兴、扬州、苏州、南昌、长沙、福州、吴兴、泉州、广州等也有进一步的发展，其中广州、泉州集中居住着许多亚非国家的商人，形成外国人集中居住的"蕃坊"。

宋代边地有几个少数民族的国家，如辽、金、西夏、高昌、吐蕃、大理等。

建立辽、金王朝的契丹族、女真族，先后吸收了汉民族的文化和生产技术，开始了农垦和定居，建造了一些城市，如辽上京、辽中京、辽南京、金中都等，都在中国原来城市规划传统的影响下，有了进一步的发展。

辽金之后，北方的一个游牧民族——蒙古族又兴起，他们有一套军民统一的战斗组织，兵力强盛，在 12 世纪末先后灭了金和南宋，建立了一个空前强大的国家，从此，中国历史进入了元朝。各民族融合有了发展，东西方的文化经济交流也在长期中断之后再度恢复和发展。经济上从初期破坏农业生产改变为维护封建地主经济，使农业生产逐渐恢复。由于对外贸易发达，商业和手工业也空前地繁荣，南方许多城市保持了原来的繁荣。在长城以北，先后建造了一些新的城市。蒙古王朝的首都：上都和大都的建造都学习了汉族的传统和经验。特别是大都，可以说是中国古代城市建设优秀传统的集中表现。

宋代的社会、经济、文化和科技的发展对城市产生了深刻的影响，中国城市的发展进程出现了一些新的现象，比如：

1. 随着农业和农村副业的发展，在一些交通要道常出现流转商品的定期集市，称为"草市""墟""场"等，有些集市逐渐发展为市镇，它们的出现丰富了中国古代城市体系的层次。

2. 商业发展往往突破城垣的限制，在城内沿江沿河地区形成商业区，或城外的"关厢"。手工业出现行会组织，同一行业往往集中在一条街上或一个地区中。延续千年的坊市制度全面崩溃，向街巷制转变，这是中国古代城市发展史上的一个重大事件。

3. 宋元以后，由于火药的发明及其在战争中的应用。攻守技术也有变化，一些城市都加砌了砖石的城墙，修建瓮城、马面箭楼，开挖深广的壕沟。

4. 城市，特别是一些政治中心的大城市，集中着封建官僚、地主，还有为他们服务的各种商业、手工业者，人口很多，规模远比欧洲中世纪的城市大。

5. 宋、元时代，城市中的宗教建筑十分发达，佛教、伊斯兰教、喇嘛教等寺院很多，在建筑技术和建筑艺术上影响了传统，对城市面貌也有一定影响。

6. 大运河一直对北方的物质供应发挥着重要作用，宋、金以后，由于黄河多次决口改道，破坏了淮河水系，淤塞了汴河，使中原地区经济受到很大影响。洛阳、开封等一些重要城市也逐渐衰落。

7. 除元大都等少数城市外，许多城市都扩建商业、手工业中心等，所以城市布局多不规则。

第二节 北宋东京（开封）的改建与变化

北宋东京城（开封）是我国古代都城的又一种类型，在城市建设史上占有重要地位。

一、北宋东京（开封）的历史沿革

开封附近是我国古代文化最先发展的地区之一。殷商时代这一带就出现过不少城市，开封建城比安阳、郑州、商丘等晚。史载，春秋时郑庄公命郑邴在此筑城，取开拓封疆的意思，名曰开封，是屯粮储粟之地。战国时魏惠王九年（公元前362年）把首都迁到开封附近新里城，命名大梁，是政治中心，也是商业都会。《读史方舆纪要》中说，大梁城的位置"在今城西北，《史记》大梁东门曰夷门，侯瀛为夷门监，即此"。《东京考》记载："高门在固子门外西北二里，即梁惠王故城之门也。门已废久，今土人犹名其乡曰高门，亦曰梁王城"。"秦始皇二十二年（公元前225年）王贲攻魏，引浚仪渠水攻大梁，城遂破坏。秦时设浚仪县，汉时属陈留郡，晋属陈留国，东魏在此置梁州，北周因城滨汴水，名汴州，隋大业初废州，梁属荥阳郡、唐（后唐）仍置汴州、唐德忠建中二年（公元781年）宣武军节度使李勉重建汴州城，周二十里一百五十步，共有七座城门……"五代时除后唐外，都在此建都，共26年。

北宋统一后在东京建都，金灭北宋，城市受到破坏，政治中心南移临安，加上金明昌五年（公元1194年）黄河在此决口改道南流，破坏了附近的水系，影响了农田水利和航运交通，城市逐渐衰落，成为地区性的政治中心。金宣宗贞祐年间（公元1219年）曾迁都至此，更名南京，共约20年。元朝在此设汴梁路，元世祖至元二十八年（公元1291年）置河南江北行省，以此为省会。明时是北京开封府，洪武十一年（公元1387年）朱元璋封王子朱橚为周王，驻开封，在大内旧址建周王府，清代仍是省会。

二、后周世宗柴荣对开封的改建

在整个隋唐时代，由于大运河是国内主要的经济命脉，汴州（开封）为大运河与黄河相交处，大量漕运在此转运，逐渐成为工商业交通的重镇。唐中叶后，在此驻兵10万，城市又成为保卫漕运的军事重镇。五代时又成为首都。人口增加很快，城市居住很拥挤，矛盾更突出。后周世宗柴荣，为了适应城市发展的要求，对城市曾进行了较大规模的改建扩建，这次改建对开封及其他城市影响很大。

后周世宗显德二年（公元955年），四月颁发改建城市的诏书："惟王建国，实曰京师，度地居民，固有前则。东京华夷辐辏，水陆会通，时向隆平，日增繁盛。而都城因旧，制度未恢，诸卫军营，或多窄狭，百司公署，无处兴修。加以坊市之中，邸店有限，工商外至，络绎无穷。傭赁之资，增添不定，贫乏之户，供办实艰，而又屋宇交连，街衢湫隘。入夏有暑湿之苦，居常多烟火之忧。将便公私，须广都邑。宜令所司于京城四面，别筑罗城，先立表识，候将来冬末春初，农务闲时，即量差近甸人夫，渐次修筑，春作才动，便令放散。或土功未毕，即逦迤次年修筑。今后凡有营葬，及兴窑灶并草市，并须去标识七里

外。其标识内候官中劈画。定军营街巷仓场诸司公廨院务了，即任百姓营造"。

这个诏书是我国古代由帝王颁发的关于城市建设的重要文献，可以看出当时扩建的原因、扩建的具体措施等。在以后的改建扩建中，较重要的结果有以下几方面：

1. 扩大城市用地，在旧城之外，加筑罗城（外城）、新扩建部分相当于原来城市用地的 4 倍。

2. 改善旧城的拥挤现象，展宽道路，改善交通条件。

3. 疏浚运河，便于城市供应，便利交通。

4. 制定许多防火、改善公共卫生的具体措施，沿街划定植树地带，增加城市绿地。

这个改建计划很杰出，主要力量没有放在宫室修建上，也没有受旧的城市规划制度的束缚，而是为了适应城市生产和生活方式发展提出的要求，和以往的都城规划大不相同。

三、城市平面布局

开封有三套方城，南北较长，东西较短，平面形状并不方正规则（图 6-2-1、图 6-2-2）。

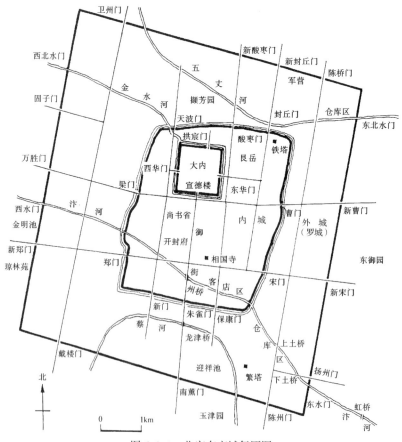

图 6-2-1　北宋东京城复原图

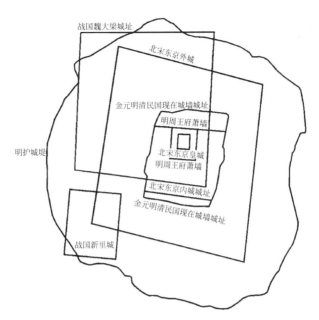

图 6-2-2 开封城址变迁示意图

最内是皇城，也称大内（紫禁城），原是唐代宣武节度使衙署、五代初的梁在此修建建昌宫，后晋时改称大宁宫，周世宗又加扩建，北宋的宫城也在这里。宋太祖建隆四年（公元 963 年）按洛阳宫进行扩建，范围达 9 里 18 步（张驭寰的调查认为开封宫城南北长 900 米，东西宽 720 米，合 6 里）。城南正门是宣德门，左有左掖门，右有右掖门。城东是东华门，城西是西华门，北是拱宸门。四面开门与宫城居中有关，这种方式也影响了金中都、元大都。

第二重为里城。据载，唐德宗建中二年（公元 781 年）宣武军节度使李勉重修。城周 20 里 50 步（张驭寰实测认为，开封里城南北长 2900 米，东西宽 2400 米，合 21 里），共有十门，南墙三门：保康、朱雀、新门（崇明）；北墙三门：旧封丘（安远）、景龙、金水（天波）门；东墙二门：旧曹（望春、迎春）、旧宋（丽景）门；西墙二门：旧郑门（宜秋）、梁门（阊阖）。城门名称有的代表它所联系的地区，如宋门通宋州（商丘），曹门通曹州，郑门通郑州，说明城市与周围地区在交通、经济上的密切联系。

各城门都有瓮城，通御路的四个门，门有三重，各城门正对。其他城门有四重，各门不正对（图 6-2-3），城门的情况，南宋楼钥《北行日录》中记载："新宋门……先入瓮城，上设敌楼，次一瓮城，有楼三间，次方入大城，下列三门，冠以大楼"。

里城和罗城外都有宽阔的城壕，《东京梦华录》东都外城条记载："城壕曰护龙河，阔十余丈，濠之内外，皆植杨柳，粉墙朱户，禁人往来"。

里城虽经多次扩建，但估计其范围与今日开封城墙位置基本相同，各城门位置也基本相同。现城墙范围约 27 里，与文献记载的 20 余里要多，平面呈不规则的矩形。

最外一层的罗城（外城）是周世宗显德二年（公元 956 年）修建，北宋也

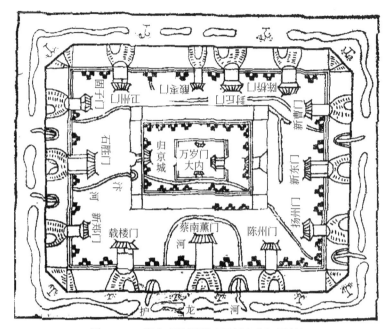

图 6-2-3　宋东京汴梁图（元刻士广记图版）

多次重修、扩建，周围 40 余里（张驭寰测得认为 43 里）。城址目前在地面尚有痕迹，大部在清道光二十一年（公元 1841 年）为黄河泛滥淹没。外城水旱门共 20 个，其中水门 7 个。南面三门为戴楼门、南薰门、陈州门；北面四门为陈桥门、封丘门、新酸枣门、卫州门；东面三门为新曹门、新宋门、扬州门；西面为固子门、万胜门、新郑门。城门命名有的也与通往地区有关，城门位置多与里城城门相对。城垣平面形状不十分规则。

开封的三套城墙、三套护城河是逐渐扩建的，反映了当时的防御要求，史书说宋太祖曾打算将城建成屈曲形状，金兵南下时容易攻破笔直的城墙等，都说明筑城对防御的重要。城墙的修筑非常牢固，《东京梦华录》东都外城条记载："新城每百步设马面、战棚，密置女头，旦暮修整，望之耸然。城里牙道，各植榆柳成荫。每二百步置一防城库，贮守御之器，有广固兵士二十，指挥每日修造泥饰，专有京城所提总其事"。

开封城内河道较多，号称"四水贯都"，河道对城市的布局和发展也有一定的影响，如城东南角沿汴河两岸，直到扬州门外七八里仍是繁华的市区。

四、道路及河道系统

城市干道系统以宫城为中心，正对各城门，形成"井"字形方格网，其他一般道路和巷道也多呈方格形，也有"丁"字相交的，在里城外、罗城内还有几条斜街，主要是由于城市是逐渐发展扩建形成的。

主要干线叫御路，共有 4 条：一自宫城宣德门、经朱雀门到南薰门；一自州桥向西，经旧郑门到新郑门；一自州桥向东，经旧宋门到新宋门；一自宫城东土市子向北，经旧封丘门到新封丘门。《东京梦华录》记载："城门皆瓮城三层，屈曲开门。唯南薰门、新郑门、新宋门、封丘门皆直门两重、盖此系四正门，皆留御路故也"。

街道宽度以御路最宽，据《东京梦华录》记载："坊巷御街，自宣德楼一直南去，约阔二百余步，两边乃御廊，旧许行人买卖其间，自政和间官司禁止，各安立黑漆权子，路心又安朱漆权子两行，中心御道，不得人马行往，行人皆在廊下朱权子之外，权子里有砖石甃砌御沟水两道，宣和间尽植莲荷，近岸植桃李梨杏，杂花相间，春夏之间，望之如绣"。宽度达200余步，可能略有夸大，按现状和其他文献的记载，不可能这样宽，也可能只是靠近明德门一段很宽。在朱雀门外的御路，似有不同，当街也有各种买卖及饮食的摊子。在当时，有专用的御路、人行道、水沟、绿化带的道路断面，确实是一种创造。

开封的街道普遍比长安、洛阳窄，《册府元龟》卷十四记载："（世宗显德三年）……周览康衢，更思通济。千门万户，靡存安逸之心；盛暑隆冬，倍减寒燠之苦，其京城内街道阔五十步者，许两边人户各于五步内，取便种树掘井、修盖凉棚；其三十步以下至二十五步者，各与三步，其次有差"。这段记载，一方面说明当时对城市绿化、改善小气候方面的重视，同时也说明当时一般街道宽度约50步和30步。在北宋时代的写实主义杰作《清明上河图》中所描绘的一段街道，其宽度也不超过15～20米，当然这不是城内主要道路。这些情况的产生，主要是由于城市道路逐渐向密布店铺的商业街的方式发展，另外由于城市人口激增，市内用地缺乏，不可能形成长安、洛阳那样占地过大的街道，虽然这时城市里的交通要比过去繁复得多。

道路密度显然比过去大得多，一般街巷的间距很小，这也与城市生产、生活方式的变化有关。

开封城内和四周有4条河道：汴河、蔡河、五丈河、金水河，都通过护城河互相沟通。其中，汴河横穿城的东西，而且是南北大运河的一段，是城市供应、商业经济的主要交通线，东去泗洲入淮，"运东南方粮，凡东南方物，自此入京城，公私仰给焉"，宋代经汴河运输的粮食年达五六百万石，汴河的畅通和淤塞与城市发展繁荣关系至为密切。五丈河通东京附近各河道和地区，这两条河，一在东南直通城西，一在东北，形成了市内几个商旅交通最繁盛的地区。金水河通大内，是宫内绿化和水面的主要水源。

蔡河自西南入城，到曲麦桥急转东流，经过龙津桥、横桥子，河流到宣化门（陈州门）出城向南流去。

汴河自城西入城直达金梁桥、蔡太理由桥进入内城，经过太平兴国桥、州桥、寺桥转向东南出内城角门子，再经上土桥、下土桥直达大通门便桥，自此出口流向东南方向。

金水河从西北方向西北水门进入，通过内城护龙河与宫城相交。五丈河向城东北斜方向流出，从宫城护龙河流向东北，从东北水门流出。这两条河都与全城护城河相交，构成水网体系。

由于河道多，桥梁也很多，城内外共有桥梁33座，其中汴河13座，蔡河11座，五丈河5座，金水河三座。不少桥在结构上有创造性，如东门外七里的虹桥，"其桥无柱，皆以巨木虚架，饰以丹艧，宛如飞虹"（《东京梦华录》）。在张择端的《清明上河图》中对此桥有生动的写实。又如城内汴河在御道上的

州桥，"则是砥平不通舟船"，"其柱皆青石为之，石梁石笋楯栏，近桥两岸皆石壁，雕镂海马水兽飞云之状、桥下密排石柱、盖车驾御路也"（《东京梦华录》）。桥梁也成为城市景色的主要部分。

市内主要交通工具是大车，有用骡或驴廿头，或牛五七头拽的太平车，专运货物，可载数十石。还有一头牛拉的平头车、酒店多用它载酒，也有人乘的平头车，又有独轮车、人力肩舆等。

五、市肆街道面貌

开封的市肆街道分布和长安、洛阳显著不同，不再限定在"市"内，而是分布全城，与住宅区混杂，沿街、沿河开设各种店铺，形成熙熙攘攘的商业街。东角楼街巷、宣德楼前、西大街、东华门外、潘楼街、太庙街、州桥东街、朱雀门、保康门、牛行街、马行街等，都是有名的商业街。此外，在皇建院街、赵十万街、潘楼东街、录事巷、甜水巷、横街……也更为繁华。《清明上河图》图6-2-4反映的是东京街市局部面貌。

由于商业、手工业、运输业的发达，管理官办手工业的政府机构（总称外诸司），也分散设在城内各处，因而行政区也不如过去集中，只有上层行政管理机构，或专管宫廷用品机构（总称内诸司）集中在大内。

图6-2-4　清明上河图（局部）

最繁荣的商业街是宣德门东的潘楼街、土市子一带，州桥东的相国寺一带，东南角门和到扬州门内、外一带。潘楼街一带是金融中心，《东京梦华录》记载："由宣德门去潘楼街……南通一巷，谓之〝界身〞，并是金银彩帛交易之所，屋宇雄壮，门面广阔，望之森然，每一交易，动即千万，骇人闻见。"金银交易的发达和交子会子等货币的发达，正说明北宋时商品经济的开始发达。

码头区在城外运河的沿岸，如东南扬州门沿汴河和北面沿五丈河一带，仓库区也集中在这一带，多达 50 余处，大多专为运储漕米。

城内也有集中交易的市。相国寺位于城市繁华区，正在汴河北岸，交通便利，而形成大的交易市场。每月五次开放万姓交易，其中又按地区分别进行各类货物交易。《燕翼诒谋录》曾记载："东京相国寺乃瓦市也，僧房散处，而中庭两庑可容万人，凡商旅交易，皆萃其中，四方趋京师以货物求售转售它物者，必由于此"。《尘史》卷下记载："都城相国寺最据冲会，每月朔望三八日即开，伎巧百工列肆，罔有不集，四方珍异之物，悉萃其间，因号相国寺为破脏所"。

城内还有通宵营业的地方，形成夜市和晓市，如州桥夜市。朱雀门外御街一带的晓市，天不亮就开业，人称"鬼子市"。许多饮食店、酒楼等颇多通宵营业，反映了城市经济和市民阶层发达的需要。

城市手工业大多建立在为统治阶级服务的基础上。官办作坊有衣服、绫锦、瓷器、印刷、酿酒等，属于绫锦院的职工有 400 人。军械所军匠有 3700 人，东西作工匠 4000 人，共达 8000 ～ 9000 人之多。私人手工作坊有金银铺、药店等，分工较细，雇佣劳动也很普遍。

《清明上河图》描绘的街景就是在狭小的街道两旁，尽是店面，有的张灯结彩，有的挂名贵的字画，有的建有欢楼（彩牌坊），有各种招牌。饮食品的数量尤多，和后世的街景完全一样。

城内还有一种瓦子，集中着各种杂技、游艺、茶楼、酒馆，附近还有妓院。这种瓦子全城有五六处，如中瓦子、南瓦子、州西瓦子、保康门瓦子等，瓦子都接近闹市或城门处。最热闹的是桑家瓦子、中瓦子、里瓦子一带："其中大小勾栏五十余座，内中瓦子莲花棚、牡丹棚、里瓦子夜叉棚、象棚最大，可容数千人"（《东京梦华录》）。

开封城饭馆、酒楼非常多，全城有大酒楼 72 处，"白矾楼，后改为丰乐楼，宣和间更修，三层相高，五楼相向，各有飞桥栏槛，明暗相通，珠帘绣额，灯烛晃耀"（《东京梦华录》）。《士林广记》的东京城图中在白矾楼的地名下也画着一个三层楼，此外还画着太平、长乐二楼都是二层楼，其他则只标出官署、寺观等，可见酒楼在城市生活中的重要地位。

饮食店的种类更多，其中包括外地特色的食品店，还有一些招待客商的邸店。这些说明市民阶层和流动人口的增加。

六、居住区与居民生活

北宋时东京人口增加很快，太宗太平兴国年间（公元 976 ～ 984 年）有 18 万户，神宗元丰年间（公元 1078 ～ 1085 年）有 33 万 5 千户，徽宗崇宁年间（公元 1102 ～ 1106 年）有 26 万户，《宋史·地理志》记载："开封府，崇宁间有户二十六万一千一百一十七，人口四十四万二千九百四十"。宋朝的人口是男丁数，20岁为丁，60岁为老，妇女不计，所以每户人口平均不足二人。如果每户平均按4～5人计，全城人口当在110万～130万之间，加上常驻禁军14万人（北宋末达到40万人），城市总人口当在130万～170万之间，是当时世界最大的城市。人口中除了少数皇族官僚外，主要是一般市民，包括士人、商人、工匠、仆佣、僧道、士兵、妓女、无业流民等，尚有一些外国侨民，其中有一些犹太人就一直在开封落户。

当时开封人口比唐长安多，面积却只有长安的一半，可见人口密度和建筑密度大为增加，这些情况必然带来城市防火、公共卫生、防疫、街道交通等方面新的问题。周世宗改建城市时建立了完整的防火制度，按地段建立了消防瞭望的望楼，各处有士兵值班，并制定了许多管理办法，魏泰《东轩笔录》十卷记载："京师火禁甚严，将夜分，即灭烛。故士庶家凡有醮祭者，必先白厢吏，以其焚楮币在中夕之后也"。《百岁寓翁枫窗小读》下记载："……东京每坊三百步有军巡铺，又于高处有望火楼，上有人探望，下有屯军百人及水桶、洒帚、钩锯、斧杈、梯索之类，每遇生发，须臾便灭"。《说郛八十二道山清话》记载："京城界多火，在法放火者一不获，则主吏皆坐罪；民有欲中伤官吏者，至自爇其所居，罢免者纷然"。

由于人口激增，新扩建的外城，只将官府仓库军营等定出，其余交私人建造，多是在沿街店铺和贵族宅第的后面建造院落式的住宅，"其后街或闲空处，团转盖屋，向背聚居，谓之院子，皆小民居止"。清明上河图上看到的密集的屋顶，就是这种院子。城内外的席棚和茅屋则是一般人民的住所。官僚的住宅也分布在城内各处，北宋中期后，大官僚购买土地，拆除大量民房，建造华丽府第，因城内拥挤，多建在外城，如蔡京的太师府就建在梁门外。

开封还是全国的文化中心，太学是全国最高学府，崇宁间最盛时，有学生38000人。太学以外还有国子学、四门学、武学、律学、算学、医学等学校；有三馆（昭文馆、史馆、集贤馆），藏书8万卷。

城内宗教建筑也很多，佛教有相国寺、上方寺等50余处。道教有朝元万寿宫、佑圣观等二十余处，其他祠、庙、庵、院等60余处，封丘门内还有祆教、拜火教等教堂。

城内居住地区，仍分为许多坊，《北道刊误志》中列举着太平、义和、安业等120个坊名。宋代的坊可能与长安那种封闭式的坊里不同，按《东京梦华录》的描写，城中没有有坊门、坊墙的坊里，虽然，书中写的是北宋末年的情况，但一百年中不会完全改变。宋敏求在《春明退朝录》中记载："京师街衢，置鼓于小楼之上，以警昏晓，太宗时，命张公泊制坊名列碑于楼上……二纪以来，不闻衢鼓之声，金吾之职废矣！"这种小楼可能是指位于街巷入口处的过街楼，也可起坊门的作用。开封的坊实际上就是地段名称或行政管理的单位。为便于管理，全城又分八个厢。长安全城109坊，只分左街、右街两区，分由长安县和万年县统管。而开封共80余坊，设八厢管理，正说明开封已不是严格封闭的坊里制度，各户都直接向街巷开门，较难管理，一些模仿长安管理的制度，如街鼓，最后只能废弃。

七、城市绿化和公共设施

开封在周世宗改建时，已非常注意街道绿化，后来统治阶级为了享乐也大建园林。东京城从宋太祖赵匡胤定都在这里之后，经历 160 多年，建成了一些美丽的景观，其中汴京八景非常有名，也是园林名胜的写照："金池过雨""大河涛声""州桥明月""相国霜钟""铁塔行云""汴水秋风""隋堤烟柳""繁台春风"。明初版本的汴梁城八胜风光："金梁晓月，资圣薰风，夷山夕照，牧苑新晴，艮岳春云，吹台秋雨，百岗冬雪、宴台瑞霭"。

城内以宋徽宗在大内东北建的艮岳最有名，从江苏太湖搬运大量太湖石堆砌假山，工程很大，据《宋东京考》《华阳宫记》和《农田录话》中记载，艮岳是仿浙江余杭凤凰山建成，又名万岁山，山周围 10 余里，分东西二岭，上有界亭，山势嵯峨，峰峦峭峙，迭嶂嶙峋。谷中则飞瀑悬注，山麓则清溪环流。还曾埋雄黄几万斤以防蛇蝎毒虫，埋炉甘石几千斤造人工云雾。金兵破城后，曾把不少太湖石搬到金中都。城外还有金明池，也是皇家园林。在独建园池中，以南薰门外的玉津园、固子门内同乐园、陈州门的奉灵园、新郑门外的下松园、固子门里的芳林园、郑门外的琼林苑、丽景门外的宜春苑为著名。其他有：方池、园池、迎祥池、蓬莱池、凝祥池、凝碧池、景初园、撷芸园、迎春苑、宜春苑（东御苑）……。

开封因地势低下，有完善的下水系统。陆游在《老学庵笔记》记载："京师沟渠极深广，亡命多匿其中，自名为'无忧洞'，甚者盗匿妇人，又谓之'鬼矶楼'，国初至兵兴，常有之，虽才尹不能绝也。"

开封常因洪水泛滥受淹，所以城外汴河有堤，还有水利工程引入宫城绿化用水。

八、开封的规划特点及其影响

开封在成为都城以前，就已是一个历史悠久的商业城市，因此与一些由于军事或政治需要新建的都城不同，不是十分方正规则，道路划分也有一定的自发倾向，"不似隋唐两京（长安、洛阳）之预为布置，官私建置，均随环境展拓"。

开封城的发展也反映了封建社会中城市经济的进一步发展和市民阶层的抬头，如由集中的市发展成商业街，商业分布城市各处，为旅客和一般市民服务的服务行业增加，夜市的出现等。

开封的三套城墙，宫城居中，"井"字形道路系统等对以后都城的规划影响很大。

第三节　南宋临安（杭州）

杭州自秦汉时已设县治，这一带雨水充足，物产丰富，杭州又是钱塘江上的重要渡口，经济非常繁荣。隋代大运河修通后商业更加发达，公元 509 年曾筑城垣，周围 36 里 90 步，有城门 12：东为便门、保安、崇新、东青、艮山、新门；西为钱湖、清波、丰豫、钱塘；南为嘉会；北为余杭。另有 5 个水门。

五代时，吴越（公元907年）发动民伕和军士修建罗城，周围达70里。唐开元中有居民86000余户，估计约40万～50万人。当时钱塘江可通行海船，沿海贸易多集中于此。"骈墙廿里，开肆三万室"（唐永泰二年李华作《杭州刺史厅壁记》）。北宋时是重要的对外贸易港口，是全国最大商港之一，人口有很大增加，城市仍属吴越城。

金灭北宋，宋王朝迁都于此，改名临安。北方的官僚、地主随政权逃亡这里，劳动人民也大批避乱南迁，城市人口增加很快，"杭州人烟稠密，城内外不下数十万户，百十万人口"，"细民所食，每日城内外不下一二千余石"（《梦梁录》）。乾道《临安志》记载，当时共有户261600余户，552600余口，约共人口130万左右。

南宋时城垣仍在吴越城的基础上增修，有13个城门，南为嘉会门正对御道；东南为便门、候潮门、保安门、新开门；东为崇新门、东青门、艮山门；北为余杭门；西为钱塘门、丰豫（涌金）门、清波门、钱湖门。另有水门5个。东青门和艮山门有瓮城（图6-3-1）。

南宋宫城在城南凤凰山东，原是吴越时府州所在的子城，建炎间改为宫城，周围9里，南有丽正门，北有宁和门。皇城内众多的宫殿、亭阁，都是利用自然山水地形布置，主要的宫殿位于南部，东北是东宫所在，北部是次要的宫殿、寝殿，皇帝赵构引退时居此，基本符合"前朝后寝"的惯例。

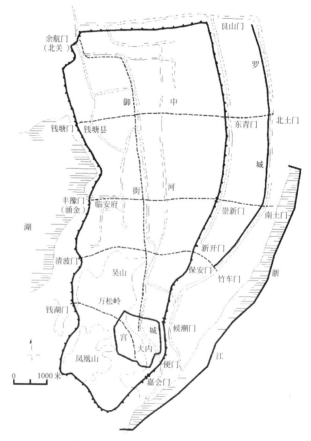

图6-3-1　南宋临安城复原想像图

宫殿模式较北宋时为小，正朝只有两个殿，常轮番使用，大庆殿在不同仪式时改换殿牌。最高行政机关三省六部，在和宁门以北，比较集中，其他行政机构比较分散，如太常寺在罗汉洞，秘书省在天井坊之左，武学、国学监、太学在纪家桥。

管理宫廷供应的内诸司大部分在禁城里，官营手工业则分散在城市各处，如将作监和军器监在保民坊，造令纸局在赤山湖滨，车辂院在嘉会门外。

大运河在北门外，当时的城市供应主要依靠大运河，较大的仓库也都靠近北门，如镇城仓、常平义仓在余杭门里，都盐仓、糠场在天宗水门里，一般的杂物仓库则在府衙的周围。

全城分为八个厢，城外还有两厢，共有68坊。坊与巷实际上是一回事，只是一个地段的地名，厢是行政和治安管理的地区单位。南宋以后，城市人口增加很快，城市范围却无甚扩展，因而居住异常拥挤。《梦梁录》上记载："城廓广阔，户口繁多，居民屋宇高森，接栋连檐，寸尺无空，巷陌拥塞，街道狭小，多为风烛之患"。

城市河道很多，有茅山河、盐桥运河、市河、清湖河、清山河、菜市河、下湖河等，因而市内桥梁也很多。城外有运河，可直通苏州一带。"北关"一带水运最发达，也是商市最繁荣的所在。

城内也有集中的市，有些市在城门外，如嘉会门外的浙江市、北关门外的北郭市等。还有"团行"，属行会组织，有的称"团"，如城西花团，泥路青果团，浑水闸粪团。有的称"行"，如官巷方梳行、销金行、冠子行、城北鱼行、城东蟹行、姜行，候朝门外南猪肉行，横河头布行。有的称"市"，如炭桥药市，官巷花市，修义坊油市，城北米市，融和西坊珠子市。据西湖老人《繁胜录》记载共有440行。

自和宁门至观桥御街，市肆店铺非常集中。"都城天街，旧自清和坊，南则呼南瓦，北谓之界北，中瓦前谓之五花儿中心；自五间楼北，至关巷南御街，两行多是上户金银钞引交易铺，……自融和坊北至市南坊，谓之珠子市头，如遇买卖，动以万数。间有府第富室质库十数处，皆不以万贯收质。……又有大小铺席，皆是广大货物，如平津桥沿河布铺、扇铺、温州漆器铺、青白器碗铺之类"（《都城记胜》）。

城内还有许多供行商住宿及储存货物的塌坊，"而城中北关水门内，有水数十里，曰白洋湖，其富家于水次起迭塌坊十数所，每所为屋千余间，小者亦数百间，以寄藏都城店铺及客旅物货，四维皆水，亦可防避风烛，又免盗贼……"（《都城记胜》）。

由于商业发达，城内有大量流动人口，如逢科举考试，来考的人也很多："诸路市人比之寻常十倍，有十万人纳卷……每士到京，须带一仆，十万人试，则有十万人仆，计二十万人，都在都州北权歇"（西湖老人《繁胜录》）。连大寺院内也住满了人。不少外地客商致富后，也寄寓这里，这都是城市供应、消费性行业特别繁盛的原因。

临安城东邻钱塘江、西就明圣湖（西湖），北近宝石山，南为凤凰山，城内南部有吴山（今城隍山），市内小河纵横，众多的私家园林遍布城市，所以还是一所风景优美，吸引大量人游览的城市。

临安的城市生活与汴梁相似，有许多商业街通宵营业，《梦梁录》记载："杭城大街，买卖昼夜不绝，夜交三四鼓，游人始稀；五更钟鸣，卖早市者又开店矣！"城内也有许多"瓦子"，如大瓦子、南瓦子、下瓦子、中瓦子等，这里集中着茶楼、酒店、妓院等，还有金银盐钞交易铺、质库、铺席。《梦梁录》记载："其余坊巷桥道，院落纵横，城内外数十万户口，莫知其数。处处各有茶坊、酒肆、面店、果子、彩帛、绒线、香烛、油酱、食米、下饭鱼肉腊等铺。盖经纪市井之家，往往多于店舍，旋买见成饮食，此为快便耳"。市内街道面貌，也和"清明上河图"描绘的汴梁街道相似，到处是"插四时花，挂名人画""列花架，安顿奇松异桧等物于其上"的茶肆；"店门首彩画欢门，设红绿杈子，绯绿帘幕，贴金红纱栀子灯，装饰庭院廊庑，花木森茂，酒座潇洒"的酒肆；还有"每日各铺悬挂成边猪，不下十余边"的肉铺；还有沿街摆设的各种地摊等。

伎艺杂耍的瓦子分布在城内各处，有一些在城门内外，数目比汴梁还多。《武林旧事》中记载："北瓦内勾栏十三座最盛"。还有一些不入勾栏，"或有路岐，不入勾栏，只在耍闹宽阔之处做场者"。

临安城中居民不少是从汴梁迁来的，所以城市生活也和汴梁相似。有不少饭店、酒楼、点心铺等也都是汴梁迁来的。"杭城食店，多是效学京师人，开张亦御厨体式，贵官家品件。""如酒肆门首，排设杈子及栀子灯等，盖因五代时郭高祖游幸汴京，茶楼酒肆俱如此装饰，故至今店家仿效成俗也"(《梦梁录》)。"都城食店，多是旧京师人开张，如羊饭店兼卖酒"(《都城纪胜》)。

临安城内外分布着许多寺院，城内有 57 处，加上近郊共达 300 余处；还有庵舍 13 处；道观也很多，仅城内就有 20 余处。

临安的地形复杂，城市完全是配合地形，城垣形状很不规则，南宋建都后，只是在原有基础上稍有改建，官署也多利用原有建筑分散各处，道路系统也较杂乱，作为主要街道的御道也完全与商业大街结合在一起。瓦子较汴梁多，商市也更繁荣。

第四节 宋代平江府（苏州）

一、平江的历史沿革和地理环境

平江，是历史上南宋（公元 1127～1279 年）苏州城的名称。平江的历史很悠久，春秋时代即为吴国的都城。相传城为吴王阖闾时伍子胥所筑，当时的城门有阊阖门、盘门、胥门等，名称一直保持至今。吴城在秦始皇时为火所毁，在后代的文章诗稿中，记载了许多苏州城市的情况，许多诗文中提到的街、巷、桥、坊的名称，多沿用至今。自吴国始，秦、汉、晋、唐以来，苏州都是东南沿海人口众多、规模较大的重要城市之一。

平江位于长江下游，太湖三角洲的中心，气候温和，雨量充沛，农产品极为丰富。隋大业六年（公元 610 年）开通了由京口（镇江）到余杭的大运河，使它更成为该地区的航运内心，商业手工业更为发达，所以一直是江南政治、经济、文化的中心城市。

中国封建社会从五代末到北宋年间，由于北方女真和蒙古统治者的日益强大，对中原地区城市骚扰较多，南方时局相对稳定，因此也促使南方城市（包括苏州这样一个地区）的航运和工商业的发展和繁荣。

二、平江城的布局

平江府可作为宋代一般地区性的府城代表。苏州还保存着平江府当时的城市平面图——《平江图》。这是我国最早的城市地图，是研究宋代平江城市建设的可靠资料（图6-4-1）。

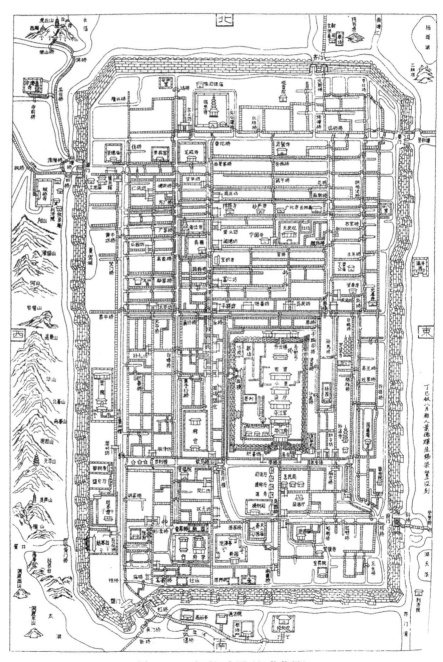

图 6-4-1　宋平江府图（江苏苏州）

资料来源：根据碑拓简画

城市平面为南北较长、东西较短，呈长方形，城墙略有屈曲，方位南北略偏东数度。东西宽三公里余，南北长四公里余，共开有五个城门。城墙外有宽阔的护城河，城门旁都有水城门。

城市道路成方格形，主要道路成"井"字或"丁"字形相交。正对城门的几条道路比较重要。大街之间是较小的巷道，多为东西方向。城内的河道和街道一样都是南北、东西的直线，东西向有三条、南北向有四条较大的河道，人们称为"三横四直"。许多小河与街道平行，常是前街后河，在城市北半部尤为明显。这些河道多为人工开凿而成，做有整齐的驳岸，河上架有许多联系道路的桥梁（图6-4-2）。

府治所在称子城，在城市的中央略偏东南。内分六区，有府院、厅司、兵营、住宅、库房和后面的大花园。这一组建筑群系由院落、厅堂、廊庑等组成，主要建筑物布置在一条明显的轴线上。子城周围还有城墙包围。在城市中心筑有城墙的衙城，是当时地区政治军事中心的府州城市的特点。

城市中分为许多坊，在《平江图》上可以看到跨大街建造的书写坊名的华表。在《吴郡志》上记载有这些坊名，与《平江图》相符，但没有坊墙、坊门，

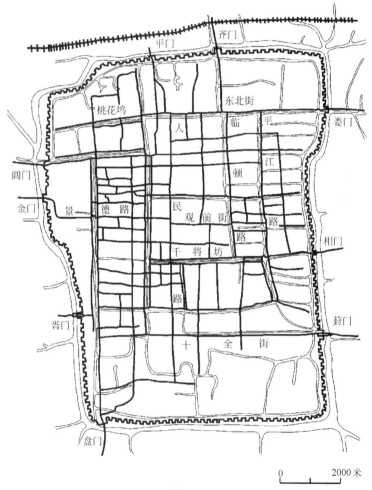

图6-4-2　苏州城图（1949年）

华表也不是建造在街巷的入口处，可见这些坊不同于唐代的坊里制，仅是一种管理的制度。坊名华表也成为标列名称的、街道上的装饰品（图6-4-3）。

商业在城市一定地段设有市及行。在《平江图》上可以找到许多以手工行业为名称的街、巷、坊等，像米行、果子行、荐行，还有胭脂绣线等；也有以贸易交流的集市为名的，如米市、鱼市、花市、皮市等。这些反映了宋代手工业和商业的发达，一条街或一个坊常是同一行业手工业聚居的地方。在交通便利的地点就设有固定的集市场所。

宋代佛、道两教并崇，因而这类建筑很多。在《平江图》中记载有100多个寺观。较大的寺庙还建有高塔，如城北的报恩寺塔（今北寺塔）、定慧寺罗汉院（今双塔）、虎丘云严寺塔等。这些寺观在城市中占有很大的用地，位置都在主要道路旁或尽端，反映了宗教建筑在城市中的重要地位。由于这些高耸建筑物的位置选择恰当，与城市道路及河道配合良好，形成很好的城市对景，并构成丰富美丽的城市立体轮廓。

平江城中集中居住着大地主、官僚及商人，大型宅院也很多。在宋代以前就有较大的私家园林，如沧浪亭等。衙城南有"南园"，有文记载："酉丽池为治，

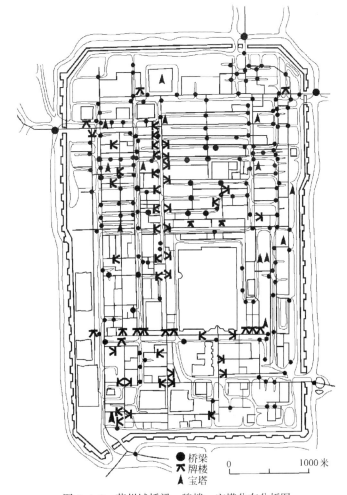

图6-4-3　苏州城桥梁、牌楼、宝塔分布分析图

积土为山，岛屿峰峦，出于巧思"。苏州的城市园林，在南宋时已有相当的规模，以后更加发展，形成独具风格的苏州古典园林建筑艺术。

三、《平江图》的重要价值

保存至今的《平江图》，是在南宋绍定二年（公元 1229 年）刻成的石碑，是我国最早、最详细准确的城市平面图，在世界上也是较早的作品。这张宋代城市现状的实录，正确地反映了当时中国城市的面貌，并提供了研究古代政治、经济、军事、文化的重要依据，更是研究古城市建设和建筑历史方面的珍贵资料。

《平江图》的绘制，运用了我国传统的古代地图的画法，即在平面位置上，画出所表达对象的简洁的形象，这样就对构筑物和建筑物的外形轮廓、规模、立面造型等都有了生动的描绘，使人们能清晰地了解当时城市风貌及一些细部内容。把《平江图》与苏州城的一些遗迹相对照，发现图上所画出的城市范围、道路、河道、桥梁以及重要建筑物等的位置，都是相对准确的，整个城市以及图内标列的位置，也是按一定的比例绘成。从这里也可以看到当时具有很高的测绘水平。

四、从平江看南方地区性城市的特点

1949 年后在苏州部分地区进行考古勘探，发现瓦砾层达六七层，厚达三四米，有历代的遗物。许多遗址和古建筑实物如玄妙观、双塔等又与《平江图》所示相符，因此确认苏州是在原址上不断重建的。这与一般古代封建都城多舍弃原址绝然不同。分析其原因是由于平江城的城市骨架——河道的重要作用。城市建筑物虽然屡毁于兵火，但河道基础犹存，只需稍加整修又可使用。在南方水网地区，河道是城市经济发展和人民生活的主要命脉，因此，就不会像统治中心城市，由于政治、军事原因而随意迁址。

平江图是宋代平江城的现状，同时也反映了历史上城市的格局。它不同于古代北方城市平面那样的规则方正，这与水网地区河道纵横的自然地形有关；而且平江没有严格的坊里制，而是不规则的街巷。这也说明在宋以前，这两种不同类型的城市，是并存的，各有着不同的特点。

第五节　古代最大的港口城市——广州、泉州和宁波

一、广州

（一）历史沿革

广州又称"羊城""穗城""楚庭""仙城"，是我国对外通商最早的古城。两千年前的秦汉时期就开始与东南亚和世界各地通商，唐宋年间发展成我国著名的对外贸易港口城市。清朝早期，尽管实行关闭自守的政策，但广州还是唯一通商的口岸。广州的对外贸易真可以说是经久不衰。

秦始皇时实行郡县治，郡治就在番禺县（今广州），汉代时虽然出海口在

徐闻、合浦，然而进出口货物的集散地仍在广州。三国至南北朝时，北方和江浙一带战乱，岭南一带相对安定，加上大批汉族南迁，使广州和附近地区日益繁荣，海上贸易也随造船业的发达而更加发展，"海上丝绸之路"就是从广州等地出发的。隋统一全国后，广州和国内外的联系加强了，贸易有很大发展，唐代的繁荣昌盛，通过广州与海外贸易，使广州和泉州、扬州一起成为当时国内最大的通商口岸和贸易城市。唐中叶后，陆上"丝绸之路"受阻，海上"丝绸之路"更加发达。宋元时期，海上贸易和交通越发发达。公元971年先是在广州，后在杭州、明州（浙江宁波）、泉州设立市舶司。北宋时，广州、泉州和明州仍是大港口城市。

明初一度实行海禁，永乐年间又在广州、泉州和明州恢复市舶司并附设驿馆。由于泉州在元末受到战争破坏和港口淤积，广州成了第一大贸易港口。清初郑成功在台湾抗清，又实行严格海禁，广州海上贸易受到影响，到公元1685年，清政府在广州、云台山（今江苏镇江）、宁波、漳州设立海关，进行对外贸易。1757年关闭其他海关，仅留广州一处口岸，规定"广州十三行"对外贸易，实行政府控制的外贸政策。

（二）广州港的发展

据《淮南子》记载，秦始皇经略南越，番禺已是犀角、象牙等物的集散中心。秦汉以来，对岭南进行的军事活动、辎重运输，以及络绎不绝的民间贸易，使广州港得到发展。国外文献记载，中国海上交通要以广州为终点。古代所称的东、西洋航线，大抵都以广州为始发港，东去可以到吕宋（今菲律宾），西去可以到东南亚、印度洋、波斯湾，以至东非等国。

广州港地当东、西、北三江汇合点，是海港兼河港码头，泥城（今广州东风路西端的西场）是番禺最早见诸史书的码头，一直使用到清朝末年。两晋至隋唐时又出现了坡山和西采初地两个码头。坡山，又称坡山古渡，在今惠福西路的坡山。西采初地在今秀丽二路北侧，是西关南部较早见于史书的码头区。南朝梁普通七年（公元526年），印度僧人达摩坐船来中国就是在这里登岸，并建立来庵（后改称华林寺），可见这里是古代远洋航线停泊之地。南洋和隋唐有贸易往来的国家很多，《隋书》《新唐书》都有记载，像真腊（今柬埔寨和越南南端）、东南亚、印度、波斯、大食等，间接可达非洲，当时我国商船已远达波斯湾。《唐大和尚东征传》记载，唐天宝九年（公元750年），鉴真和尚路过广州时，见"广州有婆罗门寺三所，并梵僧居住，江中有婆罗门、波斯、昆仑等舶，不知其数。并载有香、药、珍宝，积载如山，舶深六七丈"。当时欧洲、非洲商人都来贸易，贸易情况可用"环宝山积，珍货辐辏"来形容。又有"以吾度之，每届舶期，则广府（广州）金库，当日进五万典拿"（阿拉伯商人苏曼《东游记》）。典拿相当于白银三两，由此可见对外贸易发达、港口繁荣之一斑。

唐代广州港，已有内、外港之分。

1. 外港：唐代广州外港主要有屯门、波罗庙两地。屯门在今香港新界青山湾，扼珠江口外交通要冲，港有九迳山和其山做东西冀，大山做屏障，是个天然避风良港。外国船舶来广州，必须先集屯门。波罗庙在今黄浦南岗庙头村，古称扶胥镇，是出海口、船泊进出广州在此停泊最佳，宋元两代仍是广州外港。

2．内港：内港有光塔码头和兰湖码头。光塔码头在今光塔街一带，是唐代对外贸易中心，也是主要码头区，因蕃坊就在附近，所以热闹异常，且有光塔引航。兰湖码头在今流花公园附近，离城较近，是广州西侧重要码头，靠近象冈，又是船舶避风之处，唐宋两代是水上要地。

宋代对海外贸易非常重视，外贸收入是国家重要税源，南宋文献记载，宋代在贸易上往来的国家有50多个，当时商船最远可达非洲。

宋代珠江水面辽阔，江中船舶常受台风威胁，北宋真宗年间曾疏浚内濠，供船舶避风，宋时城南的东西两澳，当属此类。

元代海上贸易和交通的繁盛，不亚于宋代，陈大霞《南海志》记载，当时和广州有贸易往来的国家和地区有140多个。港口也有新的发展：

（1）外港有大通港、琶州码头、扶胥镇。大通港在今花地附近，与广州隔江相对，是当时从西、北江航抵广州必经之地，然后入澳口、兰湖登陆。琶洲码头在城东南30余里，处珠江南岸。琶州山高20～40米，是番舶的导航标志。

（2）内港：主要有两澳。西澳又名南濠，在今南濠街一带，是宋代广州最重要的内港码头。东澳又名东壕，在今清水壕街一带，古文溪从这里出口，"壕长二百又四丈，阔十丈"是盐船集中的运盐码头。

（三）广州城址的发展演变

现今的广州市区，大部是历史上珠江的河床，晋代以前，广州城大致位于今天的中山四路、中山五路和北京路北段一带，那时珠江江面很宽，约为1500米。到了唐代珠江北岸大致在今天的西关泮塘以南、上下九路、大德路、文明路一带，江面宽1400米，流花湖附近是个重要港口，以后不断淤积变为陆地。从晋代至今珠江岸线以平均0.6米／年的速度向珠江推移，使珠江不断缩小到今天的180米江宽。

据《广东新语》记载，旧时广州附近江中有三座石岛：海珠石、海印石、浮丘石，现今都在市区陆地上。现在的越秀山以南、东风路以北，虽是低洼的陆地，古时却有许多大小湖泊散布其间。

秦代南海郡尉任嚣修筑"番禺城"，俗称"任嚣城"。

秦汉时，赵佗治南海郡，曾把任嚣城扩大到围长10里，俗称"越城"或"赵陀城"。

三国至唐代的广州城，只有古越城的西半部，即甘溪故道下游之西，商业区多在城外。宋代300多年间，广州曾扩建和修缮十余次。据元人陈大震《海南志》和明《永乐大典》记载，明初把宋代三城合一。中间经历为：元初曾毁灭所有城垣，元至元十五年（公元1278年）广州城被拆，至元三十年（1293年）又修复。明洪武四年（公元1377年）前后把三城合一，并向北跨到越秀山（当时称越台山或观音山）之上，向东也有所扩展。城周长21里，嘉靖四十四至四十五年（公元1565～1566年）又在城南加筑外城，或称子城，周长6里多。后人称明初所筑为"老城"或"旧城"，嘉靖时所筑为"新城"。

老城南界为今大德路、大南路、文明路，新城南界为今一德路、泰康路和万福路，新老城的东界为越秀路（越秀路与中山路相交处为老城大东门旧址），新老城西界为人民中路（旧称丰宁路）和人民南路（旧称太平路）。人民中路和中山路相交处为老城的西门旧址。清顺治四年（公元1647年）曾在新城之南，增修东西两翼城，直到珠江边，各长20余丈。从此直到清末，广州城只有修缮，没有扩展。民国七年（1918年）到民国11年（1922年），广州拆除城墙改建马路（图6-5-1）。

（四）广州的外国人居留地

广州很早就有很多外国人留居，隋唐时尤甚。唐末战争，外商一度大批离开广州。宋时又增多起来，当时官府设"蕃坊"，建造房屋供外国人居住，并设"判官"一职，又称"蕃长"，负责外侨管理和接待工作。外商留居的蕃坊，在今光塔街附近和东郊，以及波罗庙一带。《旧唐书》中记载："蕃僚与华人错居，相婚嫁，多占田，营第舍"。宋代重修南海神庙碑文中记载："先是此民，与海中蕃夷，四方之商贾杂居"。

"蕃坊"所居多是阿拉伯人和波斯人，他们都信仰伊斯兰教，所以在"蕃坊"修建有伊斯兰教寺院——怀圣寺，寺中有塔，俗称"光塔"或"蕃塔"，寺前的街称为蕃塔街。阿拉伯人多"蒲"姓，光塔东侧的普宁巷，据说原名"蒲夷人巷"，也是蕃坊的一部分。市北的清真古墓（俗称响坟），是建修光塔的伊斯

图6-5-1 广州历代城址图

兰教徒宛葛士的墓地。据阿拉伯史籍记载，公元 787 年黄巢进城时，波斯、阿拉伯等国的商人就有 12 万人。

二、泉州

（一）泉州的历史沿革

泉州在东汉时称建安郡，晋时改晋安郡，南北朝时称晋平郡、南安郡，隋开皇九年（公元 589 年）始置泉州。泉州地区开发较早，古文化遗址很多。西晋末年的"永嘉之乱"后，中原部分士族及人民南迁，即所称"八姓入闽"，有一部分沿南安江向东南海边迁移，泉州地区的人口迅速增加。由于带来了先进的生产技术和文化，使这一带经济发达起来。南安江在此时改称晋江，故泉州也有晋江之名。

唐末泉州日益繁荣，逐渐成为对外贸易的港口城市。五代时留从效镇守泉州时，对发展经济及海外贸易作了不少工作，城市又进一步发展，曾大规模扩建过城市，筑子城（衙城）及罗城，周围达 20 里。宋代泉州仍为重要的对外贸易港口城市，而且其地位逐渐超过广州。宋哲宗元祐二年（公元 1087 年），在泉州设提举市舶司，专管进贡及对外贸易，接待及保护外国商人等。元代泉州仍为对外交通及港口贸易城市。元末由于驻守的色目军队叛乱，与元朝统治阶级之间进行长期混战，外侨大都回国，城市受到严重破坏，对外贸易的中止就使泉州走上衰落的道路。明代虽曾一度恢复，但是后来由于倭寇在闽、浙一带的侵扰以及清初实行海禁，而此时帝国主义已逐渐东侵，垄断海上贸易，泉州至亚非各地的商路断绝，城市逐渐衰落下来。

（二）泉州在宋元时代繁荣发展的历史背景

泉州成为全国重要的港口贸易城市，有下面一些原因：

1. 唐代统一全国后，国势强盛，经西域通西亚及欧洲的商路又恢复，中国精美的商品，引起西方商人来中国通商的强烈愿望。但陆上交通漫长而艰巨，不能满足要求，阿拉伯印度等地商人，相继经海道来中国。广州沿海，当时已成为贸易港口，贸易发达。扬州是长江与大运河的交点，是货物转运的必经之地。而广州与扬州之间的泉州，位置适中，因此也成为重要的港口。

2. 泉州及其附近地区手工业已很发达，出产的泉州缎（又名刺桐缎）及德化白瓷，均属当时中国出口货物中的主要品种。由于泉州及整个福建地区与其他省区，因山岭重重交通不便，因此不可能有大规模的、长距离的商品流转，主要依靠本地区提供商品。当时，泉州港口功能主要还是货物的转运，进口商品在此换船转其他城市。泉州也是与江南地区进行棉花贸易的重要城市。

3. 泉州早在三国及晋时，已有很发达的造船业。宋代时造船业又有进一步发展，可以造很大的船。元代到过泉州的阿拉伯旅行家伊本巴都曾记述："中国和印度交通所用船艘皆大型船，大海船有十二帆，帆皆以竹为框架，织成帘状……此等船艘造于刺桐城（泉州）及兴克南城（广州），最大海船可容千人以上，船上有四层甲板，有公私房间数十，也有秘房及厕所，船上植花草在木盆中，设备无不周到。"1973 年在泉州附近后渚港，发现一艘宋元时代的沉船，长 24.20 米，宽 9.15 米，有 13 个船舱，载重量可达 200 吨以上，可见当时造船技术的水平。公元 10～11 世纪，我国发明的指南针已广泛用于航海，这些都对发展海外交通提供了条件。

4. 唐、宋以来，政府对贸易通商采取鼓励及保护的政策。唐代既已设专官负责，宋代又设市舶司，专管贸易及外商外侨事宜。在外侨的聚居区有自己的教堂及学校。这些措施都有利于泉州发展成为一个贸易港口城市。

5. 公元 8 世纪前后，西亚建立了统一的阿拉伯国家，地跨波斯湾、红海、地中海，成为欧亚交通的桥梁，促使欧亚交通畅通。当时，对中国的海上贸易也以阿拉伯人居多。直至 15 世纪以后阿拉伯国家衰落，西欧几个帝国主义绕过好望角侵入东南亚，占领重要通商口岸，垄断及阻碍东西方交通，西亚及非洲的海上商路断绝，泉州港也受此国际形势的影响而衰落。

（三）泉州的港口

宋代泉州港的范围很大，北有泉州湾，东南有深沪湾，南有围头湾，西南有安海湾，从晋江口直至泉州城南一带均有港口码头（图 6-5-2）。

泉州湾上的后渚港是当时最大的港口，各国海船大多停泊于此。从泉州至后渚，有宋以后所建海神庙七所。1973 年出土的大海船就是在后渚港西南海滩，后渚港附近的乌墨山澳。鸡母澳曾出土船桅、船索、船碇等物。元朝统治者出兵南洋时，曾在此集中福建、江西、湖广三省兵力二万，船千艘。马可波罗护送蒙古公主科克清至波斯，也由此港出发，码头遗址在今后渚东南一带。

围头湾上的安海港，宋元时代也是重要港口，在宋代修建的长达 5 里的安海桥，也说明安海港与泉州直接联系的重要性。

宋元时代，泉州通淮门外的晋江东岸北岸一带，如车桥、厂口、新街、清石一带均为码头，而且也是外商居住集中的地带。

图 6-5-2　泉州附近港口分布图

泉州附近的洛阳镇、乌屿岛、石湖等地也均为当时的港口码头，与泉州城均有便利的陆上交通。

当时的对外贸易，主要是输入香料、珠宝等，输出绸缎、瓷器等，交易额不小，但因多系昂贵的奢侈品，数量并不大。当时的船只装卸用人力。

泉州港的特点，是由与泉州城在陆地上有方便联系的一组港口组成。

（四）泉州的城市布局

泉州最早的城垣为子城。传为唐天佑三年（公元906年）节度使王审知时筑，周围三里160步。开四门，东为行春，西为肃清，南为崇阳，北为泉山，四门位置今尚有遗迹。子城偏北有衙城，传为南唐时节度使留从效时筑。据明万历《泉州府志》记载："衙城即州之墙垣"。宋淳佑时尚存，元时为泉州总管府所在，明代改为州衙。其位置即今之泉州市人民体育场范围。今谯楼即为衙城正南门。子城之外为罗城，相传亦为留从效时筑，即今存城墙范围。筑城时，环城皆植刺桐，故泉州又名刺桐城。罗城周围20里，共有七门：东曰仁凤、西曰义成、南曰镇南、北曰朝天、东南曰通淮、西南曰临漳、南曰通津。又据记载，尚筑有翼城等，可能为宋元以后在城外又发展一些地区，因此扩建了城垣（图6-5-3、图6-5-4）。

泉州城市平面是不规则形的，一方面是由于河道等地形的限制，另一方面也由于逐渐扩建形成。最先建造子城的平面则和一般古代城市一样，由方城及正对四个城门的"十"字形街道形成骨架。城市发展时，沿城门外的出城干道伸展，城市扩建时，沿新发展的地区外围修筑城墙，从泉州城西部很明显的可以看出这一点。西门大街由西门（肃清门）延伸后，直向西北通至晋江渡口，这一条路是泉州陆上交通的主要通道，因而这一带发展成为市区，扩建罗城时把这一块地区包了进去，并开辟义成门。

城东南及城南主要是沿晋江发展。在唐以后，泉州成为对外贸易的港口、码头、商市、外国人居留地均在这一带，因而沿晋江扩建城墙。

泉州的道路系统，虽不像其他城市那样方整规则，但仍以原来子城内的"十"字街及其延长线为骨架，形成不太规则的方格网系统。东南方向的道路是沿河道走向修建的。

泉州的商市主要在城东南一带。在某些街道的某一段也有以商业街形式形成的"市"，《泉州府志》中记载的有涂山街、厂口街（德济门内）、石头街（通淮门外）、净桥街等。

宋元以后，由于火药用于战争，破坏力大，故在城上加砌砖石。

（五）泉州的外国人集中居住地

唐末以来，不断有外国商人及传教士来泉州，有的定居下来，宋元后更多，他们多集中居住在城东南一带，称"蕃坊"。这一情况在古代中国城市中是很特殊的。

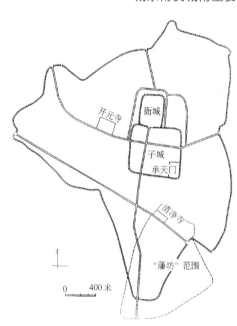

图6-5-3　宋元时代泉州城复原想象图

图 6-5-4　泉州城图（1948 年）

　　外国人初来泉州多是贡使、旅行者、传教士、商人等，人数不多，居留时间短，多与当地人民杂居。宋以来，来泉州的外国人人数大增，而且以定居的商户居多，其中以阿拉伯人最多，其他尚有印度人、犹太人、意大利人、摩洛哥人、占城（越南）人、朝鲜人等，最多时超过万人。由于他们的宗教信仰及生活习惯方面的特殊要求，就逐渐在泉州城东南一带集中居住。"蕃坊"位于城南一带。当时，城南一带接近码头仓库区。城南新圭、聚宝街一带是繁华的商业区。新圭即新街，是因为商业而发展的新街道。聚宝也是因为接近码头仓库，店铺商行集中而得名。外国商人靠近这一带集中居住是很自然的。

　　"蕃坊"的范围大致在南城门内外一带，东起青龙、聚宝及平桥，西至富美及风炉里，北从横巷起，南至聚宝街以南的宝海庵为止。

　　现有的外国建筑遗址，也多在城南，如北宋年间建的清净寺、涂门附近的番佛寺，可能就是文献上记载的波罗门教寺遗址。这一带还发现不少宗教石刻。泉州东北郊外地区还有大量外国人的墓葬。

　　据有关广州"蕃坊"的记载，有蕃长等，有一定的组织形式，泉州尚未发现这方面记载。但外国居民中仍有一定的宗教及其他组织形式，这里还建了各个宗教的教堂、设立"攥学"。

"蕃坊"完全是中国和外国人民之间友好相处，为照顾他们的特殊要求而形成的集中居住地段。"蕃坊"并无明显的界线，更无任何防御设施，其间也仍有中国人居住，受中国行政当局的管理。这与后来帝国主义侵略中国强占的"租界"是完全不同的。

"蕃坊"中有一些外国形式的建筑物，因而城市面貌也与城市其他地区迥异。现有的清净寺，是西亚建筑形式，建于北宋大中祥符二至三年（公元1009～1010年），重建于元至大二年（公元1309年），为我国现有最早的伊斯兰教建筑，部分已毁坏，大门尚完整。泉州还发现波罗门教寺院的石柱、石雕等，可见当时还有其他形式的建筑。城西开元寺的石塔是中国和印度僧人共同劳动建筑的，开元寺的有些石柱、栏杆上的花纹也有印度色彩。城市现有建筑的部分装修上也有伊斯兰建筑的影响。这些都是中国和亚非人民友好往来的见证。

泉州城对外贸易方面的重要地位，在明以后一蹶不振，原因很多，如海盗侵扰、海禁、帝国主义东侵，同时由于港口的逐渐淤塞，外国商人不再来此。但由于宋元以来海外交通的发达，大量华侨由此出国，所以泉州也是我国侨乡集中的地方。

第六节　辽、金地区的城市

在北宋及南宋的同时期，契丹族及女真族先后在北方建立了辽、金王朝，曾建设几个都城。这些都城在很多方面采用了汉族的城市建设传统手法。

一、辽上京

（一）辽上京的历史发展与城市规则

上京临潢府，辽代五京之一，是契丹人在草原上新建设起来的第一个都城。自神册三年（公元918年）太祖定皇都建城，太宗改为上京，至金天辅四年（公元1120年）为金主"不旋踵而破"，曾作为辽代都城200余年，是辽朝政治中心之一。同时，也是经济、文化和军事中心之一。

上京城，坐落在今内蒙古昭乌达盟巴林左旗林东镇南。这里曾是辽代上京道东部，濒临北方大草原的东南边缘。契丹族的摇篮——潢河（今西刺木伦河）横贯而过，"南控黄龙，北带潢水"。从地域上看，上京城也有明显的特征，即城市的选址，把西部草原游牧社会经济形态、东部受农业文明影响的社会经济形态结合起来。其位置距中原或长城南部发达地区的距离较近，能够较多地受到汉文化的影响。

辽朝从汉人燕云城市受到启发，产生了城市生活的意识和建设皇都的动机；其次，华夏城市的规划思想对契丹影响巨大，他们原来没有建设城市和都城的经验，只能学习汉人的城市。具体说，上京城的规划建设是由汉人康默记等主持的，韩延徽也参加了工作。上京城"有绫锦诸工作、宦者、翰林、伎术、教坊、角觝、儒、僧尼道士等，皆中国（中原）人，而并、汾、幽、蓟之人尤多"。"太祖初元，庶事草创，凡营都邑，建宫殿、正君臣、定名分、法度井井，延徽力也，为佐命功臣之一"，正说明了汉文化的影响。

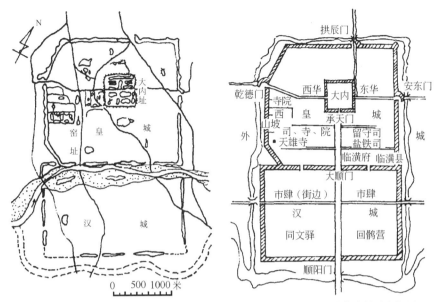

图 6-6-1　辽上京城市规划：皇城及汉城部分示意　图 6-6-2　辽上京临潢府故城发掘图

（二）城市规划与布局分析

上京城（图 6-6-1 ～图 6-6-3），由于建设在平坦的草原上，发展用地充足，城市规划较少受到用地的限制，分析这个城市的总平面，可知其规划结构与城市布局上有如下特征。

第一，规划结构明确，皇权思想突出。这是一个三重城垣的结构，大内、皇城、汉城及外郭，以一条规划主轴（中央主大街）组织成一个整体；皇城在轴线最显要的位置，而大内（宫城）则成为城市的核心。

第二，城市布局比较特殊。皇城之南，外郭之内，还有一个地位显要的汉城，汉城是汉人和其他民族居住生活的聚落；而其位置在皇城正南，似为用城围起的最主要的居住区和公共生活区。异族在城市布局中占有如此重要的地位的情况是罕见的，可见汉文化影响之深刻。既重皇权，又有番汉掺合，是城市布局的一个显著特征。汉城若主要是汉人居之。

"南城谓之汉城，南当横街，各有楼对峙，下列市肆。……南门之东回鹘营，回鹘商贩留居上京，置营居之。西南同文驿，诸国信使居之。"（辽史卷三十七）

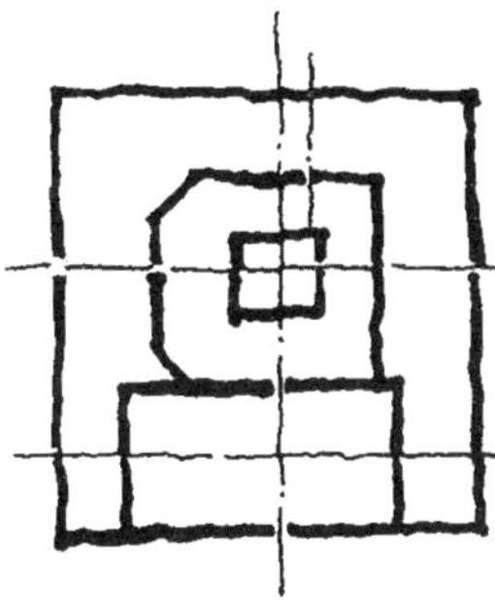

（三）各分区的规划

按着复杂多样的功能要求，上京设置了不同规划分区，外郭之内，北为皇城行政统治区，南为汉城生活与居住区，以自南福门至大顺门、承天门这条纵向主干道贯穿起来；大内则位于这一主轴的终端，基本位居皇城正中，地势高敞，君临全城。在此仅对大内、皇城、汉城、外郭这四大部分进行分析。

1. 大内

大内即宫城，近乎方形，边长 540 米，位于皇城中央略偏东北的高岗上。大内共有三门："内南门曰承天，有楼阁。东门曰东华，

图 6-6-3　辽上京城市布局推测图

西曰西华。此通内出入之所。"交汇于大内中心的经纬干道把大内划分为四；大内中间的一道横隔墙，把宫城划分为南北两大部分，即南北两大枢密院。"契丹北枢密院，以其牙帐居大内之北，故名北院。南枢密院，以其牙帐居大内之南，故名南院。"又"北面治宫帐、部族、属国之政，南面治汉人州县、租赋、军马之事"。北面是国家机器的重点，宫帐也在北面。北面是宫城的核心部分，因而主要宫殿设在北面：这是一组大规模的建筑群，中间是正殿，东西各有偏殿，布局中心对称，突出正殿。《辽史·地理志》记载："天显元年……建宫室……起三大殿，曰开皇、安德、五銮。……太宗诏蕃部并依汉制，御开皇殿，辟承天门受礼"。可见，这里的内朝规划是学习中原汉制的，而非契丹所故有。三大殿偏置于北院西部，东部是空旷的毡庐之区。

南院宫殿等建筑也偏于西部，其中"承天门内有昭德、宣政两殿与毡庐皆东向"，东部仍是毡庐之地。总之，大内的规划布局，西为朝，东为寝，是中原都城规划思想与契丹毡庐而居的传统相结合的产物。

2. 皇城

皇城略呈方形，东墙长 1467 米，北墙长 1485.3 米；西、南墙各有小折段；周长 6398.6 米。这是国家官署行政区，其规划布局，以宫城为中心，中轴对称；道路网基本上是典型的"十"字干道的变体；两条平行的纬向道路与纵向正街相垂直，这些构成了皇城的骨架。皇城有四门，"东曰安东，南曰大顺，西曰乾德，北曰拱辰"。皇城内学习汉制而建的建筑，主要分别在南部和西部，承天至大顺门正街东部尤密；也有很多地区没有建筑，可能是契丹人的毡帐区。现把皇城（不包括宫城）分成四部分来分析：

（1）皇城南部。主要是官衙区。这是正街东部的建筑群，是由北向南排列的两司一府一县的十多组群体——"正南街东，留守司衙，次盐铁司，次南门，龙寺街。南曰临潢府，其侧曰临潢县。"城东南隅还有两组对峙的建筑"……八作司与天雄寺对"。

正街之西，偏北，以后妃宅院及僧尼寺院为主。"监北孔子庙，庙东节义寺。又西北安国寺，太宗所建。寺东齐天皇后故宅，宅东有元妃宅，即法天皇后所建也。其南贝圣尼寺"。

皇城西南，有作坊、库藏等，乃较偏僻之所。"绫锦院、内省司、院、赡国、省司两仓，皆在大内西南。"

以孔庙、国子监及有关寺观构成，偏于皇城西南隅，建筑布局稀疏，周围还有崇孝寺，寺西长泰县，又西天长观。

（2）皇城北部。无文献记载，可能没有建筑，或许是契丹官僚的毡帐之地。

（3）西山坡。为皇城西南之小丘岗，全城制高点；山坡顶部偏北为一处大型寺院。

（4）西大院。位后皇城西南，并占据了大内西南角的一部分，可能是晚期所建。

3. 汉城

皇城"城南别作一城，以实汉人，名曰汉城"，其平面为矩形，周长 5800 米。这是以汉族为居民主体的居住生活区。使汉人开展较广泛的城市社会文化生活、经济生活，并促进契丹与汉族及其他民族的交流，是汉城的主要职能。

从规划结构上看，汉城是皇城之外的最重要部分，它直接延续了由皇城伸展开来的城市主轴，其社会生活上有很重要的地位；但别作一"城"而以城垣围之，是很特殊的，这在前面已经论及，是汉城先于外郭的缘故还是加强管制的原因，还有待进一步探究。这条主轴一直延伸至汉城南门，分汉城为东西两部分；与纵向主街垂直的纬向横街，又划出很多小街区，如《辽史》所记载："南城谓之汉城，南当横街，各有楼对峙，下列市肆。东门之北潞县，又东南兴仁县，南门之东回鹘营……西南同文驿，诸国信使居之。驿西南临潢驿，以待夏国使。驿西福先寺，寺西宣化县，西南定霸县，县西保和县。"城中还有寺庙、作坊。

外城，即《辽史》所记之郛郭，是"皇—汉"城之外的郭城，"幅员二十七里"，上京因而有了较完整的三重城制，这符合都城形制的要求。郛郭中很可能是一般居住区和城防区。

二、辽中京

（一）城市的地域特征

辽中京，位于今内蒙古昭乌达盟宁城县大明城，坐落在契丹摇篮之一的土河流域北岸的广阔冲积平原上。

中京以上京为依托，更向南部靠近，处于草原的南部边缘，接近较为发达的农业地区，它是南农北牧经济社会形态的结合部。

（二）中京城市规划

作为辽朝的第四个都城，此时封建化改革已基本完成，农业得到了很大发展，尤其是"澶渊之盟"这一划时代事件，使南北人民得以休养生息，发展经济和文化往来，并投入力量建设城市。

"澶渊之盟"（统和二十二年）后，开始中京建设的酝酿，三年后浩大的建设工程开始了。《辽史·地理志》记载："统和二十五年，城之，实以汉户，号曰中京，府曰大定"。"统和二十七年夏，四月丙戌朔，驻跸中京，营建宫室"。至开泰初年始初具规模，后经兴宗近20年的扩建，才使这座宏大的城市逐步完善起来。

宋辽盟好后的形势对中京的建设发生过重要影响。其选址更接近中原；城市社会生活更加开放，经济生活更加繁荣；城市建设更多地受到中原思想的影响，也吸收了中原的人力和物力。

（三）规划结构与城市布局

依据考古和文献绘出中京城市布局推测图（图6-6-4），可见其布局为：三重城垣相套，皇城居外城正中偏北；宫城位皇城北部正中，同时位于全城规划主轴终端；全城以主轴对称布局，突出宫城及皇城；而并未像上京那样宫城独处皇城之中，较类似唐长安及洛都的布局。中京城市规划学习了中原唐宋两代的规划思想。

1. 宫城

宫城，即路振所记"第二重城"之内城，也有学者称

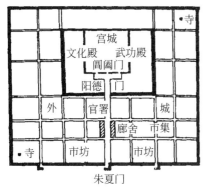

图6-6-4 辽中京城市规划布局
推测示意图

之为皇城。正方形，边长 1000 米，位于皇城之北部，据其所在位置和古代都市规划制度的通例来看，它应是宫城；路振记载此方城门为"阊阖门"，阊阖门在古代专指宫门（《乘轺录》）。

《乘轺录》记载："自阳德门入一里，而至内城阊阖门，凡三门，街道东西，并无居民，但有短墙，以障空地耳。阊阖门楼有五凤，状如京师，大约制度卑陋。东西掖门去阊阖门各三百步。"宫城南有三门，其内空地可能是外朝所在，沿东、西掖门北至第三门，分别余是武功、文化两门，接着就是武功、文化两殿，圣宗隆绪接见路振时曾"饮凡三爵"于武功殿，其后圣宗之母萧绰太后又居于文化殿，可见这里曾是皇帝朝臣理政、宾射燕饮之地，即内朝所在。

宫城是中京的核心，曾为圣宗的王宫（中京不仅是陪都），其规划结构初步具备内外朝之制；但不是明确的前朝后寝布局（武功、文化两殿是并立的，与上京类似）；门制上符合三门之制，其规划大致与中原宫城典型模式相符。

2. 皇城

文献所记之"第二重城"，即皇城（常被称为内城，有误）。皇城位于外城中央偏北，城垣东西长 2000 米，南北宽 1500 米，矩形平面。城南门为"阳德门"，上有楼橹；阳德门北行止于阊阖门，这是皇城主干道，其北端是以广场衬托的宫廷区；整个规划较为严整，与唐长安及东都洛阳类似。

3. 外城

外城"幅员三十里"，长方形平面，东西 4200 米，南北 3500 米。《乘轺录》记载："外城高丈余，……南门曰朱夏门……三里，至第二重城。……是夕，宿大同驿，驿在阳德门外。"《王沂公行程录》记载："南门曰朱夏，门内夹道步廊，多坊门。又有市楼四，曰天方、大衢、通圜、望阙。……城内西南隅冈上有寺""城南有园圃，宴射之所"。考古证明："外城内南部为坊市，自南墙正中的朱夏门址，至内城南门正中的阳德门址之间，为一条宽达 64 米的笔直大道，道路两侧有用石板砌成及木板铺盖水沟。在大道两侧，……南北向的经路各三条，东西向纬路各五条，……东西两侧对称布局，次序井然。"大道两侧的市坊中，包括很多功能单元：廊舍与市集、使馆、库府、官署、庙宇、园圃等，"街道阔百步余，东西有廊舍约三百间，居民列廛肆下。"

中京规划结构要点是，以延伸自皇城的规划主轴把城中的居住、商业、公共生活、行政、文化活动、民族交往等功能单元组织成一个整体；干道两侧就成为外城的核心区。尤其是"廊舍"建筑，是更为开放的城市公共生活场所，而且是包括居住功能的综合体，这些都比上京进步。

4. 城市建设技术

中京城道路主次等级分明，形成网络；路宽分别为 64 米、15 米、12 米、8 米；路面材料是黄土、灰土、砂粒，铺成拱形路面；路旁有排水设施，城墙下有涵洞，这在上京中不曾有过。

三、金上京

金代（公元 1115～1234 年）是 12～13 世纪中北方以女真族为主体建立的王朝。金初都城上京会宁府，是当时东北最重要的城市和最大的政治经济中心之一。

（一）发展的历史条件

金上京会宁府，坐落于今黑龙江省阿城市南的阿什河西岸的冲积平原上，《金史》谓之"按出虎水之侧。"城市以东部的张广才岭为依托，面向西部肥沃广阔的松花江流域冲积平原。这种适于农耕、便于渔猎的地理因素是上京城产生、发展、兴隆的基础。

辽末以完颜部为代表的女真社会已从氏族制发展到国家阶段，产生了建立作为国家行政统治中心的都城的历史要求；另一方面，完颜部社会发展已脱离"随水草""散居野处""迁徙不常"的非定居生活而进入"耕垦树艺""始有栋宇之制""定居于按出虎水之侧"的定居状态，为城市产生提供了必要的社会基础。

（二）金上京城市规划与建设

太祖阿骨打以前按出虎水流域女真村寨的发展，是上京城市的萌芽——"皇帝寨"，其核心部分是乾元殿。《大金国志》记载："国主所独享者唯一殿，名曰乾元，所居四外栽柳，以作禁围"，没有宫城，更无城垣，"联木为栅"，就是城的雏型。

太宗天会二年（公元1124年）上京城兴建伊始，重点是宫室建筑和宫城部分，尚未形成城市总体布局。宋朝使者的见闻说明了这一情况："一望平原旷野，间有居民数十家，星罗棋布，纷糅错杂，不成伦次，更无城郭里巷。率皆背阴向阳，便于放牧，自在散居。又一二里，命撤伞，云近阙。复北行百余步，有阜宿围绕三四顷，北高丈余，云皇城也。至于宿门，就龙台下马行人宿闱。西设毯帐四座。……木建殿七间，甚壮。未结盖，以瓦仰铺及泥补之。……榜额曰乾元殿。阶高四尺许，阶前土坛方阔数丈，名曰龙墀。西厢旋结架小苇屋，幂以青幕，……日役千人兴筑，已架屋数千百间，未就，规模亦甚侈也"（《宣和乙巳奉使行程录》）。宿围即宫城，也即曹廷杰所谓"子城"（"金会宁府考"，《曹廷杰集》上卷，中华书局，1985）。

上京建设的第一次高潮，是熙宗皇统六年（公元1142年）的大规模更新扩建。"皇统六年春三月，上以上京会宁府旧内太狭，才如郡治，遂役使五路工匠撤而新之"（《大金国志》："熙宗记"）。这次由汉人官僚少府监卢彦伦主持的改建扩建工程，以内城为重点，同时扩大了城市规模，形成了较为完整的城市布局，达到了上京历史的全盛状态。

鼎盛过后面临着一次巨大的破坏。海陵帝为了向中原发展而把都城从偏在北方的上京迁至燕京。为表现其一往无前的决心，正隆二年，他"命会宁府毁旧殿，诸大族宅第及储庆寺，夷其址而耕种之"，城中人口亦大量南迁，城市结构遭到严重损毁。人为地造成了城市的衰退。

世宗大定二十一年（公元1181年），上京又迎来了第二次建设高潮，即重创之后的复兴。南北议和及疆域的稳固，阶级矛盾缓和的形势，使北方生产得到相当大的发展。为发展其"内地"，进行有力的统治，于是投入力量复建位于东北地理中心的上京，作为陪都。复建使上京得以振兴，技术上采用了"甃束其城"（以砖砌城墙外表）的先进措施，然而，总未达到熙宗时的盛况。

如图6-6-5、图6-6-6所示，上京城由城市平面呈长方形的南北两城组成，形似"凸"状，总周长10873米，特定的历史条件，使上京城形成了一较为特殊、不十分严整的城市结构。其平面规划结构要点为：两重城垣，南北两城，非中轴对称，各功能分区相对独立，城市生活居住轴与官署行政轴不相重合，也缺少有机联系；没有一个统摄全局的规划主轴，宫城并非是作为全城的核心而设置在整个结构的中心。实际上俗称为"皇城"的内城就是宫城，而整个南城按其功能说相当于皇城。这样，皇城之外没有第三重外郭，而北城按其功能来看相当于外城，与一般都城中居住区设置于外城的惯例不同。这就是金上京城市结构的重要特点。它令人联想起辽上京的规划，而与中原都城规划传统相差较大。

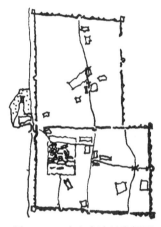　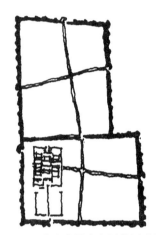

图6-6-5　金上京遗址发掘图　　　　图6-6-6　金上京城市布局推测示意图

（三）各分区规划

上京的南北两城，各自相对独立完整，宫城也自成一体；各城中又自有不同的功能划分，这里的分区仅指三个完整的城区。

北城。北城近乎长方形，其南北垣长1828米，东西宽1553米。城市发现有铁作坊及其遗物、器物，而少有建筑遗迹，被认为是工商业区和平民居住区。今阿城境内出土有打着"上京翟家记"字样的银镯银锭，证实上京城中有汉人经营的手工业店铺，可能是居住、生产、经商的综合体。沿街店铺是中原中唐以来城市结构变革的产物。可见，金上京生活居住区也有类似汴京那种店铺沿街分布的城市结构。

北城中道路系统状况已不可确知，其各垣中间均有门，按常规可能有"十"字交叉形路网。

南城。呈长方形，东西长2148米，南北宽1523米，略大于北城，共6门，并有瓮城马面角楼，外有护城河。西北部为宫城，西南部是午门前的广场，直通南垣左瓮门；城东部因曾较多发现有建筑遗迹而被认为是官署区和官僚贵族居住区，据此，南城相当于皇城。可见这个皇城的布局是很特殊的：没有突出宫城的主题思想，没有统摄一切的规划主轴和中心；官署区与宫城之间缺少结构上的与中原一样的逻辑联系，不是主次分明，而是并列设置的；唯一强调宫城的是午门前的广场。

宫城。宫城俗称"皇城"，呈长方形，南北 645 米，东西 500 米。它是整个城市中规划最为严整的部分。文献记载上京城中有"前朝门"，也载有寝殿、宵衣殿，说明宫城是按前朝后寝之制规划的。进入有阙楼的午门，正中是五重大殿，布局严整，其中第二、四殿规模最大，当为皇帝朝会议事的"朝"，两侧路边各配侧殿徊廊。午门外的广场盖为外朝之所。宫城的这种中轴对称，前朝后寝的布局是上京城中与中原都城规划制度最接近的部分。

宫城是在乾元殿基础上全城中最先建成的部分，熙宗时才"始有内庭之禁"，宫卫制度得以完善，可见，宫城的布局也是逐渐完善的。

除具备辽金城邑形制的典型特点外（瓮城、马面、角楼、护城河），上京城墙的建设较早采用了砖砌外表的先进技术（"甓束其城"），并用铁碴与夯土混筑加固。

上京城中宗教生活开始占一定地位，但多在城的周围，宗教建筑有太祖庙、庙台、郊祭台等，对城市布局影响还不大。

四、西夏黑城

西夏于唐末兴起，公元 1032 年李元昊称帝，1232 年为蒙古所灭，其地区内的城市可以黑城为代表（图 6-6-7）。黑城位于现今内蒙古自治区的阿拉善旗，西临额齐纳河，北傍莎牧山，在当时西夏国境内东西主要交通线上，是当时镇燕军所在地。

城址略呈方形，南北长 424 米，东西长 346 米，砖砌城墙，高约 9 米，底厚 11 米，上收至三米多，东西壁各开一门，门外建方形瓮城，有马面角楼址

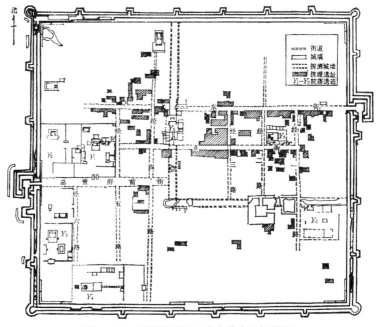

图 6-6-7　西夏黑城图（今内蒙古阿拉善旗）

和羊马城遗址。西北角楼建有西藏噶当式喇嘛墙。城中部略偏西北为一大寺址，平面作凸形，门东向，与东城门相对，似为城内的主要建筑物。大寺前有街道通东门。大寺后有南北街，其北尽端处为一长方形寺址，寺址南向，附近散布有绿琉璃瓦片。自城西门东入的街道，即交于大寺后的南北街道上。东西城门大街不直接相通，显然是从城内主要建筑物大寺的防御要求考虑的。大寺之南有一小寺，亦东向，平面方形，内设左转礼拜道，为一典型西藏寺院，寺后南北向有喇嘛塔三座。大寺前街的南北二侧有排列整齐的矩形院落，均系僧房遗址。南侧僧房的东南，另有二寺址，平面皆方形，厚墙小门，门东向，也是西藏寺院形式。城西北有大基址，已破残。西南隅小寺，亦东向。城内多空地，大约一般居民多住帐篷，空地可能即居民区。

此城布置极似元代西藏的万户府。城中心建筑的寺院，其前列若干僧房的院落，也和萨伽南寺城堡相同。城中寺院多向东，有不少噶当式喇嘛塔，这些都说明当时受西藏文化影响很大。

城外西北及东北皆有塔寺，城西沿河有一大寺，均说明当时喇嘛教极盛，文化都掌握在寺院手中。寺院中出土大批世俗契约，也说明经济和部分行政权由寺院掌握。

第七节　元大都的规划与建设

一、元大都的地理环境和元大都的兴建

元大都所在的位置，即现在的北京小平原，三面有山环绕，古代东南一带为大片沼泽。西南角接近太行山，地势较高，是通向华北大平原的门户。东北及西北可通过南口及古北口的峡谷，通往蒙古高原及松辽大平原。雄伟险要的自然地形成为军事要地。春秋战国时，燕国的蓟城即建于此。从秦汉至隋唐，蓟城是汉族和少数民族的贸易中心，为北方一大都会，也是军事重镇。晚唐以后，也称幽州，由于东北方的几个少数民族兴起，这里更成为边防中心。

13世纪后，北方游牧民族蒙古族逐渐强大，先后控制了欧、亚两洲广大地区。公元1206年建立了蒙古国家，并向中原地区扩展。1215年蒙古骑兵突破南口，攻下了在这里建都的金朝都城——金中都，将大部宫城建筑烧毁。1260年蒙古统治者忽必烈决定在金中都附近建立新的都城，命汉人刘秉忠主持规划及建设，于元世祖至元四年（公元1267年）进行修建，1271年完工。元大都规模宏大，规划整齐，是当时世界著名的大城市。元朝以后，明朝利用元大都南半部加以增筑，逐渐发展成明清两代的北京城。

二、对元大都规划建设有直接影响的城市——元上都、辽南京及金中都

（一）元上都

遗址在内蒙古自治区内。元统一北方后，1250年忽必烈命刘秉忠负责规划、建造，是蒙古地区第一个都城，它对元大都规划有一定影响（将在元代地方城市中详述）。

（二）辽南京

五代时，北方兴起的契丹民族的辽国向中原扩展。辽太宗耶律德光会同元年（公元 938 年），将幽州改称为南京，定为陪都。其城址在今北京外城的广安门内外，今宣武门外的法源寺是辽南京的著名八大寺之一。城方 36 里，高三丈。宫城大内在城内西南隅。外城共有八门（图 6-7-1）。

（三）金中都

公元 1115 年，在东北松花江一带兴起的女真族建立的金国灭了辽国，于金贞元元年（公元 1153 年），将都城迁至辽南京，改称为中都，进行了大规模的城市建设（图 6-7-2、图 6-7-3）。

中都改建前，曾派画工至汴梁（开封），测绘了宋代都城及建筑的图样，参照它的形制进行规划建设。城为二套方城，外城东西宽 3800 米，南北长 4500 米，每边有三门，城内中部偏西为皇城。道路从城门引伸直交，呈"井"字形。宫城南面的中轴线长达二公里，沿轴线两旁布置了官府寺庙。宫城前有石桥及千步廊，经过笔直的御路及千步廊，进入宫城至大殿纵深达 800 米。大殿建在很高的台基上，其后正对天宁寺塔。历代都城中轴线的布置，到金中都有了新的发展。

中都的工程十分浩大，曾动员辽汉人 80 万，士兵 40 万人，建筑材料十分豪华，甚至将汴梁艮岳上的太湖石都搬运来建造宫殿的园林。城东北原是一片沼泽，建城时开扩为人工湖，堆筑琼岛，在周围建造宫殿，其中最大的宫殿就是万宁宫，成为全城风景最佳之处，这就是今日北京的北海及中南海一带。

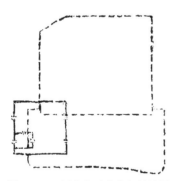

图 6-7-1　辽南京（北京）城址图

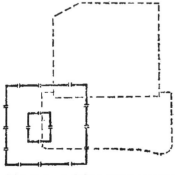

图 6-7-2　金中都（北京）城址图

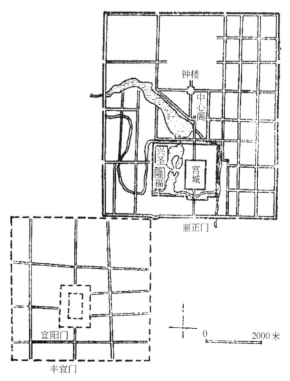

图 6-7-3　金中都和元大都城址图

金中都建成后不到100年，为蒙古兵攻占后，遭受彻底的破坏。

三、元大都的城市规划

元大都的建设，事先有严密的计划和准备。首先进行了十分详细的地形测量，然后制定总体规划。房屋和街道修建之前，先埋设了全城的下水道，再逐步按规划建造。新都建成后，正式命名为大都。

元大都在用地选址上，完全让开金中都的废墟，但又把风景优美未遭破坏的万宁宫及附近大片湖水（当时称为海子的地区）包括了进去，为宫城所在。

城市形制为三套方城，分外城、皇城及宫城（图6-7-4、图6-7-5）。

外城呈长方形，东西6635米，南北7400米，大致接近宋汴梁的规模。共有11个城门，北面两个，其余三面各为三个门，门外设有瓮城。城四角建有巨大的角楼，城墙外部还建有加强防御的马面，其外再绕以又深又宽的护城河。城墙全部用夯土筑成，基部宽达24米。

第二重城墙的皇城，周围约20里，位于全城南部的中央地区。皇城中部为海子，即中海、南海与北海，其东即为宫城。皇城东北

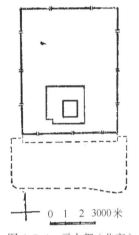

图6-7-4　元大都（北京）城址图

1—大内；
2—隆福宫；
3—兴圣宫；
4—御苑；
5—南中书省；
6—御史台；
7—枢密院；
8—崇真万寿宫（天师宫）；
9—太庙；
10—社稷；
11—大都路总管府；
12—巡警二院；
13—倒钞库；
14—大天寿万宁寺；
15—中心阁；
16—中心台；
17—文宣王庙；
18—国子监学；
19—柏林寺；
20—太和宫；
21—大崇国寺；
22—大承华普庆寺；
23—大圣寿万安寺；
24—大永福寺（青塔寺）；
25—都城隍庙；
26—大庆寿寺；
27—海云可巷双塔；
28—万松老人塔；
29—鼓楼；
30—钟楼；
31—北中书省；
32—斜街；
33—琼华岛；
34—太史院

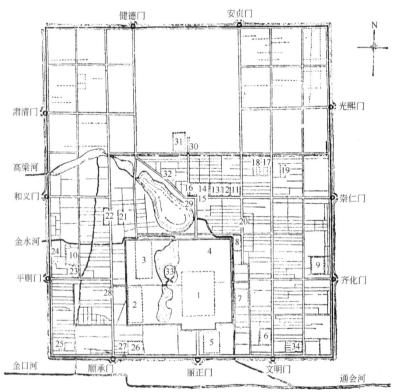

图6-7-5　元大都平面复原想象图

部为御苑。皇城西部有隆福寺及兴圣寺等，占地很大。

最里一重为宫城，位于皇城东部，在整个大都的中轴线上。宫城的南门（崇天门）约在今故宫太和殿，北门（后载门）在今景山少年宫前。东西两垣约在今故宫两垣的附近。宫城中为朝寝两大殿，呈"工"字形。

大都西面平则门内建社稷坛，东面齐化门内建太庙，商市集中于城北。这种布局符合"左祖右社，面朝后市"的传统规划制度。

元大都有一条明显的中轴线，南起丽正门，穿过皇城灵星门，宫城的崇天门、后载门，经万宁桥（又称海子桥，今地安门桥），直达大天寿万宁宫的中心阁，这也是以后明清北京城的中轴线。从崇仁门至和义门之间的横轴线大街，与城市南北中轴线相交于全城的几何中心——中心阁，在其附近建有钟鼓楼。

大都的衙署布置并不集中，大都总管府在中心阁附近，北中书省与它靠近。各部院分散在皇城各处，不像唐宋都城那样集中。这也说明蒙古封建制度的行政组织还不十分健全。

大都的街道很整齐，当时旅居在这里的意大利人马可波罗曾盛赞大都城市规划完善，说："划线整齐，有如棋盘"。街道分布的基本形式是，通向各城门的街道组成城市的干道。但是，由于城中间有海子相隔，及南北城门不相对应，有些干道不能相通，故许多干道是"丁"字相交。在南北向的主干道两侧，等距离地平列许多东西向的胡同。中轴线的大街最宽为 28 米，其他干道为 25 米，胡同宽为 5 ~ 6 米。今北京城内城许多街道胡同，仍可反映出元大都街道布局的痕迹。

大都的引水工程规模巨大，从西北郊外导引了很多小流泉解决大都的给水问题，当时主要供水河道有两条：一条是由高梁河、海子、通惠河构成漕运系统；一条是由金水河、太液池构成宫苑内用水系统。高梁河自和义门北入城，汇成积水潭，俗称海子。为了使南方的漕运直达大都城内，开挖了通惠河，置闸截水。来往的船只停泊在积水潭内，使积水潭北岸、钟鼓楼一带成为商旅繁华地区。

大都的排水工程做得很好，经勘探发现：南北主干大街两旁有用石条砌筑的明渠，排水渠通向城外经过城墙时，筑有石砌的排水涵洞，这是在夯筑城墙前预先构筑好的。

大都城内划有 50 坊。这些坊也只是一个地段，并无坊墙及坊门等。坊内有小巷及胡同，胡同多东西向，形成东西长南北窄的狭长地带，由一些院落式的住宅并联而成。

大都的北部正中建筑遗址甚少，可能是驻骑兵或毡帐的地区。

四、元大都规划的特点

元大都是自唐长安以后，平地起家新建的最大的都城，它继承、总结和发展了中国古代都城规划的优秀传统，至今存留下来。北京城虽然是明代以后的规模，但它都是在元大都的基础上建造的。它的特点可归结为：

1. 继承发展了唐宋以来中国古代城市规划的优秀传统手法——三套方城、

宫城居中、中轴对称的布局。这种布局从邺城、唐长安、宋汴梁、金中都到元大都逐步发展成三套整齐规则的方城相套，中轴线也更加对称突出。这反映了封建社会儒家的"居中不偏""不正不威"的传统观点，把"至高无上"的皇权，用建筑环境加以烘托，达到其为政治服务的目的。

2. 规则的宫殿与不规则的苑囿有机结合。宫与苑的结合，很早就已开始。在元大都规划时，海子区绿化区已形成，整个宫城规划，充分利用这一现状，取得了高度的艺术效果。

3. 完善的上、下水道。河道既满足人民饮用水源，又使通航河道伸入城内，便利商旅及城市供应。水面又与绿化相结合，丰富城市景色。排水系统完善，施工考究。

4. 元大都的规划与建设，一开始忽必烈就把这工作交由规划过上都的刘秉忠负责，他主持了全部的规划建设工作，阿拉伯人也黑迭儿和一些外国的建筑工匠也参加了规划和修建工作。城市建设工程有统一领导与指挥，规划设计意图得到执行与贯彻。从选点、地形勘测到先铺筑地下水道，再营建宫殿等，可以看出工作的周密。这就保证了元大都一气呵成建成为当时世界上规模最大、最宏丽壮观的城市之一。

第八节 元代蒙古地区的一些城市

一、元上都

上都遗址在内蒙古自治区多伦西北 80 里，滦河上游闪电河畔。元统一北方后，忽必烈于公元 1250 年命汉人刘秉忠负责规划及建造，是蒙古地区第一个有计划建造的都城。对同是由刘秉忠规划的大都颇有影响。

上都城分宫城、内城、外城三部分（图 6-8-1）。

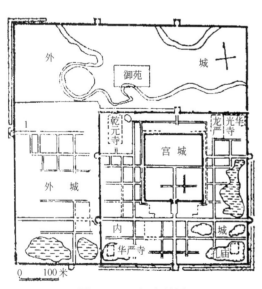

图 6-8-1 元上都城图

宫城在内城正中偏北，东西 570 米，南北 620 米，城墙砖砌，四隅有角楼基址。一门位于南城墙中央，与外城南门相对，门为券门。内城北正中有矩形宫殿基址，东西长 150 米，南北长 45.5 米，基址南面两侧各有向前突出部分。宫殿基址之南，散布着附有围墙遗迹的大小建筑遗址，布置形制无一定规律。围墙内有一处较大基址，常用"工"字形或凸形平面，为宫殿衙署遗址；有些地区无瓦片遗迹，可能系毡帐集中的地区。内城宫殿衙署混在一起并无明显区分，而内城设在外城的东侧。宫城布局是直接接受汉民族都城的传统，而且将统治者围在中心，也符合蒙古的军帐制度。

内城 1400 米见方，外砌石块，有方形马面及圆形角楼基址。南北各一门，有方形瓮城，城内建筑有集中四隅的现象。内城的东北、西北隅有龙严寺、光华寺及乾元寺，内城的西南及东南隅也有较大基址，为寺庙遗址，均为长方形，其前设驰道，这也是元代衙寺建筑常见的布置方式。道教观设在重要位置，在元代也常这样处理，如元代的邢州城西南隅，敕建通真观。外城其他地区遗址较少，是由于蒙古人多建造可移动的毡屋、板屋。

外城西北两面，围以黄土板筑的城墙，两面长度各为 2200 米，北面二门，西面一门，皆建方形瓮城，南面一门建圆形瓮城，四面皆设壕。上都城是元初北方政治、经济中心，规模大于成吉思汗时期的和林而小于元大都，在布局上对附近的应昌路、集宁路等城都有影响，从遗迹看与中原地区城市的布局等有共同的特点（图 6-8-2）。

图 6-8-2　元上都城郭（孔群摄）

忽必烈统治全中国后，即在金中都附近另建大都，而以此为上都，每年 5～8 月在此居住。

二、集宁路城

集宁路城在内蒙古自治区察哈尔右翼前旗巴彦塔拉乡土城子村，是元集宁路总管府所在地（图 6-8-3）。

城址正方形，分里、内、外三城。里城长宽各 60 米，南墙中心有门。内城东西宽 630 米，南北长 730 米，四面各开一门。外城东西宽 1000 米，南北长 1100 米，东北部分内外城合用一墙，四面共开五门。东门外有瓮城，东西宽 75 米，南北长 65 米。

集宁路城位于上都与大都之间，为元朝腹地的重要行政中心。从出土的坩锅、炼铜、铁渣、灰烬看可能是手工业的重镇。

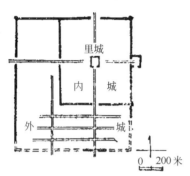

图 6-8-3　元集宁路城图

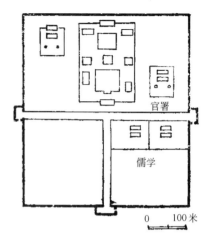

图 6-8-4　元应昌路城图

从南城尚可看出城内道路痕迹，主要道路通各城门，有的"丁"字相交。南城是工商业集中区，东西三条横街两旁，房屋密布排列，土堆较高，可能为居住房址的基址。

里城中心为文庙址、系一整组的三合院。文庙在元代城市中占很重要的位置，在其他元代城市中也是这样，内城中可能为当时总管府衙门的所在。

三、应昌路城

应昌路城是元代一般地区性政治中心的城市代表（图 6-8-4）。

城址位于内蒙古昭乌达盟克什腾旗境内，北距锡林浩特市 90 公里，西南距元上都故城约 150 公里。

城平面为长方形，南北长约 650 米，东西宽约 600 米，方向为偏西 10 度。城墙东南西三面正中开门，有瓮城。城内东西门间有横街，宽约 10 米。南门内有南北向街一条，宽约 20 米。城市南部为坊市所在，南北向街道之两侧为市肆建筑。城内西南部多为居民，有小巷相通。城内北部为官署所在。

城东门内有一组较大建筑物，四周有围墙，平面为长方形，为儒学遗址。城内东西横街之北，南北向街道北端，有一组大型建筑物，四周有院墙围绕，长约 300 米，宽约 200 米。进大门向北为一建筑于夯土台基上的大建筑物，为主要殿堂。据文献所记，应为鲁王府，是全城最高统治者，整个城市的布局服从于突出这一组建筑物的要求。

中央建筑群之西北，即城的西北隅，另有一院落，院内正中有建筑基址两处。中央建筑群之东，东门内横街之北，另有一小院落，形制与西北一组相同。

按文献记载，此城至元七年（公元 1271 年）建成，初名应昌府，至元二十二年改名应昌路，为鲁国大长公主所属。明朝占领大都后，顺帝北奔，曾驻应昌府，公元 1370 年死于应昌。以后废弃此城。

第九节　宋元时代的防御城市钓鱼城

钓鱼城位于四川省合川县城东北方 10 华里处的钓鱼山下，嘉陵江、渠江、涪江三面环流其下，形成一个环抱的钳形江流（图 6-9-1）。

钓鱼山筑城始于南宋嘉熙四年（公元 1240 年），南宋四川制置使彭大雅修筑重庆城时，派大尉甘闰于钓鱼山筑寨，作为临时避蒙古兵锋之所，淳佑三年（公元 1243 年）开始大规模筑城，并把合州及石照县治所迁到山城中，作为重庆的守护屏障。宝佑二年（公元 1254 年）王坚知合州调集所属 17 万军民又一次大修此城（《钓鱼城记》）。到景定四年（公元 1263 年），张珏知合州再次修筑。从此，合州出现了一座新城，规模宏大、城势险峻。

城墙分内外两重，沿山凭险修筑，高二三丈不等，全为石砌，总长约 16 华里。城垣间建有城门 8 道，皆双砌拱门，门上建楼。城内总面积约 360 公顷。

城中山势起伏很大，城中修有皇城，位于城中居北处。皇城东南处为居民及驻军住房，街道顺山势而开。城中山巅上有宋绍兴年间修筑的护国寺庙（《万历合州志》）。庙前修有水池及水井，以供城中军民食用。

钓鱼城在蒙古与南宋战争时期，常住军民十数万人，利用险峻的山势及坚固的城墙，坚持守城抗蒙长达 36 年之久，一次又一次地挫败了蒙军的攻击，并打死了不可一世横行欧亚，号称"上帝之鞭"的蒙古帝国大汗蒙哥，此城作为军事防护性城市在宋元时期是一光辉的典范。

钓鱼城于元初拆毁，现只有数道城门遗址及片断城墙残垣。

图 6-9-1　钓鱼城城址图

第七章　明清时期的城市

第一节　明清时期的社会经济及城市概况

一、明清时期的社会经济发展

明清时期是我国封建社会的后期，宋代以来发生的商业和城市变革在明清时期得到进一步发展，使明清时期达到了封建社会经济发展的顶峰。首先，明清长时期的社会统一稳定，除明清鼎革之际，基本没有全国大范围的兵燹战乱，为社会经济的持续发展提供了有利的社会环境。其次，为巩固其封建统治，明清政府采取了一些有利于发展工农业生产的措施，如鼓励垦荒、屯田、水利建设等，更为重要的是经济政策方面的措施。经过长期的发展，封建生产方式在全国范围内的扩展已经接近完成。

经过明初的恢复，从永乐中期开始，农业、手工业走向全面发展，明中叶（成弘年间）以后的 16 世纪（嘉、隆、万年间），手工业及商业的进一步发展带来封建社会商品经济的空前繁荣。在经济发达的江南地区，开始出现早期工业化进程，手工业、商业取代农业成为主要的经济活动，并出现规模较大的私营手工作坊和普遍的雇佣劳动。

作为社会经济基础的农业在明清时代有了较大的发展，主要表现在精耕细作农业生产方式的完善扩展、高产耐旱农业的推广和商品农业的发展。湖广、四川替代了江南成为全国性的商品粮基地，宋元时期"苏湖熟，天下足"在明清时期也因此被"湖广熟，天下足"所取代。16世纪传入中国的玉米、甘薯等高产耐旱作物导致了北方平原农业生产力的提高和南方大面积山地、丘陵地区的开发利用，进一步提高了粮食的产量。

明清时期的手工业生产在技术上有了一定的提高，但其更大的进步主要体现在劳动分工的细化和生产规模的扩大，对手工业最为发达的江南地区而言，其主导产业纺织业在行业上分为丝织和棉织，在大的工序上有纺、织、染、踹等主要工序，手工业进一步发展，生产技术提高，产品的数量增多，分工变细，生产规模也较前代有了进一步的扩大，如闽、广的冶铁业、制糖业，江西景德镇的瓷器，四川、两淮的盐业等。

由于农业、手工业生产的进一步商品化，商业随之繁荣，明清时期在地方性商业以及异地商业方面都有较大的发展。地方商业的活跃促进了地方市场的繁荣，农村地区出现了定期集市且分布广泛。异地商业的发展表现在交易规模及范围的扩大，明嘉（靖）、隆（庆）以后，城市中的会馆建筑增加很多，并具有由社会性的同乡会馆向经济性的行业会馆转变的趋势。同时，异地商业的兴旺也促使山陕、新安、洞庭、闽广等著名商帮的崛起，其中以徽商（新安）和晋商最为著名。此外，商业的活跃也对资本流通提出了新的要求，由此导致商业资本向金融资本的转化，票号、典当大量出现，其中以晋商的票号最为著名，山西中部的平遥、太谷、祁县构成了清代中国的金融中心。

明清时期的社会经济达到了我国封建社会经济发展的顶峰，但是由于受到封建制度的束缚，尽管出现了资本主义的萌芽和早期工业化的发展，但其经济始终属于封建经济的范畴，自康雍乾盛世以后逐步停滞，与西方新兴资本主义国家的差距逐步加大。

二、明清时期的城市发展

明清城市的发展首先表现在城市人口规模的扩大。中国封建社会因为是统一的中央集权国家，因而都城的人口规模一直很大。南京当时有119万人（《明史卷四十·地理志》），北京在明孝宗时（公元1488～1506年）达到60万人，万历时（公元1576～1620年）发展到近百万人。明清时期除都城的人口非常多外，一些工商业城市人口也很多。

明清时期城市的经济职能大大增强，表现在各级行政中心城市经济职能的增强和专门工商业城市的发展。首先，城市的人口构成有显著的变化，工商业者比重有很大的增加。流动人口增加，也使为他们服务的旅店、饭店等大量增加。其次，城市手工业发达，对居民生活构成一定影响，如苏州城一半皆机户，其中不少是雇佣工人的作坊，也有家庭内设织机的家庭手工业。最后，在工商业城市中已逐渐有一定的分工。

城市人口的增加和经济职能的加强刺激明清时期大的区域性都市不断成长。15世纪初，全国在33个商业及手工业发达的城市增收课钞（《明宣宗实录》），

清道光（公元 1821 ～ 1850 年）年间，全国有 5 万人以上的城市约 61 个，27 个城市人口均在 10 万人以上。

明清时期是市镇迅速发展的时期，新兴的市镇蓬勃发展，区域城镇系统不断完善。尤其以经济发达的江南地区最为明显。以江南地区的苏、松、嘉、湖四府为例，据不完全统计，宋元时期镇的数量仅为 26 座，明代中期达到 130 座，清代有了进一步的发展，仅松江、湖州、嘉兴三府即达到 132 座（樊树志《明清江南市镇研究》）。除江南地区外，在全国范围内其他地区的镇也发展很快，如号称四大名镇的汉口镇、佛山镇、朱仙镇和景德镇。

明清时期是我国封建社会历史上统一时间较长的时期，城市分布地域较前代有明显的扩展。随着对边疆地区的开发，当地的城市发展也比较迅速，其中发展较快的地区为西南的云贵地区和西北的新疆，奠定了这两个地区城市发展的空间格局。出于政治原因和自然条件的限制，青藏、东北和台湾的城市发展起步较晚，但也有一定程度的发展。

三、明清时期的城市建设

宋代的城市变革标志着中国古代城市由封闭型的前期封建城市向开放型的后期封建城市转化，明清时代更臻于成熟完善，形成了中国封建社会后期城市的典型。其特征表现为：在城市建设上存在着规划建设和自发建设相融合，而后者的影响不断扩大。

明清时期的城市，一般都有规划。城市是封建统治的政治、经济、军事、文化的中心，集中着封建官僚、贵族、地主、商人和为他们服务的劳动人民。因此各级统治中心城市都是按照封建统治思想进行规划，城墙、宫殿官署、宗教文化设施强调按照礼制修建，使中国古代城市规划的传统又一次得到总结、继承和发展，封建等级制度在城市及建筑上也有更明确、更严格的反映，其中以都城北京的建设最为典型。

明清时期城市建设的另一个主要特征，是随着商品经济的发展由自发建设形成的更为灵活自由的布局形式。首先是厢坊制的出现，由于城市经济的繁荣和城市人口的增加，使城市建筑更为密集。城垣内用地不够，往往在城门外形成新的地区，称"关厢"，一般沿城外的道路呈带形发展，例如松江城城西、苏州的金阊门外均为繁华的闹市，某些城市如四川阆中关厢地区的发展规模甚至超过了城内。这些"关厢"地区，开始形成时无城垣，以后因为不断扩大，统治阶级为了防护及便于管理，又将已形成的地区加筑城垣加以包围。这些关厢相当普遍，因为是后筑，形状多不规则。有的城市不断发展后，形成外城或新城。例如，明代北京城在前门外大栅栏一带形成闹市，明中叶后加筑城墙形成外城。又如，扬州城在旧城以东沿大运河一带形成市区，明中叶后因倭寇侵犯，加修城垣，形成新城。这些新形成的外城或新城与原来的内城及旧城比较，形状、道路系统等均不甚规则，有明显的自发倾向。

其次，城市商业的布局更灵活自由。城内的市有很多种，有些市集中在大型庙宇中，如南京夫子庙、上海城隍庙。而在江南水网地区，由于河道是主要交通线，商业多沿河呈带形发展。这些商店后门沿河，由后门进货，前门临街营业。这些地区的城镇虽然由于所临河道的不同而呈"一"字形、"十"字形或放射状发展，其商业中心则在河道交叉点附近。

明清时期，随着火药在军事上较为普遍的使用，各大中小城市，普遍改建或加固城垣，或新建一些设防城市。特别是明代，为了防范北方的蒙古、沿海的倭寇等外来侵略和农民起义，曾兴起一个大规模的筑城高潮；今天保存下来的旧城垣大多数是在明初经过改建、扩建或新建的，有些城墙普遍加砖砌，以适应当时火炮技术下的防守要求。明中叶后，又加强了长城及北方一些边防重镇和防御城堡的修建。明代由于实行军民分籍制度，为解决军队驻屯，新建了大量的卫所城市，这些卫所城市多分布于边疆的长城沿线和沿海地区，仅洪武一朝的 31 年中就建造了 136 处。卫所城市多建于军事要地，如金山卫、天津卫、山海卫、宁远卫、偏头关所、桃渚所；有些建在原有的城市的近郊，如南京的孝陵卫。这些设防城堡大多有一定的规划，建成方整规则的形状，具有坚固的军事防御设施。此外，朱元璋曾将其 25 个儿子分封为王，在重要的城市设立王府。

清代以后，由于国内的统一，外来侵略减少，明代修建的一些纯粹为军事目的的边防及海防城市由于失去了军事防御的意义都衰落下来，但有些军事城市逐渐转化为一般的府、州、县城，如左云（大同左卫、云川卫）、右玉（大同右卫、玉林）、天镇（天成卫、镇远卫）、阳高（阳和卫、高山卫）、天津、金山等。清代虽然专门的军事城市较少，但由于民族矛盾的加深，在战略地位重要的封建统治中心城市都设有单独城墙，用以驻扎旗营的设防城堡——满城。

明清时期城市建设的又一大突出成就是城市园林的建设。中国的城市园林有很高的艺术水平，但是过去多限于为帝王及少数贵族所有，明清以来，由于城市经济的发展，新兴缙绅富商阶层为追求生活的享受，在城市中大建私人园林，促进了明清时期城市园林的建设。其中以江南地区的苏州、杭州和盐商集中的扬州等城市最为著名。这些城市园林艺术在传统的基础上有进一步的提高，在创造空间变化、人工的山石林池等方面达到很高的水平，这些园林艺术也被广泛应用于清代帝王的专用园林。清代康熙、乾隆时代在都城北京西郊大规模的皇家专用园林，其中最大的是圆明园，在园林建筑艺术方面继承并发展了传统，达到了新的高峰，此外还在承德兴建了避暑山庄。

明嘉靖十四年（公元 1535 年），葡萄牙人已侵占了澳门（濠境），在当地筑城"聚海外杂蕃，广通贸易，至万余人"（《明史·佛郎机传》）。广州是明清时代最主要的对外贸易港口，清代外国商人集中于十三行一带，建有商馆，明末清初随着殖民侵略同时而来的传教士，在各地建有不少教堂，其中大多数利用中国原有建筑，也有个别新建西洋式建筑。清朝皇帝也在圆明园建造一批"西洋楼"。但是这些为数极少的西方建筑，对城市面貌没有产生多大影响。

第二节　明清时期城市的地区分布

一、明清时期城市分布的地区差异

明清时期，虽然社会经济较以前有进一步的发展，但整个社会的经济基础仍然建立在封建的小农经济基础上，同时明清帝国为统一的多民族国家，幅员广阔，地区空间差异和联系复杂多变，各地区的经济发展有明显的不平衡，并导致城市发展的不平衡。江南地区已经进入早期工业化阶段，而在某些边远少数民族地区，人们还停留在没有定居的原始社会（如云南卡瓦族）或奴隶社会。从反映农业社会经济发展水平的人口密度指标看，明清时代长江下游地区的人口密度达到 300 人／平方公里以上，而西北、云贵地区不足 40 人／平方公里，东北、蒙古、新疆、青藏的人口密度则更小。在地理自然条件优越的东部地区，人口占全国 3/5 以上，较大城市占 70% 以上。

明清时期的社会经济大区域基本上是在自然流域基础上整合形成的地文区域，传统上将以汉文化为主的地区（即所谓的本部十八省）分为华北、西北、长江下游、长江中游、长江上游、云贵、华南、东南沿海 8 个大区，加上边疆地区尤其是清代新开发的东北、蒙古、新疆、青藏大区域，共有 12 个大区。

长江下游地区为经济最发达的核心地区，包括淮河以南的江苏、安徽两省以及浙江北部。自宋代以来就成为全国的经济中心，以丝织、棉织为主的手工业和商业发达，已经取代农业成为主要的经济活动。由于经济的发展，原有的城市有较大的发展和变化，并兴起了大量的中小城镇。城市的数量多、分布密、规模大，工商业繁荣。

次发达地区包括两类地区，第一类为华北地区，包括直隶、山东、河南以及山西东部、苏皖二省北部，宋元时期由于战火及自然条件的恶化，明初社会经济破坏严重。除京师附近地区由于超经济因素带来的繁荣外，整体上发展缓慢。但华北毕竟是开发历史悠久的地区和都城所在区域，城市发展原有基础较好。北京作为都城，依然是全国最大的城市。

次发达地区的第二类地区包括南方的长江中、上游地区和东南沿海、华南东部，此类地区处于发展的上升期，由于集约农业的发展以及甘薯、玉米等作物引进导致丘陵山区的开发，大大促进了这些地区人口、经济、城市发展迅速，但由于起步晚，和作为经济中心的长江下游地区仍有一定的差距。长江中上游主要以农业开发为主，人口不断由发达的长江下游地区向中上游的迁移（即所谓"江西填湖广""湖广填四川"），促进了本地区的开发，在城市发展方面，以长江中游地区发展最快，在明代的 57 个工商城市中，有 8 个分布于长江中游，4 个分布于长江上游，2 个位于东南沿海，3 个位于华南东部。

不发达地区为衰落停滞的西北地区和发展起步的云贵地区及华南西部，在西北地区，由于宋元时期环境恶化和战乱频繁，兼之西北与长江中下游的交通联系不如华北地区，同时在明代处于边境地区，因此其发展停滞衰落趋势较华北更明显，以粗放农业为主，经济基础薄弱，商业多以异地交易为主。清代，5 万人以上的城市为 5 个，分别为西安、太原、兰州、宁夏和西宁，其中西安和太原人口均在 10 万人以上，为传统的中心城市。云贵地区及华南西部则处于发展起步阶段，汉族移民的逐步增加促进了地区经济的发展，但受自然条件影响，以汉族移民为主的地区开发多呈据点式集中于昆明、大理、贵阳等城市周围，其他地区多处于粗放农业甚至原始农业阶段。

落后地区为新开发的边疆地区，包括新疆、东北、蒙古、青藏以及东南沿海的台湾等地，清代加强对上述地区的统治并进行了初步的开发，其中较重要的为对新疆、东北、台湾和蒙古南部长城沿线的开发，青藏高原和蒙古大部则基本没有发展。这些地区的城市经济水平较低，因而城市的数量少、分布稀疏、规模小，新建的城市多为军事政治统治中心，经济功能较弱，很少有发展及变化。

二、沿江、沿运河城市轴线的兴起和沿海城市的停滞

异地商业交易对城市的商业及手工业发展具有很大的影响。从明清时期的社会经济发展格局看，长江下游地区成为全国经济中心，而华北、长江中上游、东南沿海及华南等次发达区域的对外经济联系均以与长江下游地区为主。华北地区与长江下游主要通过大运河进行联系，长江中上游主要通过长江与长江下游联系，东南沿海和华南东部在宋元时期主要通过新安江、赣江、东江与长江下游联系，进入明清以后逐步以沿海运输为主。因此，明清时期的异地商业交易主要沿运河、长江、东南沿海三条水运线路进行，由此导致了沿运河、沿江工商业城市的兴起，沿海城市发展则表现为停滞状态。

隋唐以来中国的社会经济格局发生了重大的变化，首先是随着经济中心的南移，长江下游地区经济的中心地位最终确立；其次是随东北等政治势力（如契丹、蒙古、女真）的崛起导致的政治中心北移，因此出现了政治军事中心在北方而经济中心在南方的情况，明清时期此种情况继续存在，因此加强政治中心与经济中心的联系成为封建统治所关注的重点，大运河成为联系两个中心的经济命脉。

元代以来，因汴河淤塞以及政治中心已由中原地区移至北京，元明两代逐步开通南北大运河，由此导致运河沿线商业贸易的发展，运河沿线产生不少繁荣的商业城市，如通州、天津、沧州、德州、临清、东昌、济宁、徐州、淮安、扬州、镇江、常州、苏州、嘉兴、杭州等，形成沿运河城市轴线。在明代的 57 个工商都市中，分布于运河沿线的城市有 16 个，在清代 5 万人以上的 61 个城市中，运河沿线有 11 个，其中苏州、扬州、杭州、镇江、济宁达到 10 万人以上。明清时期苏、杭、淮、扬号称运河沿线四大都市，临清、济宁则为重要的南北交易中心。

明清时期，长江中上游地区成为全国重要的粮食生产基地和重要的经济区，使长江中上游和作为全国经济中心的长江下游地区的经济联系加强。同时由于造船技术的发展，长江作为“黄金水道”的优势得到发挥，成为东西联系的主要交通干线，沿江城市迅速发展，形成沿江城市发展轴线，主要城市有长江下游的扬州、镇江、南京、芜湖、安庆、长江中上游的九江、汉口、荆州、沙市、岳阳、宜昌、重庆、泸州、叙州等。在明代的 54 座商业都会城市中，沿长江干流分布者 10 个。在清代的 5 万人以上的城市中，位于长江干流沿线者有 12 个。

明初海外贸易出现短暂的繁荣，自宋元以来已成为对外贸易中心的城市如广州、泉州、宁波、扬州、浏河港都出现短暂的繁荣。但总体而言，明清时期对海外贸易初基本采取抑制的政策，同时将元朝的 7 个市舶司减少为三

个。清初为防范台湾郑氏政权，采取严格的迁界禁海措施，康熙二十三年（公元1684年）统一台湾后，设置江、浙、闽、粤4处海关，但基本以近海贸易为主。明代中叶以来，西班牙、葡萄牙、荷兰等西方殖民者相继占领了吕宋、爪哇、麻刺加等东南亚地区，严重影响了东南亚和印度洋的海外贸易，因此明清时期的海外贸易一直未能正常发展，海港城市处于停滞衰退状态，除了唯一开放的广州外，其他海外贸易城市都一蹶不振，最明显的如泉州的衰落。再如上海，在明代商业已经十分繁盛，清代又是江海关的驻所，由于清代乾隆年间（1736~1795年）浏河港的淤塞，上海成为南北海船的聚会之所，在开埠之前已经成为东部沿海最大的港口。天津则具有沿海和沿运河的双重优势，清代开放海禁后，天津再次成为海港城市。

三、边疆地区城市的发展

西南、东北、新疆、蒙古和青藏为我国的边疆地区，在元明清时期才逐步被纳入正式统治的范围，由于元朝统治时间短暂，因此基本没有对边疆区域进行开发，明清时期边疆地区虽然是社会经济最落后的地区，但同时却也是发展较快的地区。由于受各种条件的限制，在明清时期，以云贵、新疆的发展最快，东北、蒙古和台湾次之，青藏高原则基本没有太大的变化，边疆地区的开发导致的边疆地区城市发展是明清时期城市扩建分布变化的又一大显著特征。

云贵地区属边疆区中开发较早的地区，蒙古忽必烈统一大理后设云南行省，但统治时间短暂，明洪武十六年（公元1383年）设云南省，永乐十一年（公元1413年），设置了贵州省，确立了对云贵地区的正式统治。而中央统治的强化，进一步促进了汉族移民的进入、经济和城市的发展。据统计，在云贵地区的县治中，约90%以上为明清时期设置。昆明、贵阳、大理、临安、遵义等区域中心城市逐渐发展起来。

清代乾隆年间，先后平定了准葛尔和回部，统一天山南北，并于乾隆二十四年（公元1759年）设置伊犁将军统辖新疆地区。以屯田构成了新疆开发的主要形式，屯垦地区主要分布于北疆，以伊犁、乌鲁木齐、吐鲁番、哈密一线分布最为密集。新疆的开发促进了城市的发展，新兴城市最初都是作为军事政治中心，伊犁惠远城、乌鲁木齐均为较大的商业城市，惠远城在嘉道时有满汉军民男妇大小约有三万余人。

明代在东北地区的实际控制区为南部的辽东行都司，同时也是明代东北城市发展较快的地区。实行军政合一的统治，设置了大量的卫所，共计有25卫2州。清代初期为巩固东北，曾采取招民垦荒政策有大量移民进入东北以及针对沙俄侵略所采取的军事防卫建设，清代东北的城市发展仍有较大的进展，在南部原明代的军事卫所城市全部转变为府、州、县城，并设置了大量的新县城。

明清时期蒙古地区的城市发展主要集中在长城沿线附近。清代以来，虽然政府禁止对于汉族移民进入蒙古高原，但难以有效阻止晋、冀、陕边民进入长城以北的草原地区进行开垦，驻军也要求进行就地屯垦，由此导致了长城沿线地区的经济发展和城市的兴起，主要城市主要分布在土默特川、察哈尔地区和热河－卓索图盟三个地区，如归绥、张家口、独石口、多伦、赤峰等，归绥、张家口同时也是较为繁荣的商业城市。在漠北蒙古，农业发展主要以军屯形势集中在乌里雅苏台、库伦等城市周围地区，对城市经济职能影响较小，城市基本以军事政治职能为主。

明清时期发展变化较小的边疆地区为青藏高原和台湾。内地的农业技术和文化对青藏高原地区的影响较小，但随着内地和青藏高原地区商业联系的加强，在外围产生了一些边境贸易城市。位于甘青交通要道的西宁，至清代道光年间已经成为人口 5 万人以上的较大城市，其他城市如巴塘、昌都等商业也很发达。台湾在明代时已经不断有大陆移民进入，清康熙二十二年（公元 1683 年）统一台湾后，设立台湾府，大陆移民仍不断迁入，人口由统一时的 20 余万增至嘉庆十六年（公元 1811 年）的 200 万左右。随着经济发展和人口增加，相继建设了一些城市，如台湾府城（台南）、凤山、彰化、嘉义、台北、新竹、噶玛兰等。

第三节　明清时期的南京城

明代的南京城就是六朝时代的建康。由于其在军事、交通与经济上的重要性，多次成为都城。在唐代，城市曾屡次易名，先后有江宁、归化、白下、上元等县名，丹阳、江宁等郡名，以及升州的州治。五代时成为杨行密所统治的吴国的重要据点，设金陵府。

南唐的金陵城，经过扩建后周围达 25 里 46 步，较六朝的建康城更向南移，将石头城及秦淮河均包入城内。其范围大致在今天的北门桥（珠江路西段）以南，南至中华门、东至大中桥、西至水西门和汉中门。城中偏北另有子城，周围达 4 里，南唐时改为宫城。其位置在今天小虹桥以南、内桥以北，东至升平桥，西至大市桥。东西南三面有门。宫城南门至今中华路之间为南唐时御路。

南唐灭亡后，北宋在金陵设江宁府治。南宋时又改称建康，作为行都，同时也是南宋政府铸钱及织染业的中心。元朝时称集庆路，并于此设置江南行御史台，城市规模依旧，人口约 10 万左右，但经济较前繁荣，特别时纺织业。

元至正十六年（公元 1356 年）朱元璋进占集庆路，改为应天府。朱元璋曾欲定都开封，故称应天府为南京，开封为北京，洪武十一年（公元 1378 年）罢开封北京称号，南京改称京师，成为正式首都。但由于都城偏于东南一隅，位置不适中，不便于对北方边防的管理，故朱元璋晚年曾拟迁都关中，未实现，即死。永乐十九年（公元 1421 年）明成祖迁都北京，但鉴于南京地位的重要，南京的宫殿官署仍一直保留，以南京为留都，设置六部，在政治上有特殊地位。清兵入关后，南京又曾一度作为南明福王政权的统治中心。清兵南下后，成为两江总督及江宁将军的驻地，仍为地区的封建统治中心，南京城基本上与明代无大变化。

南京于公元 1366 年进行改建，首先建宫殿于钟山之南，并建立太庙及社稷坛。洪武二至六年（公元 1369～1373 年），城市经两次大规模的改建。至洪武十九年（公元 1386 年）基本建成，前后共达 21 年之久。建城时所用砖石木料，均系长江中下波的 152 个府县，按照统一的规格制成。大型的城砖上都印有监造的府县及造砖人姓名。

明代的南京城，包括外城、应天府城、皇城三重（图 7-3-1）。

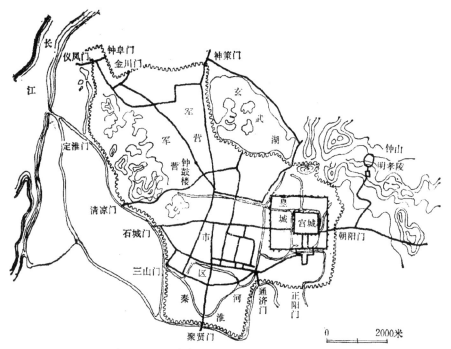

图 7-3-1　明代南京城图（引自《中国建筑史》）

皇城及宫城布置完全继承历代都城规划而又加以发展，皇城并未在六朝、南唐宫室的基础上修建，而是位于原金陵城东门外，偏在应天府城东南隅，系填燕雀湖（即前湖）而成。

宫城（紫禁城）居皇城之中，南正门为午门，左立太庙，右有社稷坛，宫城二侧有东安及西安门，皇城二侧有东华门及西华门。午门北有五龙桥、奉天门、奉天殿、华盖殿、谨身殿，为前朝部分；后为乾清宫、省躬殿、坤宁宫，为后寝部分。这些主要宫殿均在一条轴线上，正对宫城北门北安门。午门前轴线有端门、承天门，外亦有五龙桥。沿此轴线为笔直的御道，直达洪武门及正阳门。御道右侧为文职各部，如宗人府、吏部、户部、礼部、兵部、工部、翰林院、太医院等。左为中左右前后军都督府、太常寺、仪礼司、锦衣卫、旗手卫等。这种总体布局大部为以后的北京布局沿袭，甚至城门宫殿名称亦未改变（图 7-3-2）。

应天府城即是现在的南京城。城墙按照河流、湖泊、山丘等地形，从防御要求出发修建，将北部驻军的空旷地带以及沿江战略高地如清凉山、狮子山等包括在内，故呈不规则形，城周记载为 98 里，实测为 67 里，底宽 10～18 米，顶部平坦，宽 7～12 米，高 15～18 米。城墙以巨石条为基，上筑夯土，外砌巨砖，以石灰、糯米汁胶结灌浆，墙顶用桐油和土的拌合料结顶，极为坚固，

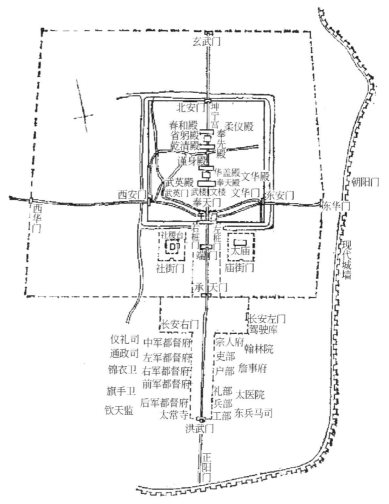

图 7-3-2 明代南京宫城图

是我国古代最坚固宏伟的城墙。全城共有 13 个城门，即朝阳（今中山门）、正阳（今光华门）、通济、聚宝（今光华门）、三山（今水西门）、石城（今汉中门）、清凉、定淮、仪凤（今兴中门）、钟阜、金川、神策（今和平门及太平门），以聚宝、三山和通济门最为坚固，设有三至四重城门。全城将南唐的金陵城（包括石头城、西州城及冶城）、六朝的建康都城及东府城全部包在内，达到南京历史上的最大规模。

外城主要从城市外围防御要求出发，在应天府城外围，利用部分天然土坡筑城，周围达 180 里，外城与应天府城之间，仍为耕地及村落，说明外城只是城市外围的防御工程设施，外城大部分为土筑，仅在城门附近以砖石加固。其范围东北直达江边，东包钟山，南过聚宝山（雨花台），在险要地段设沧波、高桥、上方、夹岗、凤台、大驯象、小驯象、大安德、小安德、江东、佛宁、上元、观音、姚坊（今尧化门）、仙鹤、麒麟等十六座城门（图 7-3-3）。

南京地形复杂，长江自西南向东北流过，东有钟山，南有雨花台，西、北滨江地带有清凉山、五台山、狮子山、幕阜山，中部为鸡鸣山至五台山的岗丘

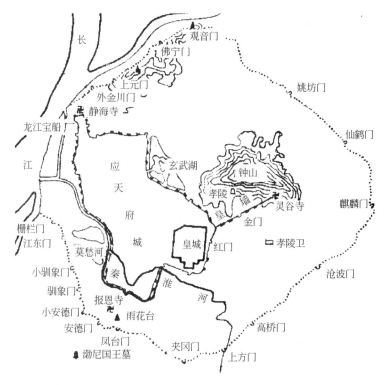

图 7-3-3　明代南京外城图

地带，东北为玄武湖，西南莫愁湖以西为滨江沼泽地带。六朝建康及南唐金陵主要在岗丘地带以南的平坦地区发展，新建皇城则让开这一已形成的地区，在其东侧修建。岗丘地带以北的城内地区建设较少，基本为军队驻扎的未建设地带。

　　南京城市是我国典型的不规则形都城，城内有规则方正的宫城区及反映商业及手工业自发成长的市肆区。市肆区集中于鼓楼以南直至秦淮河，这一带为繁荣的商业中心，主要为自发形成的区域，布局不规则。东部皇城区为新建的行政中心区域，采用中国城市典型的布局手法并予以发展，形成了规整有序的空间布局形式。城西北地势较高，专设屯兵军营，多为未建设的空旷地带。在三区的交界的中央高地上建钟鼓楼。这三个地区虽然均在应天府城之内，但各自平面布局不一致，道路系统也不是一个整体。

　　由于明代的南京邻近发达的江南地区以及政治地位的提高，因此南京不仅是南方的政治中心，同时也是全国重要的经济中心城市。

　　朱元璋定都南京后，曾多次征发人口填实京师，城市人口迅速增加。洪武二十五年（公元 1392 年），统计人口达 473000 多人，其中匠户达 45000 户，富户一万余户。禁卫军士尚有 20 万人左右。明中叶后，人口继续有增加，曾超过 100 万人。

　　明代的南京的手工业很发达，手工业以丝织业及印刷等最盛，丝织业包括官府手工业、民间家庭手工业及私有作坊，主要利用当地丰富的熟练劳动力与邻近的太湖平原的蚕桑资源发展，在明代后期成为著名的锦缎产地，产品供应宫廷、整个长江流域和中亚市场。清代以后织造手工业则更加发达，专门设有江宁织造府，以管理锦缎生产，供宫廷需要。据估计南京城厢内外盛时织机达3万台，男女工人达5万人。同时南京又是全国的主要印刷业中心之一，城中的书肆主要分布于三山街及太学前。仅凤门外三叉河附近尚有龙江宝船厂，明初郑和下西洋的大船在此建造。聚宝山西还有琉璃厂。

南京的商业繁盛，明初建都伊始，便设置了13个市，即大市、中街市、三山街市、新桥市、来宾街市、龙江市、长安市、内桥市、六畜场市、上中下塌场、新鞋夹。商业区主要集中于秦淮河两岸及其附近，即三山门、聚宝门、江东门内一带，各种手工业及商号号称一百零三行，明太祖时因商旅繁盛，曾大量建廊房（铺面）、塌房（货仓），供商旅住宿并作为货栈，并在其附近建造了16座"楼"作为百官及市民的娱乐场所。明代中后期以后，商业娱乐的发展达到了鼎盛，其中尤以秦淮河沿线的夫子庙一带最为繁华，为士绅富民的理想居住地以及商业娱乐中心地区。

明代的南京城也是全国文化中心之一。初于鸡笼山下成贤街有国子监，迁都北京后仍保留南京国子监，最盛时有几千多学生，其中尚有日本、朝鲜、暹罗等国留学生。鸡笼山上还建有钦天监测候台，聚宝山上建有回回测候台。

南京的宗教建筑也很多，有灵谷寺、报恩寺、天宁寺、静海寺、朝天宫等，特别是报恩寺的琉璃塔，为郑和下西洋后以余资兴建，琉璃九级，不施寸木，夜间燃灯百余，为当时世界七大奇迹之一，嘉靖末，毁于雷火，后复修，太平天国时毁于兵燹。

第四节 明清北京城的变化

一、明代中都城的建设

明建国初，朱元璋曾决定以应天为南京，开封为北京。攻占了元大都后，由于政治形势有了很大变化，又确定以临濠（今安徽凤阳县）为中都。实际上还有个重要原因，凤阳是朱元璋的故乡。中都营建从洪武二年到洪武八年（公元1369～1375年）连续不断地进行了六年，后就以"劳费"的理由停建。以后陆续拆迁，仅作为禁锢皇室犯罪的场所，明末被毁，至今地面上仅留皇城墙遗迹。整个中都城及其周围地区是统一规划的，城南有皇陵，城北有十王四妃坟，规模都很宏大。

中都城在今凤阳县内。规模宏大，有宫城、皇城、中都城三道城。最里为大内（紫禁城）周6里，高4丈5尺4寸，有四门，各门有门楼，四角有角楼。皇城周13.5里，砖石修垒，高2丈，开四门。外为中都城，以皇城为中心，包围了东西相联的日精峰、万岁山、凤凰山、月华峰在内。因山筑城，土筑墙高3丈，周50里有443步。中都城呈扁方形，西南出一角如凤凰嘴，共开九门（图7-4-1）。

图7-4-1 中都的宫殿及城内设施的布置大多与南京吴王宫室相仿。由于不受地形及原有建筑影响，所以更为规整。中都城内设置的重要建筑除宫殿外，

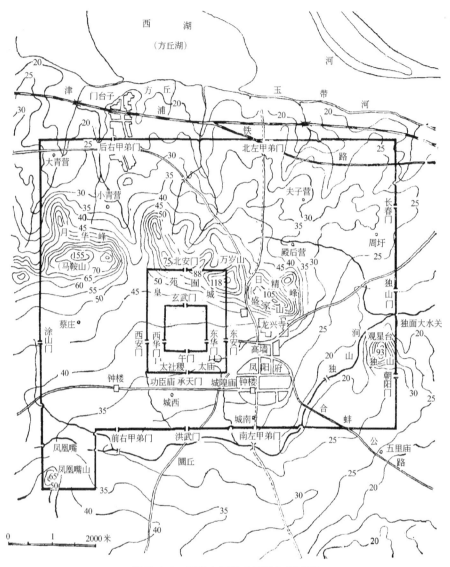

图 7-4-1　明代中都城（凤阳）复原图

其他如太庙、太社稷、中书省、大都督府、钟楼、鼓楼、城隍庙和功臣庙，都是左右对称布局。特别是中都午门以南至洪武门的千步廊，大明门至午门长达3里多的御道两侧布置了门阙、御桥、左右两翼、文武官署、太庙、太社等，充分运用了中轴对称的布置手法（图7-4-2）。在定中都城基时就规划了街坊，记载设街28，坊104，各有名称，由于罢建没有形成，但在皇城里外修筑了考究的白玉石大街，建设了下水道，其他地区只有一些土路。

　　由于中都所处的黄淮地区在北宋末期以来是历史上战乱频繁的地区，人口流失严重，同时黄河泛滥频繁，本地区河流水系逐步湮塞，农业发展和水运交通条件恶化，因此严重影响了本地区城市的发展。明中都虽然没有最后建成，但它的布局手法对明北京的规划起了直接的影响。中都罢建后，在城内地区设置了凤阳府城和凤阳县城，其规模均远远小于中都城，其中凤阳县城利用中都

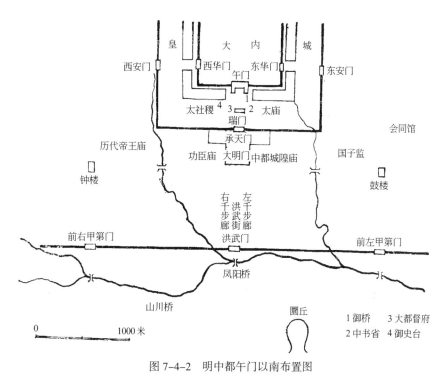

图 7-4-2　明中都午门以南布置图

的皇城城址，而凤阳府城在中都城内的东南部兴建，城市呈不规则的圆形，由此形成了府城不规则而县城规整的现象。

二、明代北京的改建

洪武元年（公元 1368 年）明军攻占元大都后，曾派大将军徐达于公元 1371 年修复元大都城垣，改名北平。当时，为了减少建城的工程量及缩短防线，将元大都城北较荒凉的部分划出城外。

明初定都南京，虽然接近东南经济中心，但不利于加强北方边疆的防御，同时我国封建社会后期政治中心逐渐北移，因此原封藩于北平的燕王朱棣以武力夺取帝位后，决定将都城从南京迁往北平。永乐二年（公元 1403 年）改北平为顺天府，建为北京，北京由此得名。由于元大都在战争中未受到毁坏，因此北京城建设以徐达改建后的元大都为基础。改建自永乐十五年（公元 1417 年）至永乐十九年（公元 1421 年）共历四年，造宫殿及王府 8350 间，木料来自四川、江西，迁南京匠户 27000 户，动员工匠二三十万人，役民夫近百万。永乐十九年（公元 1421 年）正式迁都北京，升北京为京师。

三、明北京城的规模与形制

明代的北京城，具有京城、皇城和宫城三重城墙，其中京城又包括内城和外城。

京城内城范围与元大都相比北部向南收缩了 5 里；南部为延长宫门前御道长度，以容纳官署，将城墙南移一里半；东西墙仍是元大都的城垣。内城东西长约 7000 米，南北长约 5700 米，周四十里，即今北京城的范围。北、东、西三面各开二门，南面开三门（图 7-4-3）。其中，南部正中的正阳门俗称前门，建有城楼、箭楼、瓮城、正阳桥等建筑，造型庄严、气势凝重，构成北京城最为宏伟庄严的一组建筑群，是古城北京的标志性建筑群。

皇城在京城中，包括三海及宫城。周围 18 里余，高一丈八尺，正南门为承天门（清代称天安门），左右设有太庙及社稷坛，前为千步廊，两侧为五府六部统治机构。天安门墩台高大宽敞，下用白石须弥座，红墙上建有高大城楼，门前是一个"T"字形闭合广场，两侧以东西两座门与东西长安街分隔，南面千步廊直达中华门，门前还有玉带河，上有五座券桥，广场内还亦有华表、石狮；这个空间处理得极为丰富，是高度建筑艺术的结晶。

宫城在皇城中，布局严整，南北长 960 米，东西长 760 米，城墙高大、四角建有角楼，城外有护城河。共开四门：东华门、西华门正对两条大街；南正门为午门，用凹形城楼，处理特别庄严；北为玄武门，正对景山。宫城内主要建筑分三大殿，高踞在大理石台基上。整个宫城用"前朝后寝"的形制，最后有一御花园。

外城又称南城，位于内城以南，周 28 里，高二丈，亦曰外罗城。明代改建北京时，将城内河道截断，大运河的漕运不再入城，商业中心逐渐移至城南。加之明代以来城市人口增加很快，在嘉靖、万历年间（公元 1522 ~ 1620 年）接近百万人口，城南形成大片市肆及居民区。由于边防吃紧，在嘉靖二十二年

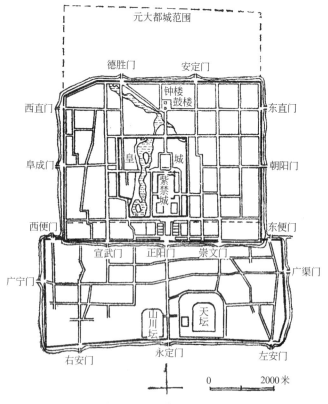

图 7-4-3　明代的北京城图

（公元 1543 年），"以城外居民繁夥，拟筑新城约七十余里"（清，吴长元《宸垣识略》），新城计划在四面包围内城，后"因经费不敷，事遂寝"，仅于嘉靖二十三年（公元 1554 年）加修了城南的外城，并将天坛及先农坛包围进去，这样就形成明清两代北京城的最后规模。

四、明北京的特点

明代北京城市布局具有封建社会后期城市布局的典型两重性。一方面，作为都城，上层建筑部分，如城制、宫殿、官署、官方宗教文化设施等要求按照传统的宗法礼之制思想进行布局，继承发扬了历代都城规划的传统，成为我国城市传统规划建设的典型代表。另一方面，随着城市人口的增长和商业活动的繁荣，反映城市居民生活方面的建设布局，如府邸、民居、商业市肆、会馆、园林、民间宗教建筑等却注重因地制宜，具有自发形成的特点，表现出较大的灵活性。

明北京城的布局，恢复传统的宗法礼制思想，继承了历代都城规划的传统。城市分京城、皇城、宫城三重，整个都城以宫城为中心。皇城部分布局按南京的制度，更为宏丽。皇城前左（东）建太庙，右（西）建社稷坛，并在城外四方建天（南）、地（北）、日（东）、月（西）四坛。皇城北门的玄武门外，每月逢四开市，称内市。这完全符合"左祖右社、前朝后市"的传统城制。

在城市布局艺术方面，重点突出，主次分明，运用了强调中轴线的手法，造成宏伟壮丽的景象。从外城南门永定门直至钟鼓楼构成长达 8 公里的中轴线，经过笔直的街道，九重门阙（永定门两重、正阳门两重、中华门、天安门、端门、午门、太和门）直达三大殿，并延伸到景山和钟鼓楼。沿这条轴线布置了城阙、牌坊、华表、桥梁和各种型体不同的广场，以及两旁的殿堂庑廊，更加强了宫殿庄严气氛，以显示封建帝王至高无上的权势（图 7-4-4）。

北京城内的街道，基本是元大都的基础。因为皇城居中，把城市分为东西两个部分，给城市交通带来不便。城内主要干道是宫城前至永定门的中轴线及通往各城门的一段大街。扩建外城后，崇文门外一段大街及玄武门外一段大街及联结此二街的横街，也是主要干道。由于出行以步行为主，因此对于大街的布局不要求通畅，上述主要街道基本能够满足要求。在街区内部，以胡同作为内部联系道路，有利于形成安静的生活环境。由于地处北方，对日照、防寒要求较高，故胡同多为东西向。

北京的居住区在皇城四周，明代共划 5 城 37 坊。这些坊只是城市用地管理上的划分，不是有坊墙坊门严格管理的坊里制。居住区与元大都相仿，以胡同划分为长条形的居住地段，间距约 70 米左右，中间一般为三进的四合院相并联，大多为南进口，庭院内植树木。全区无集中绿地，但由于住房院子中树木较多，全城呈现在一片绿荫之中。内城多住官僚、贵族、地主及商人，外城多住一般市民（图 7-4-5）。

北京作为都城，超经济的手段为北京城积聚了大量的财富，带来了城市商业的繁荣。元大都时商业中心偏北的鼓楼一带，明代城区市肆分布与元大都不同，由于通惠河填塞和城市向南发展，逐渐在正阳门外的大街、东西河沿岸一

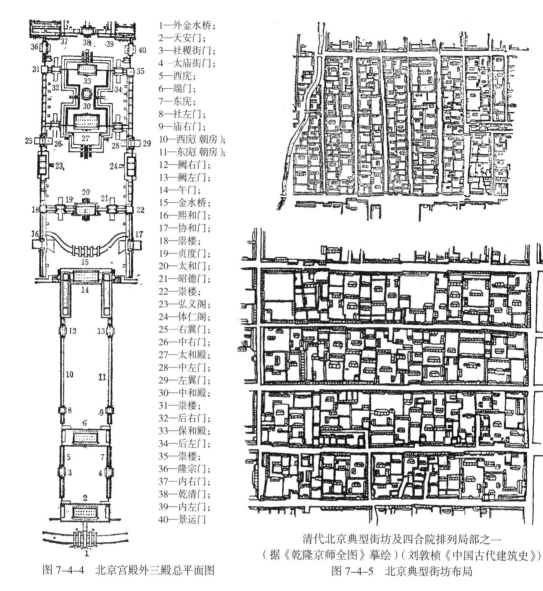

1—外金水桥；
2—天安门；
3—社稷街门；
4—太庙街门；
5—西庑；
6—端门；
7—东庑；
8—社左门；
9—庙右门；
10—西庑（朝房）；
11—东庑（朝房）；
12—阙右门；
13—阙左门；
14—午门；
15—金水桥；
16—熙和门；
17—协和门；
18—崇楼；
19—贞度门；
20—太和门；
21—昭德门；
22—崇楼；
23—弘义阁；
24—体仁阁；
25—右翼门；
26—中右门；
27—太和殿；
28—中左门；
29—左翼门；
30—中和殿；
31—崇楼；
32—后右门；
33—保和殿；
34—后左门；
35—崇楼；
36—隆宗门；
37—内右门；
38—乾清门；
39—内左门；
40—景运门

图 7-4-4　北京宫殿外三殿总平面图

清代北京典型街坊及四合院排列局部之一
（据《乾隆京师全图》摹绘）（刘敦桢《中国古代建筑史》）

图 7-4-5　北京典型街坊布局

带形成繁杂的商业区，由于此处为自发形成，因此街道布局极不规整。明代行会制度发展，同类商业相对集中，在今天的北京地名中也还可以看出，如米市大街、磁器口等。同时，城市内有些地区形成集中交易后定期交易的市，如东华门外的灯市，在上元节前后开市十天，以古董交易为主，西城白塔寺、东城隆福寺是利用大型庙宇的集市。

明代北京城的园林建设较元代有较大的发展，在大内西部，利用三海（北海、中海、南海）和琼华岛建设了西苑，在中轴线上堆煤覆土成山设置了景山公园。除此之外的园林基本以王公贵族的小型私家园林为主，园林多依水而建，以西北水关内外、东南泡子河以及西部城郊分布最多，如水关一带，"沿水而刹者、墅者、亭者，因水也，水亦因之。梵各钟磬，亭墅各歌声，而致乃在遥见遥闻，隔水相赏"（《帝京景物略》）。此外，郊区的公共游憩场所也很多，如东岳庙、满井、草桥、高粱河等。

城市水系基本沿袭元大都，一般居民饮用水多为掘井取水，下水道系统为明代整修的砖砌工程，遗迹尚存。

五、清北京的变化

明亡后，清朝仍建都北京，整个城市布局无变化，全沿用明代的基础，清初由于火灾及地震、宫殿颇多毁坏，在康熙时重修。现存宫殿建筑大都是当时重建的（图7-4-6、图7-4-7）。

清北京的城市范围、宫城及干道系统均未更动，惟居住地段有改变，如将内城一般居民迁至外城，内门驻守八旗兵设营房。内城里建有许多王亲贵族的府第，并占据很大的面积，屋宇宏丽，大都有庭园。

清雍正、乾隆以后，在西郊建大片园林宫殿，如著名的"三山五园"（香山、玉泉山、万寿山、圆明园、畅春园、静宜园、静明园和颐和园），是世界上最大的皇家园林组群。由于皇帝多住园中，很少去宫城，皇亲贵族为便于上朝，府第多建在西城。这就使政治生活转移至西城。

清代北京的商业得到进一步的发展，正阳门外大街一带仍然是全城的商业中心，集中大量的店铺，戏园、会馆、酒楼，六必居、同仁堂、马聚源、全聚德、都一处等闻名遐迩的老字号都分布在这一带。会馆的数量也很多，据《宸垣识略》记载，在乾隆年间仅有会馆建筑就多达180所左右。此外，清代商品

1—宫殿；
2—太庙；
3—社稷坛；
4—天坛；
5—地坛；
6—日坛；
7—月坛；
8—先农坛；
9—西苑；
10—景山；
11—文庙；
12—国子监；
13—清王府公主府；
14—衙门；
15—仓库；
16—佛寺；
17—道观；
18—伊斯兰礼拜寺；
19—贡院；
20—钟鼓楼

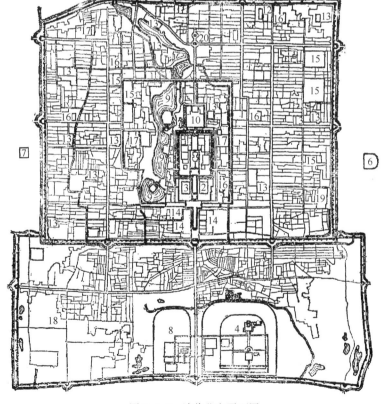

图7-4-6　清代北京平面图

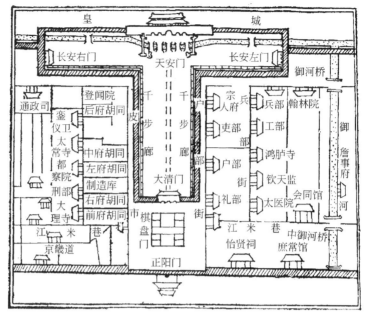

图 7-4-7　清代天安门图

运输主要靠大运河，仓库大多集中在接近大运河的城东，使东城经济得到发展，出现了不少地区性及行业性的会馆建筑，因此有"贵西城，富东城"之谚。

清代宠信喇嘛教，因此清北京除原有佛、道教寺院建筑外，增建了一些喇嘛庙，如城东北的雍和宫等。

北京城市人口在明末已近百万，清代城市人口继续增加，超过了 100 万人。

明清北京城，完整地保存到现在，是我国劳动人民在城市规划和建筑方面的杰出创造，是我国古代城市规划优秀传统的集大成。

第五节　明清时期地区性封建统治中心城市

一、明清的成都城

成都所在的成都平原为四川盆地西部丘陵环绕的一小块冲积平原，气候温和，土地肥沃。自秦代李冰父子带领广大人民修建都江堰后，大兴农田水利，为农业的发展创造了条件，因而手工业和商业也随之发达，号称"天府之国"。

成都附近地区历史悠久，在北部的广汉三星堆曾发掘古文化遗址，战国之前属古蜀国，成都为其都城。秦惠文王二十三年（公元前 316 年），秦灭蜀，在此置成都县。秦汉以来成为长江上游的政治、经济、文化中心，后汉末设益州，成都为益州治所。此后三国时蜀汉、十六国时成汉以及五代时前蜀、后蜀等割据政权均在此建都。宋代为成都府路，元时设成都路。明清时皆为成都府，为四川省的省会城市。

明洪武初年，在旧城城址重建城墙，城周 22 公里。由于明初分封蜀王朱椿于成都，府城中建蜀王府（皇城），因此明代成都包括府城和皇城两重城墙。

此外，康熙四年（公元1665年）在蜀王府旧址四周建筑城墙作为贡院，康熙五十六年（公元1717年）又增筑满城，因此，清代成都府城内包括满城、贡院（明皇城）两个小城。

成都府城为大城，在康熙初年重修时，"高三丈，厚一丈八尺，周二十二里三分，计四千一十四丈。东西相距九里三分，垛口五千五百三十八，敌楼四，堆房十一，门四"（雍正《四川通志·城池》），四门为：东迎晖、南中和、西靖远、北大安。乾隆重修时为了加强防御，增设了炮楼。仍设四门：东博济、西江源、南浣溪、北涵泽。由于锦江在城东及城南流过，筑城时，顺随河道，故城市基本上呈正方形，但并不很规则。城池和街道朝向也非正南北，而是东北、西南向，与一般城市不同（图7-5-1）。

皇城位于府城中心，系明代蜀王的宫城，它完全按城制建造，方正规则，并且是正南北向，因而与整个城市平面及道路布局成一角度。这也说明城是原有城址重建，而皇城则为以后新建。皇城为长方形，长宽各一里多。砖砌城墙，有四门：南称龙门、北称后子门、东为东华门、西为西华门，基本模仿北京宫城形制，城外有广宽的城河，俗称御河，与城外锦江相通。明末被毁，清代在旧址筑城作为贡院。

满城又称少城，位于府城内的皇城西南部，为八旗官兵驻地，属成都将军管辖。

成都不仅是长江上游地区的政治、文化中心，工商业发展也十分发达，西汉时期与洛阳、邯郸、临淄、宛城并称除都城长安以外的五大商业都会，唐代

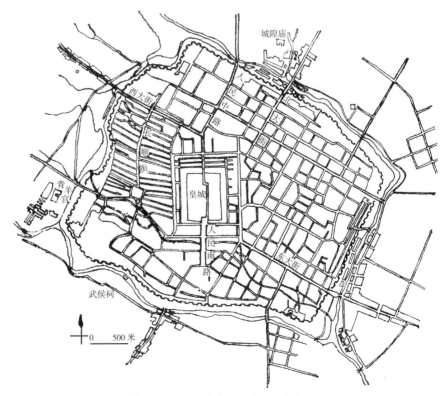

图7-5-1　四川成都城图（1955年）

商业繁盛仅次于扬州，有"扬一益二"之称。而明清时代长江上游地区经济的发展，更促进了成都工商业的繁荣。

成都地处富庶的成都平原和川陕、长江和川藏交通贸易线路的交接点，因此商业十分繁荣，城内商业繁华地区主要分布于城市东南，该地区临近当时通往长江中下游的水陆交通线：水由锦江、岷江经宾转长江，陆路由此通内江至重庆，因此商旅贸易、商店等均集中这一带。其中，以市中心商业区和东门外水码头一带最为繁华，中心商业区是历史上长期形成的，位于皇城东南，包括春熙街、总府街、提督街（即今人民南路人民商场一带）长达3公里，沿街密布各种店铺。

成都在历史上以生产锦缎著名，素有"锦官城"之称，明清时代手工业进一步发展。城内街巷也集中着各种同类的手工业和店铺，形成了百余条专业街道，如骡马市街、打金街、棉花街、金玉街、纱帽街、红布街、染坊街、盐市口等。解放初期统计，同类相聚在一起的手工行业有99种。

成都的茶馆、赌坊、酒楼等休闲服务设施很多。其中以茶馆最多，茶馆作为一种多功能性的服务性设施，是城市居民休闲交往的重要场所，可以休息、买开水、吃点心、听书、下棋等，清末全城有茶馆454所，而全城街巷仅677条，多数街巷均设有茶馆。另据1949年后1957年调查，共有茶馆443所，52976个位子，平均每千居民65个位子，每4.95公顷内即有一处。

住宅为平房院落式。由于这一带雨水多，因此多用住宅屋檐相连接的平房院落式。院落横广竖狭，墙面多用当地生产的竹片及泥土，房前设廊，这样可防止雨水冲刷墙面。

城内曾分属两县管，故府县衙不止一处。有些地区性的封建统治中心城市，尚有一些一般城市没有的建筑，如府治衙门、府学、书院。明代有藩王城宫殿，清代设驻军的满城，也属这类城市。

成都的园林绿化建设也很有特色，五代蜀后主曾于内外城隅遍种芙蓉，间以桃柳，因此成都又有"蓉城"的美誉。此外，在城外的青羊宫、杜甫草堂、武侯祠等都是有名的游赏场所。

二、明清时期的太原城

古代的太原，在春秋战国时为晋阳邑，战国时赵襄子灭代以及武灵王灭林胡、楼繁后，晋阳的地位日益重要。秦庄襄王三年（公元前247年）置太原郡，始有太原之名。北汉曾以晋阳为都城建立割据政权。元明清时期其一直是山西的省会。

古代的晋阳城在今城南的晋阳附近，为春秋末年赵简子家臣董安于所修筑，西晋末年并州刺史刘琨曾对晋阳城进行修复，北魏及北齐时也有过规模较大的建设，隋代曾在附近筑过新城、仓城等，唐时曾定为北都。城市规模最大时跨汾河东西两岸，长4321丈，宽3122丈，周长42里，其中包括四个大城：一为宫城、二为大明城、三为新城、四为仓城。宋太宗征伐北汉时攻占太原，用火烧毁后，又用水灌城，城被彻底毁坏。

太原城被毁后，当时大部分居民移至河东平晋城，还有部分居民移至唐明镇，即今太原城的西南角。宋初将唐明镇扩建，改称阳曲，宋仁宗时又称太原府，

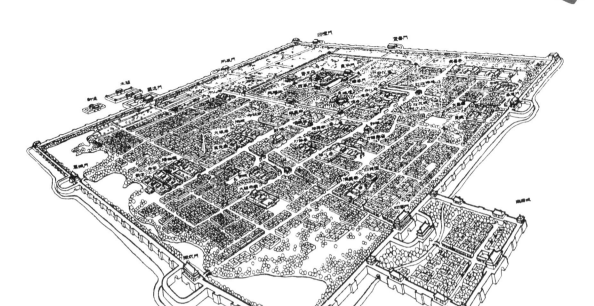

图 7-5-2 明代太原城复原想象鸟瞰示意图

即今城址的部分地区，其范围北至后小河，东至桥头街（即今人民公园一带）。据说在修建时，因风水迷信之故，将道路均修成"丁"字相交，以便钉死龙脉。当代商业、手工业在南关一带，至今尚保留有剪子巷、铁器巷等地名。金代太原城破坏很大。元代也因统治集团之间的战争，城市建筑大部破坏，今日很少有元代以前的建筑。

明洪武八年（公元 1375 年），朱元璋封其子晋王朱纲于太原，对城市进行扩建。在东、北、南三面扩充，并建南关。周围共 24 里，城高 3 丈 5 尺。城墙砌砖，四角建有角楼，城门上也有楼，共 12 座。晋王府建在城西，由各地迁来居民，这就形成明清时代的城市规模（图 7-5-2）。

晋王府在清顺治时焚毁，原因不详，城内寺庙很多，仅关帝庙就有 29 处之多。

清代在城西南角修满州城，驻八旗兵，位置在今水西门街及大南门街一带，周围 843 丈。光绪十二年（公元 1886 年）为水淹，又在小五台东南角另修新的满州城，为长方形（图 7-5-3）。

明清时代，大北关及大南关商业最为繁盛，清道光时人口达 10 万人以上。

三、明清的兰州城

兰州位于黄河上游东部地区、蒙古高原和青藏高原三大自然区的交错处，属我国东南部分和西北部分的过渡地带，该地区是汉族与西北各少数民族接触、融合的地方。

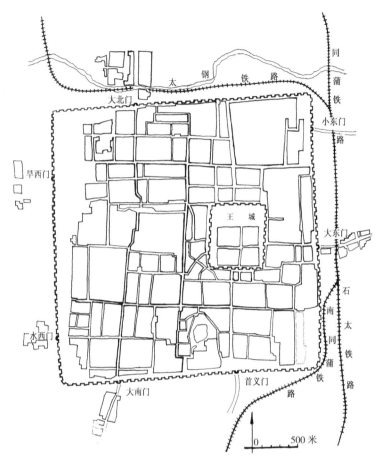

图 7-5-3　清代太原城图

　　兰州在秦代属陇西郡，西汉昭帝时析陇西郡西部置金城郡，兰州属金城郡金城县，县治即位于现在兰州西固城，隋初在皋兰山北稍西濒河筑城，此为兰州最早的筑城记载，于此置兰州总管府，因城南皋兰山而得名，唐武德二年（公元 619 年）平薛举，复置兰州，移治于兰州城南五泉县，明初降为皋兰县，置兰州卫（甘州中卫），为当时西北的军事重镇，镇守甘、宁、青等地的肃王就驻在兰州。清代康熙五年（公元 1666 年）甘肃巡抚自凉州移至兰州，兰州遂成为甘肃省会，乾隆二十九年（公元 1764 年）进一步将陕甘总督自西安移驻兰州。

　　兰州所处的黄河河谷盆地东西狭长，过境的交通线路，大都沿这些河谷而开辟。其中尤以东自关中，西经河西至新疆一线更为突出，是著名的"丝绸之路"的一段。兰州盆地内，地势较为开阔，水浅流缓，形成许多河心滩，历来是黄河上游的重要渡口，渡河的工具最初是船筏，以后由于交通频繁，遂有筑桥的必要。至迟在北宋时，兰州已有浮桥，到了明代又建有半固定的铁索浮桥——明镇远桥；清末，便建成了铁桥。兰州遂成为黄河上游最重要的渡口。

　　兰州地处丝绸之路与黄河的交会处，因此渡口、桥址位置的变化对于城址变迁具有重要影响。

明洪武十年（公元 1377 年）扩建城墙,周六里二百步,呈东西略长的方形,高三丈五尺,宽二丈六尺,门四,东曰承恩,南曰崇文,西曰永宁,北曰广源,是为内城。东、西、南三面有城壕,深三丈,北因河为池。明宣德年间（公元1426～1435 年）增筑外郭,周十八里一百二十步,将西关、东关和南关包围起来,正统间又在东关北侧加筑外郭,称为新关,整个城市的外郭呈不规则形,共有九座城门（图 7-5-4、图 7-5-5）。

　　兰州城市的兴起主要是在明清时期,从经济因素分析,明清以前,渡口和交通中心一直是兰州城市的基本职能,明清两代,"茶马互市"在西北发展起来,兰州城是互市的地点之一,清初更成为西北"茶马互市"的总站和西北的贸易

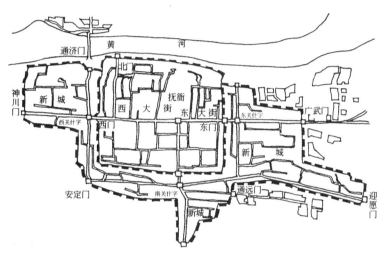

图 7-5-4　兰州（民国时期）

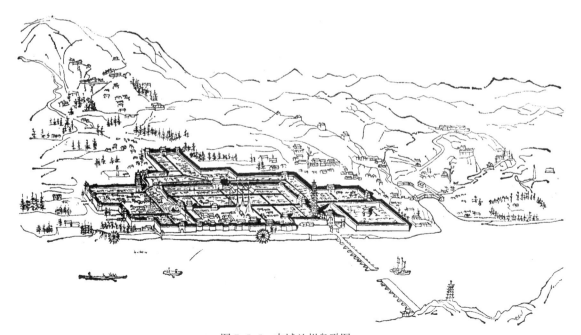

图 7-5-5　古城兰州鸟瞰图

中心，政治地位的提高和经济实力的增强，使兰州城市的迅速发展，清道光年间城市人口达到10万人以上。这也反映在城市建设的扩展上，明初所筑兰州内城已比宋代兰州扩大一倍，而外城又比内城扩大两倍，形成了兰州"关大城小"的状况。

受地形和经济联系的影响，穿越东西城门的商路构成了城市的主要轴线，同时由于南北两门错开，因此城内道路系统为方正错落型。在东西大街上分布有总督衙门、布政司署等重要的官署机构，并在大南街和大北街与主轴线的交叉口分别修建了鼓楼和钟楼。在城市南部形成了另一条次要的横向道路，沿线分布道署、府署、县署、臬署等次要官府衙门。

四、贵阳

贵阳在春秋战国时属夜郎国、且兰国。西汉武帝时属牂牁郡，宋初即出现贵州之名，至徽宗宣和年间置贵州防御使，贵州才正式作为州郡名称。

明代随着西南地区的开发，贵州省地位逐渐重要起来，而位于贵州省中部主要交通线路交点的贵阳也随之日渐重要。明洪武年间改顺元为贵州，永乐十一年（公元1413年）贵州设省，以贵州为省会，贵州遂成为贵州省的军事民政中心。隆庆二年（公元1568年）移程番府治于贵州，次年更名贵阳府，此为贵阳得名之始，以位于贵山之阳而得名。

贵阳位于南明河（富水）北岸，南明河及其支流环绕城市，并有一支流纵贯城区，四周群山环绕，形成山环水绕之势。最早在宋代的贵州城已经有土砌隔栏的简陋城墙，元代的顺元土城范围也很小，仅相当于明代的鼓楼以南部分。贵阳城墙的大规模修建是在明代，经过两次修建才形成。洪武十五年（公元1382年）镇远侯顾成、都指挥使马烨在元代城墙的基础上改为石砌，加筑城门、月楼、垛口、水关，周九里七分，高二丈二尺，墙基宽两丈，开五门：东曰武胜、西曰圣泉、南曰朝京、北曰柔远、西南曰德化，是为内城或老城（图7-5-6）。

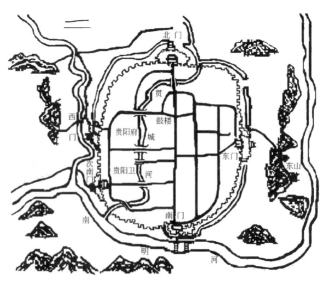

图7-5-6 明代贵阳城图

明代中叶后，随城市人口增加，在北关形成大片关厢地区，普定街、仁寿街陆续形成，遂于天启六年（公元1626年）在老北门外新筑土城，长六百丈，新修了威清、洪边、六广、小东门四座城门，此为外城或新城，呈东西短、南北长的椭圆形。清顺治四年（公元1647年）孙可望攻占贵阳，毁外城。顺治十六年（公元1659年）重修内城，增高至二丈七尺。康熙十一年（公元1672年）修复外城，乾隆六年（公元1741年）改筑外城为石城（图7-5-7）。

城内道路相对较规整，自南门经北门至外城六广门的街道构成了贯穿南北的主要街道，在内城横向主街由联系东、西门的街道组成，外城的横向主街由通向威清门和新东门的普定街、仁寿街组成。衙署多分布于内城北部，如巡抚衙门位于东北，布政司署位于西北的翠屏山下，自门至堂凡七重，其南有贡院。而军事机构如明代的贵州卫、都指挥使司多位于西南部，清代的府衙也设于西南部。

由于贵阳所处地区地形多山，开发较晚，经济发展较落后，同时由于交通不便，商业多以外地商品在本地的销售为主，商业活动也主要由外地客商经营，主要为布匹、食盐等生活用品，商业店铺主要集中于南北主街上，其中以北门一带的主街（俗称广东街）最为集中，分布有许多店铺、典当行业。

在城市外围结合山水建有许多宗教文化建筑，如西北为黔灵山的有弘福寺、东门月城上因城东文笔峰而建的文昌阁、主峰贵山的书院以及南明河中鳌石矶的甲秀楼等。

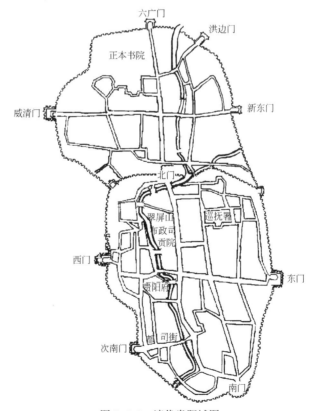

图7-5-7 清代贵阳城图

第六节　明代的军事防卫城市

一、明代的军事防卫体系

1368 年明军攻克元大都后，蒙元势力退出长城，占据长城以北的蒙古高原地区，在东北的女真各部也叛服无常，对明王朝的北方边境形成威胁。同时自明初始，东南沿海时常受到倭寇的侵扰，在嘉靖时期为患最烈。因此，明朝一代十分重视对于北方边境和东南沿海的防卫，修建了完整的军事防卫体系。

明代采取军民分籍制度，军士世为军户，属各都指挥使司管辖，并采取卫所的编制，每所为 1125 人，五所为一卫。内地的卫所依附于省府州县城市设置，如位于东昌府的平山卫，位于淮安府的大河卫、开封府的宣武卫等。在不设民政机构的边境地区，为解决军户安置问题设置了大量的实土卫所和卫所城市。明代末年全国共有 493 个卫，此外另有独立的千户所 395 个。

在北方边境地区，明初势力曾达到河套—西拉木伦河一线，在长城以北设置了山西行都司、大宁都司（后改称北平行都司）和东胜、大宁、开平等卫所城市。永乐初年放弃大宁卫，"土木之变"（公元 1449 年）后明朝处于守势，进一步逐步退守长城沿线，长城（明代称边墙）成为重要的防御工程。洪武元年（公元 1368 年）朱元璋即派徐达修筑居庸关等外边墙，成化年间，蒙古入居河套，延绥巡抚余子俊修建了清水河至花马池长达 1170 里的边墙以御套部。至 16 世纪初，基本上完成了山海关至嘉峪关之间万里长城的修筑工程，在辽东则有土筑的简易边墙。为加强对京师的防御，在京师以西的长城以内又修了两道城墙，以偏关、宁武、雁门为外三关，居庸、倒马、紫荆为内三关。为了加强对长城的防守，在长城沿线内侧修筑了大量的军士卫所城市和边防城堡，并划分防区，形成长城沿线的"九边重镇"：辽东（驻辽阳）、蓟州、宣化、大同、山西（驻偏关）、延绥（驻榆林）、甘肃（驻甘州）、宁夏（驻宁夏）和固原。其中延绥、宁夏、甘肃总称"三边"，三边总制驻固原。在东南沿海也建设了大量的卫所城市，如仅浙江一省的独立千户所就达到 41 个，几乎与所辖县数量相当。内地的卫所除附属于州府县城设置外，多位于少数民族居住的边疆地区，且有不少是以少数民族军队为主的羁縻卫，多分布于东北和西南地区。

明代的卫所城市具有以下特征：城防坚固，有大量驻军，经济职能相对薄弱，因此在清代失去军事意义后，除少数城市成功地实现了职能的转化而继续发展外，大部分卫所城市都衰落下去。

在边防城市体系中，等级较高的为九边重镇驻地和行都司驻地，其下为卫城以及独立的千户所城，最低层的为防御城堡、城寨等，其中九边重镇的城市多数为边境地区的中心，除军事防御职能外，同时也具有较强的政治、经济职能。卫所城市一般以驻屯为主，经济职能相对较弱，但也有不少非军籍居民。边防堡、寨为纯粹的军事设施，居民基本以驻军为主，基本没有经济职能（图 7-6-1）。

除独立的卫所城市之外，明代一些城市的防御职能也十分明显，一种情况为在府州县城设置卫所，如大同、神木等既为府州县城，又设置有卫所机构。

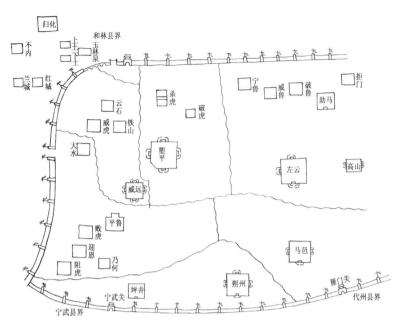

图 7-6-1 明代雁北边防城堡图

此外还有一些城市，尽管没有卫所的设置，但因战略地位重要，军事防御设施的建设也十分完备，如位于甬江口的镇海和山东的蓬莱（登州府）。

二、九边重镇——大同、宣化、榆林

（一）宣化

宣化在元代为宣德府，明代为九边重镇之一，防区范围西起居庸关以东的四海治，西至大同东北的南洋河，长 1033 里，是京师的屏障，战略地位十分重要。洪武三年（公元 1370 年），汤和攻占宣德府，称宣府镇，洪武二十二年（公元1389 年）置宣府左、右、前三卫，洪武二十四年（公元 1391 年）年朱元璋封其十九子朱惠为谷王于宣府，在城内筑王府，二十七年（公元 1394 年）扩建城墙。永乐七年（公元 1409 年）在此置镇守总兵官，佩镇朔将军印，又置巡抚都御史管理屯垦。因为宣府是防御北元势力的重镇，所置兵力很强，军籍户口多达23 万。

今宣化城为洪武二十七年（公元 1394 年）扩展加筑，周 24 里，另有南关方 4 里，开 7 门：东曰定安，西曰泰新，北之东曰广灵，北之西曰高远，南之东曰昌平，南之中曰宣德，南之西曰承安。南北门相连成两条南北向的主要街道，中部偏北为谷王府。永乐时谷王贬长沙，城市规模缩减，封闭了高远、宣德、承辈三门因而城内只保留一条偏东的纵向主街道。明正统五年（公元 1440 年），全城包砖，四门外加瓮城（图 7-6-2）。

明代北部多为军户居住，《宣化县志》记载："北门西城街又东至李镇抚街，南至朝元观、观音寺、马神庙后，皆系宣府左卫地方，其内街巷房屋皆有兽脊，半属故明左卫指挥千百户所居"。明末因饥荒，城内房屋多北拆除，改作菜园，直至建国初期。城内实际只有东半部沿昌平门至广灵门的南北大街较

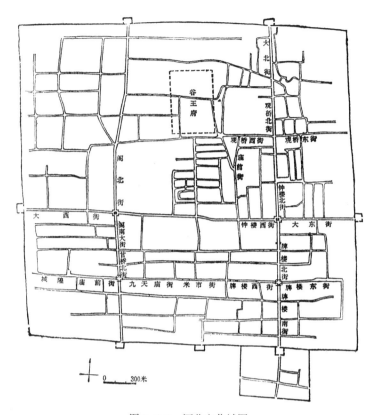

图 7-6-2　河北宣化城图

为繁华，在此街上有建于明正统五年（公元 1440 年）的镇朔楼（鼓楼）和建于成化十八年（公元 1482 年）的清远楼（钟楼），与南北二门形成一条轴线。

宣化城的布局与北京城相似，说明建城初期城市地位重要，但由于城市的基础较差，其商业的发展主要靠大量驻军的生活需求，因此在明代为商业都会之一，明末以来受驻军减少和灾荒的影响，城市逐渐衰落。清代虽然仍作为府级驻所，但其作为与蒙古地区茶马贸易的商市的地位却逐渐被张家口取代。

张家口在明代中期以前本为一片荒地，"极目荒凉，诸物不产"，隆庆五年（公元 1577 年）始立市场，成为宣府周边重要的茶马贸易地点，同时民间私市也迅速发展，清代以来发展更加迅速，"其民安业，日以繁庶"，康熙时有坐商十余家，雍正时多达 230 家，成为宣府境内最重要的商业城市。

（二）大同

大同位于晋北内外长城之间，历史上为军事重镇，也是雁北地区的封建统治中心城市。

战国时属赵国云中郡，赵武灵王曾在此筑城屯兵。北魏时自太武帝拓拔圭建都于此（公元 386 年）至北魏孝文帝拓拔弘迁都洛阳（公元 494 年）为止，曾作为北方的政治文化中心。著名的云冈石窟即开凿于此时。元称大同路，明清为大同府。

大同位于桑干河与十里河交汇处，因水浅不能通航，故主要以陆路交通为主。由于地处山西、京师与内蒙古交通要道上，同时地处晋北门户，西、南、北三面环山，东临御河，形势冲要，与宣化同为京师屏障，因此商业与军事上的地位均十分重要。明代大同为九边重镇之一，同时是山西行都司的驻地，防区范围西起偏关东北的鸦角山，东至天镇东北的镇台门，长 647 公里，有官兵 13.5 万人，马骡 5.1 万头，为驻守重兵之地。

明洪武五年（公元 1372 年）徐达将原来的土城加以整修并砌砖，呈正方形，周 12.6 里，高 4 丈 2 尺，四面各开一门，主干道正对城门呈"十"字形。清代进一步在"十"字街的中央建四牌楼，以南跨南北大街建鼓楼，鼓楼以西建钟楼，钟鼓楼及城门上高大的城墙构成了城市的主体轮廓，具有典型的"十"字方正形城市的特点。清代随商业的发展，在东、南、北形成了大片的关厢地区，因此在东、南、北关增筑小城，其中以南关面积最大。此外清代在北部还修筑了驻兵的操场城（图 7-6-3）。

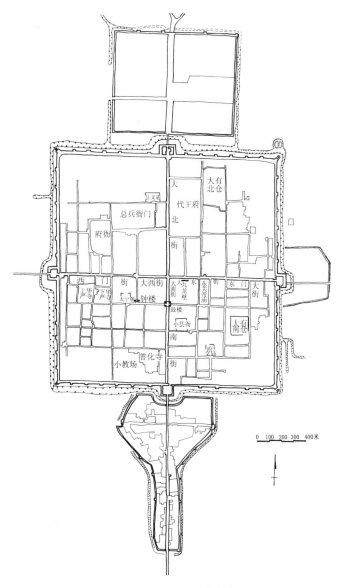

图 7-6-3　山西大同城图

明初朱元璋封其十三子代王朱桂于大同，代王府位于城中偏北，西临南北大街。王府的照壁即有名的大同九龙壁，至今尚保存，北部高台上建有玄武庙。大同城内的宗教建筑较多，城内有辽金时代的寺庙。如上华严寺、下华严寺、善化寺。城内还有一些官府衙署、孔庙、关帝庙等大型建筑。

由于大同长期作为雁北地区的中心，同时位于重要的商路上，虽然城市规模较宣化小，但并未随着军事职能的失去而衰落。即使在明代，大同的商业职能也十分发达，城内居民不仅仅包括军士，也包括大量的民户。"军民杂处，商贾辐辏""其繁华富庶，不下江南"（《五杂俎》）。

（三）榆林

榆林在元代是属于绥德州辖下的一个村庄，称榆林庄，相传秦时大将蒙恬曾于此"树榆以为塞"，故名榆林。明永乐初置榆林寨，正统元年（公元1436年）在此置榆林堡，成化九年（公元1473年）延绥镇由绥德移驻榆林，并设榆林卫，故延绥镇此后又称榆林镇，防区自晋陕交界的黄甫川至宁、陕交界的定边营，长1300里，是防御河套地区的重要防区，为九边重镇之一。

榆林城在原来榆林堡的基础上扩建而成，向北扩建的称"北城"，成化二年（公元1466年）修筑，旧城称南城，弘治五年（公元1492年）修筑，正德十年（公元1515年）又修筑了南关外城，万历年间砌砖。由于受东边驼山和西面榆溪河的影响，城呈东北—西南向的斜长方形。城共有敌楼十五，门七：东二，振武，威宁，南曰镇远，西四，新乐、龙德、宣威、广榆。东、北两面不开城门。在中城大街和南城大街各有一座鼓楼，北城大街建有钟楼，天顺中建巡抚督察院（图7-6-4）。

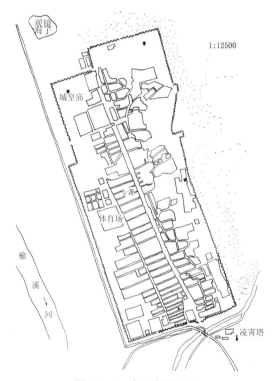

图7-6-4　陕西榆林城图

三、卫所城市

（一）左云卫

左云位于大同西部的十里河上游，介于杀虎口和大同之间，战略地位重要。常遇春攻克云、武、朔诸地后，于洪武二十五年（公元1392年）在此设镇朔卫，二十八年（公元1395年）移太原及平阳民为军户，在此屯田驻守。永乐七年（公元1409年）改称大同左卫。明正统间，因放弃山西行都司的关外辖地，将位于关外的云川卫迁至大同左卫地，故称左云。清代设左云县。

左云在洪武二十五年（公元1392年）开始筑城，正统间将城垣包砖。开始时城垣较大，嘉靖年间重修时将东西减半。城东部依山而建，西墙外临河，东俯山岗，上建一楼，以便远眺。城周原记载长10里120步，今城址实测为南北1540米，东西1500米。有三座城门：南拱宸，北镇朔，西靖远，三门均有瓮城。南门外有南关，万历三十八年（公元1610年）修筑南关城墙，为加强防御，在城门外正对瓮城门设有翼墙（图7-6-5）。

城内地形东南高，西北低。南门至北门的道路为主干道，沿街跨街道建有几处楼阁：南北街于东西街交会的城市中心有万历年间建的鼓楼及鼓楼偏西的钟楼，南部有太平楼，北部有聚奎楼（文昌阁）。几座楼阁强化了城市中轴线，丰富了街景，在各楼附近店铺集中，形成城市的生活中心。

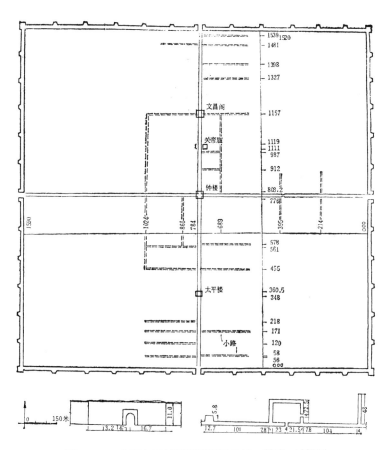

图7-6-5　山西左云城墙实测图及瓮城、翼城、城垛图

141

（二）山海卫

山海关位于辽西走廊，是万里长城的东部起点，扼东北通往华北的要道，依山傍海，形势险要。万里长城由燕山逶迤而来，直达海滨，山海关即坐落于山海之间的"蓟辽咽喉"要害之处，有"两京锁钥无双地，万里长城第一关"之称，历来是兵家必争之地，驻有重兵把守。明洪武十四年（公元 1381 年）于此置山海卫，辖十个千户所，徐达于洪武十五年（公元 1382 年）修筑关城和城防体系。清代成为关内外交通要道和重要的物资集散地，清乾隆二年（公元 1737 年）在此置临榆县。

在山海关附近，精心布置了由长城、七个城堡、十大关隘和数座敌台组成的完整防御体系，整个防御体系以山海关城为中心自内而外形成四个层次的防御体系。从整体看，山海关城防体系以长城为主体，以关城为核心，五城围绕，串联十大关口，四周散布烽燧，据险为塞，结构严谨，层次清晰，重点突出。从山海关城观察，构成了以关城为主体，南北两翼，左辅右弼，二城卫哨，一线坚壁的古城卫戍体系（图 7-6-6）。

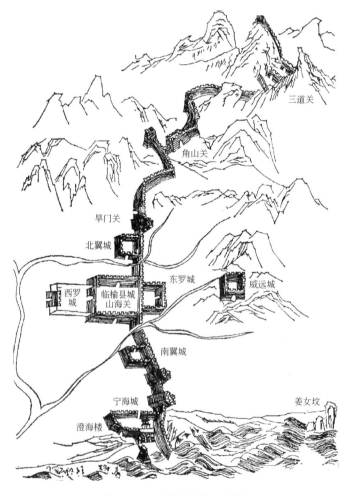

图 7-6-6　山海关城防布置图
（引自《永平府志》）

内圈城防组织由山海关城以及围绕关城四面护卫的东西罗城和南北翼城组成。山海关城略呈方形，有高大坚厚的城墙和护城河，东城墙与长城重合。城设四门，各门均有瓮城。在东西两城门外筑有东、西罗城，罗城仅有一条东西道路与关城相通。在关城南北二里处的长城沿线筑有南北翼城，作为驻兵以及屯放粮草、军械之用。

第二层次的防御体系由位于东部二里外欢喜岭的威远城和南部八里外长城起点老龙头的宁海城组成。威远城呈方形，每边长60米，居高临下，视野开阔，用作眺望屯兵之所，明末山海关总兵吴三桂即驻兵于此。宁海城濒海而筑，重炮虎踞，捍卫海疆。威远、宁海两城为关城前哨，呈犄角之势。

第三个层次的防御系统由长城沿线布置于高山险隘、水陆要冲的关隘组成，总计包括南海关、南水关、北水关、旱门关、角山关、三道关、寺儿峪关、南水关敌楼、北水关敌楼以及关城天下第一关等十大关口。在长城线外山峦的制高点上又分布了许多烽火台，这是为监视敌情，传递消息而设的最外围据点，是第四个层次。

山海关城"周一千五百零八丈，高四丈一尺"（《明太祖实录》），现存关城南北长700米，东西长450米，占地126公顷，规模与记载大致相仿。城墙顺应地形修建，大致呈东西段南北长的不规则四边形，开四门：东镇东，西迎恩，南望泽，北威远。城内"十"字大街正对城门，中心建有四孔穿心的钟鼓楼与四门相望（图7-6-7）。城内原有坛庙寺观多处，今仅存西门外清真寺规模较大，另三清殿前有古盘龙松一株。

关城东楼即著名的"天下第一关"，高大庄重的城门上建有箭楼，重檐歇山，高12米。箭楼西侧二楼牌枋上悬巨幅横匾，上书"天下第一关"黑白楷书大字，

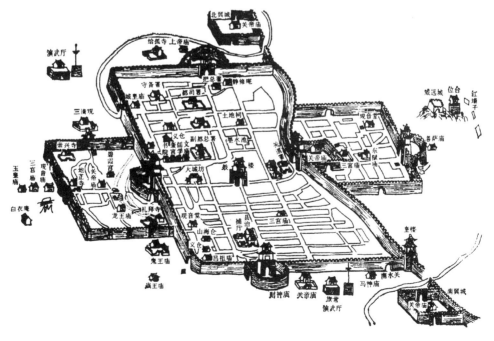

图 7-6-7　临榆山海关县城图

143

笔力顿挫沉雄，为雄关增色。东西两侧城墙上，建有牧营楼、临闾楼、威远堂、奎光楼等四左敌楼，与东门城楼成五虎镇东之局，这些城楼矗立在高大坚实的城墙之上，虚实相辅，打破了城墙平直线条的单调，丰富了城市轮廓。

山海关城建立在一片北高南低的坡地上，南北大街位于山坡的脊背，形成从北至南，从中央向东西两侧的缓坡，可见当时对城市排水作了周密的考虑。为突出作为全城主要建筑物的第一关，因此在东门地段城墙又略为抬高，这样无论从东西街还是从西侧沿东墙的一关路上看第一关，都能显示城楼的雄姿。可见，当时在建造关城时是经过一番审时度势、周密设计的。

（三）宁远卫

宁远卫城为现在的兴城县，位于山海关外的辽西走廊中部，是山海关的前哨，防御作用十分重要，明代末年曾有效地阻止后金的进攻，明将袁崇焕曾在此与努尔哈赤及皇太极进行几次激烈的战斗。

宁远城建于明宣德三年（公元1428年），隆庆间毁于地震，天启四年（公元1624年）袁崇焕重修。城墙用夯土筑成，外墙包砖，内墙用石块镶砌，墙不高，为8.88米，底宽6.5米，顶宽5米，城池范围不大，纵横各约800米，周长3274米，面积64公顷（图7-6-8、图7-6-9）。四面各开一门：东春和，西永宁，南延辉，北威远。四角设有炮台。

城内街道为通往各门的"十"字大街，"十"字中心为方形鼓楼，楼下为十字穿心砖卷门洞，城门上箭楼与鼓楼都是重檐歇山顶。城内多为驻守兵将，居民亦多为家属民夫，当时除军司府衙外，还有不少庙宇。清代设兴城县后，建设县衙、文庙等建筑。

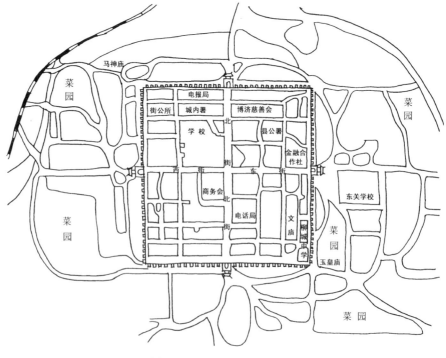

图 7-6-8　兴城县城图

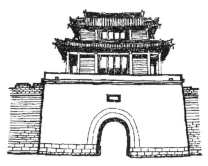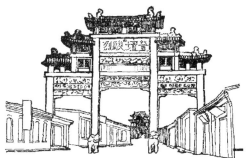

图 7-6-9 兴城城门箭楼及兴城大街牌坊、鼓楼

（四）临山卫

临山卫位于余姚西北 60 里之庙山，因余姚一带地处沿海，倭寇侵扰频繁，故修建临山卫及三山所（图 7-6-10）等卫所进行防卫。城依山沿海而建，故曰临山，一名卫东，城墙用石头垒成，周 5 里 30 步，高 1 丈 8 尺，有完整的防御设施，有城门四座，水门 1 座，城上建城楼 5 座，敌楼 14 座，更楼 1 座，窝铺 38 个，月城 3 座，女儿墙垛 967 个，城外有壕。卫城外海设有望台、烽火台以报敌情，山地的制高点筑有炮台。

由于城市职能以军事防御为主，因此经济职能较弱，清代以后，随防御要求的消失，城市逐步废弃。

（五）南汇所

南汇属松江府管辖，位于长江三角洲的东南部，这一带东部成陆较晚，南宋以后经济逐渐发达，因而经济和人口很密集，县治逐渐增加。明代嘉靖间，由于倭寇不断侵袭，在这一地区大量修建了南汇、奉贤、青村等所城（图 7-6-11）。

明初在南汇置南汇咀中后所，洪武九年（公元 1376 年）筑城，呈正方形，四面各 850 米，城墙系夯土筑成，高 6～7 米，四角有箭楼，东西北门外有瓮城，城墙上隔若干距离有马面。城外护城河系筑城取土开挖而成，最宽处达 50 米以上，因系水网地区，护城河与其他河流相连，可以通航。各面城墙正中开一门，城内主要道路正对城门呈"十"字交叉，沿街布置店铺、作坊。"十"字街中心为城市生活中心，商业和公共建筑集中。一般院落布置于纵横的小巷内，由于筑城后城内河道依然很多，因此道路布局不甚规整。

由于倭寇侵扰，筑城后人口逐渐向城内集中，因此官府衙门多为后设，直至清代雍正三年（公元 1725 年）南汇才设县。城内建设多沿主街布置，城内四角仍为空地，在城门外由于交通方便，形成关厢地区，多为码头客栈和经营农村日用品、农具的商店，其中以东门外关厢最发达。

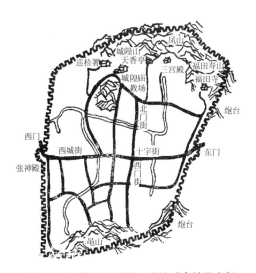

图 7-6-10 临山卫城图（光绪《余姚县志》）

145

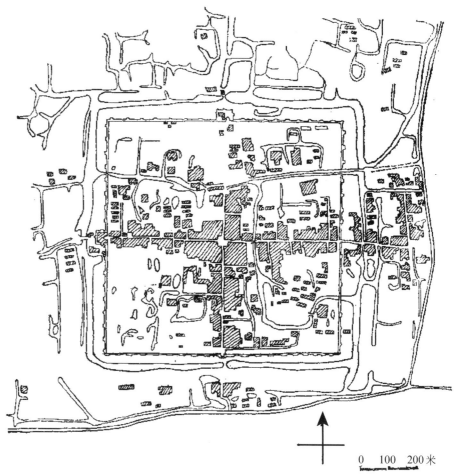

图 7-6-11　南汇城图

卫所城市选址多从军事防御要求出发，因而对城市经济发展要求注意较少，当军事职能衰落后，城市也随之衰落。此种情况以青村中后所（奉贤）和金山卫最为突出，清以后奉贤的地位为南桥取代，金山的地位为朱泾取代，但这种情况在南汇并不明显。

四、防御城堡、城寨

（一）杀虎堡

杀虎堡（明时称杀胡堡）为大同镇所辖的边防城堡，位于晋北紧靠边墙的兔毛河沿岸，扼由晋北通往内蒙古的要道。嘉靖二十二年（公元 1543 年）筑堡，万历二年（公元 1574 年）包砖，周 2 里，高 3 丈五尺。万历在其南筑平集堡，周亦 2 里。后又于新旧两堡之间东西筑墙联成一体，杀虎堡仅留南门，门有瓮城，城内沿北墙正中建有玄武庙，平集堡有南北门，南门较大，有瓮城。中间的夹城开东西二门。据实测，三城东西宽 236 米，南北长度为：杀虎堡 218 米，平集堡 186 米，夹城 140 米，全长 571.5 米（图 7-6-12、图 7-6-13）。

杀虎堡西北约一里有长城的关口——杀虎口（图 7-6-14），原有关门，清代改为栅口，其旁在长城内侧建有清代炮台一座。关口外沿车马大道形成集市，内外骡马店很多，京绥铁路通车后遂荒废。

（二）嘉峪关

嘉峪关为长城的西部端点，位于肃州卫城（酒泉）西 40 公里，南为祁连山，关前有一清泉，地形及水源是影响关城选址的主要因素。

关城始建于洪武五年（公元 1372 年），其后曾一度废弃，正德二年（公元 1507 年）修西罗城，嘉靖十八年（公元 1539 年）又重新增修加固。关城平面呈梯形，西墙长 166 米，东墙长 154 米，南北墙长约 160 米，开东西两门，东曰光化，西曰柔远，门上有城楼，门外均有瓮城。城楼、敌台、垛口均包砖，其余均为黄土夯筑。关城面积很小，仅约 2.56 公顷（图 7-6-15）。以驻军为主，明代在此设守备把守，平时驻兵 1000 余人，管辖周围 39 处敌台。

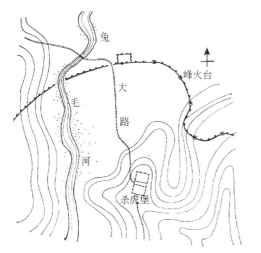

图 7-6-12　外长城杀虎堡形势图

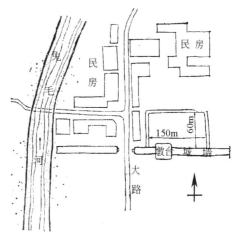

图 7-6-14　杀虎堡外边墙墩台示意图

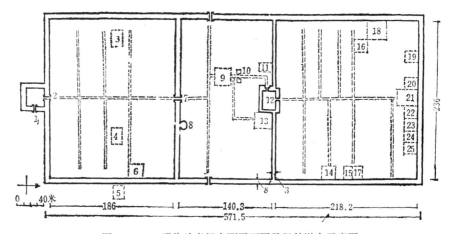

图 7-6-13　明代杀虎堡实测平面图及堡外墩台示意图

1—蓄威门；2—平集堡；3—巡检；4—都司；5—把总；6—观音堂；7—镇安门；8—墩台；
9—三官庙；10—门墩；11—三皇庙；12—杀虎堡；13—关帝庙；14—城隍庙；15—释迦佛庙；
16—协统；17—石王庙；18—小校场；19—仓库；20—鲁班庙；21—玄武庙；22—大神庙；
23—瘟神庙；24—白衣庙；25—奶奶庙

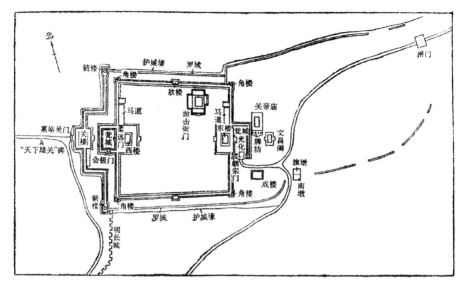

图 7-6-15　嘉峪关平面图

在西门外有突出的罗城，仅西部有门，名嘉峪关门，门上建有三层的高大城楼，城楼上有横匾"天下第一雄关"，城的四角建有砖砌的角楼和角台。从罗城的布局看，罗城与关城距离很近，其间并无关厢地区，且主要位于边墙外的西部，因此罗城的主要作用是加强关城的防御。

五、军事防御职能突出的府州县城

（一）登州

登州位于山东半岛突出渤海的部分，在唐代是著名的北方港口城市。明清时期为登州府治和蓬莱县治。由于登州为防卫京师的海上门户，军事地位十分重要。虽然明代在此并未设置卫所，但却设置山东备倭府，是明代重要的海防城市。

城墙为明洪武至永乐年间修建，周9里，高3丈5尺，用砖砌筑。有四门：东春明，西迎恩，南朝天，北镇海。门楼与角楼共7座，窝铺56个，上下水门各3个。万历时，因日本侵犯朝鲜，曾筑敌台28座，崇祯时又将城墙加高3尺5寸。城市因结合周围地形而建，形状并不规则（图7-6-16）。

大城北部有一水城，又称备倭城。由水闸引海水入城，名小海，为泊船之所。洪武九年（公元1376年），立帅府于此。城周2里，高3丈5尺，宽1丈1尺。上有一亭，名振扬。万历二年（公元1574年），城砌砖（图7-6-17）。

水城北丹崖山巅建有蓬莱阁，原为海神庙基。宋治平年间（公元1064～1067年），因此地太高，将海神庙西移至平地，原址建阁。明万历十九年（公元1589年）重建。

城内东西门之间的街道为主要街道，方向为西北东南向，偏西跨街建有鼓楼，清顺治六年（公元1649年）重修。与鼓楼对峙的还有钟楼，建于洪武十一年（公元1378年），现已毁。南北门之间也有街，但稍有错开，并不正对。

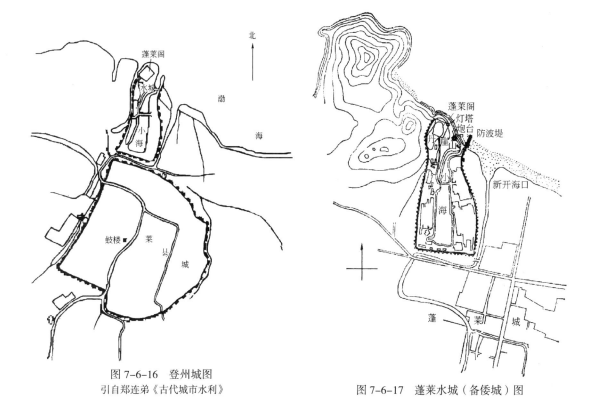

图 7-6-16 登州城图
引自郑连弟《古代城市水利》

图 7-6-17 蓬莱水城（备倭城）图

（二）镇海

镇海在浙东甬江入海处，西据宁波城约 60 公里，城北为海，南为甬江口，东北有招宝山突入海中，军事地位极重要，为明代防倭的重要据点。五代吴越王钱镠时曾在此筑城，元代废。明代为宁波府镇海县，洪武六年（公元 1373 年）曾在此立木栅驻军，次年改木栅为石。洪武二十年（公元 1388 年）汤和将石墙范围拓广并筑城。城周 9 里有余，开六门，除小南门外，各门上均有楼，门外设月城。永乐十三年（公元 1415 年），因城北直接连海，塞北门，永乐十六年（公元 1418 年）又塞小南门。嘉靖二十五年（公元 1546 年）在城北增设望海楼，隆庆三年（公元 1569 年），在城北筑外塘以保北城。

城外招宝山顶筑有威远城堡，因招宝山可以俯瞰县城，距离很近，如果倭寇登山，在山上置火炮，不仅城无法防守，倭船也会毫无阻拦地进入甬江，守郡非据险不可，而据险非此城不可，故于明嘉靖三十九年（公元 1560 年）仍请于总副胡宗宪于招宝山之巅建城堡。城周长 200 丈，高 2 丈 1 尺，厚 1 丈，东西门二，内建城戍四十余间，名威远城。复于山麓西南展筑靖海营堡，周围 240 丈，建屋四十余，不时校阅（图 7-6-18、图 7-6-19）。

现城址呈梯形，据实测地形图量，北城长约 1350 米，东城长约 1050 米，南城长约 940 米，西城长约 760 米，周长约 4100 米。威远城东西长约 215 米，北墙长约 63 米，南墙长约 54 米，周长 547 米，只设南门与镇海城相连，城中有宝驼寺。

招宝山在清代建有炮台三座，北为威远，南曰定远，东曰安远。甬江北岸

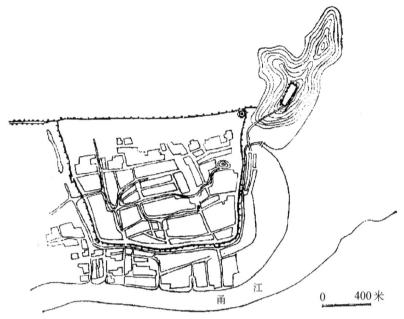

图 7-6-18　浙江镇海及威远城堡图

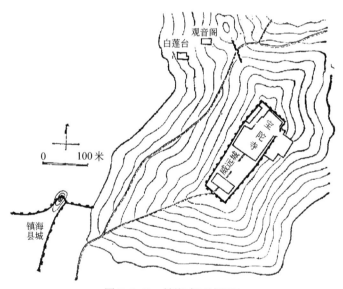

图 7-6-19　镇海威远城堡图

的城南关厢形成大片街市，沿江有码头。城北已淤起大片滩地。

（三）葭州

葭州即今佳县，明代为延安府所辖的散州，位于陕西东北与陕西交界处的黄河西岸，因附近有葭芦河，沿岸多生芦苇，故得名。城址位于葭芦河入黄河处的高地上，东凭黄河天险，西南隔葭芦河，仅北面陆路一线可通，三面邻水，一山耸峙，城市雄踞山巅，居高临下，易守难攻，素有"铁葭州"之称。

葭州在春秋时属白翟地，战国属唯上郡，秦时亦属上郡，汉属西河郡，西魏时设真乡县，金大定二十四年（公元1184年）改名葭州，明代曾废州设县，

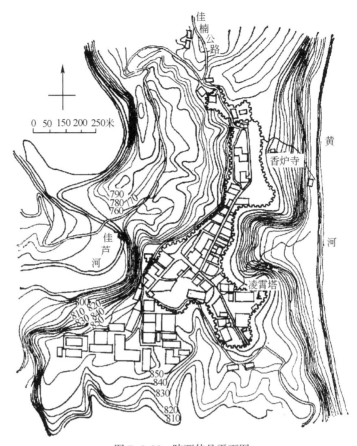

图 7-6-20 陕西佳县平面图

不久又恢复州建制，清乾隆间废州为县直至今。

城因地势呈不规则形，南北1500米，东西约500米，面积75公顷。城墙以石块垒筑，洪武初年建北城，隆庆以后复筑南城，清代顺治年间重修南北两城。现城墙残垣尚存，高约15米，宽3米。城中只有一条通往北部的主要道路，交通甚为不便。黄河沿岸碎有渡口，但与山上城市联系不便，不可能有大宗货物往来。

公共建筑设施多集中于主街道，房屋多为窑洞式石券建筑，此外有数十条石铺道路，多随地形起伏（图7-6-20）。

葭州城的建设，主要因地形险要，兵防要求而设，城市孤耸山巅，交通不便，无发展余地，是城市建设史上较特殊的例子。

第七节 明清时期的一般府州县城市

明清时期的府州县城很多，其中绝大多数为前代设置，明清时期新设置的府州县城多位于边疆地区。清嘉庆道光年间，据内阁学士那斯洪阿统计，"查奉天府及各处省会十八，府一百八十有一，直隶州六十有八，直隶厅一十有二，州一百四十有七，县一千三百九十有四"（引自戴均良《中国城市发展史》），

县级以上城市达到 1820 个，除去都城、省会城市 18 个以外，府州县城达到 1788 个。

明代大多府州县城重建了城墙，清代则基本在明代的基础上发展。府州县城市作为一定范围地区的中心城市，具有较强的综合性职能，与前代城市相比，除政治、文化职能外，经济职能明显加强，成为地方性经济中心。

一、保定

保定所处的太行山东麓，自古以来就是中原地区联系河北以至东北的重要交通要道，古代的华北平原的重要城市如邯郸、邺城、相州、中山等都位于此地带。封建社会后期，随政治中心的北移，作为京师南部门户的保定逐步发展起来。

保定原为北魏设立的清苑县，宋为保塞，金为保州，元设保定路，明清为保定府。金卫绍王崇庆元年（公元 1212 年）元攻金，城被毁，军政中心迁往西北 40 里的满城。金哀宗正大四年（公元 1227 年）回治保州，在原址重建，城周仅 12 里，城市规模远小于明代所建的定州、宣化府、正定府。经过元明清三代的建设，虽然规模较小，但作为拱卫京师的重镇，在军事上与天津卫齐名。清代进一步成为直隶省会，历时 200 多年。保定虽然作为省会城市，但由于接近北京，从来没有成为地区性中心城市，只是小范围区域的中心城市。

保定府城接近正方形，西南部为便于挖掘护城河而向西南突出。城南距府河约百米，主要考虑沿河地势低洼，易受洪水侵蚀，且百米依然在弓箭射程之内，府河能够起到护城河的作用。四面各开一门，因北门内西面较低洼，故北门被迫建在北墙偏东，使南北两门不正对（图 7-7-1）。

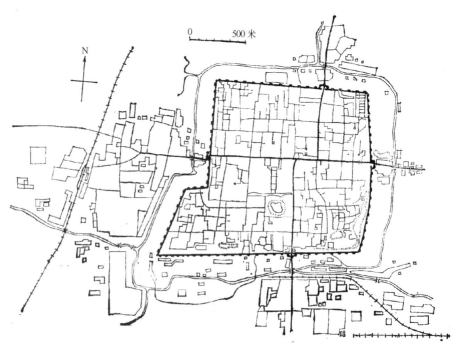

图 7-7-1　保定城平面图

城中正对城门的大街因南北门不正对而形成交错"丁"字形，东西大街横贯城中，北大街偏东，与南大街街口相距 200 米。在作为全城制高点的北大街正南建有大慈阁，在位于城市中心的南大街街口建有横跨街道的鼓楼作为对景。

城市内部分区较明显，西大街为富庶的商业市肆，南大街为手工业区，新县街、署雅街一带为行政区，西南角为军事区。其余为居住区。清末时，由于府河水运兴盛，在城南沿府河发展了工业。

保定在清代分 42 坊，坊的规模大小相差很大，城中心街坊较整齐，建筑布局服从街道，四角比较零乱。

二、安阳

安阳位于河南北部地区，北部的附近小屯庄为殷墟的所在地，因殷墟作为商朝都城的时间较长，因此安阳曾被提议作为七大古都之一。北魏时置安阳县，元改为彰德路，明清时期为彰德府。

安阳县城郭始筑于北魏天兴元年（公元 398 年），宋景德三年（公元 1006 年）增筑，周 19 里。"明洪武初改筑，周围九里一百一十三步，裁（才）得旧城之半，……门各建楼，又建角楼四，敌楼四十，警铺六十有三，成化十三年（公元 1477 年），知府曹隆重修"（《彰德府志》），据实测地形，南北墙约 1480 米，东西墙约 1400 米，基本呈正方形，周长约 5760 米，呈正方形（图 7-7-2）。

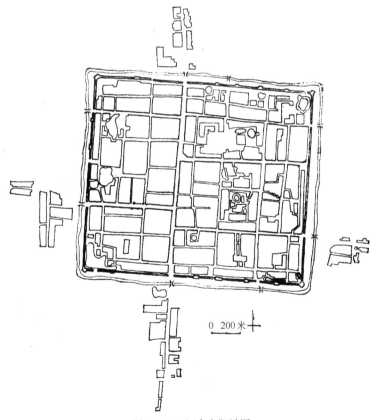

0 200米

图 7-7-2　河南安阳城图

县志记载原开有四门：东永和、西大定、南镇远、北拱宸，地形图上则东西各两门。南北门偏西正对，连接南北门的大街构成南北向主要街道。东西门均不正对，通城门街道与南北大街成"丁"字相交。县志上载：在南北大街上建有钟楼（南部）和鼓楼（北部），现已无。

县署在城东北隅，建于洪武二年（公元1369年），其西北尚建有县丞署、主库署、主簿署、典使署、儒学署、训导署等，有的在县署内，有的在其附近。嵩宁仓及常平在县署北。学宫原在县署西北10里，建于元中统四年（公元1263年），明洪武三年（公元1370年）移至县署西。

社稷坛在南关外2里，风云雷雨川坛在社稷坛北，先农坛在东关外半里，厉坛在北关外1里。城内祠庙很多，约有17处。宗教建筑的寺宫庙多达38处。

清代城内尚有书院一处，义学七处。

市集在城内，不同地点按不同的定期集市。

三、南通

南通城所在的长江口北岸成陆较晚，三国时期，此处尚是一片荒凉，唐代作为盐场，开始出现居民点。由于这里的自然条件较好，农业发展较快，且狼山在军事防御上也很重要，附近的居民点逐渐向城镇转化。后周显德五年（公元958年）后周夺取南唐江淮地区后在此置通州，此后由于农业及盐业的发展，通州逐渐成为长江口以北的重要经济中心。明代通扬运河的开凿，大大改善了南通的交通条件，促进了商业的发展。同时又从松江传入植棉业和棉纺织技术，兼以本地土地宜于种棉，因而棉纺织手工业逐渐发展起来。清乾隆中，棉花远销江西、南京，棉织品更远销关外及闽粤等地。后为区别于北京顺天府的通州，俗称南通州，简称南通（图7-7-3）。

南通城为长方形，城外有宽阔的护城河，最宽处达到200米，城门处有吊桥。城周6里70步，原为土城，明代加砌砖石。东西南各开一门：东宁波，西来恩，南江山，东门外有两重瓮城，其余二门外有三重瓮城。城之四角有角楼，城上

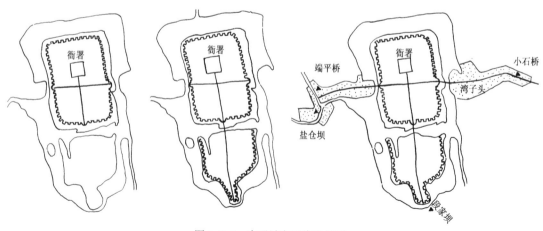

图7-7-3　南通城市历代发展图
左：明以前；中：明中叶后向南发展；右：清以后向东西发展

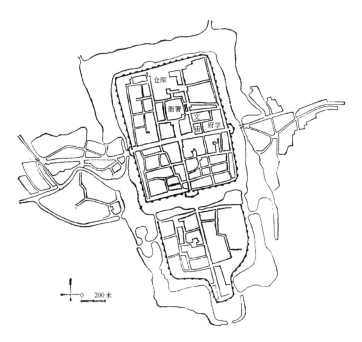

图 7-7-4 江苏南通城图

有敌台 16 处。明中叶后，因倭寇侵扰，在南部加筑新城，新城南门直抵长江边，门楼称山海楼（图 7-7-4）。

城内街道分大街、街、巷道三种。大街呈"丁"字形，直通三座城门，南北大街构成城市中轴线，延伸至新城南门。街较巷道略宽，有些商店分布，巷道只有 1～3 米宽。1953 年在"丁"字大街下面 1、1.5 及 2 米的深度，发现有砖砌的街面，下有五厘米的砂填层。

城内有明显的分区，"丁"字街口的北面为州衙署，系政治中心。城东北部沿东大街分布文庙、学宫、试院等，为文教中心。军事机关和仓储区分布在北部。东西大街以南为生活居住区，包括在东、西门外沿交通线形成的大片关厢区。商业多沿街分布，但也有集中的市，如平政桥的鱼市，东门街市，北河稍米市，西门果市、菜市、木市、砖瓦市，南巷布市、花市等。由于西门接近通扬运河，商业发达，在清代已经形成商业中心，有"穷东门、富西门，叫花子住南门"之说。

四、淮安城

淮安在西晋以前属射阳县，并无城池建设，所辖各县分属周围各郡。东晋以后，由于长期的南北分裂，江淮之间成为南北双方的主要争夺地区，淮安因地处徐州、扬州两大边境重镇之间，地位逐渐重要，于是在东晋安帝义熙七年（公元 411 年）分广陵郡置山阳郡，治山阳郡于射阳县境内，并开始筑城。南朝齐武帝永明七年（公元 489 年）始称淮安，隋开皇十二年（公元 592 年）改为楚州。唐代以来，虽然军事地位有所下降，但由于位于大运河上，因此淮安的经济职能得到加强，在明清时期达到了发展的顶峰。元置淮安路，明、清为淮安

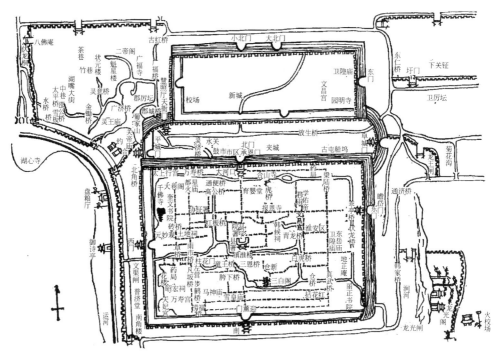

图 7-7-5　淮安城平面图（淮安县志载）

府，均为府治所在地。

淮安因地处江淮平原中心，地控南北，扼运河入淮河及故黄河的入口，是明清时期重要的地区性军事政治中心和商贸中心城市。在淮安府城及其以北的清江浦设置了大河卫、漕运总督、钞关仓司等军政机构，明末以来城北至北关一带又成为纲盐顿集之地，商业贸易十分发达。

淮安城是经多次修建中逐步形成，包括旧城、新城和夹城三部分（图 7-7-5、图 7-7-6）。

城市的主要部分称旧城，始筑于东晋义熙七年，其后多次加以修葺，明初包砖。城周 11 里，东西、南北均长 520 丈，高 30 丈，设四座门，水门三。在旧城北面一里许有北辰镇，古代即为较大的集镇，元代末年张士诚部将史文炳为防卫需要在镇四周筑土城，明洪武十年（公元 1377 年）指挥时禹取宝应废城城砖修筑，而成为新城，周七里零七丈，东西长 326 丈，南北为 334 丈，设门五、水门三。新城在清乾隆年间还很兴隆，以后逐渐寥落，咸丰十年（公元 1860 年）乡民屯居其中，又加修葺。明嘉靖三十九年（公元 1560 年）为防倭寇入侵，在新城、旧城间沿东西两端加筑两道城墙，把两个城连接起来，这一部分称联城，又称夹城。联城东长 256 丈 3 尺，西长 225 丈 5 尺，开四门。这三个城的城防设施都很完备，城门上筑有城楼，四角有角楼，城墙上有雉堞、窝铺，墙用砖包，墙外挖有城壕，河道入河都要经过水门，有"银铸城"之称。

在城市的外围有城壕及护城岗。明代以前，郡城北枕黄河，东凭湖荡，运河自旧城西经新旧城之间及新城东入黄河，黄河、湖荡、运河构成了城壕。此后，因黄河北徙，运河改道至城西，使城东北、联城两侧和城北无城壕，明万

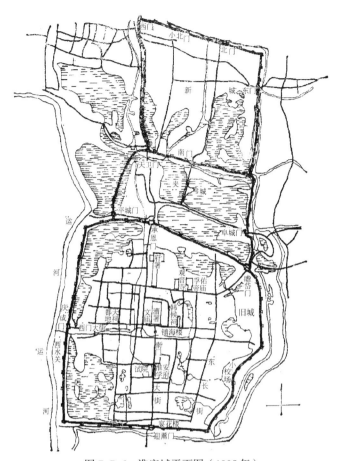

图 7-7-6 淮安城平面图（1905 年）

历、崇祯年间分别开挖了城东及城北的城壕，完善了城壕系统。护城岗主要起防洪作用，因城市的关厢地区发展较快，关厢地区的防洪十分重要，因此在明隆庆中修筑了城市东部的长堤并于其上建龙光阁，天启年间进一步加强了运河城西沿线的堤防建设。

旧城的道路基本为方正错落形，长街和南、北大街构成了城内的主要道路，长街正对主要入口西门，因位置偏南，因此在北部正对东门的东门大街构成了北部的次要横向道路，在长街与南门大街的交叉口南侧建有谯楼（又称镇淮楼）。位于城市中心交叉口的主要行政机构为漕署，而府衙则位于城北一隅的北门大街，说明淮安的地位远高于一般的府城。联城和新城因规模较小，路网也较为简单。

五、天水

天水古时曾名成纪、秦州，扼甘陕川三省交通要道，历来是陇右地区的政治军事、经济、文化中心和番汉"茶马互市"的主要口岸。秦为陇西郡上邽县，汉武帝元鼎三年（公元前114年）废陇西郡置天水郡。新莽地皇三年（公元22年），隗嚣割据天水、陇西，以上邽为根据地，在城北仁寿山修建宫城。三国时天水属魏秦州，是魏蜀争夺的主要地区。西晋太康七年（286年），秦州治及天水

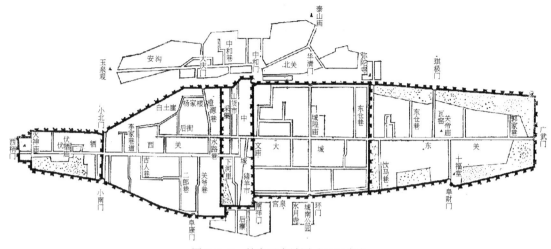

图 7-7-7　甘肃天水城图（1939 年）

郡治迁移上邽，即今天水城所在地。北宋属秦凤路，元置巩昌都总帅府，明置巩昌府，清雍正七年（公元 1729 年），秦州升为直隶州。

由于天水城市位于渭河支流藉水河谷的北岸，因此城市呈东西长、南北窄的带状，经过历史上的多次建设，逐步形成五城相连的格局，这种形式在古代城市中也属少见（图 7-7-7）。东、西、北三面有壕，城南无壕，以藉水和湖汊为屏障。

天水五城并列的格局最早见于北魏郦道元的《水经注》："上邽……，旧天水郡治，五城相连"。唐代成为丝绸之路上的重镇，其后因吐蕃入侵及五代战乱，城市破坏严重。宋朝知州罗拯修筑了东、西二城，经略使曹玮筑南市城，陇西经略使魏公韩琦重筑了东、西关城，后人称其为"韩公城"，南宋时与金在秦州进行了长期争夺战，城市遭到严重破坏。元初经过修葺，州城很快恢复，一大批古建筑如伏羲庙、文庙、武庙及西关清真寺等先后建成，元末毁于地震。明洪武六年（公元 1373 年），千户鲍成在西城旧址上重筑大城，成化间指挥吴钟重修东城，正德嘉靖年间又增筑和修葺了中城和小西关城（伏羲城），其中中城是罗玉河故道，早先没有城墙，为明嘉靖间建罗玉桥时所补筑。

现存五城建于明代，大城建设最早，为衙署所在地，又称州城。其次是东西关城和小西关城（即伏羲城），中城建城最迟，北关则始终无完整的城垣。

大城是天水城的主体，有城门四座，南曰环嶂门，北曰华清门，东西两门分别与东关和中城相通并各建有城楼一座，东曰"长安"，西曰"咸宁"，每楼东西均悬有巨匾。大城是古城官署学校集中的地区，商业也较繁荣，仅次于西关。分布有州衙、道衙、文庙、陇南书院、城隍庙等，南门外有水月寺。

东关城位于大城东部，在五城中最长，开有四门，东曰广武，西曰阜财，北曰拱极，西通大城。东关以民居为主，商业活动少，直至后来仍有大片农业用地。

中城东西窄、南北长，辟城门三座，北名"中和门""北极门"，南名"南祥门"（即水城门），南门外为官泉。中城在五城中最小，却是集市和手工作坊的集中地区，有些街巷便以行业来命名，如山货币、猪羊市、杂货巷、果集技、皮巷子等。

西关城位于中城以西，呈西窄东宽的梯形，开有五门，东部通过新城门、衍渭门与中城相通，西以启汉门与小西关相通，东北曰大庆门，东南日阜康门。西关是历史上商业最繁盛的地区，商行、药铺分布较多。

伏羲城又名"小西关城"，俗名"小街"，呈东西长、南北窄的长方形，主要城门为联系西关的启汉门和西部的西稍门。此外，在紧邻西关的东北和东南各有城门一道，北为"小北门"（即聚宝盆城门），南名"小南门"。

天水城的城厢部分主要位于为北关，北关依附于大城和西关之间，多为中下层居民区，民居型古迹较少但批发商业繁盛，分布有玉泉观等宗教建筑。城南厢为藉水河滩，多为菜地和磨房，藉水南岸的山上建有南郭寺。

六、银川（宁夏府）

宁夏府城位于我国西北的黄河左岸，贺兰山下的银川平原的中部。北周以后，在饮汗城设怀远郡、怀远县，成为银川地区的经济中心。

唐高宗仪凤二年（公元 667 年），黄河洪发，怀远旧城遭破坏。次年，将城址西移至银川平原中央，即今银川老城所在，称怀远新城。隋唐以至宋代、党项、突厥、吐蕃、回纥等民族相继进入贺兰山下，使怀远成为汉族与北方各游牧民族相互接触、交流的中心之一。

宋明道二年（公元 1033 年），李德明之子元昊，改为兴庆府，又进一步扩建宫城殿宇。天授礼法延祚元年（公元 1038 年），元昊自立为帝，国号大夏，以兴庆府为京都，又称东京，与当时北宋的东京（今开封）、辽国的上京（今内蒙古巴林左旗南）鼎足而立。兴庆府由银川平原上的一座小城，一跃而地跨今宁、陕、甘、内蒙古辽阔地域的西夏王朝的政治、军事和经济中心。

唐代建城时，城池位于淤积而成的高地上，四周湖沼星罗棋布。西夏重建城垣时，进行了大规模扩建，因受南北湖泊群的限制，只能横向发展，成为东西长、南北短的矩形城郭，呈朝南偏西方位。相传为"人影"。该城的平面，与人体一样，具有均衡、对称的特点，由明显的纵轴线和横轴线、城门、道路、河渠、宫殿、坊里、市集及各类建筑的布局，均呈左右对称、前后有别、上下迥异的规划布局。兴庆府城内有一座宫城，1020 年李德明始建，1033 年元昊时又加以扩建。中书省、枢密院、三司等中央行政府署，都设于宫城之内。兴庆府城内西北的一片沼泽地，有模仿唐长安城兴庆宫和曲江池而兴建的以水为主景的避暑宫苑（又称元昊宫）。当时的兴庆府，宫城和避暑宫两者就占了城市的很大部分。一般民居则分布于一些街坊之内，均为简陋的低矮土屋或覆土板屋，与宫殿建筑及覆瓦的宫署宅第，形成鲜明对照。

西夏统治者笃信佛教，佛教建筑在兴庆府城内外占据很大比例。如建于府城内偏西的承天寺，与天佑重圣元年（公元 1050 年）兴建，役兵民数万，历五年完工。寺院规模宏大，与凉州护国寺、甘州卧佛寺，同为西夏境内的佛教圣地。元明以来，承天寺日渐颓衰，仅剩塔一座。现存的承寺塔，为清嘉庆二十五年（公元 1820 年）重建，八角形楼阁式砖塔，11 层，高 64 米多。

兴庆府城内有庞大的兵营于仓库，城外还有一系列驻军城堡。军士和达官贵人是城市人口的主体。城中很多设施，包括生产武器装备和军需物资的官府手工业作坊，直接为军队服务，因而具有强烈的军事色彩。兴庆府的手工业也很发达。城市手工业主要是制作毡、毯、毛褐的传统毛纺织业。西夏朝廷设有"文思院"，专门制造金、银、犀、玉等高级工艺品，以满足宫廷和权贵的需要。还有铁工、木工、造纸、绢织、砖瓦、车辆、建筑等各类手工行业。手工业的兴盛带来城市商业繁荣和中原贸易频繁。交换的商品，大都以兴庆府为重要集散地。过境的商人和使者，也在此停留。西夏统治者还对兴庆府的驿道大加修整，使其畅通无阻。兴庆府也是西夏的文化教育中心。城内设有蕃学（教授西夏文化）、国学（教授汉学）、大汉太学、内学，以及一般学校等。还有主管天文历法、史书编撰、医疗等各种机构。城内外佛寺延请高僧译经、讲学。

西夏天庆十二年（公元 1205 年），改兴庆府为中兴府。西夏宝义二年（公元 1227 年），中兴府遭蒙古兵极大破坏。西夏亡后 30 年，中兴府经济逐渐有所恢复。元世祖设立了西夏中兴行省，后改宁夏行省，中兴府城被修复为省治，后改名为宁夏府。元世祖时采取移民，给地立田，兴建黄灌区水利等措施，经济得到恢复和发展。在宁夏府城中有大批回族人定居，逐渐形成了回族聚居区。明洪武九年（公元 1376 年），立宁夏卫，和固原同为明朝北方"九边重镇"之一。明中叶，灌溉农业和牧业的进一步发展，城市工商业出现了新的繁荣。府城内仅手工业有 66 种之多。属宁夏总镇的"杂造局"，属皇族庆王府的"工正所"是最重要的官府手工业。产品达 100 多种，城内有熙春、南薰等 30 多个街坊、羊肉市、柴市等 10 余处市集及一些商店。

明宁夏镇城，即西夏兴庆府故址。城郭高 3 丈 6 尺，基阔 2 丈。城门 6，东曰清和，南曰南薰、兴化，西曰镇远，北曰德胜，德胜之西曰振武，重门各 3。内城大楼 6，角楼 4，雄伟工绝。悬楼 85，铺楼 70，外建月城，城咸有楼，南薰、德胜门外分别为南、北关。环城引水为池，深 2 丈，阔 10 丈，四时不竭。有小渠若干引入城中。镇城中偏东南建有庆王府，萧院高 1 丈 3 尺，周 2 里，内有宫宅、公堂和苑囿。此外尚有王府 7，府内各有宅园。城中心建有玉皇阁，重楼叠阁，为重要古建筑之一。

清顺治二年（公元 1645 年），清军进驻宁夏。雍正年间置宁夏府，并设镇守总兵驻此，又于府城外东北五里外筑"宁夏满营"，旗兵连同家属 1 万余人，设将军驻守。其时，宁夏府城人口达 30 万。城内人烟稠密，城市规模不断扩大，繁荣空前。乾隆三年十二月（公元 1739 年 1 月）八级大地震，府城遭毁灭性破坏。满城几乎全部被震毁。乾隆 5～6 年修复府城，城垣规制与前略同，但震前民屋栉比，百货俱集的繁华景象已不复存。满城乃移建于府城西 15 里，是为"新城满营"（今银川新城）。此后，社会动荡不安，全府人口由嘉庆时 139 万余人降至宣统时 23 万余人，宁夏府城一直没能恢复到清初盛世的繁荣局面（图 7-7-8）。

府城、东郭城、夹河城三城依次相套，又巧妙地利用浚谷（纸坊沟）、沮谷（水桥沟）流出的两条小河，浑然一体，防御十分坚固。

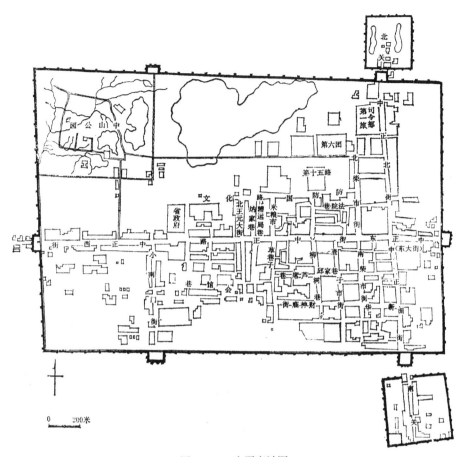

图 7-7-8　宁夏府城图

紫金城在诸城中面积最小，位于河以东，为明代韩王所修之藩城，内有课税司。

至民国初年，除府城外，其余诸城皆毁。

七、荆州（江陵）

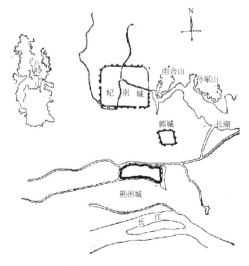

图 7-7-9　荆州城位置图

荆州城（亦称江陵城）位于湖北省中部的长江北岸。其历史可追溯到周夷王五年（公元前 901 年），周厉王时出现最初的城郭。春秋时，楚文王迁都于江陵北面的郢（公元前 689 年），即纪南城，因位于纪山之南而得名。郢成为楚国的政治、经济和文化中心。江陵是郢都进入长江的水上交通要道，而同郢一起繁华起来（图 7-7-9）。楚顷襄王二十八年（公元前 271 年）秦将白起破郢后设南郡及江陵县，汉代以后又是荆州州府所在地，楚汉之际的临江王、东晋安帝、南朝梁元帝及五代南平国都曾在此建都。同时江陵也成为长

江边的重要商业都会。宋以后至明清，均为府州道所在地，为江汉平原地区的政治经济中心。

荆州城源于楚国的渚宫，后多次维修扩建，围起了一座土城。北宋末年土城倒塌，南宋淳熙年间修建砖城，工程浩大，城周 21 里，有十多万人参加筑城。元初时元世祖忽必烈下令拆除，明初朱元璋又令杨景重建，嘉靖中重修，周 18 里 381 步。清初顺治二年（公元 1645 年），砖城被李自成的农民起义军拆平。现在的荆州古城，是清代顺治三年（公元 1646 年）依照旧基重修，基本保持明代城垣的规模和风格（图 7-7-10）。

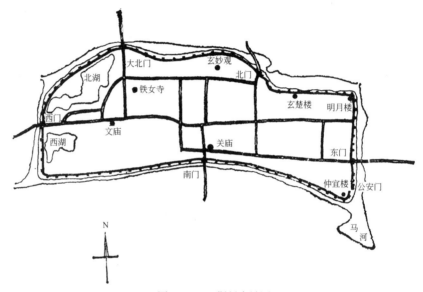

图 7-7-10　荆州古城图

荆州城呈不规则长方形，道路格局也较自由，东西长 3.75 公里，南北长 1.2 公里，周长 11.3 公里，面积 4.47 平方公里。城墙高近 9 米，厚约 10 米，内为夯土，外为砖包砌。共有六个城门，东门、公安门、南门、西门、大北门、小北门。均有瓮城，上有城楼。城上有敌楼 24 座，藏兵洞 3 个，垛垛 4537 个。为防止城墙因地处湖泊区下沉，修建古城时采用糯米浆粘合城脚处的大条石，使整个墙基更为坚固，有"铁打荆州城"之说。城外有护城河，宽 50～100 米，靠近城门及城墙突出地段，用条石砌筑驳岸。城墙上还有沟通城内外水系的下水道和水闸门。

古代长江岸线靠近城墙。时隔千年，长江冲淤变化，河道逐渐南移，形成了内外滩，隔断了长江与荆州城的直接联系，失去了当年官船码头水上交通的便利条件。近代，南部长江沿岸沙市的兴起，其经济地位逐渐取代了荆州，并与古老的荆州城联为一体。

荆州附近的纪南城作为楚都达 400 年之久，为当时南方的最大都会之一，其城墙和城门均保持完整。荆州城东 4.5 公里的郢城为楚平王修建的新都，东北距纪南城 3 公里，与纪南城、江陵城呈鼎立之势。成为我国南方规模最大、保持最完整的秦汉城址。

八、寿县

寿县古属淮夷之地，春秋时为州来国（今凤台）地，战国时为楚国春申君封邑——寿春邑，楚考烈王二十二年（公元前 241 年）成为楚国国都，命曰"郢"。秦代为九江郡治，东晋时改称寿阳。魏晋南北朝时期，寿春成为南北争夺的重要军事重镇，著名的淝水之战就发生在这里。隋代改称寿州。

寿州城址变迁较频繁，最早记载的城池为楚国寿春邑城和楚都郢城，称寿春故城，位于今城西四十里的丰庄铺，一直延续至东晋时期，为江淮间重要的商业都会。"废寿春县在县西四十里，考烈王徙都寿春，城即考烈王所筑；西南小城，楚相春申君所筑"（《太平寰宇记》），东晋城址移至今处，即寿阳城，古城原有三重，最里为金城，又名子城（在今紫金街），中为州城，又称南城，为东晋末年相国刘裕所筑，故又名"相城"，最外为郭城，范围很大，"其外廓包至今东陡涧，并淝水而北，至东渡津，又并淝水而西，至大香河入淝处。城中有金城及相国城。其城门有芍陂渎门、石桥门、前逻门、象门、沙门，其地绵延曲折三十余里"（《寿州志》）。

寿春寿州现存的城墙大致相当于古城的州城范围，为南宋时都统许俊所建，城市呈方形，北临东淝河，西滨寿西湖，东、南有城壕连通（图 7-7-11）。城墙为砖砌，周 7147 米，高 8.33 米，顶宽 6.66 米。开四门：东宾阳，西定湖，南通淝，北靖淮，城门外均有瓮城。城墙高大坚固，兼有防御和防洪的功

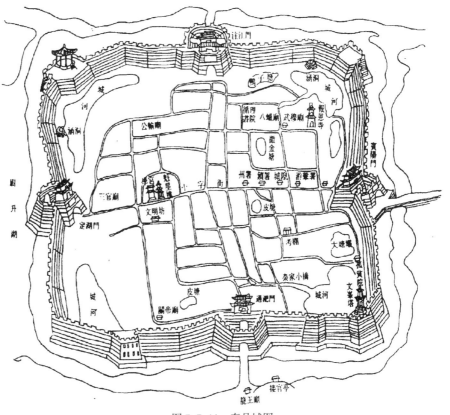

图 7-7-11 寿县城图

能。城墙保存完好，是我国目前唯一保存完整的宋代古城。

城内道路为典型的"十"字方正形，东西南北大街正对四门，因对外主要联系为东南方向，因此东、西门及东西大街偏南。因城墙范围较大，因此在四隅有水塘及大片的农田，可保障战时之需。建于明洪武年间的州衙位于城东北，康熙年间在州衙南建熙春台，可俯观全城，为官员游赏之所。州衙后为建于明代的循理书院，孔庙位于城内西大街中段。城内宗教建筑也较多，如位于城东北隅的报恩寺和位于城西南回民聚居区的清真寺。

第八节　明清时期的工商业城市

明清时期商品经济的发展促进了工商业城市的发展，由于中国城市发展中行政因素的影响力十分强大，许多工商业城市同时也是地区的统治中心城市，此类商业发达的城市往往是作为地区性的商业都会，城市规模一般较大，具有发达的工商业。此外，也存在一些并非地区中心城市但由于资源、交通区位等因素而发展起来的专业化较强的工商业城市，一般此类城市规模较小或行政等级较低，但其专业职能在全国或较大范围的地区内具有较重要的意义，如江西的景德镇、四川的自贡、广东的佛山镇等。

一、明清时期的扬州

扬州早在唐代就是国内最大的商业都市之一，规模很大，当时号称"扬一益二"。唐末，因长江水道南移、军阀混战以及汴河淤塞造成扬州城市的衰落。后周显德五年（公元958年）因城大难守，另筑小城。宋理宗时，为防御金兵南下，于宝祐三年（公元1255年）在旧城西北角，即原来的广陵城宝祐城，又在其南（即明清扬州城及其城北部分）另筑大城。为了两城联系方便，又在近瘦西湖一带修筑夹城。三城呈犄角之势，具有较强的防御能力（图7-8-1）。南宋时期，因宋金之间的战争，整个城市受到了很大破坏。元代基本沿用宋代大城，元末宝祐城和夹城逐渐荒废。元至正十七年（公元1357年），扬州归朱元璋所有，命张德林守扬州，"以旧城虚旷难守，乃截城西南隅，筑而守之"，形成了明初的扬州城（图7-8-2），城周1775丈5尺，有5座城门：大东门又称海宁门，西门又称通泗，南门又名安江，北门又名镇淮；另有小东门。南北各有水门二个。

明代因商业手工业的进一步发展，在城东，在旧城与运河之间形成商业中心，嘉靖时，倭寇曾侵入扬州焚掠，为加强防御并保护已形成的关厢区，嘉靖三十四年（公元1555年）在旧城以东加筑新城，西与旧城相接，东、南、北三面筑城墙，东、南两面临运河，三面城墙长八里，计1542丈。有门七：挹江门；便门，又名徐宁；拱宸门，又名天宁；广储门；便门，今名便益门；通济门，又名缺口；利津门，后名东关。沿旧城东濠有南北水关二，东、南以运河为濠，北开濠与运河通。明末清兵破城后受到很大的破坏，清初以后又恢复并继续发展。

明清大运河的开通使扬州再次繁荣起来，扬州是江南粮食丝绸的集中地，

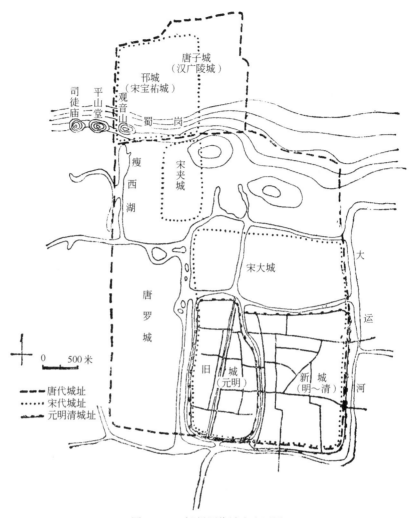

图 7-8-1 扬州历代城市变迁图

通过扬州经大运河供应北方，明以后又是江淮盐的集中地，设有盐运史。清初进一步开放私盐，扬州成为盐商的集中地。因盐商盈利很大，均极富有，在城内修建了不少宅园，城内为地主、富商服务的各种行业很多，其繁华富庶甚至不下于当时的全国经济中心苏州，"扬州地冲而俗侈，与苏州相仿佛，而富饶过之"（《广志绎》）。

扬州的手工业很有基础，明清时期又进一步发展，以制酱、织布、香粉、漆器、绒花等行业较集中。各种手工业按行业集中，形成了专业街巷，如缎子街、翠花街等。

运河从城南和城东流过，因此在东南部形成了商业中心区。在小东门、钞关、东关街、河下街一带最为繁荣，集中大量的码头、堆栈、旅馆、饭店等。大商人也多在这一带居住，建有许多大型庭院式住宅，所使用的建筑材料很华贵。住宅大多附有私家园林，有王洗马园、卞园、何园、员园、贺园、冶春园、南园等。有些园林保存至今，如个园、何园、片石山房等。这些园林是按照传统的园林艺术手法建造的，以假山、水池、花木取胜。与江南园林相比，扬州

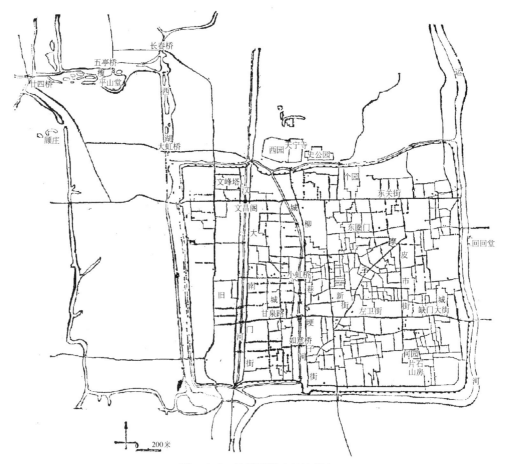

图 7-8-2　扬州城图（1949 年）

园林具有以下特点：首先，因扬州地处南北要道，因此园林艺术也融合了南北不同的风格；其次，扬州是个商业色彩浓厚的城市，园林多为大商人所有，在一定程度上也表现了追求豪华和某些市侩的爱好。

由于扬州集中了富商、地主、还乡官僚和一些文人，因此城市中为这些有闲阶层服务的设施很多，如茶楼、酒肆、书场、戏院、青楼等。北郊靠近瘦西湖一带有茶楼、小吃店，如冶春社、七贤坊等，小东门也有很多饮食店。由于封建阶级的知识分子很集中，因此扬州也是一个文化中心，绘画、书法自成一派。

扬州的居住区，由许多厅堂式的民居组成，多成长条形，住宅内部的布置因大门朝向的不同而异。因城市人口增加，土地昂贵，因此房屋非常密集。东北及北面接近商业区一带密度较高，其他地区较低，西南较空旷，主要是由于近百年衰落后未曾修复造成的,原来也相当密集。居住区由许多平行巷道划分，在旧城区尤为明显。1955 年，由于该城市尚未进行大规模的工业和城市建设，因此基本可以反映出早先的状况，同济大学的现状调查表明扬州的居住区有以下特点：建筑密度很高，平均为 45.7%，最高地区为 81.4%。在调查的 60 个坊中,建筑密度大于 50% 的有 39 个。建筑层数低,一层占 96.6%,其余占 3.1%,

其中还有不少是 1949 年后建造的。90% 以上为立帖式木构房屋，墙用旧砖及灰土砌成，屋面用圆橡及望砖。住宅大多数朝南，以南北纵轴线成行列式并联排列，其间以小弄分隔。小弄很窄，围墙很高，目的在于防火。东西向街道间距较大的达 150 米。

旧城区道路以"十"字形干道为主，形成方格网状道路系统。新城区道路系统呈不规则形，有斜街，从钞关至便益门以此路最近，本为明代驿站报马所经捷径，嘉靖中筑城时，此路已经形成，其他小路也多自发形成。

城北平山堂一带有小丘，从平山堂至城西北一带为瘦西湖，是扬州的风景游览区，有河道与北门的城河相通。城市用地平坦，城内有一些河道，与城外的濠河及大运河相通。城市排水多在沿街设窨井，上盖大石板，城市给水多用井水。

城内有许多很大的宗教建筑，较大的有八大刹：建隆、天宁、京宁、慧因、法净、高旻、静慧、福缘。此外还有龙广寺、竹林寺、铁佛寺等，并有道教的碧天观、天雷坛，还有伊斯兰寺院如仙鹤寺，以及喇嘛教的建筑白塔。

一些高大的建筑布置，与河道及街道的布置有良好的配合，如文昌阁跨河建造，也是街道对景。城南文峰塔，其位置也与弯曲河道相配合，成为扬州城的标志。

二、明清时期的临清城

临清位于鲁西北运河沿岸，宋代以前的临清县治位于今临西县境卫河西岸，金代位于曹仁镇（今城南八里之旧县村），临清尚比较荒凉。元代开会通河后，治所距两河交会处尚远，且元代的会通河通行能力较差，因此发展较为缓慢，临清在所属的濮州尚属下县。明洪武二年（公元 369 年），将县治移至汶、卫交汇处，即现旧城考棚街纸马巷，同时明永乐中复开会通河，引汶河至临清接卫河，增强了水运通行能力。临清因位于大运河漕运的重要转运点，为当时全国五大漕粮储运地之一，而临清储粮为诸地之冠，同时又是鲁西北的物资集散中心，商业日趋繁盛。后来又修会通东闸及南坂、新开二闸，航行更方便，商旅更盛。明万历时商税达到 83200 两，居全国八大钞关之首。

明正统十四年（公元 1449 年），发生了土木之变，临清作为京师及边军漕粮最大的屯聚地，要求加强防护，因此兵部尚书于谦建议建城。当时粮仓多位于地势高爽的会通河东，因此临清城筑于会通河东，城建于景泰元年（公元 1450 年），为砖砌，周九里一百步，高三丈二尺，西北隅突出，俗称襆头城，开四门：南永清，东威武，西广积，北镇定。在城内仅仓储用地即占四分之一，可见临清城的建城初衷是加强对漕粮的防护。

由于砖城离河较远，面积较小且多为仓库，工商业发展不便，因此建成后，商铺寥若晨星。而在砖城西南汶、卫两河合围的中洲一带，水运发达，商铺民居发展迅速，逐渐成为城市的经济中心，州治也由城中迁至两河之间的中洲。为加强防御，正德年间在中洲筑土城，称为罗城，嘉靖二十一年（公元 1542 年）进一步拓展罗城，横跨汶河、卫河两岸，周二十里，称新城，又名"玉带城"（图 7-8-3），设东门贵阳、景岱，西门绥远，南门钦明，北门怀朔。汶河水

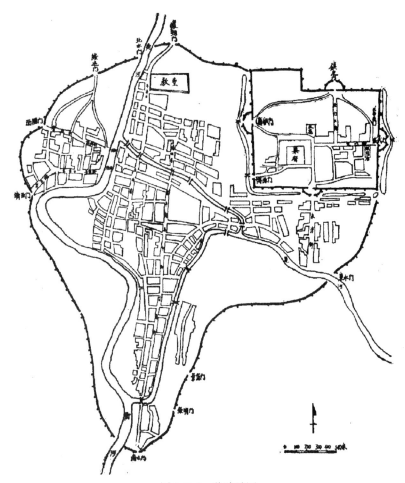

图 7-8-3　临清城图

门一，卫河水门二。嘉靖二十八年，在清西门绥远门之间又辟一门称西雁。在以后一百多年至清中叶时，城市中心逐渐转移至新城，旧城逐渐荒废。

随着工商业的发展，城内街、市、巷、道逐步形成，清代乾隆年间砖城内有街十、市二；外城内有街十三、市十四、巷二十九。关于城内街市的分布也有明确的记载："东部以南面永清街最大，旧为粮市，南极于汶河，……南部街市段落有三，不衔接，最大为车营，粮商聚居。南为水关，南来船舶停泊之所，与中州大街隔州河相望，……西部为卫河两岸，为临西入城孔道，居商因运输之便，多业土产，……北部在广积门外，卫河之东，汶河北支之北，为回民聚居之地，皮货及屠宰业颇发达，其间街衢丛杂多斜行，河流所限也，……中部汶河四绕如汀洲，古称中洲，其间商贾云集，市肆星罗，为全境繁荣重心。自天桥至东夹道南端三里余，为商业最盛之区，分三段，北为锅市街，中为马市街，南为会通街，附近果子巷、箍桶巷、竹干巷、白布巷、碾子巷……"。

在新城分布许多船厂和砖窑，明代有卫河漕船厂 28 所，清代以后直隶、山东、凤阳、济南各帮漕船均在临清设厂成造，船厂主要分布在新城西北部。临清的砖窑主要供京师营缮所用，万历时设营缮分司于临清，清乾隆时仍有砖窑 12 座，多分布于中洲和运河两岸。

临清新城在旧城外关厢地区基础上形成的，河道两岸发展，道路不规则，具有明显的自发倾向。从新城的发展和旧城的衰落，可以看出临清的发展完全是由于大运河交通引起的商业发展所致。

临清的繁盛时期为明代的弘治至万历之间的一百多年，明清之际，临清城市破坏严重，但至康熙、乾隆时迅速恢复。乾隆后期以后，由于受战争破坏、运河淤塞、海运兴起等因素的影响，临清逐渐衰落，变为鲁西北的偏僻小邑。

三、清代的票号中心城市——平遥、太谷

清代平遥、太谷发展成为全国性的票号中心城市主要是由于晋商的崛起。

位于山西中部的平遥、太谷地少人多，且位于北京至陕西的交通要道上，人们多外出经商，是晋商较为集中的城市。城内票号、商铺众多，是清代全国的票号业中心，其中最著名的为平遥的日升昌，日升昌前身为西玉成，主要经营铜业，由于当时在京经营干果业的晋商很多，通过镖局解银颇不方便，道光四年（公元1824年）西玉成改为日升昌专营汇兑，其后在全国20多个大城市开设分号，成为当时全国最大的票号。平遥、太谷的票号业在光绪时达到全盛，此后由于现代银行业的竞争而逐渐衰落。

平遥城系洪武三年（公元1370年）扩建，是目前我国保存最完整古城之一，已被联合国列为世界文化遗产。东城长3.3公里，西城长3公里，南城长4公里，北城长3.4公里，南城为弯曲形，整个城市呈不规则的正方形，南北各一门，东西各二门，城墙砌砖，城门处有瓮城，城墙上有敌楼和垛口（图7-8-4）。太谷城原建于北周建德四年（公元577年），明景泰元年（公元1450年）重修，呈正方形，周十里，每边各一门（图7-8-5）。

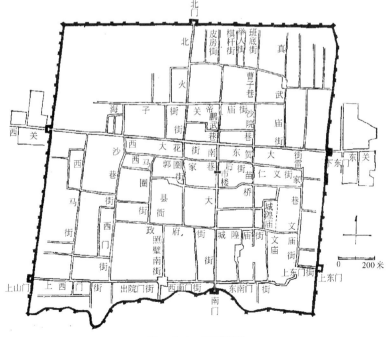

图7-8-4 平遥城图

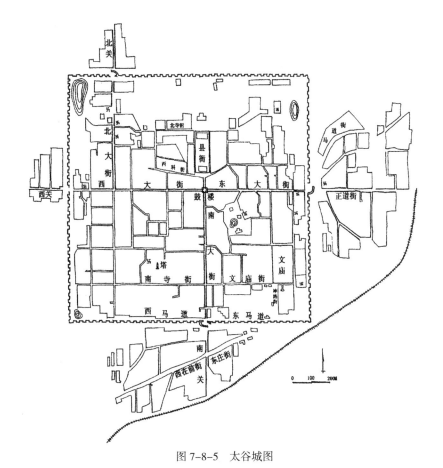

图 7-8-5　太谷城图

平遥城内东西大街偏北贯通，因南北两门不正对，因此南、北大街与东西大街呈"丁"字相交，在接近城市中心的南大街跨街建有市楼，县衙在西南部，另在城市南部有东西向次街连接东西城墙的南部城门。太谷城呈现封建城市中县城的典型特征，东西大街与南大街交于城市正中，在交叉口跨街建有鼓楼，鼓楼以北为衙门，以达到突出封建政权机构的目的，北大街偏西，商业店铺主要集中在东西大街及南大街，文庙在城内东南角，东、西城门附近建有庙宇。

平遥、太谷城内票号、店铺众多，票号建筑前面为店面，中间为管理部分，后有客房，与院落式住宅相似。沿街店面建筑都十分考究，用黑漆木雕刻，内部装饰十分华丽。一般住宅的质量也较其他城市为高，如太谷城内住宅多为砖砌，楼房很多，内部建筑材料也很好。

平遥、太谷代表了封建社会后期因金融业而繁荣的城市，但是这种经济发展仍属于封建经济的范畴内，并没有引起生产方式和生活方式的根本变化，因而也没有突破一般封建城市的布局。同时晋商具有较强的官商性质，许多商人多兼地主，因此商人并没有形成独立的社会阶层，而是与封建政权的利益基本一致，如太谷城的商人多次资助加固城墙。最后，由于晋中民俗崇尚节俭，因此城市的文化娱乐游憩设施也很缺乏，票号发展所代来的经济影响只是反映在城内的建筑上，如高墙深院的住宅和装饰繁琐的店面。

四、景德镇

景德镇位于江西西北部，属饶州府浮梁县下辖的镇。是由于陶瓷业的发展而形成的陶瓷之都和全国四大名镇之一，因此，景德镇在行政建制上虽然为镇，实际上已经远远超过许多州府县城的规模，是一座以陶瓷业为主的发达的工商业城市。

由于景德镇附近出产大量优质的高岭土和各种制釉原料，景德镇的陶瓷工业具有悠久的历史。据记载："新平（即浮梁）冶陶，始于汉代"，又据无名氏《南窑记》记载："始于汉文季世"。公元 6 世纪的隋代，陶器发展成为瓷器，有建筑家何稠，为仿造琉璃瓦来此采集绿瓷原料，结果烧制成瓷器。唐代以来，人口的增加和对外贸易的发展导致铜钱不敷使用，禁止用铜制作器具，因此陶瓷作为代用品用途更为广泛，促进了制瓷工业的发展，并与丝绸、茶叶等一道成为我国传统的主要出口商品。

景德镇原名昌南镇，因位于昌江之南而得名，北宋真宗景德年间，因瓷业发达而更名景德镇，据《江西通志》记载："景德中置镇，始遣官制瓷贡京师，应官府之需，命陶工书建年‘景德’于器。而后，设监镇，官监民造，窑名‘御土窑’"。

明清时期是景德镇发展的全盛时期，明以前陶瓷手工业尚不集中，在景德镇周围几十里都有零零落落散布的窑场，如距镇 20 里的石虎湾唐宋窑、距镇 25 里的湘湖南宋窑、距镇 15 里的盈田五代窑、距镇 25 里的牛屎岭北宋窑、距镇 8 里的湖田元明窑以及城区西北的董家坞明初窑等，以上诸窑大多在东部的陶瓷土产地附近。窑场分散的原因，一方面是为了便于就地取材；另一方面，因为当时手工业和商业还不是很发达，在一定程度上仍依附于农业生产，商品化的大型手工业作坊还不多，当时景德镇还只是附近一些瓷器集中出口的商站。明洪武三十年（公元 1397 年），皇室首先在珠山下设御窑，至宣德时（公元 1426～1435 年）专烧宫廷用瓷的官窑已经达到 58 所，官窑也相应发展到数百家之多。当时瓷业生产技术进步很快，分工更加细密，同时原料及燃料的供应地也由镇东南乡向外扩展到北乡及祁门县，因此从生产本身而言需要集中。为了加强御窑对民窑的统一管理，政府也有意识地将分散在各乡的民窑向城区集中，由此使城镇的性质和规模发生了很大的变化，不仅是单纯的瓷器商品的集中转口地，同时也是集中生产地（图 7-8-6）。

明清景德镇的城市规模很大，工商业十分繁荣，历史记载对此有较详尽的描述。这些记载，从中可以看出以下几点：(1)城市用地并不太大，但人口很多，至少在 10 万以上。(2)工商业很发达，工商业人口所占比例很大，手工业工人、商人和外来人口很多。(3)已经成为专业的陶瓷工业及集运中心的城市，生活必需品全靠外地供应。(4)城内窑场与居民区混杂，烟尘污染严重。这些特点表明，当时景德镇已是与其他封建城市完全不同的一种类型。

景德镇地处丘陵山区，海拔在 200～500 米之间，四周多山，中为饶河上游各支流交汇处，昌江自北而南贯穿其中。城区即沿昌江东岸呈长条形发展，城内主要街道也呈南北向与昌江平行，其间有数条垂直于昌江的横向街道，组

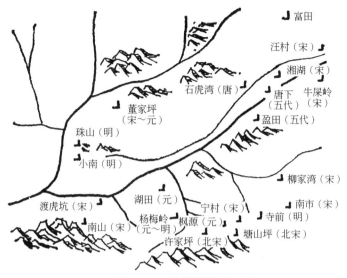

图 7-8-6　景德镇附近窑址图

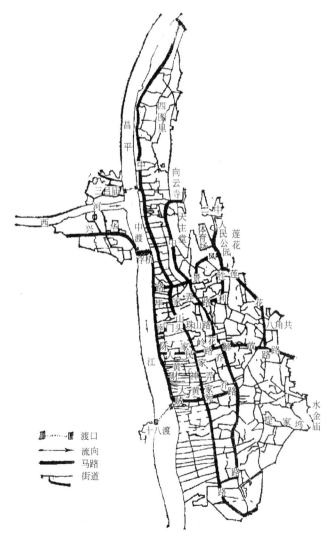

图 7-8-7　江西景德镇图（1956年）

成方格状道路系统。昌江沿岸为码头及商店集中区，整个城市平面呈不规则形（图 7-8-7）。

明代城区以御窑所在的珠山为中心，北起观音阁，西至小港咀、东至马鞍山。珠山为御窑所在地且地势较高，可免于洪水淹没。史载明代因城区受水淹，瓷窑曾停止生产，后为避免水淹，多在珠山以北地段建窑，自董家坞沿王龙山经白云寺直达雷山，约4里，多散布民窑，俗称三山四坞。

街道分布也与窑场生产具有密切关系。正街从御窑东门起，向北经龙缸弄、邓家岭、三角井、徐家街，将御窑和王龙山西首的民窑联成一线，是最繁华的市区；里市渡与徐家街、半边街相距 0.25 公里，是祁门瓷土卸货及瓷器出口的码头，对岸有一小集三间庙是粮食交易地；青石街与正街中段火烧弄相接，向西延伸约 0.25 公里；小港咀处在市区南缘，与湖田窑相距 2.5 公里，是湖田窑的瓷器出口处。

清代市区有了新的扩展，逐渐南移，陈家街代替正街成为瓷器街。

明清景德镇的宗教文化建筑也深受陶瓷业的影响，在居于城中心的御窑厂东侧建有供奉陶瓷业祖师的师主庙和供奉风火仙的佑陶灵祠。

景德镇的城市布局也与一般的封建城市有很大不同，极不规则，建筑的布局也无一定的规则，围绕分散的窑区形成城市。城市原来也无深沟高垒的防御城墙，在已经形成了不规则的城区后，围绕它加修的城墙也是不规则的。

五、盐业城市——自贡

自贡作为正式的行政建制是在民国二十八年（公元 1939 年），但自贡城市的发展形成主要在明清时期。

自贡位于四川盆地西南边缘，由自流井和贡井组成，设市前分属于富顺县和荣县。秦汉时属江阳县，西晋时在今富顺城关和贡井地区分别发现了富世井和大公井，井盐开采初具规模。北周时为加强盐业管理设置了富世县（今富顺城关，后改富义县、富顺县）和公井镇（今贡井区）。宋代置富顺监、荣县监，荣溪（今釜溪）沿岸开凿了不少盐井，但盐业生产仍多为兼业，没有形成专业化生产。明嘉靖中，富顺井资源逐步枯竭，产盐区逐步转移到西北荣溪沿岸的自流井、新开一带。自流井盐井群的开发使自流井和公井的产盐区联成一片，以井盐生产区为中心逐渐形成若干生活区，为自贡城市的产生、发展奠定了基础。

明代中后期，自贡井盐发展迅速，明"内江、富顺之交有盐井，曰自流、新开，原非人工所凿而水自流出，汲之可以煎盐，流颇大，利颇饶，多为势家所控"（明，张翰《松窗梦语》），至明末有有卤、火井 380 多口，产盐 2 万吨。清代康熙年间"任民自由开采"，雍正八年在自流井和贡井分别设富顺分县和荣县分县，管理盐务。乾隆四十年（公元 1775 年）进一步规定盐业生产"永不加课"，故"井灶大兴"，同时长江上游的农业发展也解决了粮食供给问题，由此促进了自贡盐业的发展。乾、嘉以后，盐业的发展进入工场手工业阶段，道光以后天然气井的大规模开采解决了卤多灶少的问题，咸丰年间由于太平军控制了两淮盐场，清庭采取"川盐济楚"的措施，进一步扩大了井盐的销路，因此在咸、同年间自贡井盐的生产达到了鼎盛时期。生产规模进一步扩大，在鸦片战争前的道光间产盐即达到五六万吨，咸同年间达到 20 万吨左右，占川省盐产量的 60%，盐税的 70%，销售范围达到川滇黔湘鄂百余州县，供应全国十分之一人口，成为我国著名的"盐都"。生产分工更加细化，盐商就可分为井号、枧号、灶号和铺号，分别从事采卤、输卤、制盐和交易。此外，从事配套行业的人也很多，"为金工、木工、为石工、为杂工者数百家，贩布帛、豆粟、牲畜、油麻者数千家"（李榕《十三峰屋文稿》）。

自贡城市分为自流井和贡井两个部分，沿釜溪河依山呈带形分布，"商店与井灶错处，连乡带市，延袤四十里有奇"（民国《富顺县志》）。

自流井位于东部，为城市主体部分，主要沿釜河南岸布置（图 7-8-8、图 7-8-9），主要道路为沿河岸布局的正街。城市道路系统复杂紊乱，具有明显的自发发展特征，受地形限制，街道弯曲且起伏不平，街与街之间要翻越石

图 7-8-8　自流井城区图

图 7-8-9　自贡盐井和西秦会馆

坎梯方能通行。街两头设有棚子（街门），昼开夜闭。主要街道正街、新街宽仅 3 米，房檐相距不足 2 米。主要公共建筑有西秦会馆、王爷庙、万寿宫、天后宫等。1949 年面积 3.1 平方公里，人口 16 万人。

贡井位于西部，由于其盐井开采地点的不断变化，灶井和街市的发展也不断随之变更。咸丰以前，盐井主要分布于天池寺山下、东岳庙河边及五皇洞等地，渐次发展到伍家坡、青冈林、鹅儿沟和艾叶滩，以柑子沟、郭家湾、走马岭、雷公滩最为集中。炭灶集中在石菩萨沟头至东岳庙沿河一带。街市的繁盛区域是老街，渐次发展到新街。咸丰以后盐井逐渐向艾叶滩、青冈林、鹅儿沟、伍家坡集中，并延伸到峰子崖，炭灶相应集中在胡元和宅到平桥的两对岸及新拱桥、小溪河沟头、草市坝一带。街市以小溪最为繁盛，长腰滩、艾叶滩次之。清末以后井灶转移至黄石坎，街市也相应转移至长土。

明清时期的自贡城市规模很大，清道光年间人口在 5 万人以上，其中多为手工业者，商人数量也很多，"以巨金业盐者数百家"（李椿《十三峰屋文稿》），其中最著名的为王、李、胡、颜四大家，由于经济雄厚，富商集团为提高政治地位，多向科举功名方向发展，因此自贡的书院很多，在清代整个城市共有五座书院。

第九节 明清时期的市镇

市镇的迅速发展是明清时期城市发展的重要特征之一，是介于县城和农村居民点之间的聚落形式，在范畴上包括镇和市，"有商贾贸易者谓之市，有官防之设者谓之镇"（乾隆《吴江县志》）。明清时期的市镇以长江下游的江南地区最为发达，明清时期以苏松杭嘉湖最为代表的江南地区是当时全国的经济中心，商品农业十分发达，蚕桑、棉花取代了粮食成为主要的作物，甚至达到使粮食生产不能自给的程度。商品农业发展与以纺织业为主的手工业相互促进，扩大了手工业产品、原料、粮食的交易规模，促进了商业贸易发展，由此带动江南市镇的迅速发展，达到了封建社会市镇发展点鼎盛时期。但明清市镇并不局限在发达地区，在全国范围内均有较大的发展，甚至在经济不发达的地区也兴起了一些繁荣的市镇。有些市镇的发展规模很大，虽然行政建制上仍为镇，但规模和经济实力已经达到甚至超过一般的府州县城，如景德、汉口、佛山等镇，本节主要以江南地区的市镇为重点介绍一般的地方性市镇。乌青、南翔为发达地区的工商业市镇，周庄、同里为发达地区的消费型市镇，张秋、周口为次发达地区的商贸市镇。

一、乌青镇

乌青镇位于浙江北部，由乌镇和青镇组成，乌镇属湖州乌程县，而青镇属嘉兴桐乡县，但两镇之间仅隔一条市河，联系紧密，实为一镇。

乌青镇历史悠久。南宋时乌镇已经十分繁盛，为浙北重镇之一。南宋末期至明代前期，城镇逐渐衰落。

明代正德、嘉靖年间，随着江南商品经济的发展，湖州、嘉兴和苏州成为全国的丝绸生产中心，而乌青镇位于三府交界地区，市河纵贯镇区，联系太湖和京杭大运河，交通十分方便，是介于苏州、杭州、嘉兴、湖州之间的水运交通枢纽，城镇商业发展迅速，成为著名的蚕桑贸易中心之一。

随着城镇商业的发展，城镇也迅速发展起来。明万历时居民近万家。清代城镇规模日趋宏大，乌镇纵七里，横四里，青镇纵七里，横二里，四周设置四座坊门。

受河流影响，乌镇形态呈"风车"状，以东、西市河与市河的交叉口之间的地带为中心，沿市河、东市河、西市河向四个方向延伸。镇内有大小街巷47条，主要道路多沿市河分布，如西市河北岸的西大街、东市河北岸的东大街，市河西岸的北大街—常春街，市河东岸的北大街—常新街—常丰街—南大街，由于河道较多，因此跨河的桥梁也很多（图7-9-1）。

二、张秋镇

张秋镇位于山东省兖州府东平州东阿、寿张、阳谷三县交界之处。俗传因秋涨河决而名涨秋，后人为避水患改张秋。

张秋镇跨运河而建，分河东和河西两部分。明嘉靖二十一年（公元1542年）出于防守考虑，开始加修故城，开四门，各门上建城楼，城墙上建雉堞，此后

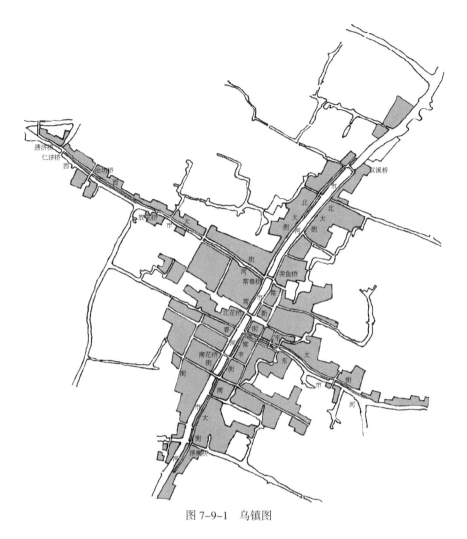

图 7-9-1　乌镇图

逐渐毁弃。万历三年（公元 1575 年）复筑新城，城周 8 里，高 2 丈 5 尺，底宽 4 丈，顶宽 3 丈。城门四座：东曰迎阳，西曰阜城，南曰来薰，北曰拱极，角楼四座，另有水门四座，因河东、河西部分城墙不相连，因此在南北水关各置战船两艘以镇之。

城内道路以联系河岸码头和东西门的交通为主，通过炭市街联系码头和东门，河西以联系渡口和西门的西大街为主，在城中间有浮桥联系炭市街和西大街，并在河西的浮桥附近建设一座谯楼，作为城内的中心标志建筑。由于河东面积较小，因此东西向道路多较短，除炭市街外，还有显惠庙街、范家胡同两条较短的横向街道，并通过盐店街—孝廉里南北大街联系各横向道路，由此构成鱼骨状路网，河西面积较大，因此路网成较复杂的方格状。

张秋地处山东运河段济宁、临清两个商业都会之间以及东平、寿张、阳谷三省交界处，附近漕粮多在此囤积待运，因此在明代中期以后，商业十分繁荣，是运河沿岸著名的商贸城镇。交易物品多以粮食、棉花、盐、牲畜和日杂用品为主，并在城内形成了众多的专业化商业街，如经营日常用品的炭市街、盐店街、磁器巷、竹竿巷（杂货为主），经营粮食的南米市、北米市，经营棉花的花市，经营牲畜的大猪市、牛市、羊市、骡市。位于西大街东端的南京店街，地处中心，靠近运河码头，商业最为繁华。

由于在漕运及商业上的重要性，张秋镇内与漕运相关的衙署、仓储等机构很多，如工部分司、捕务管河厅、都察院、巡检司、寿张管河主簿厅、阳谷管河主簿厅以及申明亭（布告处）、问水堂（汛情站）、税课局、荆门驿等公共机构。由于张秋是重要的漕粮集散地，因此城内的仓库也很多。

第十节　明清时期的边疆地区城市

明清时期边疆地区的城市有了很大的发展，主要分布于东北、内蒙古、新疆、青藏、云贵以及东南沿海的台湾，其中青海、贵州、四川西南、湘西虽然不是位于边疆，但在明清时期依然是少数民族的聚居区，社会经济和城市发展水平及特征与边疆省份十分相似，可以称为"内边疆"，如明代的贵州、广西。因此，将上述地区的城市也归入边疆地区城市。

此外，虽然中国的近代时期开始于1840年的鸦片战争，但近代化的发展在不同地区的作用时效是不一样的，对于边疆地区，受近代化的影响要比沿海地区晚。因此作为明清时期边疆传统城市发展的时间下限可以适当延伸至19世纪晚期的甲午中日战争前。

明清的边疆地区因为开发较晚，因此城市发展水平总体上较低，多为行政等级较高的城市，低等级的城市如州县城、市镇不发达。城市职能多以军事、政治为主，经济职能不发达。但在局部地区也存在一些经济较为繁荣的城市，如大理、丽江、建水、喀什等。

一、归绥（呼和浩特）

归绥即现在的呼和浩特，其所处的土默特川平原位于内蒙古高原中部长城以北的大阴山南侧，是中原和边疆游牧民族政权争夺的地带，历史上屡经废置，曾先后属中原王朝所置的云中郡（秦）、云州（北魏）、丰州（辽）等地。明初属山西行都司东胜卫，永乐间废，地属蒙古，明代中期属蒙古土默特部，雍正元年（公元1723年）设归化城理事同知厅，改属山西省。乾隆二年（公元1737年）在归化城东北5里建造新城绥远。并移山西右卫建威将军及满洲八旗驻城中，隶山西管辖。乾隆二十六年设归绥道。

归绥由归化和绥远两城组成，故名归绥，是典型的双城结构（图7-10-1），两城因其建设时间和目的不同，因此在形态和功能上有很大的差别。

归化城即归绥老城，建于明隆庆六年（公元1572年），为土默特阿勒坦汗所筑，原名库库和屯，即呼和浩特的异音，意为"青色的城"，万历三年（公元1575年）明廷赐城名"归化"，城周仅二里，高三丈，南北门各一，为南北单街直通的方城。清代时，由于归化城处于联系中原和蒙古、新疆的商路要冲，随着城市商业的发展，在外部发展了大片的召庙、民居和店铺，康熙三十三年（公元1694年）在东、西、南三面进行扩建，周六里，开东西南北四门，将原

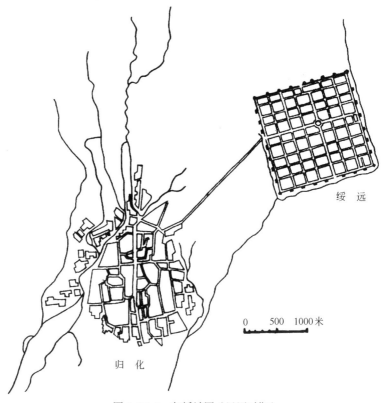

图 7-10-1 归绥城图（民国时期）

来的南门城楼改为城市中心的鼓楼，南门移至今大什字一带，由此形成的城市形态和道路系统均很不规则。同治七年（公元 1868 年）进一步扩建外围土墙，南至茶坊，西至西茶坊，北至小校场南界，东至绥远西门二里处，周长 30 余里，东、西、南三面各一门。

康熙三十五年（公元 1696 年）"西口"商埠由杀虎口移至归化城，进一步促进了商业的发展。主要经营商品有丝绸、茶叶、金银首饰、药材、牲畜等，此外，以毡毯、皮革、五金为主的手工业以及为商业服务的钱庄、典当、餐饮业也很发达。城内商业主要沿大南街和大北街分布，分布许多经营绸缎、金银首饰的字号，牲畜交易的主要分布在北门外的凯庆桥（牛桥）、羊岗子、驼岗子一带，粮食和土产交易则集中在城东的五路村。相对商业的发达状况而言，归化城的政治职能较弱，城中主要的行政机构为设于北门内的副都统衙门。

绥远城俗称"新城"，建成于乾隆四年（公元 1739 年），位于归化城东北 5 里，城呈正方形，周长 9 里 13 步，城墙高 2 丈 9 尺 5 寸，顶阔 2 丈 5 尺，底阔 4 丈。有东、西、南、北四门，南门为"承藏"，北门"镇宁"，东门"迎旭"，西门"阜安"。其上各建一城楼，四门外各筑瓮城，城四角均有筋楼一座，城外环以护城河。城市呈"十"字方正形，城内四条大街正对城门，在四条大街相交的中心建有鼓楼，是典型的中原文化影响下的城市模式。绥远为新建的驻防城市，政治军事为主要职能，城内驻有镇守将军及满营兵，将军衙门位于靠近中心的西大街北侧，此外有都统衙门、佐领衙门等机构，其余多为军营和官兵家属住宅。随着城市人口的增加发展，商业也有一定程度的发展，主要集中在四条主要大街上，其中以南街最繁荣。但经营的商品多为食品、药材、酱盐、柴炭、杂货等日常生活用品，说明新城的商业仅具有服务本城的功能。唯一的例外是位于绥远城西街的马匹交易市场（马桥），这也主要是因为马匹与军事具有的关系密切。

归绥是一个多民族聚居的城市，主要民族有蒙古族、汉族、满族和回族，除汉族外，其余各族多相对集中分布，其中满族主要分布在绥远，人口最多时达到一万多人，蒙古族主要分布于归化，而回族则集中于归化城北部及北门外一带。

归绥的宗教文化建筑也较多，其中最著名的有分布于归化城南部的喇嘛教寺庙——大召和席勒图召，新旧两城的文庙，分布于归化城的蒙古、汉族文昌庙，分布于新城的满族文昌庙以及分布于归化城北门外回族的清真大寺。

二、迪化（乌鲁木齐）

迪化即现在的乌鲁木齐，乾隆二十年（公元1755年）平定新疆后，在九家湾的明故城遗址修建土垒屯兵。乾隆二十三年（公元1758年），设办事大臣一员，并在乌鲁木齐河东、红山以南修建土城（图7-10-2），城周一里五分，高一丈二尺，称为乌鲁木齐，意为"丰美的牧场"。乾隆二十八年（公元1763年）因人口日增，房舍渐稠，因此在土城北部建汉城——迪化城，周四里五分，设四门，城内设官署、兵营，乾隆三十七（公元1772年）年在迪化城西八公里，乌鲁木齐河西修建满城——巩宁城，周九里三分。迪化建城之初，城内仅有衙署、军营、仓廒、箭楼等设施，后因屯垦开发，人口逐渐增加，以茶、马、丝绸等为主的商业贸易逐渐繁盛，陆续出现了民房、店铺、茶楼、酒肆，街道也逐渐形成。

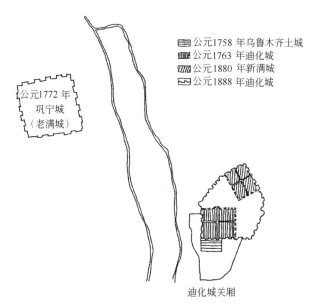

公元1772年
巩宁城
（老满城）

☷ 公元1758年乌鲁木齐土城
▥ 公元1763年迪化城
▨ 公元1880年新满城
⌘ 公元1888年迪化城

迪化城关厢

图7-10-2 迪化城市变迁图

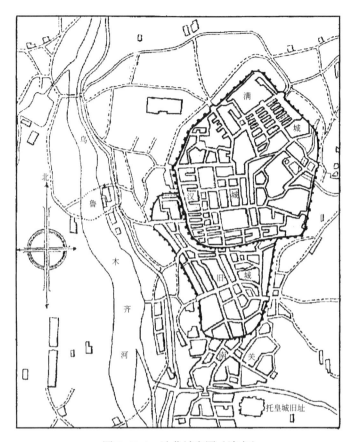

图 7-10-3　迪化城市图（清末）

光绪初，受战争破坏，迪化城仅余城垣，巩宁城已夷为平地，因此在光绪六年（公元1880年）于迪化城东北半里新建满城，周三里五分。光绪十年（公元1884年）新疆建省后，迪化成为省会，光绪十二年（公元1886年）迪化设府，附郭置迪化县，首任巡抚刘锦棠对迪化城进行大规模的修建，以城墙将满汉两城联系起来，并在迪化城南部关厢增建城墙，形成了乌鲁木齐最终的城市城墙规模（图7-10-3），城墙总计周长11里5分，高二丈二尺，城楼十五，共七座城门：南门、小南门、大东门、小东门、大西门、小西门和北门。在城内修建巡抚衙署、庙宇、会馆和商号，为安置复员军人，设置了集中的手工业街坊——衣铺街、铜巷街。商号主要分布于迪化城中心的大"十"字一带。

三、西宁

西宁位于青藏高原东北边缘的湟水谷地，左控河西，右通青藏，背倚祁连，前接兰（州）洮（州），为西北战略要地。古为西羌所居，北宋崇宁三年（公元1104年）改为西宁州，此为西宁得名之始。

西宁虽然建置较早，但长期处于中原政权和边疆民族的争夺之中，兴废靡常。明清时期尤其是清代以来，多民族国家的形成提供了稳定的发展环境，随着湟水谷地农业的发展以及民族间贸易的兴起，作为甘青联系重镇的西宁迅速发展起来，由边疆卫所而成为府县城市，民国十八年（公元1929年）青海设省后又进一步成为青海的省会。

明洪武十八年（公元1385年）长兴侯耿炳文修筑卫城，即明清时期的西宁城。西宁卫城割元西宁州故城之北半，北临湟水，西临南川河，南枕凤凰山，城墙因崖为基，周围九里一百八十步三尺，高、厚皆达五丈，顶宽三丈，月城高四丈，濠深一丈八尺，阔二丈五尺，门四：东迎恩、西镇海、南迎薰、北拱辰。角楼四，敌楼一十九，窝铺三十四，城墙高大宽厚，具有典型的军事城镇色彩，西门城门尤其坚固，城坡陡拔，门设三道，各门间留有空地以处伏兵。万历三年（公元1375年）外墙贴砖，此后又多次增筑城楼、角楼等。清光绪八年（公元1882年）增筑了东关土城，南、北、东各开一梢门，城市防御更加坚固（图7-10-4）。

西宁城内道路基本为"十"字形，大东街、大西街、大南街、大北街和东关街构成了城市的主要干道，大东街向东延伸为贯穿东关城的东关街。因城市以与东部的商业联系为主，因此城市东部较为繁华而西部相对萧条，在四门外惟有东门外发展了相当规模的关厢地区，并在后期筑城围护，东门通往兰州进一步联系关中及河西，本地的药材、毛皮、青盐、青油以及外地的茶叶、布匹、南北货均由此出入，因此在东门内外的东大街和东关大街形成了繁华的闹市，东门因而又称"财门"。南门正对南山、北门濒临湟水，西门通往不发达的青藏地区，因此门外关厢很小。甚至在城市的西部还保留大量的空地，作为菜地和烟田。

由于西宁战略地位重要，因此城中有大量的正式军事机构，作为青海最高行政机构的总理青海事务大臣署即位于城东南部，此外尚有道署、县署、参将署等机构。

城市中的文化宗教建筑也很多，体现了多民族聚居所形成的文化多元化特点，既有中原城市常见的文庙、贡院、魁星楼、文昌阁、城隍庙、关帝庙、财

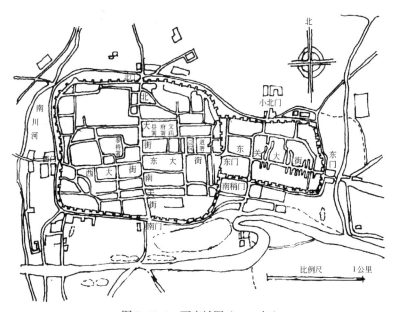

图7-10-4　西宁城图（1938年）

神庙、马王庙、火神庙等文化、宗教建筑，也有藏传佛教寺庙，即称为西宁藏传佛教四大寺——大佛寺、宏觉寺、金塔寺和转经寺。由于东关为回族聚居区，因此，在东关兴建了东关清真大寺，是我国西北四大清真大寺之一。

明清时期的西宁城也比较注重城市园林绿化的建设，在城南的南山（凤凰山）和北山等生态环境较好的地方分别兴建了南禅寺和北禅寺，作为郊游的场所。在城北以香水泉为中心建造了香水园。城内民居多为带院落的独户平房，庭院内绿化较好，在城东南和城北分布有二十多处较大的私人花园。

四、大理

大理即现在的大理县城，位于云南西北，地处洱海西岸、点苍山东麓的狭长山麓平原，地形险要。是古蜀茶马道上的城镇之一。唐开元二十七年（公元739年）南诏王皮逻阁迁都于大理附近的太和城，不久又迁都羊苴咩城。

太和城位于今太和村西，距大理县城十五里，原为河蛮村落，开元二十七年（公元739年）建为南诏都城，西靠苍山、东临洱海，因此城市只有南北两道城墙，均为土筑，南墙约四里，北墙约三里，城内街道、房屋多为石块铺砌，宫室位于地势较高的西部，即今德化碑以西的地区，在城内地势最高的西北部佛顶峰上建有金刚城和避暑宫，金刚城略呈圆形，与北墙西段相连。

羊苴咩城，原来也是河蛮村落，位于大理县城西三塔附近。唐代宗时阁罗凤加以扩建，遂为南诏重镇，此时已有大理之名。据明代杨慎《南诏野史》记载，"羊苴咩城成，名之曰'大理'，又名'紫城'"，唐大历十四年（公元779年）后成为南诏都城，此后一直作为大理、南诏国都以及元代大理路城。羊苴咩城和太和城一样，只有南北城墙，方圆十五里，南北各有一门，一条大道连接两门。南诏宫室位于城市中间，自宫室沿大街至城门有三道高大的门楼，此外主要卫官邸和府署，城内民居较少。城中有建于唐代的五华楼，周五里，高百丈，规模宏伟，为接待各部首长的住所，元末毁于兵燹。城内有著名的崇圣寺三塔，相传为唐代工匠尉迟恭韬、徽义所建，具有典型的唐代建筑风格。

洪武十二年（公元1382年），明军攻占大理后，修筑了新的大理府城，即明清的大理府城和现在的大理县城（中和镇）。城周十二里，呈南北长、东西窄的长方形，四面筑有城墙，高二丈五尺，厚二丈，东西南北各一门，上建城楼，四角建角楼，清代经过多次修建，但城市的基本格局未变（图7-10-5）。在新建大理城的同时，还修筑了方四里、有四门的上关城和方二里、开三门的下关城。

城内道路较为规整，主要的街道有南门街、北门街、东门街、卫市街等，城市中心设置鼓楼，清代称五华楼，在鼓楼街建提督署，府衙和县衙位于城市东北的府门口街和县门口街。

明清时期大理为滇西工商萃集之地，手工业和商业较发达。主要的手工业多为服务于地方的日常用品手工业，如织染、金银首饰、皮革、笔墨、酱菜和以在资源基础上发展的大理石加工业等，手工业多为家庭作坊式，且多集中形成专业街，如打铁街、打铜街、金箔街。城市的商业也很发达，其中最著名的

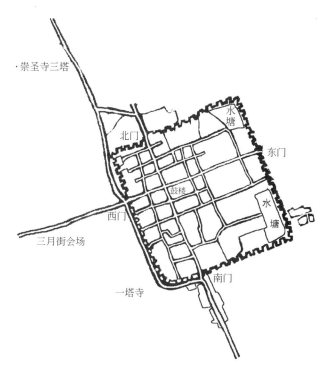

图 7-10-5　大理城图

城西的三月街，是规模盛大的贸易集会，因于每年三月十五至二十日举行，故名三月街，同时因起源于纪念观音的宗教集会，故又名观音街。

大理府城位于苍山洱海之间，虽便于防御，但对外交通不便，需经过上关和下关，近代以后，因东西向主要公路经过下关以南，因此下关的发展逐渐超过了府城，并取代了府城成为大理地区的中心城市。

第八章　中国古代城市建设中的若干问题

第一节　中国古代城市的类型

中国古代城市的类型很多，按不同的分类标准及分类方法，可以分为下列一些类型。

一、按政治及行政管理意义分类

（一）都城

中国古代大部分时期是中央集权的统一的封建国家，各朝代的都城规模都很大，汉长安城、隋唐长安、宋开封、元大都，都是当时世界上最大的都城之一。都城位置的选择大多从政治及军事的要求出发，但也往往是全国的经济中心之一。有些都城还多次建都，其中大都在同一地点，但各朝代都城位置常有变迁，如长安、洛阳、北京等。有的城址变动不大，但宫城位置也常有变动，如南京。

有时除了首都外还有陪都，如隋唐的东西两都，辽代的上京、中京、南京，元上都、元大都等。明代初建都南京后建都北京，但南京仍设有部分中央一级的机构。有些城市虽非都城，但因有故宫或皇陵等，也有一定的特殊地位，如明代曾将凤阳定为中都，清代的奉天（沈阳）也有一些宫殿。

建都时间久的城市有长安、洛阳、开封、北京、南京，也有建都时间较短的城市，如南宋的临安（杭州）。

古代都城大多是按照规划营建的，遵照封建社会的城制及都城规划的传统，规模宏伟、布局严整，有几重城墙。

（二）地区性封建统治的中心城市

元以后就形成现在一些省的行政范围，这些省的省会一般均属于这类地区性的政治中心，这些城市都有悠久的历史，长期以来形成一个地区的统治中心，有的还曾是封建割据政权的都城，这种城市包括成都、太原、武昌、长沙、南昌、兰州、贵阳、昆明、杭州、广州、福州、济南、乌鲁木齐、沈阳等。有些曾经成为全国的都城，后来也成为地区性的统治中心，如西安、开封。

这类城市规模相当大，历来是一个地区的商业手工业的经济中心，集中着省一级的封建统治的官府。明代一般都建有王府，如成都的蜀王府、太原的晋王府、西安的秦王府、开封的周王府等。这些王府，有的新建，有的利用以往的宫殿及官署。清代一般建有驻兵的满城。有的虽在明清时代不是省会，但较长时期是一个地区的统治中心，如苏州。

（三）一般的府州县城市

这类城市很多，还可以分为府州城和一般县城。府州城，多为省下一般的行政管理区划的中心，县城则为基层的封建统治中心。

府州县城的规模较大一些，历来就是一个地区的中心城市，官府衙门也较多，也往往是地区的物资集散中心，一般均有设防的城垣，明代设卫驻兵。府州城和县城一样集中居住着封建统治阶级，以及为他们服务的官府及一些商业和手工业，也设有孔庙及府学、州学。这类城市在不同朝代的名称不同，秦汉时称郡，唐代多称州，宋代称府。这类城市，如松江、嘉兴、宁波、温州、淮安、金华、绍兴、抚州、赣州、襄阳、荆州、南阳、安阳、汉中、延安、秦州（天水）、平凉、酒泉（肃州）、武威（凉州）、大同、长治、临汾、保定、邯郸、德州、济宁、徐州、芜湖、岳阳、衡阳、宜宾、康定、徽州、绵阳、南充、桂林、梧州、潮州、漳州等。至于一般县城，数目很多，不胜枚举。

二、按城市性质职能分类

（一）手工业中心城市

从明代以后，由于封建社会手工业的发达，逐渐形成一些以手工业为基础而发展起来的城市，其中又可分为：

1. 纺织业中心——松江、苏州、杭州、湖州；

2. 陶瓷业中心——景德镇、宜兴、博山；

3. 制盐业中心——自贡。

这类城市多具有发展某些手工业的特殊的经济地理条件，如自流井附近的盐井及天然气，景德镇的质量很好的瓷土，松江、苏州一带传统的养蚕业及优良的纺织技术，一般也具有便利的交通条件，便于商品的运输。

陶瓷业及盐业城市的发展形式，因受作坊、瓷窑等的影响，一般呈不规则形，有的无城墙，有的发展后加筑城墙，城区遍布作坊与窑，与居住区混杂。

（二）国内商业中心城市

这类城镇多具有优越的交通条件，古代商品运输大量依靠水运，因此这类城镇多在通航的天然河道或运河的近旁或两河交汇处，如位于大运河沿线的扬州、淮阴、临清、济宁、沧州、天津，长江与岷江交汇处的宜宾，与嘉陵江交汇处的重庆，与汉江交汇处的汉口等。

有综合性的商业中心，也有某一种物品的集散中心综合性的商业城市，如号称"九省通衢"的汉口。有大米集散中心的无锡、芜湖，陶瓷业输出的九江，盐业运输中心扬州。

这种城市有的也兼为地区的政治中心，如重庆、芜湖、扬州等。

这类城市因为商业繁荣、城市经济发达、城市人口集中、规模较大，居住着一些富商，集中着一些为商人服务的旅店、饭馆、酒楼、货栈，在城市中靠近交通要道或靠近河流有繁华的商业区，也集中一些行会及会馆建筑。

（三）海外贸易中心城市

这类城市，历代以来就是海外贸易港口，交通地理条件优越，多系较大河流的入海处，有天然河港，有广大的内河腹地，如广州位于珠江口，接近南洋。汉唐以来即为海外贸易中心，清代更指定为唯一的通商口岸。如宁波（明州）位于甬江口，自宋以来即为重要的海上贸易城市。泉州在宋元时代为全国最大港口，后来因种种原因而衰落。早期的海上贸易城市还有蓬莱。有的国内贸易中心城市也兼为海外贸易城市，如扬州因在大运河与长江交会处，海外商船也往往在此停靠，所以海外贸易也较发达（图8-1-1）。

这种城市中居住着许多外国商人，有的还有外国人集中居住的"番坊"，还建有外国人的教堂，如中国最早的几处清真寺就在广州、泉州、扬州，古代海外贸易多为贵重的奢侈品（如香料、珠宝、瓷器、绸缎等），运量并不很大，港区也不大，一般都设有专管海外贸易的市舶司。

（四）防卫城堡

明代由于国内外的政治形势，大量修建防卫性的城堡，如沿长城的"九边重镇"，大同、宣化、榆林、左云、右玉、山海关等；沿海的海防卫所，如威海卫、金山卫、镇海卫、奉贤、南汇、蓬莱等（图8-1-2、图8-1-3）。

这些城堡的选址，多从军事防御要求出发，城镇规模并不大，多为一次建成。有深沟高垒的防御设施，也有在山口险要处筑城设关，在其旁另建城堡，供驻

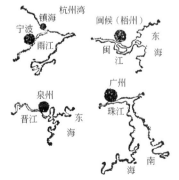

图8-1-1　海外贸易城市

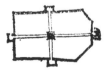

图8-1-2　沿长城防御城堡右玉城

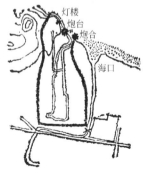

图8-1-3　海防城市山东蓬莱

军或屯戍之用。有些纯防御性的城堡,在形势变化,失去防御作用后就衰落下来。

(五)集镇

一般是在农村居民点的基础上,由于交通条件较好、商业和工业的发达而扩展,从农村居民点中分离出来。有的为不定期或定期的集市贸易中心,设有一些一般农村居民点所没有的商业服务设施,或一些政府、税务等机构。

在江南地区有些镇的规模较大,如太湖附近的震泽、盛泽、平望等,上海附近的罗店、南翔等(图8-1-4)。

镇是城与乡的联系纽带。

有些仍称为镇,如号称四大镇的朱仙、景德、汉口、佛山,实际上已是规模很大的城市。

三、从地区地形特征及城市形态分类

总的看来,可分为规则形及不规则形两大类。

(一)规则形

1.方形:这种城市数量最大。北方或南方平原地形的城市许多都是方形,也有矩形,有的基本上是方形,只是局部城墙不甚规则。方位多正南北或接近正南北。城门数目因城市大小而不同,小城每边一门,中等以上的每边二门或二门以上,以通向城门的大街组成"丁"字形或"十"字形、"井"字形的方格形道路系统。

这类城市有大同、太原、太谷、正定、南汇、奉贤、林县、拜泉、神木等(以上均正方形)、兰州、西安、银川、定边等(以上为矩形)、成都、榆林、平遥等(基本上呈方形,局部不规则)(图8-1-5~图8-1-7)。

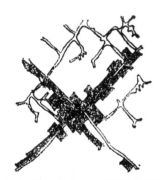

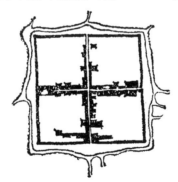

图8-1-4 沿河成"十"字形的集镇南翔镇　图8-1-5 正方形城镇上海奉贤　图8-1-6 长方形城镇陕西榆林

山西大同
(方形"十"字路)

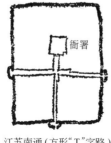

江苏南通(方形"T"字路)

河南安阳
(方形"井"字路)

唐长安
(基本方形矩形道路)

图8-1-7 正方形、矩形城市

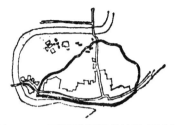

图 8-1-9　不规则形沿河城镇江西弋阳

图 8-1-8　圆形城镇上海嘉定（上）、
江苏淹城（下）

图 8-1-10　不规则形山城江西婺源

方形"十"字街是古代一般中小城市的典型形态。

2.圆形：多由于河流山川等地形条件而形成，也不一定正圆，如嘉定、青浦、嘉兴、上海、罗山（河南）、合肥等，北方有些城寨也是圆形的（图 8-1-8）。

（二）不规则形

1.沿河城镇：其中有沿河呈"一"字形发展的，如江西的玉山、景德镇、湖北的沙市，湖南的株洲等，城市主要道路与河道走向平行，次要道路与其垂直。有在两河交汇处成果仁形的，如江西弋阳、赣州、会昌、婺源（图 8-1-9、图 8-1-10）。

沿江河的较大的城市多位于江河的交汇处，如四川的宜宾、泸州、重庆、湖南的岳阳，湖北的武汉，广东的肇庆、广西的梧州等。

也有跨河两边发展的城市，如江西抚州、湖北襄樊。

2.山城：山城往往也是靠近河道，因为交通条件优越，虽然山地不利于建城，但仍然发展成为较大的城市，如重庆、万县、江西的石城。有的并不是靠近交通条件优越的河流，而是由于山区的条件限制，如西昌、雅安、山西的石楼等。

不仅城市平面不规则，整个布局及道路系统均顺各地形而成不规则形，城市面貌与平原城市有很大的不同。

3.双重城：由不同的民族居住，或由于历史的原因而形成两个独立城镇，如内蒙古的绥远、归化二城（今呼和浩特市）（图 8-1-11），距离很近，但仍分为两城。甘肃夏河、平凉两城并列（图 8-1-12），各有单独的城墙，陕西安康有新旧两个城。

4.多重城：由几个有城墙的城市并联或组合在一起，如河南周家口城三城跨河成组合城，甘肃天水五城并联成带形城。

四、古代城市的特殊类型

古代城市中有一些特殊的类型，如汉代在边防军队驻地形成的军市，在长

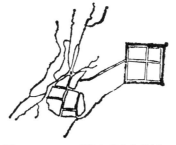

图 8-1-11　双重城内蒙古归化绥远　　图 8-1-12　两城并列甘肃夏河

安附近集中各地的富户形成的陵城，有的有几万户，汉高祖为他父亲建造的完全模仿他家乡的新丰城。长城的关城，如山海关城及嘉峪关城。内蒙古的一些王府也建成独立的城。

第二节　中国古代城市的地区分布与城址位置

古代城市是在农业居民点的基础上产生的。因此最初的城市都是在当时农业发达的地区形成。农业生产及渔牧业都与水有密切的关系，因而早期的城市均靠近河流。这些河流当时主要还是农业灌溉及居民饮水水源，而航运及商业交通的作用很小。因此，我国奴隶社会及早期封建社会的城市大多在当时农业较发达的黄河中下游一带。当时的北方（今天的内蒙古、东北、华北部分地区）居民们以游牧为生，故城市很少。长江及珠江流域虽然雨量充沛，河道纵横，但大部分地区尚未开发，居民稀少，城市也并不多。秦汉以后，城市逐渐增多，到南北朝时，国内民族大迁移、大融合，北方一些少数民族建立封建国家，大批原来居住北方的有先进生产技术及文化水平较高的汉民族南迁，促进了南方经济的发达，城市的分布也更广，大城市的数目也更多，文化经济的中心也移向南方。

秦以后全国大部时间为统一的封建国家，国内市场大，较大数量较远距离的商品流通增加，水运发达，在一些通航河道的交汇处或重要渡口，往往形成一些商业都会。

隋唐至北宋，由于军事政治中心在关中或中原地区，而经济中心在江淮一带，形成政治中心与经济中心分离的局面，大量的物资通过运河、汴河、黄河，因此沿这一带的城市很繁荣，如苏州、扬州、淮安、泗州、汴州等。元明清时期，统治中心在北京，供应仍依赖江南，南北大运河的漕运是统治阶级的命脉，运河沿线城市仍很繁荣，除了运河南段城市外，北段的临清、沧州、天津等也成为商业都会。

唐末及宋元时期，由于国际国内原因，海上交通发达，沿海的广州、泉州、明州（宁波）、登州（蓬莱）曾是贸易港口城市，明中叶以后海上交通受倭寇的侵扰，曾修筑一些防御性的卫所城堡，海上贸易断绝，清初又实行海禁，后来也只辟广州一城对外贸易，所以我国海岸线虽长，但沿海城市不发达，沿海城市从来也没有成为经济的中心，这一点与欧洲、美国、日本城市有很

大差别。

都城位置的选择完全出于政治及军事原因，汉初关于定都长安还是洛阳曾发生激烈的争论，最后采纳了娄敬的建议定都长安，主要理由是长安位于关中，便于防守，又便于东出潼关控制中原。至于当时关中农业尚属发达则属次要因素。明初朱元璋建都南京，晚年也曾打算迁至长安，也属同样理由。明永乐迁都北京，也有明显的军事目的。

唐宋以来，由于都城人口多，生活供应问题很大，因而也较重视经济交通等因素。隋代及唐初建都西都长安，但高宗及武则天时，帝王及政府机构较多时间均驻东都洛阳，实因洛阳的漕运不受三门峡天险障阻，较长安更有保证。唐玄宗后改善漕运，大部时间才又驻长安。宋太祖时也曾议论到建都洛阳，因为洛阳军事地位优越，终因汴梁漕运方便，供应充足，才放弃迁都洛阳的计划。

有些朝代的都城选址，还与当时统治集团的势力范围及根据地有很大关系，东汉刘秀移都洛阳就因为他的势力在这一带，明永乐皇帝迁都北京除了军事防御目的，还由于他的根据地原来在这里。

有些朝代，随着其统治范围的扩大，曾数次迁都，如北魏原来建都平城（大同），后来统治范围扩大到整个黄河流域，拓跋宏即决定克服阻力迁都至洛阳。金上京原在东北，后来势力范围扩大到整个北方，就迁都于中都（北京）。元朝忽必烈时先定都在上都，后来迁到新建的大都，以便对全国加强统治。

有些都城按照军事统治的原因选定在该地区，但又不在这个地区原来的城市建都，而是在其近旁另建新都。一方面由于原来的城市在改朝换代的战争中受到较大的破坏，尤其是因为传统的木构建筑，在火灾后，可资利用的基础甚少，在原址建造工程较大，不如另选新址兴建。更主要的是由于传统的观念，新的王朝要"鼎新革故"，如不建新城不能体现新王朝的气派。如在长安地区，周镐京、秦咸阳、汉长安、唐长安都是相距不远而又完全新建。洛阳地区周王城、汉魏洛阳、隋唐东都洛阳，也是几个完全不同的城址。北京地区，金中都与元大都正好让开。有时，即使整个城市并未新建，但宫城部分也要新建，如明北京虽然大部利用元大都的基础，宫城位置也未变动，但仍新建宫殿。南京城各朝代的城市范围有时有变化，而宫城位置则完全不同。有时新建的城市是利用原来城市的一部分，有时后建城市也压在过去的基址上，但往往是已相隔久远，原来城市已无遗迹，如隋唐东都洛阳城即建在周王城及汉河南县城的基址上。明代北京扩建外城时也是在原来的金中都基址上。

有少数都城是原来的交通便利的商业都会，往往在原地改建扩建，而不另建新城，如北宋的开封及南宋的临安。而宫城部分往往新建。有些非都城的商业都会，各代城市的范围及城址也有不同，但基本上在原地重建扩建，如扬州，唐城与宋城位置不同，明代的扬州则是宋代扬州城的一角。广州城也基本上是在原址扩建。

也有个别城市，长期在原址发展，屡次受毁后又原址重建，如苏州，其原址即吴阖闾城，到宋以后城市格局无大变化，其原因是城市的位置优越，在经济上有长期发展的生命力，而且城市骨架的纵横河道，利用价值很大。杭州城

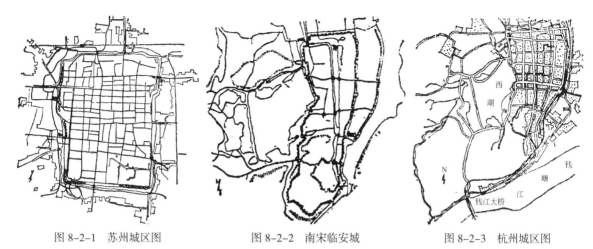

图 8-2-1 苏州城区图　　　　　图 8-2-2 南宋临安城　　　　　图 8-2-3 杭州城区图

也是原址发展（图 8-2-1 ～ 图 8-2-3）。

古代海港贸易城市较少，这些城市多在河道的入海处，沿河发展，实为河口港，如甬江口的宁波、珠江口的广州、晋江口的泉州、黄浦江边的上海，当时船只不大，吃水不深，河港已满足要求，而且安全。直接临海的城市很少，只有一些沿海防御城市，如蓬莱、镇海等。

沿海岸及沿长城修建的边防城堡，完全是从防御要求及设防的军事体系及建制分布，无经济的基础和价值，当失去防御作用后也就废弃。

由于自然条件的差异，形成农业发达程度，商业手工业的水平有很大的差异，从全国来看城市人口密度及城市分布很不平衡。元明清以后沿长江及南北运河形成一个城市较发达的地带。在西北、康藏、内蒙古等牧区是一个城市稀少的地带，在这两个地区之间则是城市较发达的地带。而长江三角洲、珠江三角洲、成都平原等处则是城镇密集的地带。

由于生态的变化，也影响人居环境，如黄河中游的山西、陕西一带，人口增多，砍伐森林，使水土流失，农业条件变化也使经济及城镇的发展条件改变。

第三节　中国古代城市的道路系统

道路因交通的需要而产生，道路的主要功能是交通。在我国古代的城市中，道路有明显的交通功能。如周代的城市道路是以"轨"作为表示道路的等级和宽度的基本单位。《考工记》中记载有："经涂九轨、环涂七轨、野涂五轨"。说明道路的宽度因交通量的大小而不同，市内主要干道最宽，环城道路较窄，城郊道路更窄。还有记载："环涂以为诸侯经涂、野涂以为都经涂"，说明按城市的等级不同，道路的宽度也不同。以轨为单位说明城市道路上的主要交通工具是车。汉长安城、汉魏洛阳城，以道路将城市划分为许多坊里，以通向主要城门的道路为干道，而商业则集中在特定的靠近干道的市内，这种城市道路显然也是以车马交通为主的。汉长安城发掘的宣平门，及其门内的大街，三条道路并列，每条路上均有明显的车辙痕迹（图 8-3-1）。

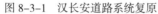

一般主要道路
主要道路（两侧有集中市）

图 8-3-1　汉长安道路系统复原

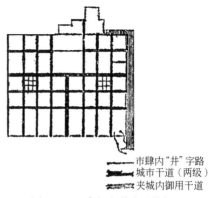

市肆内"井"字路
城市干道（两级）
夹城内御用干道

图 8-3-2　唐长安道路系统复原

　　隋唐长安城及洛阳城，道路系统规划更明显地突出了道路系统的功能。道路两边是封闭的坊里，有坊墙坊门，只有三品以上的官吏的府第可以直接面向城市道路开门，道路的宽度非常大，在古代城市中达到顶峰，中轴线的主干道朱雀大街宽达 150 多米，后开辟的大明宫门前的丹凤门大街宽达 180 米，其他城市干道也宽达 120、100 米，最窄的也达 60 多米，道路主要是行驶车马，商肆则集中在靠近干道交叉口的规模很大的东市及西市中。洛阳城的道路系统与长安城类似，宽度则普遍缩小（图 8-3-2）。

　　宋东京（开封）的城市道路的性质与唐长安城有很大的不同。道路除了交通功能外，两旁还分布着各种店铺，形成繁华的商业街，并成为城市生活的中心。道路的宽度也大为缩小，一般只有 30 ~ 50 米。这种趋势到宋以后的城市愈加明显，道路的宽度也日益缩小，有些城市的道路只达到 10 米左右或更窄（图 8-3-3）。

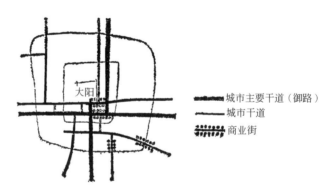

城市主要干道（御路）
城市干道
商业街

图 8-3-3　宋东京（开封）道路系统复原

　　唐长安城的道路有全市性的主要交通干道和一般的划分坊里的城市干道，在坊内另有道路系统。这两种道路系统的性质和宽度有明显的区别，坊内的道路只有十余米宽，还有一些车辆不能通过的更窄的路称"曲"。

　　宋东京城（开封）的道路有主要交通干道，多为通向城门的道路。有的虽不是主要交通干道，而是繁华的商业街。有的主要交通道路的某一段落也形成商业街。街是商业店铺的集中所在，巷是联结各住宅院落的入口。

元大都及明清北京城的道路也有明显的分工。有通向城门的主要干道，宽度较大，这些道路的交叉口（如东四、西四、东单、西单）或其某一段落也集中着一些店铺。另有一些商业较集中的街，如王府井大街、大栅栏，宽度较小。有一些巷和胡同，是住宅区内部的通道。一般的小城市的道路可分为街与巷，街是全城的交通干道，也是商业街，巷是居住区内联结各院落入口的通道。

城市主要交通道路往往是各条通向城门的道路。城门是古代封闭的严格管制的城墙的出入口，因而也是城市对外交通的起点。城市主要干道与市际道路是合一的。而城门是城市内外交通的结合点。这里也往往形成城乡交流的集市、车马店、栈房等。宋以后在出城干道的附近往往形成关厢地区，有的关厢地区形成商业中心，后来又加修关城，另开了城门。

城市道路系统的形成及道路的分级与城市的性质规模有关，也直接与城门的数目有关。都城每边开三门（北面往往开二门），如唐长安、元大都、明北京等，各有三条东西向及南北向的主要干道。府州城一般每边开二门，干道系统成井字形，如安阳、宣化等。一般的县城多为每边开一个城门，道路系统成"十"字形（或"丁"字形）（图8-3-4）。都城及府州城的道路可分为干道、一般街道、巷三级，县城的道路可分为街及巷二级。

图8-3-4　基本方整规则的道路（宣化）、"井"字干道系统（安阳）、"十"字干道系统（奉贤）

古代城市道路大部分为方格形的，有完全方正规则，垂直相交的类似棋盘式的道路网。也有的城市道路基本上为方格形，也有部分道路并不规则。在地形较复杂的山丘地区道路系统比较自由（图8-3-5）。

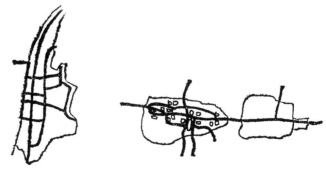

顺应城市形态的基本方格道路（景德镇）　　基本不规则无方格状道路（平凉）

图8-3-5　道路顺应城市形态的景德镇和基本不规则的平凉

周王城的主要道路九轨宽，为三条并列的道路。汉长安城宣平门、霸城门内大街均为三条道路并列，中间的路较宽，皇帝专用的为御路。唐长安城中也有帝王专用的由大明宫经兴庆宫通至曲江的用夹城保护的专用道路。宋开封城规定城内四条主要道路为御路，在断面上用红漆杈子将御道与其他行人路分开。明清北京城由宫殿至天坛的主要中轴线的干道上，也有高出两边道路的皇帝专用的御路，皇帝出行时要铺黄沙。这些都反映了要突出帝王的权威及安全防范的作用。

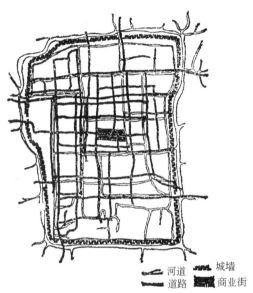

图 8-3-6　苏州城市道路系统与河道水网的关系示意

城市道路的两旁也种植树木，唐长安及宋开封城都有沿街植树、树种、管理办法等方面的记载。城市道路两边有排水沟，有的是明沟，也有的是暗沟。路面多为土路，唐长安城有关于大雨之后，道路泥泞，发生交通阻塞的记载，南方城市中道路有石板路。

水乡城镇的道路系统与河道系统形成一个互相密切配合的系统，苏州的道路系统最为典型。许多地段形成前路后河的格局，在河道交叉口与道路交叉口的桥头小广场往往形成交通及商业的中心，也形成水乡城镇特有的风貌（图 8-3-6）。

城市道路的宽度由小到大，到唐长安城时达到了顶峰。不过，这样大的宽度除了偶尔举行的皇帝出巡、郊祭等人数庞大的仪仗队通行的需要外，平常很空旷，完全超出了正常的交通需要，所以在后期经常发生侵街筑屋及在街上种菜的情况。比长安城稍晚修建的洛阳城，虽然同为宇文恺制定规划，城市布局及规划思想也与长安城类似，但道路的宽度普遍缩减，这也是总结长安城的经验教训的结果。宋开封城道路性质变为商业街，道路的宽度也明显的缩小了。商业街两边的店铺建筑互有吸引力，行人穿越道路的次数大大增加，过宽的道路显然对行人不便。城市道路逐渐成为城市人民生活的中心，自然也不宜宽度太大，可以增加市民交往的亲切感，以及某种紧凑热闹的气氛。这样一个规律也与城市道路按功能进行分类分级及步行街的规划理论完全符合（图 8-3-7）。

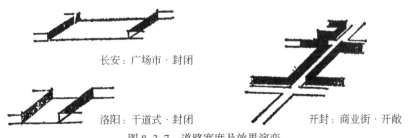

长安：广场市·封闭

洛阳：干道式·封闭

开封：商业街·开敞

图 8-3-7　道路宽度及效果演变

第四节　中国古代城市商业市肆的分布

奴隶社会后期，由于剩余产品的交换，需要有固定的交易场所：市。因而在一般的居民点中具有商业交换职能而设市的居民点分化了出来，这种不同于一般农业居民点的被称为城市。

《考工记》的城制中有"前朝后市"的记载。"后市"意即谓市处宫后。据有人研究认为，这种布局是由于原始部落中，男部落主要从事管理朝政，而市场则由其妻子掌管。这与"前朝后寝"的布局思想也是一致的，即宫前为朝政区，宫后为家政区。

起初商业的交换种类不多，数量不大。所谓的"市"只是在城中某一地点定期交易，"日中为市"，市罢而散。随着生产的发展及社会分工的不断加强，商品的种类逐渐繁多，数量不断增大，直接的交换已不能满足需要，逐渐出现中间商人及通过货币进行买卖而形成的固定的商市，商人有行商及座商两种（图8-4-1）。

周代的农业和手工业已较发达，商业已成为社会经济不可缺少的部门。当时主要是官商，隶属于奴隶主贵族。工商食官制度便是专为这些百工商贾所设。进入封建社会后，统治者为了便于进行征税、管理，通常在城市内设立若干处市，设有管理机构及官员，从事平价、征税、治安、度量衡等。

汉长安记载有九市，隋唐长安城中有东、西两市（图8-4-2），洛阳城中有三个集中的市（图8-4-3、图8-4-4），这种集中的市规模相当大，如长安的东西市均为900米×900米，相当于80多公顷。这种情况一方面说明商业的发展和市场的规模增大，政府有必要加以管理，另一方面也说明当时城市经济并不十分发达，以致很大的城市只设两三个市，这种数量少而集中的市服务半径极大，唐长安的达到3000米。因此，这种市的一个弊病就是市民使用不方便。正是这个原因使得严格管理的唐长安市在后期也有所松弛，在坊里中出现了部分店铺。

 渔猎时期少剩余产品，无交换市场

 农牧业的出现，产生物物交换，日中为市

剩余产品增加，交换加强，出现固定市场

城市中设集中的市

 唐代集中管理的坊里式的封闭市场

 宋代沿街开放性的商业街

图8-4-1　城市中"市"的发展

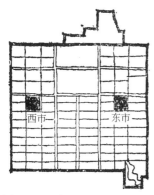

图8-4-2　唐长安城东西市局部　　图8-4-3　隋唐东都洛阳设三个集中市　　图8-4-4　汉魏洛阳三市示意图

宋以后，商市的分布突破了严格控制的集中市肆的方式，而是沿一些街道分布，形成繁华的商业街。这是城市经济发达的必然结果，同时也更符合城市人民的生活要求。当时的多处商市在某一条街或街道的某一段。也有在大型建筑内进行的定期集市，开封的相国寺就有定期集市。也有在城门处或城门外，为了补充商业街的不足和适应城乡物资交流及便于农民农副产品的交易而进行的集市。

集中的市在中心部分设有管理机构。汉长安的市中设市令。《三辅黄图》记载："当市楼有令署，以察商贾货财买卖贸易之事，三辅都尉掌之"。市令的主要职能是平价、收税和捕盗等。唐长安市内"井"字道路的中央为市署及平准署的所在地。

集市内一般按不同行业分为若干肆，这是商业、手工业发达的结果。汉长安记载有马、牛、羊集中买卖。而唐长安东市分220行，如锡行、珠宝行、大衣行、鞦辔行等。宋代的东京城中虽然各行业并没有完全按街道集中，但不同街道、行业分布也有所侧重，如银楼等集中在宣德门东的潘楼街。一些定期的市集及庙会中也有按不同商品划分地段的情况。明清一些城市中手工业作坊及商店按街道集中的情况很普遍，这从留下来的街道名称中可以看出，如棉花街、打金街、缸瓦市、猪羊市等。这种情况与封建行会的组织有关，从市民购物方面也有一定识别性及方便性、选择性。

早期的市主要是商品交换功能。隋唐长安的市中已有商业与手工业作坊结合在一起的情况，前为店后为作坊。这种情况在以后的商业街中也很普遍。随着城市经济的进一步发展，城市的商旅活动不断增加，商业街或市逐渐成为城市生活的中心所在，除了集中的市和手工业作坊等还集中了一些酒楼饭馆，游艺杂耍剧场及妓馆等。宋代的瓦子一般就是靠近商业中心的。明清时一些大的商市和庙会也属于这种综合的城市生活中心的性质。如北京的天桥、南京夫子庙、上海城隍庙、苏州玄妙观及北局等。

宋以后城市中的市有多种形式，有一年一度的市集庙会，如明清时北京的灯市、广州的花市等。也有一月中隔一定日期的集市，名称各地不尽相同，但性质是一致的。一般北方称"集"，西南地区称"场"，广东称"墟"。小城市、小城镇的集市定期举行，并相互错开。某些较大的城镇尚有按货物种类分开的市集，如羊马市、果集等，这些商品来自农村，是城乡物资交流的产物，地点近城门或在城外，水网城市则靠近河道交会处和渡口桥梁处。农村中集市分布较为均匀，一般为40～50里一处，规模不大（图8-4-5～图8-4-8）。

商业街形成后，靠近道路交叉口的地段，由于交通方便、人流集中，使得这些地段具有更大的盈利性，利于营业，因而商业店铺及其他服务设施如饭店、茶楼酒肆等尤为集中于此，形成城市商业中心。小城市多为方城"十"字街，中心往往位于"十"字路口的各侧，如兰州、西宁的大十字。规模较大的城市则在主要道路交叉口形成闹市，如明清北京就在东单、西单、东四牌楼、西四牌楼、鼓楼前门及珠市口等处形成了多处商业中心。商业街道往往与交通干道分开，如北京的主要商业街王府井大街就与东西长安街相垂直，前门处的主要商业街廊坊头条与当时城市的交通主道前门大街垂直。道路是为行人、行轿及

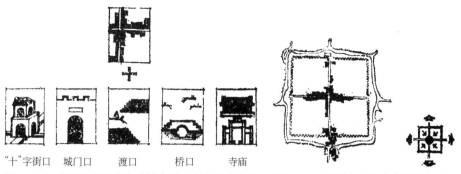

"十"字街口　城门口　渡口　桥口　寺庙

图 8-4-5　商业街与城市市肆结合形成商业市肆中心　　图 8-4-6　商业中心集中在道路交叉口

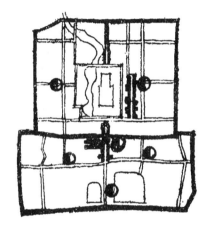

图 8-4-7　明清时北京主要商市分布

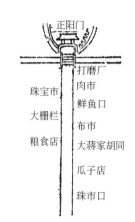

正阳门

珠宝市　　　　打磨厂
　　　　　　　肉市
大栅栏　　　　鲜鱼口
　　　　　　　布市
粮食店　　　　大蒋家胡同
　　　　　　　瓜子店
　　　　　　　珠市口

图 8-4-8　乾隆时期前门外大街商
业市场分布（《宸垣识略》载）

马车等，交通量并不大，故很多沿街密集布置的商店与交通的矛盾并不十分突出，而营业则十分兴隆。

河道较多的水网地区城镇，商市的分布与河道的关系甚为密切，有的商业街沿河分布，河道交会处、桥头及渡口等处往往形成闹市。由此可见，商市从来就与交通运输相联系（图 8-4-9）。

明清时期一些城市由于城乡物资交流进一步密切，商业发展较快，往往在城外发展形成关厢地区，有的还加筑了城墙，这一带往往形成商业繁盛地区。

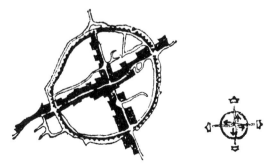

图 8-4-9　水网地区城镇商市

中国古代城市中，宗教在城市生活中不像欧洲中世纪城市那样占有统治地位，因而也不像欧洲中世纪城市那样以教堂为中心或以包括广场的教堂地区为城市中心，但往往在一些大型庙宇道观周围形成商业集中区。另一方面由于中国建筑是院落式布局的，形成一进进内向的院子，因此像庙会商市等完全有条件在建筑群内部的庭院中进行。这也使得庙宇等也带上了一定的世俗色彩，如宋东京的相国寺、北京的隆福寺、南京的夫子庙等。

第五节　中国古代城市的居住区

中国古代城市中居住区称"闾里"，如西周王城东面的成周（均在今河南洛阳）中有闾里，集中居住着一些殷代的顽民。里是一个封闭的居住单位，闾是里的门。在奴隶社会的后期，有这样一种严格管制的居住形式是完全可能的。当时城市中所有的居住区是否都是这种形式，尚无确切的材料。

汉代的长安城中有闾里，里内是一些排列得很整齐的住宅院落，书上记载为"门巷修直"。北魏洛阳城内有三百廿个里，每里为一华里见方，四筑围墙成封闭形。隋唐长安城中按规划建造了一百零八个坊里（图8-5-1）。有正方形及矩形，大的面积达80多公顷，小的也有近30公顷。有封闭的坊墙，有定时启闭的坊门。夜间实行宵禁，管制十分严格，除大官及贵族以外，一律在坊内开门。坊里是城市居住区的基本单位。唐长安可以说是严格管理的封闭的坊里制的顶点，隋唐东都洛阳，也有坊里，但面积普遍比长安城小。

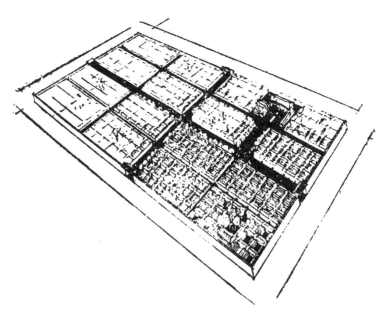

图8-5-1　唐长安城坊里臆想图

严格管理的封闭的坊里制，完全是按封建统治者为便于管制居民的要求建造的，与城市居民生活的要求是违背的，因而唐长安城的后期，坊里的严格管理制逐渐松弛，而后来即逐渐完全突破了坊里制。

宋代的城市中也有坊的制度，但已非唐长安那种坊里的形式，无坊墙及坊门，通常是指一定的居住地段或居民管理的单位，宋开封有 80 余坊。分属八个厢管理。宋平江府也有坊，并在坊巷入口立有写有坊名的牌坊。元大都中也有坊，是由城市道路分割的一块地段的名称。居住区由街巷组成，由巷（北方称胡同）分隔成长条形的地段。这个长条形地段上由若干的院落并联而成，巷的入口处往往有牌楼、门楼，还有一些生活服务的小店铺，有时为安全目的也设门。由于朝向的原因，联结各个院落的巷多为东西向，也有南北向的。巷的间距与院落的大小及进深有关，一般由南北向开门的两组院落组成（图 8-5-2）。

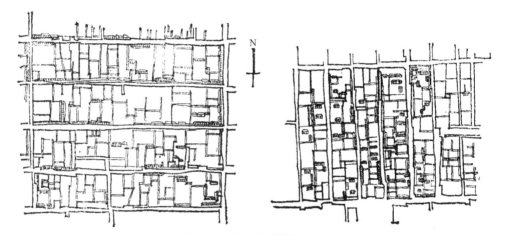

图 8-5-2　北京典型街坊示意图

居住区的组成形式，因地理位置、气候条件东西各异。大多数城市的住宅是低层院落式。因地方条件不同，院落的平面布局也多样化，北方为四合院或三合院，院子较大，有的院子为方形，也有长条形的（图 8-5-3），有的院子内有外廊，有的无外廊。南方的院子称天井，面积较小，建筑密度也较高，明清以后，城市经济发达的地区，由于人多地贵，建筑较密集。以苏州的厅堂式住宅为典型，大户住宅多至五至七进（图 8-5-4、图 8-5-5），广东一带并联的院子天井更小。天井是为了采光及通风。

由于古代城市一般的平面为方形城墙，方格形路网，所以街巷与居住区的划分也较整齐，城市内地区布局较整齐，而城外自发形成的关厢地区则较乱。地形变化大的城市或山城，街巷与居住区的划分也较零乱（图 8-5-6、图 8-5-7）。

住宅的庭院中一般有绿化种植，院子往往在绿荫笼罩下，整个居住区建筑密度很大，也很少有大片的公共绿地，但是总的绿化覆盖面积相当大，绿化条件也较好，远处遥望，全城一片葱绿，富家贵族的大型庭院中还有与住宅相连的私家园林。

城市住宅的建筑质量有很大的差别，贵族富户与一般劳动人民有显著的差别，封建社会的等级制在住宅建筑的规模、形制等方面均有严格的规定。城与

三合院

四合院

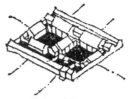横连四合院

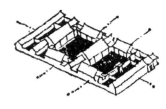纵连四合院

图 8-5-3　各种不同的院落式住宅

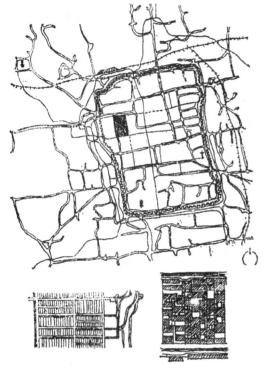

图 8-5-4　苏州旧居住区位置图，河道、街道与街坊的典型平面（苏州城东北区局部）

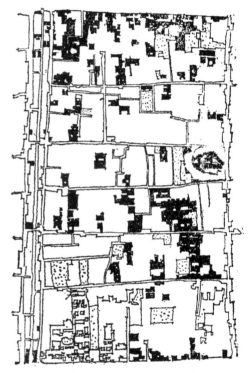

图 8-5-5　苏州旧居住区图

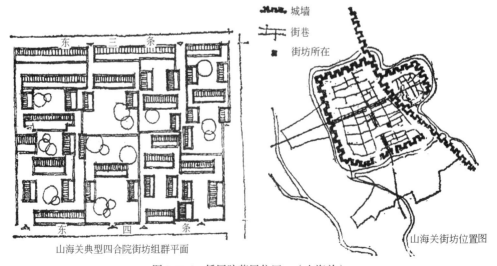

东　三　条

东　四　条

山海关典型四合院街坊组群平面

城墙
街巷
街坊所在

山海关街坊位置图

图 8-5-6　低层院落居住区一（山海关）

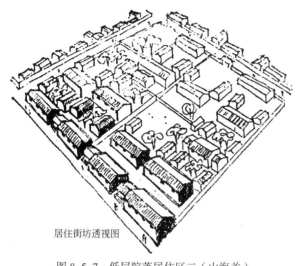

居住街坊透视图

图 8-5-7 低层院落居住区二（山海关）

廓，或内城外城，居住情况也反映了一定的阶级分化，内城多居住统治阶级，外城多居住一般的市民。清代的北京城将皇城范围内的一般居民均迁出。

古代城市中居住区的布局与工作地点也有一定关系。如在战国时的齐国临淄城中就记载：农夫的住地靠近城门，便于去城外耕作，商人的住地靠近市场。

古代的都城中，官僚贵族的住宅多接近宫城。在唐长安城中，在大明宫及兴庆宫修建后，政治中心东移，官僚贵族的府第也向这一带集中。清代的北京城，皇帝大部分时间在西郊诸园中，王府及大官的住宅也向西城集中，故有"富东城，贵西城"之说。

水网地区的城镇，居住区的布局与河网系统有直接的关系。居住区沿河道成带形发展（图 8-5-8、图 8-5-9）。住宅前路后河或前河后路（图 8-5-10 ～图 8-5-12），河与路之间为带形居住地段，河道既是饮水水源，也是洗衣淘米甚至洗马桶的所在。河道成为生活空间的延伸，居民住宅的后院往往有踏步直接通河道，河道也是交通要道。河道上多桥，桥头往往就是居住区的生活供应和社交活动的中心（图 8-5-13、图 8-5-14）。

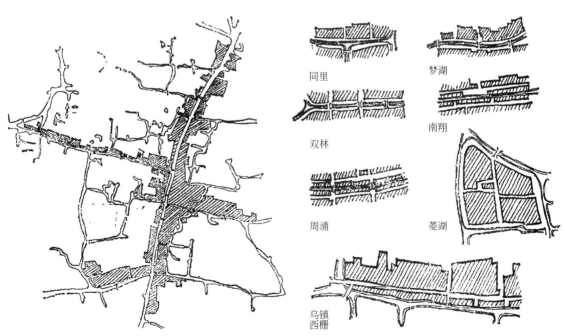

图 8-5-8 乌镇城市沿河发展示意

图 8-5-9 几个水乡城镇形态图

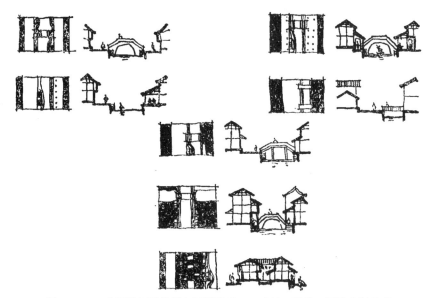

图 8-5-10　水网地区居住区与河道关系——建筑、道路、河道空间示意

绍兴咸欢河一河一街平面　　绍兴八字桥河一河二街平面　　绍兴环山河有河无街平面

图 8-5-11

绍兴一河二街示意　　　　　　　　　　绍兴一河一街示意

图 8-5-12

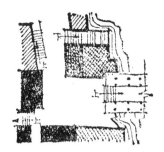

商店　　作坊　　住宅

图 8-5-14　水网地区城镇桥头
广场形成生活中心

图 8-5-13　苏州桥头广场生活中心示意

第六节　古代的筑城技术与城市防御

　　城的出现是人类定居后，为自身的安全而建造的防御性构筑物，最早的城有的是用木建造的木栅栏，有的城由石头垒成，有的由夯土筑成，有的就是挖一条深沟，在古文字上，城、减、械是通用的。

　　古代版筑技术的运用，不仅使一般建筑由半地下发展为地面建筑，而且也广泛应用于筑城。夯土技术也随着工具的进步而提高，夯层也逐渐加厚。宋以前的城墙很少包砖及用砖砌。宋以后在一些重要的城或城墙上某些防御的重点地段包砖。明代以后城墙加砖砌更为普遍。查许多地方志，都记载明初洪武时修筑城墙或在土城墙上加砖，有的城墙先用砖砌，中间填土夯实，有的先夯土筑城，再在外侧加砖，少数城或城门地段，内外侧均加砖（图 8-6-1）。

　　城墙的高与宽，因城市的大小、防御的重要性等有所不同，高从七八米至十余米不等。城墙上有垛，古代称雉，其大小尺度及数目，也因城市的等级而不同。

　　从汉长安已发掘的城门遗址中可以看出，门是由木柱支撑的。虽然在汉墓中发现当时已有砖拱券，但似乎并未用于修筑城门，木架城门不利于防守。汉长安城门遗址均可看出有火烧痕迹。敦煌壁画中唐代的城门也是木架简支结构

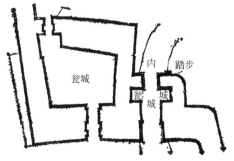

内　踏步

瓮城

瓮城　城

三合土双面　　　夯土单面包砖　　　夯土双面包砖
包条石、砖

图 8-6-1　城墙断面

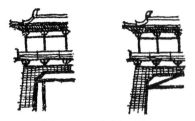

图 8-6-2　木支架城门

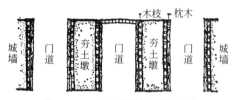

图 8-6-3　汉长安平门三洞并列

图 8-6-4　唐长安明德门五洞并列

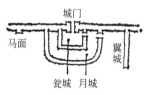

图 8-6-5　翼城与月城

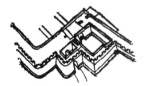

图 8-6-6　苏州盘门及水城门

的。何时城门开始用砖拱尚缺资料，宋东京城门中已有用砖拱的，《清明上河图》上描绘的一个城门为长方形门，顶不是拱券，但城门附近内外城墙均已砖砌。宋代以后的城大多用砖拱券城门，但也有个别仍用木支架的，如安徽歙县城内尚有这样结构的城门（图 8-6-2）。

城门的多少因城市的规模及政治地位而异，都城每边开三门（北边往往二门），府州城每边开二门，一般县城每边开一门，也有的城各边的城门数目不同。

汉长安城三门并列，中间为御道通过，唐长安明德门五门并列（图 8-6-3、图 8-6-4）。宋代以后有些城门有二重城或设瓮城，前后门均不正对，与道路的关系也是有意做成"曲屈相对"，这些都是为了加强防御的目的。现有的瓮城，以南京中华门保存最完整，共有四重，每重内有暗堡，可以埋精兵，以便对攻入城内的敌兵围而歼之。

在宋代前后，筑城技术有较大的变化，主要原因是火药的发明并广泛用于攻城，其破坏力较大，加砖砌，城门包铁皮，筑砖拱券门，筑瓮城，修宽而深的护城河等，都是为了防御火药这种新式武器而设计出的构筑物。

城墙上有排水设施，包括设置伸出较远的滴水，或在城墙内侧设置顺城墙的排水沟。

城门上一般均建有城楼，也可称箭楼或橹楼，城墙上每隔一定距离或城墙转角也建有箭楼或窝棚，可以住巡防兵丁。每隔一定距离设马面，以便组织防守的侧射火力。在城门外，有的还建有月城或翼城（图 8-6-5），目的也是组织侧设火力。城门外的护城河上有的建有吊桥，城的防御重点设施均集中在城门。

城墙上有时也建有庙、塔、阁等建筑，其位置多与风水有关。有的城北城正中不开门，而且正中城墙上建有玄武庙或真武庙等，不开门可以封住"王气"。

靠山的城，为利于防御，部分城墙修在山上。河道进入城处，有的也建水门，或设栅栏，通航河道水门还可开启。苏州盘门还保存着一座很完整的水门（图 8-6-6）。

第七节　我国城市与河流的关系

城市是在农村居民点的基础上逐渐发展起来的。因此，我国奴隶社会的城市多分布在当时农业比较发达的地区。农业与渔牧业生产都与河流有密切关系，城市大多是靠近河流的，主要是因居民饮用水及农业灌溉的需要，当时河流在商业交通上的意义不大。黄河流域的农业比长江流域发达得早，所以古代城市在黄河中下游的较多。直到南北朝以后，长江流域经济发达，较大城市的数目才超过黄河流域。

我国自秦汉形成统一局面后，便有了统一的国内市场，商品流转数量大，距离远，促进了水运的发达。因此在通航河道的重要渡口，或两条通航河道的交会处，往往形成一些较大的商业都会。长江沿岸，从上游起，岷江入长江处有宜宾（叙州），沱江入长江处的泸州，以及嘉陵江与长江汇合处的重庆，乌江入长江处的涪陵，汉江与长江交汇处的武汉。其他如洞庭湖口的岳州，近鄱阳湖口的九江也都是商业都会。黄河大部分航运意义不大，因此黄河岸边的商业城市很少。

唐宋时期，军事及政治中心在关中或中原地区，经济中心在江淮流域，大量物资经运河、汴河运输。沿河有些城镇也发展成为商业都会，著名的淮、扬、苏、杭都位于运河沿线。元明清，统治中心在北京，南北大运河的漕运是统治阶级的经济命脉，在运河沿线，除了南线的淮、扬、苏、杭外，北线也发展了一些商业城市，如临清、济宁、沧州、天津等。

我国从唐宋以来，对外的海上交通也逐渐发达，但这些海运贸易城市，直接靠海的极少，大都位于通航河道的入海口附近，实际上是河港而不是海港。如明州（宁波）在甬江上，距入海口约20公里。泉州在晋江口，广州在珠江口，其他如海河上的天津，黄浦江上的上海，瓯江上的温州，闽江上的福州等。扬州在唐宋也曾是海外贸易的中心，位于长江岸，因为当时船舶的吨位小，吃水不深，河港已可满足要求而且很安全。现在一些直接临海的港口城市，过去都是荒村，都是在近代，在帝国主义的侵占下，为了建立侵略据点及掠夺我国资源而兴建的，如大连、青岛、湛江等。

古代有的城市因河道改道，淤塞而被废弃。如在新疆地区，唐代的交河城（在吐鲁番城西十公里的交河古城）是比较大的城市，因河道改道、河水枯竭而废弃，但城市及建筑遗址较完整地保留了下来。也有一些在历史上很有名的城市，因河水泛滥或河道改道而被冲毁，如秦都城咸阳，南面大部分已成渭河河床，曹魏的邺都（现在河北临漳的西南），也为漳河水冲毁，目前仅余城西北的铜雀台等遗址。

有的城市本来是很发达的沿河商业城市，后来因为商路的转移而衰落下来。如湖北的襄阳樊城，位于南北重要通道上，是"南船北马"的水陆交通中心，汉唐时人口都在10万以上，到清代人口也有8万人，后来京汉铁路建成后商路转移，地位下降，1949年前人口只有3万多。大运河沿岸的淮阴及淮安过去也很繁荣，两城之间有河下镇，几乎连结起来，是漕运的中转地，津浦铁路建成及海运发展后也逐渐衰落。

　　沿河城市在与河流的相对位置方面，因河流的特点而不同。在北方一些地区，河流平时流量不大，很少通航，河床很宽，无雨时甚至干枯，但洪水暴发时威胁很大，城市虽然近河，但并不临河，往往在较稳定的阶地上，或是在自然堤上，特别是在河流交汇处的自然堤上，因为这里地势较高，一般洪水不能淹没，有的也有部分建在山坡上。春秋战国时的管仲总结了这种情况："凡立国都，非于大山之下，必于广川之上，高勿近阜而水用足，下勿近水而沟防省"。沿通航河道的城市，因商业交通及城市生活的需要，城市都临河修建，其相对位置因地而异。在山区或江河的上游，河水涨落差大，城市虽沿河建造，但与水面高差较大，如长江上游的重庆、宜宾。长江中游，地势低，洪水威胁大，一般城市均有坚固高大的防洪堤。在水网地区，城市不仅临河，而且在高程上也接近水面，很多河道直接伸入城市及生活区，成为城市排水、居民生活供应的通道。如苏州城，城内河道三横四直，部分地区一条河一条街，前门临街，后门临河。

　　有的城市本来临河，因河道的变迁或淤塞，后来并不临河。如湖北的江陵（荆州），古代是长江沿岸的重要城市，后来城南的长江岸线南移，城市远离江岸，而在江陵城东南五公里的沙市发展成为新的商业中心（图 8-7-1）。又如扬州，唐代也是临近长江的，现在则远离长江，在长江岸渡口处发展一个六镇六圩。

　　有的城市虽近河，但不临河，因商业交通的发展在城市与河岸间发展新的商业区。如南京城，古代并不临长江，商业中心在城南秦淮河一带，近代下关地区发展成新的商业区，码头车站均集中这里，城市也直接紧靠长江。上海县城也不临黄浦江，后来在东门外至十六铺码头一带发展成新商业区。也有因河流缩小，城市逐渐向新的河岸扩展。如广州城的发展可以看出，因珠江面缩小，城市逐渐向南扩展。

　　沿江河的城市平面，因地形及河道的情况而不同，有的城市沿河一侧发展成带形，主要道路与河道平行，例如湖北沙市。

　　沿河湾处的城市多果仁形，如江西南丰。也有位于河流大转弯处，城市三面临河的，如江西婺源城（图 8-7-2）。

　　位于两河交汇处的城市，一种为城市在主要河流一侧，支流在城市对面。一种为城市位于两条大小相当的河流交汇处，如四川乐山。也有三面临河成不规则的圆形或椭圆形，如江西会昌或四川重庆（图 8-7-3）。

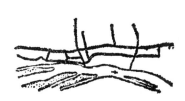

图 8-7-1　湖北沙市示意图

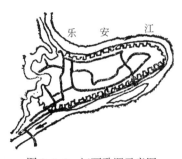

图 8-7-2　江西婺源示意图

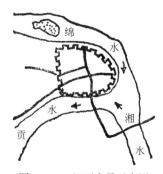

图 8-7-3　江西会昌示意图

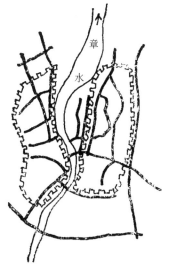

图 8-7-4 江西大余示意图

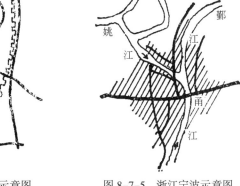

图 8-7-5 浙江宁波示意图

在大的河流边或河流虽大但河上有桥，也有沿河两边发展的，其中有的两边都有一定的规模，各筑有城墙，如江西大余（图8-7-4）。也有的是一边是主要城市，另一边为小的集镇。也有在两河交汇处三边都发展的城市，如宁波市（图8-7-5）。

在大的江河边，城市两边发展的很少，也有少数例外，如汉江中游的襄阳樊城，实际上是两个独立的城市。长江沿岸的大城市也极少两边发展的，或者只在城市对江的渡口处有一小镇，如南京对江的浦口，芜湖对江的裕溪口等。只有武汉市因为在汉江交汇处，地理位置十分重要，号称九省通衢，很早就已形成武汉三镇，实际上也是一组相对独立的城市群。

对城市分布、发展及布局产生影响的因素是多方面的，生产方式（包括交通商业）、生活方式的变化是主要的，也就是说主要是社会经济因素。河流也是在交通、生活用水方面起作用，不能把河道的自然条件去片面的夸大。但是了解这方面的历史及现状，对于我们规划和建设沿河的城市也是有帮助的。

第八节 中国古代城市的规划布局艺术与规划思想

从周代关于建筑的文献记载中，以及陕西岐山周代建筑遗址的发掘材料中，可以看出一些大型建筑群已采用对称的布局。春秋战国的一些城址中，大型建筑遗址的土台也按一定的轴线布置。汉长安城总体布局虽然不规则，但宫殿部分的布局也很严整。曹魏邺城的总体布局就采用了中轴线对称形式。隋唐长安城在总体中将中轴线对称的布局手法更加完善，城门的数目与位置、道路的格局、市的分布、坊里的大小及划分，均严格对称而衬托出中轴线朱雀大街。又以轴线来正对全城的主要建筑群——宫殿。宋东京（开封）也正对宫城正门开辟宽广的御路。元大都城市总体布局艺术又达到新的高峰，除了南北向的中轴线，还有东西向的横轴线，在其交点建造全城几何中心——中心阁，更加强

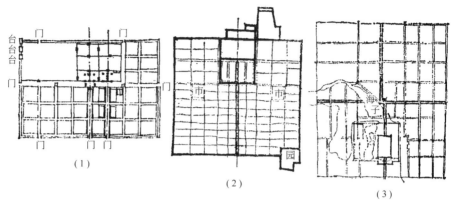

（1）曹魏邺城中轴线布局示意　　（2）唐长安中轴线布局示意　　（3）元大都轴线布局示意

图 8-8-1　中国古代都城中轴线布局

了城市总体布局的秩序感。明清北京城的中轴线布局，达到更高的艺术水平（图 8-8-1、图 8-8-2）。

　　春秋战国一些城址中的高台、秦咸阳阿房宫遗址的大土台、汉未央宫遗址的土台、邺城的三台，都是以高大来突出主要建筑物。隋唐大明宫的含元殿及麟德殿也建在高台上，但这时以高台加高建筑物的手法已属次要，更主要的是以整体布局，特别是道路的布局来突出主要建筑群。如以 150 米宽的朱雀大街正对皇宫大门及太极宫。在修建大明宫后，又新辟宽达 180 米的丹凤门大街，正对含元殿建筑群。以大量人工建造、工程浩大的土台以增加建筑物的高度，毕竟是一种并不高明的做法，长达 7 公里的朱雀大街也嫌过于单调。而在明清北京城的整体布局艺术中就吸取了历代都城总体布局的经验而加以发展，在中轴线上采取多样手法来变化空间效果。主要的宫殿建筑太和殿虽然也建在高台基上，但通过适当比例的关闭性广场及两侧建筑物的衬托，显得更加雄伟壮观。中轴线虽不如唐长安的朱雀大街长宽，但通过多重城门，东西三座门，东西千步廊，以及广场形体、闭合的变化，还通过形成直线的宫殿建筑的屋顶，宫后的景山及钟鼓楼，使中轴线显得更突出而又富于变化。

　　城市布局及建筑组群运用中轴线对称的手法，与中国传统建筑类型的特征有关。传统的木构架体系的建筑，体量及跨度不大，较难在一个建筑内部空间划分过多的房间或满足多样功能的要求，因此从小型的住宅建筑中，就采用庭院组合式，以解决居住生活中的不同需要。按封建宗法观念，住宅组群中要区分尊卑主次，往往将主屋建得稍高一些或大一些，配屋设在两侧，自然就形成了中轴线对称的手法。这种布局手法从住宅院落扩大到大型宫殿及庙宇建筑群，又扩大到整个的城市总体布局。

　　由低层的木构架的建筑形成院落组群，因而这种建筑空间的概念和空间组合的艺术手法也有自己的特点：室内外空间形成有机联系，又应用廊、墙进行空间的分隔，形成空间在体量、形状等方面的变化和对比。这些手法不仅在大型建筑群中应用，在城市的大尺度的空间

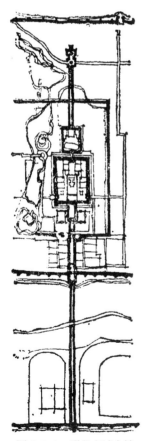

图 8-8-2　明北京城中轴线的空间变化

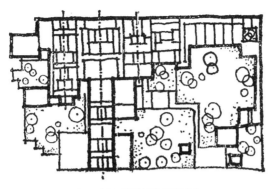

（1）院落与绿化的结合　　　　　　　　　（2）城市与园林的绿化

图 8-8-3　院落绿化同城市园林的关系

处理方面也有应用。各种城市广场也是建筑组群的封闭形的大空间，实际上也是院子的扩大。

　　在住宅院落群中，建筑与树木及庭院绿化巧妙地结合在一起，形成良好的环境绿化条件。这种手法也应用于整个城市，使严整的建筑群及城市格局与自然山水及园林有机地结合在一起。虽然公共绿地的数量不多，但整个城市的树木覆盖率很大，形成中国独具特色的城市园林艺术（图 8-8-3）。

　　城市中绝大部分建筑为低层的院落式住宅，只有宫殿、庙宇、官府等大型院落式建筑群较为高大。城市中也有少数的多层建筑，如城楼、钟鼓楼、塔等分散地分布在城内，构成起伏变化不太强烈的城市立体轮廓线。

　　城门往往是城内主要道路的起点，高大的城门楼也成为道路的对景。钟鼓楼一般跨主要干道，或在交叉口上建造，成为城市大空间构图的焦点。塔在城市中的建造也是城市景观构成的重要因素。塔在起初只是佛寺的附属部分，后来有的塔也与寺院分离，而按风水等原因建在山顶或河湾处，使塔成为城市标志性建筑物。塔及楼阁的分布也与道路有一定的关系，如扬州的文昌阁，苏州的报恩寺塔（图 8-8-4），均是城市街道的对景。在地形有起伏的城市，有的塔建在山顶，如镇江的金山寺塔、杭州的保俶塔、无锡的惠山塔等，丰富了城市的主体轮廓线，增加了城市的景色。

　　突出主要建筑物，除了用对称、轴线以及对景等手法，也常运用建筑的色彩及装饰。建筑的色彩严格按照封建等级制的规定，只有宫殿和某些庙宇（如孔庙）可以用黄色琉璃瓦的屋顶，还由于整个城市中有大片的庭院树木，因此在一片绿色及黑灰色的底色中，衬托出某些黄色、红色，有强烈的对比感。

　　南方水网地区的城镇，有绮丽的水乡风光，河道如网，桥梁横空，通航河道上的拱桥很高大，桥形又富于变化，桥头又往往形成城镇生活中心的建筑组群，虹桥波影，形成生动的构图。沿河的街道，视野开阔，形成一幅展开的画卷。

　　古代有些城市中还有意将河流引入城中，除了水流及运输的要求外，也可以开阔城市园林水面，丰富城市景观。

图 8-8-4　塔是直路的对景

在地形起伏的城市，城市建筑能良好地配合及利用地形，顺山势建造，因建筑体量小又能灵活组合，能巧妙地形成一些错落有致而富有变化的建筑空间，极少破坏自然地貌、开山辟石的做法。道路多采用步行台阶路，更能增加城市景观的变化。

古代城市虽然由劳动人民建造，但制定规划的指导思想则主要反映了统治阶级的意图。在一些完全新建的都城，如隋唐长安城、元大都城、明清北京城、明中都城等，这种意识形态的体现尤为明显。

有些规划思想与周代的一些关于城市建设制度的记载有关，如《周礼·考工记》中有关城市布局的记载："……方九里，旁三门，国中九经九纬，……左祖右社，面朝后市"等。周代城市是否严格按照这种布局，尚未能证实。但是有一点是十分明显的，就是越到后代，城市总体布局中这些规划思想的体现也越显著。唐长安城中只有局部的体现，元大都则有更全面的体现，到明清北京可以说是严格地按照这种规划思想布局。这显然与《周礼》等儒家思想受统治阶级推崇的程度有关。

还有一些属于封建等级制的规制，如建筑色彩、尺度、形制等。也有一些属封建礼制中的具体规定，在城市布局中须严格遵守。如文职机构设在左、武职机构设在右。明初南京宫城部分及明北京城的宫门前六部在左，王府在右，左有文华殿、崇文门，右有武英殿、宣武门。

城市规划思想与古代占统治地位的儒家的哲学思想有关。儒家提倡"居中不偏""不正不威"。这种思想直接影响城市规划布局的"宫城居中"及中轴线对称的布局。儒家提倡的礼教尊卑、伦理、秩序也影响到城市及建筑群的严整、方正的布局。

中国古代的"天人合一""天人感应"的自然观在城市规划思想中也有影响。如天、地、日、月，春夏秋冬四季，天文星象珍禽异兽等。如唐长安十三排坊里象征十二月加闰月，皇城南面4行坊里象征四季。明北京城南面建天坛，北面建地坛，东面有日坛，西面有月坛。关于兽中四灵"前朱雀，后玄武，左青龙，右白虎"，东为春，南为夏，西为秋，北为冬等概念，均在城市布局及地名方面有体现。皇帝则自命为"天子"，将其宫殿设在至尊无上的地位。

古代还有一些规划思想与久已形成的阴阳、风水八卦等观念有关。如主要建筑物要朝南或朝东，不可朝西或朝北。城市北面往往不开城门，以免对"王气"不利，有时在北城正中建玄武庙。唐长安城皇城南面四行坊，不开南北门只开东西门。据文献记载，也是为了不冲"王气"。开封的宫城东北建艮岳，因为艮方补土，皇帝可以生子，艮土均为八卦五行中的概念。

风水、阴阳等概念与人类对自然界的原始认识有关，后来又逐渐被人们牵强附会按自己意志解释，或与宗教迷信思想混杂起来，加上一些神秘的色彩也会逐渐形成一些规划制度，形成一些观念，统治阶级又往往利用这些观念宣扬"天人感应"的思想。

城市规划中关于数字的应用，也逐渐形成一种传统的观念。数字本身是抽象和无意义的，但有时也与一些观念形态结合起来，如三、五、六、九等数字，表示尊贵。汉长安城门开三个门洞，唐长安明德门、北京天安门及午门开五个门洞，采用奇数也与突出中轴线布局有关，中间城门往往为帝王专用。唐长安有六街，汉魏洛阳城长九宽六，都城开九门，均含有尊贵的意义。

中国古代并无系统的城市规划理论，也无这方面的论著，但政治统治制度很完善，有一套规划建设的制度。风水、阴阳五行等概念也逐渐系统化，两者结合起来也形成一些城市规划的思想，对城市布局有很大影响。这些传统的规划制度及规划思想，有一些是封建、迷信的糟粕，也有一些是城市规划建设的经验总结，是优秀的规划手法的汇总。有一些是反映古代高度文化及与唯物主义自然观有密切关系的建筑空间艺术的思想。有些是代表统治阶级的意图，也有一些是城市发展中客观规律与经验的积累。我们需要下一番功夫，进行历史唯物主义的剖析，去其糟粕，取其精华，并以现代的城市规划理论予以评价，为丰富和创建中国化的城市规划理论而努力。

第九节　中国古代城市发展总的特点

中国古代城市发展的总的特点，与中国奴隶社会及封建社会整个时期中社会经济的特点是分不开的。

中国从奴隶社会发展到封建社会，远较欧洲为早，封建社会的时期长达2000余年，在这漫长的时期中，生产力虽然也不断进步，生产关系也不断发展变化，有过一系列的农民起义，不断改朝换代，但生产力的发展是缓慢的，封建生产关系始终占统治地位，生产方式没有出现根本的变化，因此中国古代城市都是封建社会型的城市。城市有变化及发展，也有不同类型的城市，但发展方式上没有什么根本的剧烈的变化。封建地主阶级对城市经济有严格的控制，因而封建社会中城市经济的不断发展并没有出现与封建地主阶级对抗的阶级力量，没有出现过欧洲封建社会后期产生的封建主的城堡与资产阶级的新兴势力集中的城市间不断斗争的情况。

中国封建社会是地主土地所有制，不是领主土地所有制，地主可以离开土地集中居住在城市中，不像欧洲封建领主的根据地在农村中的城堡。中国由奴隶制进入到封建制的过程中，并没有出现城市衰落、城市规模缩小、统治中心转入乡村等情况，城市就是封建统治的政治军事的根据地，城市不仅在经济上剥削乡村，在政治上也统治着乡村。

中国封建社会中虽然也有过几次分裂局面，但大部分时间是统一的中央集权的封建国家，有一套完整的庞大的官僚机构，不仅封建都城远较欧洲中世纪城市大，一般城市的规模也不小。封建统治的中央政权因为有着对全国的控制，可以役使广大的人力物力来建设其都城，或按照加强政治军事统治的目的在各地修建城市。

城市中的至高无上的权威是封建统治阶级，宗教也成为封建统治的工具，极少出现过西方中世纪国家神权教堂占城市中最高统治的情况。宫殿、官府衙门是城市布局中要突出的主要建筑物，与儒家思想结合的封建礼制和等级观念支配着城市的规划思想。

中国古代城市的发展有两大类型：

一类是按规划新建的城市。隋唐以前的有曹魏邺城、北魏洛阳，隋唐时期的长安及东都洛阳，宋以后的有金中都、元大都、明中都（凤阳）等。

另一类是位于交通要道上或通航河道的交会处，由于地理位置优越，经济基础雄厚，长期在原地发展，或改建、扩建、重建。如宋东京（汴梁）、平江府（苏州）、扬州、广州、成都等。

前一类城市的选址多出于政治及军事上的原因，建城的经济基础并不理想。隋唐长安城的选址，就像秦咸阳、汉长安城一样，是由于关中地区便于防守，又可东出潼关控制中原的战略位置。其附近的关中平原，虽是农业较发达的地区，但因城市人口逾百万，还得依靠渭河、黄河、汴河、大运河的漕运来联系经济发达的江淮地区，以保证供给。唐朝自武则天始，帝王所以较长时间驻东都洛阳，也是因为洛阳的漕运供应，可不经三门峡天险，较长安更便利。元大都地理位置虽十分重要，也有一定经济基础，但城市供应主要依靠南北大运河这条经济命脉。而个别城市如明中都（凤阳），其选址及修建纯系朱元璋的个人旨意。朱元璋在世时也修建了城墙及宫殿，但不久即荒废，因为它并不具备发展为一个大城市的经济、环境条件。

后一类城市，具有赖以存在和发展的雄厚的社会经济基础，如汴梁，隋唐以前已是地区的经济中心。自隋修通大运河后，经济地位达到高峰，五代的四个朝代及北宋因而定都于此，城市发展到空前的规模。金以后由于黄河决口及泛滥，这一地区的水系被冲毁，农业经济衰落，城市遂一蹶不振。又如位于运河与长江交会处的扬州，长期以来城市屡次扩建重建，一直到清末仍为商业都会，只是到近代津浦铁路通车，南北海运畅通，大运河北段淤塞，扬州的经济地位始下降。再如苏州，位于农业手工业发达的长江三角洲中心，大运河流经城市。从春秋吴国建都后一直是东南地区繁华的都市，城市虽在战火中受到多次严重破坏，城址中瓦砾层多达六七层，并曾一度易地建新城，但最终仍回原地发展。

从两类城市并存并行发展的研究可以看出，《周礼》的城制对古代城市具有一定的影响，但不能把它作为一条贯穿古代城市规划的主线，因为这种影响并不是在所有的城市都体现出来的。周王城埋在今洛阳市区下，据考古材料，城市中部有建筑遗址，也许可以说明宫城居中，其他则无可考。而春秋战国留下来的一些城址，如齐临淄，燕下都，赵邯郸，郑韩故城，吴都（苏州）均很难看出《周礼》城制的布局痕迹。北魏洛阳只有宫城居中，左祖右社。而隋唐长安则更多的体现出"城制"，如旁三门、九经九纬、左祖右社，宫城居中（但偏北）而市却在宫南。元大都比较全面地体现了"城制"的布局，甚至可以说它的规划指导思想就是"城制"。在元大都的基础上改建的明北京城，明初新建的南京宫城部分，及中都（凤阳）也都较多的体现了"城制"的有关规制。从这一历史现象中，可以得出这样的认识：《周礼》城制是在汉以后的一些按规划新建的都城中体现出来，是随着儒教受统治阶级的推崇程度而日益明确。如元初忽必烈，为了巩固其在全国的统治的需要，极力推崇孔子及儒教，加封孔子为文宣王，对孔子的尊崇达到最高峰。在命汉人刘秉忠规划建设大都以前，在草原上新建的都城就已体现了"城制"的一些制度，而且在皇宫近旁修建很大的孔庙。

　　城市是社会经济发展的载体，社会经济条件也是城市发展或制约的因素。一些平地新建城市的规划主要体现了规划者——帝王的意志，但城市的实际发展则又离不开社会经济的客观规律，也不能背离城市居民生活的要求和愿望。可以说，隋唐长安是反映帝王意志的，而宋东京则是符合市民世俗生活的。

　　从两类型城市的规划、建设、发展的比较研究中，还可以探索一些更为广泛的城市规划理论问题。现代意义的城市规划学，是工业革命后城市高速发展带来许多矛盾和问题后产生的。但是工业化以前的古代或中世纪，也有不少关于城市规划和建设的论述和实践。一些城市建设发展的历史规律和经验，也为现代意义的城市规划学提供了素材和思路及借鉴。

　　由于工业化带来了动力和生产集中发展的可能性，由于经济上的聚集效益和规模效益，城市的人口和空间迅速地扩大，城市发展的速度和规模大大超过了前工业化时期，大城市相继出现，这是不足为奇的，是欧洲漫长的中世纪时期前所未有的。但是在古代奴隶制社会也出现过超过百万人口的罗马城，其产生的历史背景是罗马帝国以军事征服掠夺，超经济的奴隶劳动及贵族们奢侈享受的需要。后来由于奴隶制的崩溃，欧洲分裂为许多小的封建领主，生活的中心转入农村及封建城堡，城市衰落。直到文艺复兴及新航路的开辟，才在交通要道及通商口岸发展到了一些10万人以上的城市。而就在欧洲中世纪的城市衰落时期，从公元6～10世纪，却在中国先后出现了隋唐长安及宋东京两个人口超过百万以上的特大城市，其社会历史背景究竟为何？中国在唐宋时期是封建社会的盛期，几经战乱、分裂，重又建立了统一的封建帝国，虽然仍是农业社会，但是作为一个封建专制、官僚体制十分强大的中央集权的国家，就有可能集中国力并役使数十万农民建造规模空前的长安城，而在封建社会的商品经济繁荣的基础上又发展起来更加繁荣的东京城。如果离开这些政治、经济、军事制度的背景因素，就很难理解，为何在前工业化的农业社会会出现这样的特大城市。

　　由此可见，不论欧洲或中国，从奴隶社会出现城市后，在漫长的历史中，城市基本可分为两种：一种为政治军事的目的而兴建起来的城市；另一种是由于区位、经济条件而自发形成并发展起来的城市。前者如罗马帝国时代的营寨城市，其模式是方形或长方形的城墙，"十"字形街道，靠近交叉口有广场或露天剧场，中世纪时期纯粹属于防御要求的斯卡莫奇模式的城堡。中国则有按照《周礼》城制营建的都城，宫城居中，每边三门。府州城每边二门，"井"字形街道。大量的一般县城，每边一门，方城"十"字街。均以王宫或政府衙门为中心，基本形态为方形或长方形。还有一些沿长城及海防修建的边防城堡或海防卫所，其模式也多为方城"十"字街。后者，多位于交通要道、海港、通航河道的交会处，其形式多样而不规则，其生命力较强，经久不衰。在欧洲，人为的规则形城市在古代较多，中世纪后则基本上都是自发形成的不规则形城市。而在中国，人为的规则形城市较多，从周王城到一些新建的都城如邺城、隋唐长安、东都洛阳、元大都到明代初年的筑城高潮时新建改建的一些府州县城、边防城市等。

按规划建造的城市，在实际的发展中也往往在某些方面背离原来的规划，出现自发的随机性，有序中出现某些方面的无序。隋唐长安城就是这一类型城市的典型例证。

自发发展的城市也会由于发展出现各种问题，由城市的主管当局进行一些行政性的控制措施，或制定一些改建扩建的规划，而使城市的发展较符合客观的要求和规律。在无序之中也产生某些方面的有序，宋东京城就是这方面的典型例证。

城市的规划与城市的发展，是一对互为依存而又时常发生矛盾的事物。城市规划主要体现规划制定者的主观意图，规划只不过是具体体现制定者的意图，在拟定过程中发挥他们个人的智慧和经验。中国封建社会的都城，一般是由帝王亲自拟定和主持规划工作，如隋文帝杨坚命宇文恺绘制长安城的规划，忽必烈命刘秉忠绘制大都的规划。而城市的发展则更多地依赖或受制于城市社会经济活动的发展。城市居民的生活要求与愿望，也会对城市的发展起相当的影响。只是在封建社会帝王的影响大，是决定性的，而市民的影响小。随着社会的发展和进步，市民对城市发展的影响则日益显著。

城市规划是一个物质环境的静形态，而城市的社会经济发展及市民的生活是一个动的因素。在前工业化社会，由于生产水平低下，科技发展慢，以农为主，促使城市发展变化的因素少，发展成长很缓慢，因此城市规划适应城市发展的周期甚长。而在工业化后，随着生产、科技的发展，城市发展的动态因素活跃，城市规划适应城市发展的周期日益缩短，以致到目前，城市规划本身也要成为动态的规划。

城市规划初期与发展的要求相符合，后期矛盾的一面不断增加，规划与发展适应性的长短与规划的预见性的准确程度，与城市社会经济、科技发展的速度有关，在城市的发展中，反规划的随机性始终存在。

不能以现代城市的规划理论，硬套古代的城市规划与城市发展，或把古代城市规划的某些方面加以现代化的解释，把现代的理论强加给古人，这是非历史观的。但是现代城市规划理论中的一些问题，确也可以从古代城市规划及发展中找到其萌芽或胚胎。因为城市的发展有其客观规律，城市规划理论也是从历史规律中总结出来，只是有一个认识过程，有一个由自发到自觉的过程。比如，道路与交通及商业街的关系，在隋唐长安城与宋东京城的比较研究中得出的理论性意见，在现代城市规划理论中同样存在。比如，城市是有机体的理论，城市的新陈代谢，在古代虽然并无此认识和理论，但实际上存在着这种客观规律。今天我们自觉地从历史经验中总结出理论，用以认识和解释古代的城市规划与发展问题，可以更加认识到本质问题和具有说服力。古典的理论与现代的理论中间并不是断裂的，而存在着某些内在的联系。

中篇

近代部分

第九章　中国近代城市发展概况

　　鸦片战争以前，中国的城市都是封建社会型的。绝大部分是地主封建统治阶级以及一些商人、手工业者的聚居地。城市在政治上统治着乡村。城市集中着官府、地主宅第，以及商业、手工业及其他劳动人民，城市大部是消费性的。城市的功能结构简单，平面形式沿袭着封建社会的城制，建筑面貌也完全是中国传统的形式。

　　当时中国的经济发展缓慢，生产力已远远落后于西欧及北美的资本主义国家。清王朝的政治统治极为腐败，军事力量落后，因此鸦片战争后，帝国主义势力不断侵入，使中国沦为半殖民地半封建的社会。在中国的土地上出现了一些帝国主义的"租界"和殖民地城市，也有一些受其侵略影响较大的城市。其他一些封建城市也随着这种社会经济的变化，而发生不同程度的变化。

　　鸦片战争前，中国的商业资本已有一定的发展。由于中国手工业的发达，当时出现了不少资本主义经营方式的较大作坊及工场，如丝绸、棉织、陶瓷、制盐、土煤窑等，形成了少数手工业集中的城镇，如景德镇、佛山镇等。

　　鸦片战争后，从统治阶级内部提出的"洋务运动""变法维新"开始，先后出现了一些近代化的资本主义工业企业，也随之产生一些新的城市，并使不少旧城市发生较大变化。

由于封建经济闭塞，城市经济发展不平衡，沿海及长江这一带城市化的程度较高。因此近代城市的分布及发展有明显的地区不平衡。

鸦片战争前中外贸易关系早已开始。由于清王朝的"海禁"政策，贸易额不大。当时葡萄牙殖民者已占据澳门，清王朝也指定广州为唯一的对外通商口岸，在这些地区建了一些外国形式的建筑物；帝国主义在军事与经济侵略的同时，还传入宗教活动。少数城市也出现一些外国形式的宗教建筑，例如北京圆明园在康熙、乾隆年代已建有外国传教士设计的意大利巴洛克式的"西洋楼"。但是，这些对当时中国城市面貌影响不大。鸦片战争后，在新的经济条件及意识形态的影响下才开始对一些城市产生较大的影响。中国传统建筑因受生产技术的限制及封建意识的约束，在建筑形式上和城市面貌上没有产生很大变化和影响。

鸦片战争前的城市，由于在封建社会中所处地位不同，经济条件及地理位置的不同，可以分为封建统治的都城（北京）、地区封建统治的中心（省会等）、一般府县、工商业城镇等。其规模虽不同，形式也各异，但均发展缓慢，变化微小。

鸦片战争以后，封建社会经济开始逐渐解体，逐渐形成半殖民地半封建社会。城市是社会经济的产物，这种变化必然使原有城市发生不同内容和不同形式的发展。

近代时期的城市基本上可以分为两大类型。

第一类城市是由于帝国主义侵略、外国资本的输入，或由于本国资本的发展，而产生较大变化或新兴起的城市。

有些城市是长期受某个帝国主义国家的控制，如青岛（德国和日本）、广州湾（法国）和哈尔滨（帝俄）、旅大（帝俄及日本）等一些东北地区的城市。这些城市有体现其侵略意图的建设规划，具有明显的殖民地色彩。在城市各个方面都反映了帝国主义与中国人民之间的对立，在城市分区及公用设施的差别方面尤为明显。

有些城市处在几个帝国主义占据下，有特殊的租界地，如上海、天津、汉口等。这些城市都是中国原来最大的工商业及交通中心。城市中租界与旧城区有强烈的对比，相隔咫尺，但有天壤之别。租界之间界限分明，道路及公用管线互不联系，租界各自畸形发展，摆布着各个国家不同时期的建筑形式，城市布局与建筑面貌极为混乱。

还有些由中国官僚资本或民族资本开办的新的工矿企业而兴起的新城市，如河北唐山、河南焦作、湖南锡矿山、湖北大冶，以及抗战时期的玉门等城市。

现代化的交通，特别是铁路，对工商业及城市的发展影响很大，在铁路枢纽或铁路与主要河道交叉处的城市得到较大的发展，如郑州、徐州、石家庄、蚌埠、浦口等，以及抗战时期的宝鸡、双石铺等。

第二类城市是原来的封建城市，由于受到帝国主义的侵入及本国资本主义的发展，发生了局部的变化。

这类城市包括封建都城北京和一些长期作为地区封建统治中心的城市，如西安、成都、太原、南昌、长沙、兰州等。

有一些由于资本主义工商业的发展而发生变化的城市，如江苏的南通、无锡，四川的内江、自贡等。

有一些沿江及沿海的城市，往往辟为商埠或设有租界。这些商埠或租界一

般位于旧城的近旁，形成畸形繁荣的商业区，与旧城的格局及面貌完全不同，如南京、济南、沈阳、宁波、福州、芜湖、九江、重庆、万县、烟台等。

原为传统的手工业商业中心或位于原交通要道的城市，被新的资本主义工商业或位于新交通线上的城市所取代，因而这些城市的地位相对地衰落，如大运河沿线的山东临清，江苏淮阴、淮安、扬州，上海附近的浏河、嘉定等城镇。

广大的内地中小城镇，因为经济基础没有发生显著变化，因而城镇变化小或没有变化。

近代城市的发展变化，与不同时期社会政治和经济的发展是密切相关的，按其发展特点，可以分为下列几个阶段。

一、19 世纪中叶至末叶

鸦片战争后，清王朝被迫签订了《南京条约》，让英帝国主义租借香港，并开放广州、上海、宁波、厦门、福州五口通商。其后不久，又在《虎门条约》中被迫同意开放"外人居留地"，这就使中国土地上开始出现了"租界"，使一些城市中的某些地区畸形发展起来，其中以上海、天津最为突出。

这一时期，封建统治阶级的"洋务派"，采用资本主义的技术，由 1865 年的上海江南制造局开始，开办了一些军事工厂，天津、武汉也相继开办工厂。一些官办的民用工厂也随之兴起，如上海机器织布局等。这些对城市的发展有一定的影响。

二、由 19 世纪末叶至 1910 年代

这一段时期，可由 1895 年中日战争失败后签订的《马关条约》作为起点，至 1914 年的第一次世界大战爆发为止。

《马关条约》中规定外国人可以在中国设工厂，使帝国主义的侵略进入了另一个新的阶段。当时世界范围内，帝国主义的经济侵略已开始由商品输出发展到资本输出阶段。一些租界城市由于大量设厂，发展更为迅速。例如，天津原有英、法、美租界，1900 年又有德国租界，其后不久又有俄、奥、比、意四国租界，至此天津共有八国租界，城市范围扩大好几倍。上海也有类似情况。

中日战争及其后不久的"八国联军"侵略以后，帝国主义开始在中国扩大侵略，划分了势力范围，建立侵略基地，接着产生了一批帝国主义独占的城市，如青岛、大连、旅顺和哈尔滨等。

这一时期，沿海、沿江大部分大中城市，甚至内地一些城市，也都开辟为商埠，有的还设有租界，如万县、宜昌、沙市、个旧等地。

1911 年的辛亥革命，并没有改变半殖民地半封建社会的性质，封建军阀代替了清王朝。连年的战争，谈不上什么城市建设。封建军阀、失意政客、封建大地主，纷纷向租界集中，造成租界的畸形繁荣。

三、1920 年代前后

第一次世界大战的前几年，中国民族资本开始有较大的发展，以 1914～1918 年世界大战期间及以后数年最为迅速。这种情况，以接近上海的江浙地区较为显

著。例如无锡在这一时期，就开设了许多面粉、纺织、丝绸等工业，城市发展很快，甚至在 1922 年曾制定过商埠建设计划。上海在这一时期由于民族工业的发展，租界及非租界地区，都有较大的扩展。从 1914～1921 年间，上海华商建立的工商业竟超过 1915 年以前总数的一倍。上海附近除无锡外，苏州、杭州、常州、南通等地也都有一定的发展。又以青岛为例，这一时期建立了华商的华新纱厂，及面粉、火柴、酿酒、打蛋等工厂，商业贸易也有较大的发展，随着人口的增加，市区有所扩大。

四、1920 年代末叶至抗日战争以前

1927 年"四·一二"事变后，建立了国民党政权。其政治统治中心南京，经济中心上海，这时期也均有较大的发展，并制定过规划。

1931 年"九一八"事变后，日本帝国主义占领全东北，企图把东北作为侵略全中国的基地，建设了伪"满洲国"的政治中心长春，工业中心沈阳、哈尔滨，掠夺东北资源的港口大连，军事基地牡丹江、旅顺，扩建了钢煤中心鞍山及抚顺，使这些城市都变为典型的殖民地城市。

五、抗日战争期间至 1949 年前夕

1937 年"七七事变"后，日本帝国主义迅速地侵占了华北、华中、华南广大地区的大中城市，不少城市受到严重破坏。国民党政府向内地撤退，将沿海部分工业内迁。这一暂时的刺激因素，使西南、西北原先一些偏僻城市受到一些影响。例如，湖南衡阳曾一度由 10 万人增长至 50 万人，湘西沅陵、辰溪、芷江等偏僻县城也因工业内迁及人口增加而有发展。

军事工业及资源的开发，也使一些城市扩建或新建，如兵工厂较集中的四川泸州、开采石油而新建的甘肃玉门等。

由于军事的需要，修建了西北、西南两地区的公路，使沿线一些偏僻的小城镇也繁荣起来，如陕西的宝鸡、双石铺，甘肃的天水、华家岭，四川的广元，云南的腾冲等地。这些城市的新发展地区多在汽车站附近。

重庆由于是抗战时期国民党政权的"陪都"，其政治、军事、经济、文化机构都集中这里，内迁工业较多，抗战期间有很大发展。战前重庆只有 28 万人，抗战开始后不久增至 47 万人；1945 年抗战胜利以前竟达到 100 万人以上，工厂增至 1500 家，为战前的 16 倍。

上述这些城市的发展因素多是暂时的，抗日战争胜利后，有些城市就又衰落下来。

革命根据地中心以延安为代表。虽然延安处在国民党军队的封锁包围下，又不断受到日机轰炸，但是在边区政府与人民的通力合作下，自力更生地进行了建设。

1945 年抗战胜利后，国民党统治区的城市根本没有什么建设，有的城市做了一些规划。

直到 1949 年后，中国共产党及时提出了"为工业生产，为劳动人民服务"的城市建设方针，开始了城市的恢复工作。

第十章　由"租界"发展的大城市

　　直接受帝国主义侵略而变化、发展的城市中，有一类为几个国家共同占据下，由"租界"发展起来的大城市，如上海、天津、汉口等。

第一节　上海的发展

　　上海位于长江入海处的南岸，有黄浦江深水航道而成为天然良港。由于地理位置所形成的优越的交通条件，南宋时已在这里形成市镇，在旧城区的东门外沿黄浦江一带形成繁盛的商业贸易区。元朝在这里设立市舶司，管理中外船舶进出及征收税款。至元二十九年（公元1292年）正式设上海县治，建有县署、文庙等。明永乐年间，为了发挥上海"襟江带海"的地理优势，对境内水系进行了整治，将吴淞江改道于今天陆家嘴附近的黄浦江处，使江水流量剧增，并直通长江口入东海，大小船舶进出频繁。明末时这里商业及手工业已相当发达，嘉靖年间为防倭寇侵扰，而筑圆形城墙（图10-1-1）。

　　鸦片战争后，根据《南京条约》上海于1843年开辟为商埠，帝国主义相继而来，从此就使上海从一个小城市迅速地发展成为中国甚至远东最大的城市，成为帝国主义在中国进行经济侵略的最大基地、当时中国的工商业中心、世界

图 10-1-1 清末上海城厢结构图

资料来源:《上海近代建筑风格》

闻名的"冒险家的乐园"。

一、上海的发展过程

上海开埠后不久即设立租界。上海的发展过程实际上就是租界不断扩张的过程。上海城市的特殊性质是和租界不可分的（图 10-1-2）。

1845 年 11 月,英帝国主义与清朝上海地方官员订立的所谓"地皮章程"中,规定划出一定的地界为英国人居住,这种租地界线,便是后来的租界。当时规定租地界线为洋泾浜（今延安东路）以北,李家场（今北京路）以南地区;次年（1846 年）又划定西到界路（今河南路）,东到黄浦江,为英租界,面积 830 亩。此后,英帝国主义又得寸进尺要求扩展居留地,划定东北到苏州河第一码头,西北到苏州河边,西南到周泾浜（今西藏中路）,面积扩大两倍多。

1848 年美帝国主义与清政府签订《望厦条约》,占据虹口一带为美租界。1863 年英美租界合并为公共租界,到 1899 年即扩大到 33503 亩,相当于合并的 40 倍。此后,又不断向四周扩展用地,以"越界筑路"的方式强占土地。1915 年公共租界总面积达 54793 亩,约 36 平方公里。

法帝国主义在"天津条约"以后,也在上海强占租界。最初在洋泾浜以南

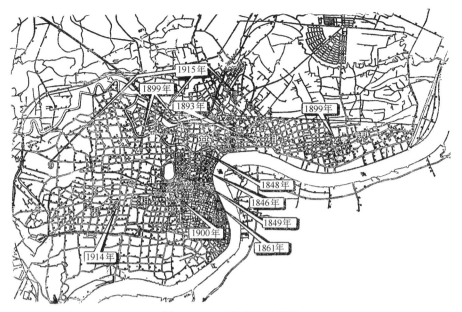

图 10-1-2　上海租界扩展图

到护城河（今人民路）。以后也以"越界筑路"的方式，向西伸展至西藏路一带。1900 年扩展到重庆南路一带。1914 年又扩展到华山路、徐家汇一带。面积达 15150 亩，合 10 平方公里（史梅定《追忆——近代上海图史》，上海市档案馆，1996 年）。

日本虽无租界，但盘踞虹口、四川北路一带，形成其势力范围。

通过租界，外国的侵略者对中国的侵略日益加深，在租界内制定法律，设立政权机构、捕房和监狱，驻扎军队并设立武装组织"万国商团"，建兵营，停泊军舰。在租界内建筑大量洋行、银行、工厂、仓库、码头作为对中国进行经济侵略的大本营。在宗教设施方面，修建许多教堂，如董家渡教堂、佘山教堂、圣三一教堂及东北教堂等，还有教会学校及各种"慈善"机构。

在租界以外，中国政府管辖地区也不断地扩展。1847 年，清政府即在外滩设立江北海关，1865 年在南市区建江南制造局及江南造船厂；第一次世界大战前后，在闸北及苏州河一带也兴建不少工厂，使这两个地区也成为建筑密集的市区。

1853 年，上海口岸对外贸易总量第一次跃居全国第一，并从此成为东亚第一大港。1930 年代，上海的发展达到顶峰，被称为当时世界上仅次于纽约、伦敦、柏林和芝加哥的"第五大城市"（《上海市年鉴》1935 年版）。上海的人口也随着工业、商业、对外交通及贸易的发展而迅速地增长起来。1880 年已达 100 万人，1930 年增至 300 万人以上。

1937 年抗日战争爆发后，上海租界以外地区为日本帝国主义侵占，租界形成孤岛，大批难民涌入，房荒更为严重，添建了大量的阁楼等临时性房屋，不少小型工厂也迁入租界，人口激增，各种消费性行业大量增加，出现了暂时的繁荣现象。1941 年太平洋战争爆发，日军进入租界，占领了整个上海。此时，曾进行过市区规划工作，在北区建设了军事机构及日本人住宅区，但上海许多地区都遭到极大的破坏。

1945 年日本投降后，国民党政府重返上海，城市人口一度增加到 600 万以上。市内棚户数量激增，但市区没有扩展。此时，曾制订了所谓"大上海都市计划草案"，但这个规划并没有实现。

二、上海工业的发展与工业区的分布

上海迅速发展的原因是工业的迅速增加与高度集中，其中外国资本开办的工业增长得更快。1895 年以后，由于《马关条约》中规定外国人可以在中国境内设厂，外资工业大量兴起，其中日本投资最多。

1924 年租界的工部局成立"交通委员会"，两年后便提出了《上海地区发展规划》，将杨树浦黄浦江北岸、苏州河两岸（在今天闸北、普陀两区范围）及高昌庙（江南造船厂）、陆家嘴作为工业地带，黄浦江两岸作为码头和仓库区。据 1930 年调查，上海所有工业，包括外商、本国官僚资本家及民族资本家的大小厂，计有 1781 个，其分布地区主要集中在沪南区、曹家渡区、杨树浦区三处。此外徐家汇区、闸北区、吴淞区、浦东区等地也集中了不少工业。所有工业差不多都占满了沿江沿河的地段。黄浦江及苏州河两岸几乎全部为码头仓库、工厂所占。沿苏州河两岸没有一段较长的滨河路，更谈不上留出一些公用的沿岸线绿化地带。

上海工业的分布还有一个严重的情况，即工厂与住宅混杂。1937 年抗日战争全面爆发时，共有 5000 多家工厂，被毁于炮火者 2000 家，余下的有不少工厂迁入租界内，这就使工厂与住宅混杂的情况更为严重。不少易燃、易爆、有毒害的工厂也分布在住宅区的里弄内。

工业分布的盲目性造成市内交通运输的严重不合理。工厂的产品和原料仓库分散在全市各处，与工厂缺乏直接联系；相互有协作关系的工厂也不集中在一起，增加了往返的货运。沪东、沪西、沪南几个较大的工业区之间也无直达的、便捷的道路交通，大量的货运交通必须穿行市中心的商业区，如曹家渡与杨树浦工业区之间的货运都要经过延安路、外滩及白渡桥一带，使市区交通负担过重，常常造成拥塞及车祸。

工业的分布与市际交通也不相配合，如工业较集中的杨树浦，与铁路货运站无直接联系，大量货运需要由汽车及其他运输工具转运，增加了运输费用。

上海的工业虽然在当时的中国是最集中的，根据 20 个主要城市调查资料，上海的工厂数约占总数的 50% 左右。但是，由于帝国主义的经济侵略，工业生产是有依赖性的。例如，上海是中国最先有钢铁工业的城市之一，1890 年在江南制造局内即有炼钢设备，但只能轧制小型钢材。机械工业也只是一些修配性企业。大部分轻工业也都是远离原料产地及产品销售市场；棉纺厂在全国占很大比重，但原料却大部分依赖美棉。

三、上海的对外交通

上海位于中国海岸线的中部、长江入海处，是近代发展起来的中国最大的港口。由于长江流域的腹地是中国经济最发达、人口最密集的地区，加之上海

有黄浦江航道，万吨以上的大轮可以进港停泊，所以帝国主义就选定上海作为他们的侵略基地。

由于上海港在历史上受许多帝国主义的共同控制，它的布置也存在着许多严重的问题。1842 年上海开辟商埠及出现租界后，帝国主义的船只立即大量开入，并相继建立船坞。当时轮船码头均在租界的沿江部分，外滩一带全都为外国人的码头所占用。此外，在浦东设造船厂，沿江两岸建造大量仓库。

1872 年清政府在上海设"轮船招商局"。

抗日战争胜利后，虽然名义上收回租界及航权，实际上航运、码头、仓库等绝大部分仍控制在外国中，只是原来日本经营的部分转变为官僚资本主义。

上海码头分布得很集中。外滩及杨树浦一带过分拥挤，甚至影响了装卸工作。在全长 80 公里的黄浦江岸线中只使用了 39 公里。

浦东、浦西仓库码头的分布也不合理，据 1943 年调查，浦东的码头仓库约占全市的 70% 以上。1947 年的统计，上海共有码头 125 座，浦东占 57 座；如浦西工厂约占全市工厂数的 95% 以上，居民占全市入口的 92% 以上，但浦西码头长度仅占全港码头总长度的 43%；尤其是数量最大而又直接为工业服务的煤码头及堆场，绝大部分在浦东，大量物资均需依赖拖驳再转运至浦西，既增加运费，又使黄浦江交通拥塞。

上海作为全国最大的贸易港口，大部分货物在此转运，但是港口与铁路之间缺乏直接的联系。除东站货场上有几个很小的港池，可转运一部分通过苏州河的驳运物资外，却无一处水陆联运码头。

黄浦江航道虽然有一定水深，但因年久失修，淤塞很严重。后工部局设立开浚黄浦江工程总局，规定了浚浦线位置以拉直航道，使水深由原先的 3.2 米增加到 5.8 米，可以通行万吨级巨轮。同时，对吴淞口浅滩也进行了整治，以保证航运的通畅（《上海市规划志》，1999）。但进入 20 世纪后，航道日浅，大型货船只能趁涨潮入港，落潮出港。更大型的远洋货船，只好在吴淞口外停泊，而用小型驳船卸货，费用极大。

上海港的分布有一定分工，如远洋码头在汇山、杨树浦一带，长江内河码头在十六铺一带，苏州河内河码头在苏州河沿岸，黄浦江内河码头在南码头一带，油船码头在浦东高桥，散装煤码头在浦东沿江。港口设有危险品、木材、粮食、牲畜等的专用码头仓库区。

上海最早修建的一条铁路是在 1874 年外国人建造的淞沪路，于 1876 年建成通车，1877 年被清政府赎回后拆除，1905 年开始修建沪宁路，1908 年通车。当时苏州河以北的闸北地区尚未发展形成，帝国主义从租界的利益着想，将车站尽量靠近租界，使客运总站接近了中心地。由于铁路的布置没有远景规划，市区的发展也是盲目的，因此在闸北区形成后，出现了铁路场站与城市道路的交叉现象；这一现象一方面限制了闸北区的发展，同时使该地区的道路交通受到了严重的妨碍。

沪宁路建成不久，又修筑沪杭路。当时没有考虑到城市的发展问题，沪杭线包围了建城区的西南方。从整个上海地形来看，东及南向受黄浦江包围，北向受苏州河及铁路站场的阻隔，只有西南向可做发展备用地，但沪杭路修筑后，西南向的发展又受到了限制。淞沪铁路由于虹口区逐年扩展后，也完全位于居住区内，这样就形成三条铁路将市区包围和分割的局面。

铁路与城市道路全部平交，使城市道路交通受到限制，并常常发生交通事故。上海这样大的一个铁路枢纽站，在 1949 年前却没有一个编组场，大部编组作业在北站内部及与东站之间进行。

20 世纪初上海开始有飞机，仅供外国人做表演用的，当时没有飞机场，利用跑马场等开阔地升降。抗日战争前建设了江湾、虹桥等地军用机场。日本帝国主义占领上海后，拟以上海作为在华空军的主要基地，还大规模地扩建了江湾机场，兴建了大场机场。民用航空是抗日战争前不久开始的。在上海的几个机场中，只有龙华机场由民用航空使用，但班机很少，设备简陋，故民用航空始终未在上海对外交通中占重要地位。这些机场由于占地极大，影响了城市的发展，尤其是江湾机场，完全阻隔了市区向东北方向发展的可能性。

四、上海的城市道路与市内交通

上海老城区和其他中国旧城一样，由很小的方格形道路网组成。道路宽度极窄，一般在 2 ～ 3 米之间，不能行驶机动车辆。路面多为石板路或弹石路。道路两边为密集商店。

最先发展的英租界及法租界，道路为简单的方格网。在英租界称之为"棋盘街"，按照早期的规划，租界内的主干道宽度为 18 ～ 21 米，一般道路为 10 ～ 15 米。但道路间距均在 100 米以下，有的只有 40 ～ 50 米，沿街全部为商店店面。英租界以大马路（今南京东路）、法租界以法大马路（今金陵东路）为主要商业干道，均设有有轨电车。

道路与租界的扩展方向一致，主要由东向西、以"越界筑路"的方式发展，形成很多东西向平行的直通道路。而南北向几乎没有什么直通干道。特别是沪东与沪西两工业区之间及南市区与闸北区之间，无直通干道，在苏州河白渡桥与北站之间的狭窄地带是上海东北与西南两地区的交通孔道，为蜂腰地带，所有客货运都需经过白渡桥、乍浦路桥及天潼路一带，造成交通紧张。白渡桥原先为木结构，后改为钢架结构大桥。在 1914 ～ 1916 年，为便利无轨电车的通行，租界当局还将贯穿市中心的洋泾浜和泥城浜填平筑路。

上海的公共交通最初为租界内的有轨电车。1905 年，成立"上海电车公司"，从 1907 年起铺设电车轨道，次年通车，无轨电车通车于 1914 年，公共汽车通车于 1924 年。法租界有轨电车建于 1908 年，无轨电车通车于 1927 年。南市及闸北公共汽车通车于 1928 年。租界各自为政的建设，没有统一的规划和管理，如过去陕西路上行驶的无轨电车，因为穿越公共租界及法租界，分属英商及法商经营，因此乘客需要买两次车票。公共车辆中分头等车及三等车，头等车供外国人及高等华人乘坐。

五、上海的建筑及居住区

租界是上海城市面貌发生变化最大的地方。比较注重建筑的质量和环境。在南京路一带最早出现繁华的商业街区，大量的银行、饭店、影院、商店等都聚集于此。19世纪后期，租界内的建筑物大都为2～3层高度，并以砖木结构为主。到了20世纪初，大部分建筑增高到5层以上，有的还用上了电梯。1917年，根据纽约的区划法规经验，上海也规定了建筑高度与面街宽度的关系，凡沿街建筑达到一定高度后，必须按比例后退。这一时期内南京路的建筑最有特色，以先施、永安、新新和大新为代表的四大商业公司以及由他们所带来的建筑、游乐、商业、办公等繁荣景象，到1937年抗战爆发前，上海市区内10层以上的建筑已有31幢，包括著名的汇丰银行、沙逊大厦（今和平饭店）等（伍江《上海百年建筑史》，1999）。特别是1934年建成的国际饭店（四行储蓄会），其高度称雄远东达30余年。外滩一带已成为近代上海的标志性地区。

上海旧城区居住建筑，多为中国传统的木结构立帖院落式低层建筑。在上海人口剧增后，地价昂贵，房租增加。为出租牟利，多在空地添建各种简陋房屋，或在原有房屋中增加阁楼，建筑密度及人口密度均较前提高很多，卫生条件更加恶化。

租界内沿街建洋行、办公楼、商店等，街后也修建很多密集的居住建筑，特别是有不少里弄式房屋；在西区也建造不少花园住宅。他们多在工业区附近空地，建造一些简陋而且临时性的棚户——贫民窟。

（一）里弄建筑的演变

里弄住宅实际上是中国传统的低层院落式住宅在新的条件下的演变。为了在小块的私有土地上建造一些密集的、低层的、独门独户的出租住宅，逐渐由原来的三合院住宅演变成联立式住宅。这类住宅大致可以分为新老石库门、广式房屋、新式里弄、花园里弄和公寓里弄几种类型。

上海里弄住宅的出现是在19世纪末。由于太平天国革命，流入租界的人口剧增，1862年达到50万人。人们多在空地建造各种木结构临时房屋。1870年前后，帝国主义在租界内统治逐渐稳定，对这些临时房屋加以取缔，就开始出现砖木结构的老式石库门住宅。这类住宅以建于1872年的兴仁里为代表，是由三合院演变的三间两厢二层联立式。由于人口增加，老式石库门住宅的出租空间不够多，租金昂贵，就在1914年前后产生新式石库门住宅，为单间或双间一厢的联立式；这类住宅以1916年建造的东西斯文里为代表。以后又发展一种没有天井的"广式房子"。1930年前后，里弄住宅开始向多层、大进深发展，并增加卫生设备，降低或取消围墙，平面变化较多而且多数接近外国联立式，立面用英国式、西班牙式等。这类住宅称新式里弄，多为中小资产阶级居住。以后又发展成为花园里弄及里弄公寓等形式，如福履新村（今建国新村）、新康花园、永嘉新村等。至此已很难看出与中国传统低层院落式住宅的联系。

里弄多在私有土地上建造。里弄内有总弄、支弄，总弄通大街。房屋很少考虑朝向，建筑密度很高。

（二）花园洋房

花园洋房的发展可以分为三个阶段：①初期（1843～1919年）——租界建立初期，外国人在租界内建的居住建筑，是四坡顶的简单洋房。以后随着他们势力范围的扩大、掠夺的财富增加，在第一次世界大战前修建不少花园洋房；这类住宅以汾阳路79号法租界某董事住宅为代表，占地很大，为法国文艺复兴式。②中期（1919～1937年）——这一时期是修建大量花园洋房的时期，特别是1927～1937年，外国人及中国上层统治阶层均在上海建造别墅。这些别墅绝大部分采用外国的建筑形式，如仿古典式、乡村别墅式、西班牙式、英国式、混合式及现代建筑式等，多集中在公共租界与法租界的西部，距拥挤的中心商业区及工业区均较远，其中以徐汇区（占39%）、长宁区（占29%）为最多。在虹桥路一带也建造了花园洋房。花园洋房中也有一些组成联立式的花园里弄，如上方花园、愉园等处。③后期（1937～1949年）——抗日战争爆发后，租界内人口大量增加，土地投机转向里弄建筑及临时性房屋。当时，花园洋房建造较少。1945年抗战胜刮后，只有少数达官贵人在虹桥路一带建造一些华丽的花园洋房。

（三）高层公寓建筑

上海高层公寓建筑大都兴建于20世纪30年代。1930年前后的世界经济恐慌，影响到上海，商品滞销，金融不振，地产商感到地产投资较稳定可靠，而收里弄房租困难，于是逐渐转向建公寓建筑。当时建筑材料低廉，人工较便宜，高层建筑在建造技术上比较成熟，因而高层公寓应运而生。

高层公寓主要为一些来上海这个"冒险家的乐园"淘金，而尚无大量固定资金建造花园洋房的外国人服务的。主要集中于法租界。在接近商业区的地方也有一些，如苏州河边的百老汇大楼（今上海大厦）及河滨公寓等。

在与其他类型居住建筑发展的同时，出现了大量的棚户区。1937年以前已在沪东、杨树浦、闸北等地形成集中的棚户区。抗日战争期间及1945年以后，上海人口增长很快，棚户区更有增无减。据1947年统计，棚户达50000户。至1949年前夕，全市100户以上的棚户区达322处，共130000间，180000户，近100万居住人口，主要分布于闸北区、虹口周家嘴路、杨树浦平凉路一带，西区余姚路、长宁路、虹桥路和沪南日晖港、大木桥、制造局路等处。棚户区房屋破烂，没有上下水道，没有像样的道路，地势低洼易积水，容易发生火灾。

上海居住区的发展和其他资本主义国家的大城市一样，外国人及中国上层统治阶层，为了逃避人口密集、建筑拥挤、卫生条件日益恶化的市中心地区，而逐渐向近郊另建新的居住区。由于租界的扩展方向是由黄浦江向西扩张，因而住宅区的质量也是愈向西愈高，以最后形成的法租界西区虹桥路一带标准最高。此外，在工业区的周围形成的棚户区，居住条件愈来愈恶劣。市中心地区为中小资产阶级和一般市民的居住区，其条件较棚户区稍好。

上海居住区的发展反映了由于人口剧烈增长及高度集中与土地私有及土地投机之间的严重矛盾。人口的增加与用地的扩展是不成比例的。1840年前后上海总人口为50万，1880年达100万，1914年达200万，1930年达300万，1942年达400万，1945年甚至增加到600万人。在1914年前后公共租界及法租界共计46平方公里，到1945年上海全部建成区不过80平方公里，而在此期间人口却增加3倍以上。尤其在1937～1945年市区几乎没有多大扩展，而人口却增加200多万。这就促使建筑密度及人口密度的提高，人口密度在每公顷1000人以上的街坊有2000公顷左右，居住人口超过300万人，占全市人口一半。部分地区人口密度超过每公顷3000人，1949年前，在成都北路新闸

路附近进行过一小块居住区的典型调查，人口密度竟高达每公顷 7000 人左右，一层房屋用阁楼分隔成三层，一张床甚至按三班使用制使用。但是，并不是所有的住宅区都是这样，在沪西安定路一带的花园洋房区，人口密度每公顷只有 80 人。

六、上海的市政工程与公用事业

上海在开埠以前多利用境内密布的天然河道排泄雨水和污水。租界扩展后，大部分河浜被填埋筑路并开始埋设沟管排水。1914 年经英租界与法租界当局商定，开始埋设下水管道。工部局曾专设水泥制品厂生产下水道管，并根据四川路、湖北路、山东路、河南路、福建路、山西路、江西路等不同的地段和坡度，采取不同形状和尺寸的道管。在原公共租界内用不严格的分流制，也有部分地区用合流制；法租界和中国地界内全部用合流制，大部分不经处理即排入附近河道。

污水处理厂共有三座。北区污水处理厂建于 1922 年，设备简陋，处理能力小，经过曝气及沉淀后的污水排入沙泾港，流入黄浦江。沪东工业区内的东区污水厂建于 1926 年，用活性污泥法处理。东区污水厂建成后北区污水厂即停止使用。北新泾西区污水厂建于 1926 年，每日污水处理量仅 15000 吨。最严重的是苏州河，两岸的工业污水、生活污水及垃圾全部排入河内。

上海的自来水，最早为 1882 年英商在杨树浦建的"上海自来水公司"，专为外国人服务，供水仅限于公共租界，可供 15 万人。之后又兴建闸北水厂，到 1931 年时，平均日供水量为 20 万立方米，为远东第一大水厂。1869 年法租界公董局在董家渡另办水厂，并与英商划分供水范围，另设洪水管网系统。中国地界内另有三家水厂，有 1902 年建于半淞园的"内地自来水厂"、1909 年建于潭子湾的"闸北水电公司"、1937 年建于浦东的水厂。

19 世纪 60 年代后，相继在租界内开办电灯、电话、电报业。早自 1868 年，上海就有了电报业务。1870 年，丹麦人创办的大北电报公司成立，下属电话交换所。1892 年上海电气公司（后改美商电力公司）开通，服务于公共租界。1901 年建法商电车电灯公司，服务于法租界。1909 年华商办闸北水电公司。到 1932 年底，上海两租界内的电话达到 44602 门（《上海租界志》）。

1882 年，中国第一家外资电厂（属上海电气公司）在南京路、江西路口建成发电，1888 年后被工部局收购。1908 年，1923 年，杨树浦电厂并网发电，该电厂为远东最大的火力发电厂。

上海的煤气，最早为 1866 年英商开办的泥城桥畔的煤气公司，服务于两个租界。1934 年又在杨树浦另建新厂，日产量总共为 13 万立方米。全市的煤气日产量最高为 30.5 万立方米，1949 年前供应人数仅占全市总人数的 5%。

七、上海的城市绿化

由于城市人口高度集中，土地十分昂贵，因而上海的公用绿地极为缺乏。在租界内除了外国人的私人花园（如 1903 年建的哈同花园）和少数中国官僚买办的宅园（如 1900 年李鸿章的丁香花园）等外，只有数处很小的公园，如公共租界内的外滩公园、兆丰公园（今中山公园），法租界的复兴公园、襄阳公园等，这些公园主要是为少数外国人游憩服务。租界当局也比较注重道路的绿化，曾经结合美国、英国和法国等的经验，选择适合上海气候条件，又比较美观和实效的树种，比如悬铃木、洋槐、栎树、银杏、榆树、黑杨等，形成一些有特色的街道。而中国地界内几乎没有什么公园和绿化带。

直至 1949 年前全市共有公园 15 处（1050 亩）、苗圃 5 处（270 亩）、广场 19 处（不足 300 亩）。总共约 1 平方公里，占全市用地 894.18 平方公里（1947）的 0.9%；如与当时近 500 万的人口相比，每人公共绿地只占 0.18 平方米。

八、上海的城市规划工作

上海由于帝国主义国家分割统治，没有统一的城市规划。租界开辟之初，曾有过很粗线条的用地规划。

1927 年国民党政府确定上海为特别市，并开始着手进行城市规划。当年 11 月设立设计委员会。1929 年提出了一个上海新市区及中心区的规划（图 10-1-3、图 10-1-4）。

图 10-1-3 大上海计划图

资料来源：《上海近代建筑风格》

这个"大上海都市计划"的内容是将市区建在江湾翔殷路一带；在吴淞口建港、虬江口建新码头；建真如至蕴藻浜的铁路，并与虬江码头联结；建南站、北站，并在江湾另建总站；新区内有行政区，为各种政治、文化机关所在地；行政区北建商业区，东至虬江码头，设有各种进出口商业机构；其他为住宅区，住宅又按贫富分为甲、乙两种。道路网采用小方格与放射路相结合的方式，这是当时最时髦的一种形式，以便增加沿街高价地块的长度；中心建筑群吸取了中国传统的轴线对称的手法，这与当时在建筑上的"中西合壁"的思潮是一致的（图10-1-5）。

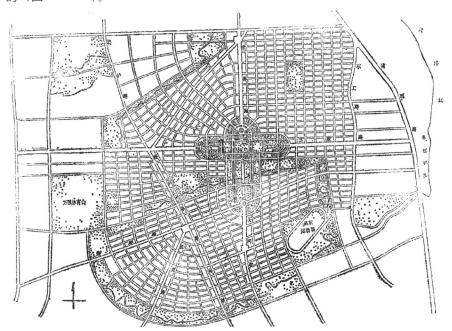

图 10-1-4　上海市中心区规划道路系统图

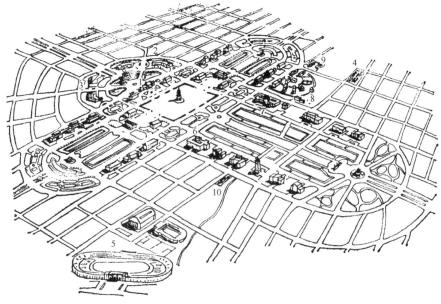

图 10-1-5　上海市中心区规划行政区鸟瞰图

从计划制定后至 1937 年抗日战争全面爆发期间，在中心区建造了市府大楼及其两侧的图书馆与博物馆，全部采用"民族形式"。1935 年建成全国最大的运动场、体育馆、游泳池等一组建筑，并举行过全国运动会。1936 年又开始建虹江码头。此外在中心区开辟了几条道路。

由于政治上和经济上的原因，这个规划没有能够认真实现。

这个规划，有美国的市政专家作为顾问，受到欧美规划理论的影响。一些中国建筑师在建造"中国固有形式"的建筑方面起了献策作用，在中心区规划中试图采用中国传统的手法。

1945 年抗日战争胜利后，国民党政府接收上海，这时租界已收回，原以江湾为中心的新市区计划没有再考虑的必要。但是由于上海处于重要的地位，人口已增至 500 多万，居住问题异常严重，使上海积累的许多矛盾也更加尖锐化，国民党政府再次考虑了上海市的规划问题。

在当时的条件下，市政府在 1946 年就设立了技术顾问委员会，着手研究上海的城市规划。同年 3 月成立都市设计小组，6 月拟出总图草案二种，8 月又成立上海都市计划委员会，制定了都市计划图（一稿）。参加此项工作的有当时从欧美学成回国的几位专家：程世抚、钟耀华、金经昌、黄作燊、陈占祥，还有德人鲍立克等。

一稿内容包括大上海区域计划及上海市土地使用及干道系统计划两种。其主要内容如下：人口规模按复利公式推算为 1000 万人；在现有市区外作一绿化及农田环形地带，在其外发展新区，新区按分散的卫星城的方式布置；住宅区以 4000 人为小单位（实际上即邻里单位），组成"中级单位"，再组成"市镇单位"，若干"市镇单位"组成"市区单位"，全市即由若干"市区单位"组成；扩大中心区的范围，以疏散原来中心地区的过分拥挤状况；放弃黄浦江沿岸码头，在附近乍浦及吴淞另建容量较大的新港；将道路按功能加以分类，分区域公路、环路、干路、辅助干路等。

规划中充分地运用了当时一些新从欧美留学回来的建筑师带回来的"卫星城镇""邻里单位""有机疏散""快速干道"等最新的城市规划理论。与 1929 年的"大上海都市计划"图相比，注意了城市功能及交通问题，对某些细部的技术问题也有较周密的考虑。

初稿完成后，经过五个月的修改，于 1947 年 5 月完成了"大上海都市计划总图"报告书（二稿）。

二稿与一稿相比，在人口规模方面有增加，订出了 50 年后增加到 1500 万人的计划，在土地使用方面，提高了人口密度，以免城区范围过大；对于铁路、港口等技术问题又作了进一步的研究，甚至连编组站的位置及联结其他路线的细部也画了出来，并设想了市内高架道路。在进行二稿的同时，做了改建闸北西区的详细规划，按邻里单位及行列式进行布置，还研究了日照、绿化等卫生问题。同时，还考虑了改善市容、管理工厂建设的规划草案等。这些工作，国民党当局也曾在报纸加以宣传，在参议会议上提出讨论及展览，但没有具体的实现措施。

1948 年后，一些设计者们经过一番研究，在 1949 年春完成了三稿

（图 10-1-6），三稿中又进一步研究了疏散市区人口，降低人口密度；提高绿地比重，使绿地占全市用地 28%；研究了工业区的分布，并提出在工业区附近建立住宅区，以减少人流；拟定了南北快速干道及环路系统；在对外交通方面，拟在吴淞蕴藻浜建集中的引入式港口，铁路尽量与港口及工业区直接联系，并在何家湾设新的编组场。

明显地可以看出，三稿与二稿相比，除了介绍欧美新的规划理论外，进一步研究市际与市内交通问题，发现了上海市存在的实际问题，如编组站的设置问题。

这次规划由于脱离当时的社会经济条件，无法实施。尽管如此，与中国近代其他城市规划相比较，在工作方法和科学性上精细得多，在规划过程中积累了不少调查资料，在近代新的规划理论的传播上也起了一些作用。

图 10-1-6　上海市都市计划三稿（1949 年 5 月）

第二节 天津的发展

天津与上海有许多共同之处，所不同的是分割的租界更多，发展更为畸形混乱。

天津由于其优越的地理位置与交通条件，在历史上很早就成为重要的商业城镇。《畿辅通志》上称："地当九河津要，路通七省舟车……当河海之要冲，为畿辅之门户"。海河、永定河等在此汇集入海，又是大运河重要转运点。

金朝（12世纪）时，已有了"直沽"名称，直沽地方正当海河及其五大支流与卫河的交汇处。卫河流域最广，经济开发最早，航运最盛，而三汊河附近地势较高，不受洪水泛滥影响，故最先形成居民点。元建都北京后，天津成为南粮北调的转运点，海河周围形成了市肆仓库集中地，当时称之为海津镇。元诗中有："晓日三汊河，连樯集万艘"，可见当时漕运繁盛。明永乐二年（公元1404年）筑城设卫。清代并兼长芦盐货的运销中心。至清中叶，道光年间约达20万人口，城内居民近半，余多分布在城外东北沿河地区。

旧城位于海河东岸，面积约1.8平方公里，是一座东西长、南北短的长方形城市。周围辟四门，城市道路呈"十"字形，街道中心置鼓楼，是一座典型的封建城市。城外南市、北关是商业、手工业、娱乐场所集中地段，非常繁荣。

1860年英法联军与清王朝签订了《北京条约》后，天津开始出现租界，城市性质有了很大的变化。1900年八国联军侵华后，天津进一步沦为八国租界的集中地。

清政府历来也很重视天津的建设。1861年，在天津设三口通商大臣，后改为北洋大臣，管理对外贸易等。在洋务运动中，天津成立天津机器局，建立了北方第一座近代炼钢厂，加上兵器的制造等，一举成为北方的现代工业重镇，还被称为洋务运动的摇篮。清末袁世凯统治天津时期，企图把天津建成他的主要据点，兴建了工厂、学校、新车站，扩建了一些地区。

第一次世界大战后，部分租界被收回，但随着日本侵略势力增大，天津完全处在日本控制下。抗日战争时期，日本帝国主义企图把天津建成华北的最大港口及经济中心，制定市区建设规划，扩建塘沽新港。

一、租界的开辟与扩张

1860年《北京条约》后，开天津为通商口岸。英、法、美三国在天津城东南紫竹林沿河一带划分和占据了租界地，共6里多长。甲午中日战争后，法租界继续扩大，英租界也在1897年借故扩展。

随着租界的开辟，沿海河岸设立仓库码头，是这时期主要的建设。首先在法租界滨河建起了海关。海河西岸原为河坝地，开埠后，各租界均先后廉价强购土地。各国在其租界区内河坝地建码头，而仓库大都由商行购地自建。

1900～1902年（庚子八国联军以后）俄、奥、意、比四国又在天津划分和占据了租地。与此同时，英、法、日诸国也借此扩展租界。到1901年，美国又宣布将租界让给英国，使得英租界进一步扩张。

至此八国的租界分布在天津城南河东西两岸，英、法、德、日在河西，奥、意、俄、比在河东，形成老虎钳形的局面，控制着海河的航运。天津旧城，被约束在西北一隅而得不到正常的发展（图10-2-1）。

第一次世界大战期间，收回了德、奥、俄等国租界，日、英、法、意、比等租界仍旧存在。特别日本帝国主义趁此机会扩大其势力，增辟南旭街及今山原路以北的马路，建造圣公会堂、领事馆及居留民团事务所等建筑。

随着帝国主义共同割据的形成和租界的扩张。在这期间建造的建筑有：日、俄、德、意诸国领事馆、工部局；兵营、为洋人及官僚买办阶级服务的住宅、商业及游乐建筑。这些建筑都以各种西方的建筑形式出现。商业中心也随着南移，由北大关三岔口转向法租界的紫竹林一带。从整个城市来看，由于各租界自成一区，必然导致盲目的发展：道路系统紊乱、缺乏有机的联系，道路宽度及工程标准不一；城市无统一中心；建筑分布极不合理，如在繁荣的劝业场地区外国人的墓地、天主教堂、日本神社与佛寺等，纷然杂列，呈现出典型的半殖民地城市的面貌。

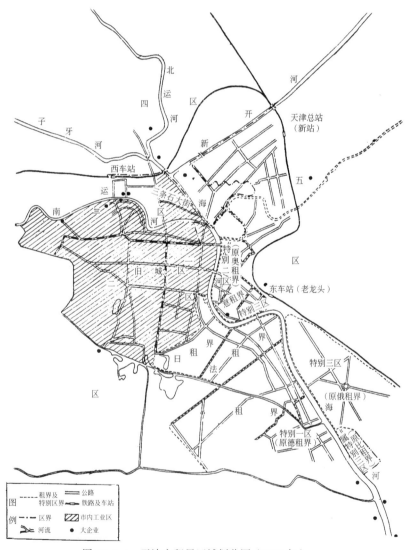

图 10-2-1　天津市租界区域划分图（1936 年）

二、旧城区的变化

旧城区位于西北隅，面积为租界的 1/7，城周不过 4.5 公里，经海河的海运交通大部分被租界分隔。城内以鼓楼为中心的南、北、东、西四条街，北门外向东随河湾环城的估衣街、巨鹿街、宫北大街、东新街等，北门以西的竹竿巷、针市街、太平街等处商店比较集中。

"八国联军"以后，天津旧城墙按帝国主义意图被迫拆除，改建为环城马路。

清末叶，天津的中国地区分为东、西、南、北、中五个区。以东、中两区为繁荣。商业最盛的是东区的南市大街，北区的估衣街、锅店街。西区除北洋大学外，其余街市皆很荒凉。1900 年以后，袁世凯任直隶总督，推行清政府的"新政"，兴办了一些市政建设。首先把处于奥、意、俄三国租界包围的东车站迁至北站，并以此为津浦、京奉两条铁路的总站，废弃东站。新车站于 1903 年建成后，开辟大经路直抵新车站，又垂直于大经路开辟"天、地、玄、黄、宇、宙、日、月"等命名的横街，在这新区内设置了北洋铁工厂、勤工陈列所、北洋法学堂、北洋高等女子学堂等工厂和学校。此外在大经路新区内还有司、道官府的新式衙署、公园和李鸿章祠及许多官吏的住宅。在这个时期内，还修建了跨海河的铁桥，市内跨越南北运河的一些桥梁也改建成铁桥，如 1905 年建的金汤桥、1907 年改建的金华桥等。

环绕旧城的四周，以紧靠租界北马路、东马路等发展较快，南马路次之，西马路最差。旧城以内没有多大变化。

南市是中国地界内较繁盛的地段，位于租界边缘。这一带地势较低，1900年前还是一片水潭，后来填土筑平。这一带大部分地皮为军阀购占，东兴公司、振德公司建里弄住宅，沿街设商店。

从北洋军阀至抗日战争时期，天津虽设立特别市，但由于军阀混战及日本帝国主义的控制，几乎没有什么建设，仅少数高等学校有一些扩建。

三、天津的市政工程与公用事业

1905 年开始创办电车，由世昌洋行承包，先在旧城墙基上敷设天津环线，也称白牌电车，以后加设了贯通租界至火车站的线路。1910 年又建成了可以联系各租界和旧城区的线路，完成了黄、蓝、红、绿各牌电车线路。

电报开办于 1900 年前，原为丹麦人承办，1904 年收归自办。电灯开办于1903 年，由中外合资的电灯公司经营；各租界内则各自先后开办，各自经营。自来水开始于 1903 年，水厂厂址在西边千福寺附近，英租界则自设水厂和给水系统。

道路也是各个租界各成系统，互不联系。桥梁也由各个租界各自建造，有时另一个租界车辆经过该租界的桥梁时，还要收费。

天津的公园很少，大多为外国人占用，对中国人实行种种限制。除宁园面积稍大外，其他公园面积很小。宁园在北站以北，建于 1931 年，原为清末种植园的旧址，面积为 400 亩，内有礼堂、图书馆、游艺室等，四面环水，可以划船。租界内的公园，主要有 1917 年建的法国公园、1924 年建的意大利公园，均专供外国人游览，公园建筑形式也多采用外国形式。

在沿海河一带新建不少港岸码头、仓库以及数十根系船柱。

天津的公用事业充分反映了几个帝国主义共同占据而又割据的城市特点，系统紊乱，各自为政。

第三节 武汉的发展

武汉位于长江和汉水的汇合处，长江以北、汉水流经的东北岸是汉口，西南岸是历史比较古老的汉阳，傍龟山而筑城；位于蛇山西北、长江南岸的武昌历史更加悠久，有著名的黄鹤楼。武汉（三镇）自古以来就是沿海与西南内陆的交通要冲，商业贸易十分发达。在商代的中后期，这里曾出现过盘龙城，开始了早期的城市文明。从东汉到三国，在今天汉阳的地方还建有不少军事城堡，隋唐之后更成为中原地区的重镇之一。宋代的淳熙四年（1177 年），诗人范大成路过此地，写下《吴船录》一文，其中提到："泊鹦鹉洲前南市堤下。南市在城外，沿江数万家，廛闤甚盛，列肆如栉……盖川、广、荆、襄、淮、浙贸迁之会，货物之至者无不售，且不问多少，一日可尽"。可见其繁荣的一斑。作为明清时代的四大名镇，武汉早已闻名遐尔了。

汉阳是中国钢铁工业的诞生地。1891 年，时任湖广总督的张之洞在汉阳创办中国最早的现代化企业——汉冶萍煤铁厂矿有限公司，成为当时东亚地区最著名的钢铁企业。汉口是金融的中心地，由于贸易量的急剧增加，遂出现大量的中外资银行；武昌是文化中心，是教育和研究机构集中的地方，如成立于1871 年的武昌文华书院（后改名为文华大学）、博文书院、博学书院及文华公书林（图书馆）等，也是著名的武昌起义的所在地。自开埠以后，武汉经历了很大的变化，特别是因地理环境和历史原因造成的"两江三镇"格局逐渐合为一体，现代的武汉市开始形成。

一、租界的开辟

鸦片战争以后，作为中国内陆城市中第一个开港的城市，武汉经历了迅速的发展，成为著名的工商业城市。1861 年，根据不平等的《北京条约》和《天津条约》，清政府被迫与英国人签订了《英国汉口租地原约》，武汉的大门从此打开。西方和东方的列强争先恐后来到武汉，前后共有英、美、法、德、俄、日、荷、比、意、匈等 15 个国家建立了领事馆或总领事馆，英、法、德、俄、日等 5 国强行建立了租界，并修建了大批的西式楼房。

伴随着西方文明的渗透与影响，武汉成为内陆的工商业中心城市之一，在经济、教育、文化、交通和邮政等方面均较发达。自江汉关以下数千亩荒芜的江滩被开发成现代城区。租界内有各国风格的建筑，如罗马式、哥特式、俄国式、日本式等。

武汉的外国租界基本夹在长江和京汉铁路之间，成带状排列，最南部为英租界，建于 1861 年，由南往北依次为俄租界、法租界、德租界和日租界。列强在甲午中日战争之后都大肆越路扩界，但英租界的真正繁荣却是在辛亥革命以后。由于富商大贾和达官显贵纷纷携带家产到租界避难，大大刺激了租界的经济发展。因此，英租界一直到第二次世界大战结束后被中国政府收复，一直都是汉口最繁华的地方。相比而言，日租界不仅地域偏僻，而且聚集了大量妓院、赌馆、毒品交易场等，是治安和经济环境最差的地方。

武汉最初的城市规划也多出自外国人之手。第一张规划图是英国殖民者在1864 年制作的。当时的规划面积为 400 余亩，汉口英租界并未另外开辟城区，而是在毗邻老城的地方展开，所以其网状的道路系统中纵向道路与老城的相平行，内部划分成 10 个地块，便于临街的部分土地增值。1898 年后，英租界向外扩展，又侵吞了 300 多亩土地，并将原先的租界大部用于金融和贸易，而新租界主要为居住区。

二、旧城的变化

1900 年 11 月，湖广总督张之洞以兴建粤汉铁路为由，奏请"开武昌城北十里外滨江之地为通商口岸"，自此，武昌又成了"自开商埠"。特别是 1906年京汉铁路开通后，武汉的城市面貌发生了巨大变化，清同治年间为防捻军而筑的汉口城堡被拆除，修建了武汉第一条现代化的马路，称为后城马路，为市区的主干道。由于是在原先的城外所建，一些旧城门的地名也因此保留下来，如玉带门、居仁门、循礼门、大智门等，由此可以推测当时城的规模。汉口的市区也由城堡向南扩大到京汉铁路边上，北面的部分也获得一定发展。到清末民国初年，原先 11.2 平方公里的市区面积扩大到 28 平方公里。

由于整个汉口租界的面积达到 2900 多亩，而且大都规划比较统一，尤其是道路宽敞、笔直，与无序排列的旧汉口成强烈对比。1905 年，汉镇马路局成立，标志着武汉的近代城市建设逐渐走上正轨。

1918 年武昌商场局在武胜门到徐家棚之间的规划，选择了官属荒地，道路基本与江岸垂直或平行，形成比较成片的网格式道路和长方形用地。在第一次世界大战之后，武汉的德国租界和奥地利租界都被收回，改称特一、特二区；1927 年北伐战争后英租界也被收回，成立了特三区。对这些地区的规划和改造成为武汉行政当局的重要任务。1920 年前后，曾模仿租界建筑修建了一大批石库门式的新式里弄，设立了模范街，严格规定了房屋之间的间距、道路的宽度及绿化等，成为新兴商业街（图 10-3-1）。

三、武汉的市政规划与市政工程

在 1918 年的城市规划当中，主要道路的格局大体形成，其中横向的与长江平行，纵向的则与江岸垂直，形成比较规则的网格结构。

当时用地的分区规划开始考虑到工业可能造成的污染以及供水需要等，所以根据风向和道路的条件，比如把铁道沿线和沿江、沿河地段选择为工业用地，而住宅、行政和商业、教育区则分布在环境较好的地段。在公园绿化系统规划方面，参照了国外的标准，利用武汉的自然地形和原有的林苑等，并用道路将分散的绿地联系起来，形成比较系统的绿化区。

1945 年日本投降，日租界回到中国人民的手中。受当时欧美近代城市规划思潮的影响，武汉的总体规划将汉口的规模扩大到夏口县（1898 年，张之

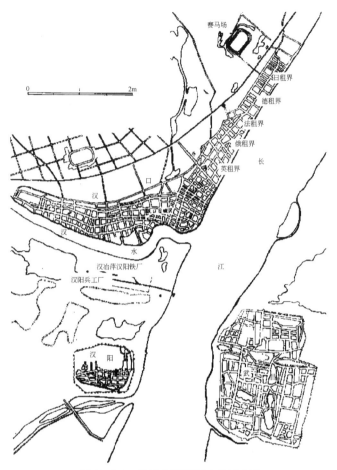

图 10-3-1　武汉三镇略图（1915 年）

洞曾将汉口划归夏口厅，1906 年后改为县），"武汉区域规划委员会"，在当时也具有积极建立意义。

　　成立于 1906 年的既济水电公司是武汉官商合营最早的企业之一，发电厂主要为有中国钢铁工业摇篮之称的汉冶萍煤铁厂矿有限公司服务。电报、电话业务开始于 1899 年，当时的汉口电报局就兼有电话服务的业务。1904 年，全国首家官督商办电话公司开业。

第十一章 外国占据的新建城市

　　由外国占据下发展起来的新城市有青岛、大连、哈尔滨、广州、香港等一些城市。

第一节　青岛的建设与发展变化

　　青岛位于山东半岛南部胶州湾东口，原为一荒僻的渔村。明代中叶为防止倭寇侵袭，在其东设浮山防御千户所。清代在此设粮仓及税卡。鸦片战争后，于 1891 年设总镇衙门，派兵四营驻守。当时各帝国主义国家正企图瓜分中国，相继寻觅海口侵略基地。德国就于 1897 年借口 "曹州教案" 派兵强占，并于次年强迫清政府签订《中德胶澳租界条约》，租青岛 99 年。初期城市建设着重于军事设施方面，在市内及周围山岭修筑许多炮台，建兵营三座，改建防波堤、栈桥及灯塔，并计划建造军港。在初期建设中也重视港口的建设，企图把青岛作为掠夺中国原料和倾销其本国商品的口岸。1901 年开始修筑胶济铁路，在铁路沿线开矿，在大港附近建设现代化港口及增加装卸设备。由于德国侵略者在青岛有长期打算，因而在 1900 年即编制城市规划图，按图进行市政工程建设（图 11-1-1）。

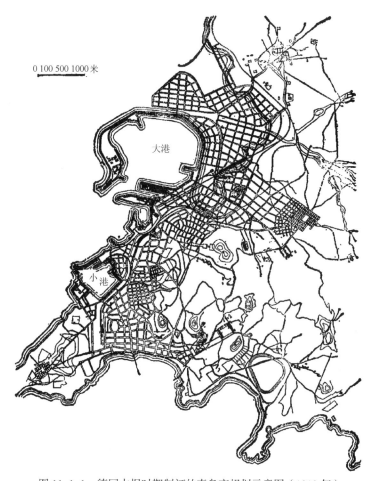

0 100 500 1000 米

大港

小港

图 11-1-1　德国占据时期制订的青岛市规划示意图（1910 年）

1905 年胶济铁路通车及大港码头建成后，城市商业贸易的数量急剧增长。1913 年铁路货运量由通车次年的 31 万余吨增至 94 万余吨，航运由 1900 年的 27 万余吨增至 1911 年的 100 万吨。城市人口迅速增长，1902 年至 1911 年，人口增加 3 倍。德国殖民者于 1910 年又编制"城乡扩张规划"，规划范围较以前的租界增加 4 倍，并取消了原来的中德居住分界线。这一时期商业贸易在整个城市中占据着重要的地位。

德国的扩张计划未全部实现。1914 年 11 月日本帝国主义利用第一次世界大战的机会派兵占领青岛。这时帝国主义的经济侵略已逐渐由商品输出发展为资本输出，因此日本就在青岛设立银行，在沧口、四方一带开办工厂，如富士、内外棉等纱厂共约 15 万锭。此时中国民族资本家也在青岛办了一些工厂，使青岛的城市功能有了很大的变化。由于工业发展，人口又有增加，1914 年为 16.5 万人，1922 年增至 29 万人，其中日本人由 1916 年的 2300 人增至 1918 年的 24160 人。由于人口增加，出现大量的服务设施。

在 1919 年的"巴黎和约"上，帝国主义无理要求中国重价赎回自己的领土青岛。经过多次交涉，直至 1922 年才由当时的北洋军阀政府接收，而日本仍享有种种特权。至"七七事变"前，中国官僚资本的势力也有所增加，交通、中国等银行大楼先后建立。当地的优美环境和良好气候吸引了不少官僚、地主、资本家。在八大关路、太平角一带建造大批别墅和住宅，人口增长较快，到1937年已达38.5万人。

1937年后，日本帝国主义第二次占领青岛，将其建设计划列入"北支产业开发计划"之中，并拟定"青岛特别市地方计划"及"母市计划"，企图扩大城市范围，成为华北的战略基地及掠夺物资的港口。根据这个计划，大青岛市将胶州、即墨两县划入，管辖面积达8500平方公里，人口180万。这个计划还拟扩充大港，并新建运煤港——黄岛，将铁路的客运和货运分开：货运沿海岸向南穿过工业区至大港，客运穿过住宅区通到新的市中心。并拟将"母市"向北扩展至白沙河，市中心移至东镇，使之成为一长约25公里、宽4～9公里的带形城市。这一计划由于抗日战争的爆发而未能实现。

1945年日本投降，国民党当局在美国海军护送下接管青岛，将其转变为美国海军的基地。市内较好的建筑物如山东大学校舍、东海饭店等都为美军所占。

青岛是被帝国主义占据的城市，有长期的建设目的，因而有一定的规划。它的建设不像当时其他半殖民地城市那样混乱。在城市规划的一些具体技术及手法上，有不少值得注意的经验。

一、建设方针及规划意图

德国占据时期，按其侵略的总方针，城市建设上以军事据点及贸易港口为重点，城市规划突出了这两方面的要求。日本帝国主义占领时期着重于经济侵略方面，具体执行其"工业日本、农业中国"的侵华总方针，偏重于工业及交通方面的建设。

二、规划分区

德国占据时期，1900年的规划中，将德国区与中国区严格分开，德国区在市南沿海环境最优美的地段；中国区在北部，居住、工业、商业混杂。

市中心在临海的德国提督公署一带，背靠观海山，前对海湾，并有数条道路由此向外放射，突出这一主要建筑物。

港口设于胶州湾内，可以避免海浪直接冲击，减少港口设备的工程费用。在城市发展方向的另一侧，可使港口与铁路线及其编组站有直接联系，客运站深入市内接近中心区及海滩，这种布置在使用上和工程技术上是比较合理的。

日本帝国主义占领时期在沧口、四方一带建工业区，这里运输条件较好，而工人住宅区却设在靠近铁路两旁的低洼地带，居住条件恶劣。

三、道路系统

德国占据时期，1900年的规划中，道路系统与地形结合得较好，道路网是不规则的方格形；由于当时交通问题还不严重，道路网没有明确分工。日本在1937年后的规划中，曾试图解决道路网的分工问题。

德国区干道宽20～25米，其中车行道10～12米，道路间距一般为

80～100米。中国区干道宽10～12米，其中车行道8米，间距一般为40米左右。街坊面积非常小，东镇地区有的街坊仅有0.13公顷，而道路比重高达40%，目的是增加一些租金较高的店面。

德国区内道路与绿化的结合较好，市南区在沿海与海湾垂直的方向布置了两条绿化带（在车站广场及市中心的对面）。绿化布置以灌木及花坛为主，不采用大片乔木。其目的是为了显露建筑物，直接观看海面，并能引入海风。沿海滨设置了较宽的街道。

商业服务设施及公共机关沿街密集布置，尤其是在现在的中山路北段一带，形成商业街。

道路与建筑物布置，考虑到"对景"的要求。如江苏路正对海面的小青岛，中山路正对栈桥，不少道路正对着位于高地上的教堂尖塔。

四、居住区

德国区的居住建筑集中在"提督公署"以东一带，系独立式花园洋房，有外廊及阳台，立面多是19世纪末德国花园住宅的形式，建筑密度低，绿化多，建筑标准高，结合及利用地形较好。也有少数低层公寓式居住建筑，由4室户及6室户单元组成。

日本帝国主义占领时期出现大量的日本式小住宅，以热河路的独立式建筑群最具有代表性。这些住宅较注重实用功能，平面及立面形式简单。此外，还修建了不少3～4层的公寓。

小港以北，金乡路一带中国住宅区，多与商业及手工业作坊混杂，街坊小、密度大，围成正方或长方形天井，一般为2层，天井内用外走廊联系住房，有公用楼梯及厕所。

四方、沧口一带工业区附近，日本帝国主义占领时期也建了些质量很差的工人住宅，居住异常拥挤。

五、市政工程及公用设施

城市道路的标准较高。德国区全部为高级路面，坡度一般在10%左右。坡度大于15%时，路面用石块铺砌，以保障行车安全，并可免水流冲刷损坏，车行道两侧铺砌专门供铁轮车走的车轨石（石条）。

上下水管网用环式。由于与起伏地形不配合，高差大，水头很不均匀。下水道在德国区用分流制，中国区则用合流制。

电灯在开始建设时就有。德国区内沿路设铁铸电杆，部分用地下电缆。这种设施在当时来说水平是很高的。

绿化较多，设有"林务署"。德国占据时期共造林19800亩，以中山公园一带最为集中。但这些绿化大部分在德国区内，中国区内则很少。

六、建筑风格及城市面貌

在城市面貌上充分反映出殖民地城市的色彩。建筑完全是按殖民者的本国建筑形式设计和建造的。德帝国主义占据时期的建筑以"提督公署""警察署""法院""德华银行"等为代表，都是 19 世纪末德国建筑形式。日本帝国主义占领时期建了一些"仿德式"的集仿主义的和资本主义"新形式"的建筑，以"日本居留民团""日本女子中学"等最有代表性。

在建筑布局上采用了一些欧洲古典城市的手法，注意立体轮廓及对景，一些教堂等有尖塔的建筑多位于小山顶上，从海面远望，形成变化显著的轮廓线。有些建筑正对道路，如"提督公署"及蒙阴路尽头的"警察署"，突出了建筑物。

青岛的建筑以黄墙红瓦为主，与绿树相间，加上蔚蓝的天空及碧绿的海面衬托，具有丰富的艺术感染力。

第二节 大连的建设与发展变化

大连位于辽东半岛的南部，港湾原名大连，与旅顺相距 40 公里，军事地位十分重要。原先是一片只有少数渔村的荒芜海滩，明代为防倭寇曾设烽火台并驻兵，清代属金州管辖。1879 年英国海军侵入，曾用英国女王的名字"维克多利亚"作为港口的名字，并进行陆地测量及海图测绘。后清政府派李鸿章进驻，计划在柳树屯筑军港，但未建成，仅修建一木栈桥。1895 年甲午中日战争后签订的《马关条约》，把辽东半岛割让给日本。由于俄、德、法出面干涉，割让未成。清王朝为酬谢帝俄之功，于 1898 年以 25 年之期租此地于帝俄，定名为青泥洼市。日俄战争结束后，1904 年起又被日本侵占，改名为大连。直至 1945 年才收回。

一、大连的发展及城市建设的阶段

（一）帝俄占据时期

帝俄占据大连有军事及经济两方面的目的，与 18、19 世纪以来，帝俄的向外扩张政策的总目的一致。帝俄侵占大连是为了在东方寻找出海口，因而辟天然地形优越的旅顺为军港，大连为商港，企图将大连建成一个国际性的自由贸易港口和拟建的中东铁路的出口。1899 ~ 1902 年先后投资 1000 万卢布，建设第一期海港工程。至 1905 年的 7 年中，建设码头及岸壁 244 米，地面仓库 10500 平方米。不久后大连为日本帝国主义侵占，所以建设计划全部停止。但在当时计划范围内的道路及主要建筑物已基本建成（图 11-2-1）。

（二）日本帝国主义占据时期

日俄战争后，帝俄在整个东北的势力由日本取而代之。日本帝国主义的侵略野心更大，为了实现其"先占朝鲜、后占满蒙、再吞并中国"的侵略意图，大连便成为他们在东北侵略的基地。因为大连距日本近，据之可控制整个渤海及黄海，直接威胁清王朝。大连又是东北最大的港口，是他们掠夺整个东北资源的出口。因而，根据其制定的扩展计划，加上大量移入日本国民，兴办工业，市区面积不断扩大。1919 年市区面积为 15.7 平方公里；1936 年就增加到 45.27 平方公里，人口达到 37 万。继南满铁路的建成，日本设"南满洲铁道株式会社"和"关东厅都督府"，共同负责大连建设。于 1907 年继续修建海港码头，1915 ~ 1920 年完成第一码头和第二码头西岸，1921 年完成第三码头，

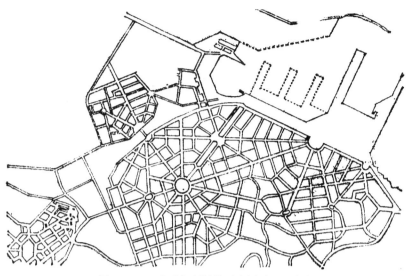

图 11-2-1 大连规划结构示意图（1900 年）

1923 年完成甘井子煤码头，1934 年完成石油码头及甘井子第二码头。这期间还修建日本人居住区及扩建各项市政工程。

1931 年后日本帝国主义占领整个东北，其军事、政治、经济的统治基本稳定。此时大连发展迅速，设立了都市规划委员会。大连规划人口以 122 万为目标，面积达 416 平方公里（图 11-2-2）。

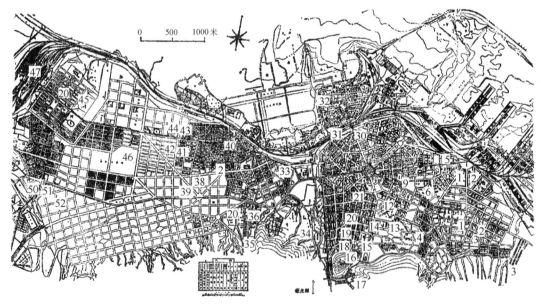

图 11-2-2 大连城市中心区结构图（1924 年）

1—码头；2—油厂；3—福昌公司工人宿舍；4—大连；5—税关；6—俄国领事馆；7—市场；8—陆军厅；9—弥生高等女校；10—满铁分馆、图书馆；11—端铁本部；12—大连医院；13—实业学校；14—明神高等女校；15—大连神社；16—西本愿社；17—逢坂町游廊；18—女科医院；19—车夫收容所；20—满铁社宅；21—女子商业学校；22—大连市劳动所；23—大和旅馆；24—英国领事馆；25—警察署；26—朝鲜银行；27—关东邮政局；28—横滨正金银行；29—商工会议所；30—中央邮政局；31—大连车站；32—满州资源馆；33—电气公园；34—中央公园；35—水厂水池；36—工业专门学校；37—满铁中央试验所；38—关东厅；39—地方法院；40—西岗子市场；41—露天市场；42—"支那"游廊；43—大连工业会社；44—满州制麻会社；45—小岗子站；46—预留公园用地；47—沙河口车辆工厂；48—沙河口神社；49—工人收容所；50—第二发电厂；51—农业试验场；52—卫生研究所

二、大连的规划分区

帝俄占据初期,市区东起寺儿沟,西至伏光台附近,北至海滨,南至南山麓,共约 4.25 平方公里。1900 ~ 1902 年为建设码头收买东西青泥洼外原有村落 50 余处,土地 54000 余亩。

市区除铁路、码头港口用地外,分为三区,即"欧罗巴区""中国区"和"行政区"。不仅在地区上分开,而且不准中国人进入"欧罗巴区"。"欧罗巴区"又分为"商业区""邸宅区"和"市民区"。

铁路和港口的位置很突出。港口占了大部的海岸。帝俄时预留的车站位置接近中心地区,以一条放射路连接市中心的"尼古拉广场"。

日本帝国主义占领时期将市区分为"军用地""日本人居住区"及原来的"中国人区"。"日本人居住区"系由原来的"欧罗巴区"及"行政区"组成。"军用地"于 1906 年开放,逐渐变成工业、仓库、商业和住宅的混合区。

三、大连的规划构图及道路系统

帝俄于 1900 年制定城市规划图,以环状广场及放射性道路形成骨架。这种构图受当时彼得堡规划的影响,也间接来自巴黎规划的影响,反映出明显的古典形式主义色彩。例如,作为中心广场的"尼古拉广场",直径 213 米,周围放射出十条干道,计划在其周围配置"市议会""警察署"、银行、邮电局、剧院、交易所等大型公共建筑。十条放射线中除了通向火车站、"行政区"及"中国区"以外,其余的目的性均不明确。"中国区"的规划图,形式主义更为严重,道路组成八卦形,后来未按规划实现。由于放射路多,区内街坊显得零碎。

日本帝国主义占领时期,原规划地区的道路系统已大体形成。新扩展地区道路网比较不规则,在地形平坦地区多采用棋盘形。

四、大连的市政工程及公用设施

帝俄占据时,修建了一些市政工程。道路一般分为大马路(宽 32 米)、林荫道、街道、小巷(宽 12.8 米),铺设了部分高级路面及大部分路基。

建有小规模水厂,打井取水。日本帝国主义占领时期继承其计划,分五期建成水厂,至 1942 年时日供水量达 75000 吨。下水道配合道路线,采用合流制,污水分四处简单处理后排入海中。

1906 年开始建煤气厂,先后完成五座水平炉。

以上所述这些工程也多集中在外国人居住地区,中国区内市政设施水平很低。

电车线设于 1909 年,为宽轨即"标准轨"。

市内绿化也较多,集中分布在外国人居住区内,有林荫道、街心花园及圆形广场内的花园等。这些圆形广场是道路交叉口,布置花园是不合理的。

五、大连的建筑风格及城市面貌

帝俄所占地区,大部分建筑物有浓厚的俄罗斯风格。

日本帝国主义占领时期的建筑较多地反映了一些功能主义的形式。大连车站在形式上受现代建筑的影响很大。日本人的住宅区多是独立式小住宅，有明显的日本风格。大连还建有商业街。整个城市和其他被帝国主义占领的城市一样，殖民地色彩极为浓厚。

第三节　哈尔滨的发展

1896 年依《中俄密约》敷设"东清铁路"（即后来的中东路）时，哈尔滨作为"铁路附属地"被帝俄占据，后又于 1906 年依《中日会议东三省事宜条约》（满洲善后条约）开辟为商埠。

该地原来只是松花江边的一些渔村，如秦家岗（即南岗）、田家烧锅（即香坊）等。"哈尔滨"的原意即为晒网场。东清铁路修筑后，因哈尔滨位于铁路与松花江交会处，发展较快。由于城市以铁路起家，所以铁路的位置很突出。铁路沿南岗下面的较高地段通过市区，并以路堤通至松花江桥，目的在于防止铁路线被水淹。

由于南岗地势较高，市区大规模、有计划地建设首先在此进行。道里、道外是沿江低洼地带，后来才逐渐发展起来。南岗、道里、道外由铁路分割，三区之间有明显的差别，有民谣："南岗是天堂，道里是人间，道外是地狱"。

南岗区建筑大多为铁路所属，如车站、铁路管理局、铁路医院、铁路员工住宅等。1900 年制定的南岗区规划，采用与大连相类似的规划手法，以环形广场、放射路及方格网道路组成。南岗区结合地形沿铁路东西向发展，东西长、南北窄；以长约 6 公里的大直街为东西主干道，正对火车站有一条南北主干道；车站附近有五条放射路，但其中两条目的不明确，仅追求了形式。南岗区修建大量的独立式花园洋房，由帝俄按全套标准设计建造。建筑物内部十分考究；建筑密度低，仅 10% 左右；因而整个地区绿化标准很高，目的是吸引其本国职工来华工作。

道里仍以外国人居住为主，由方格道路网组成。

道外则完全是另一种景象。区内有几条商业街，大都和北京的类似，由受洋式建筑影响的店面建筑沿街组成。路网呈方格状，建筑密集，有不少劳动者聚居的简陋、低矮的房屋，与贫民窟无异。区内几乎没有大片的绿地。沿江多码头，为旅客服务的旅馆、饭店也很多。整个道外区都在洪水水位之下，1931 年的大水曾将这里淹没达数月之久。

市区一些重要地区修建了不少俄罗斯风格的东正教堂。大型公共建筑也多是典型的俄罗斯风格；如 1902 年建成的东清铁路管理局大楼，曾在彼得堡开展设计竞赛，按头奖方案建筑，系当时流行的俄罗斯现代风格。层高在四五米以上，墙厚，窗户比较小，有地下室。城市的建筑色彩大部为乳黄色，风格协调统一。

1932 年后，哈尔滨全部为日本占领，是日本在中国东北的统治中心之一。哈尔滨市的规划是由日本关东军特务部主办的城市规划委员会决定的（图 11-3-1、图 11-3-2）。

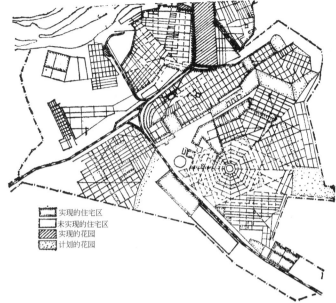

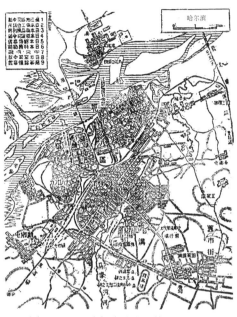

图 11-3-1　日帝帝国主义占领时期哈尔滨
马家沟规划示意图（1935 年）

图 11-3-2　哈尔滨城市总体规划结构
示意图（1937 年）

哈尔滨市的规划采用了商业地区、工业地区、居住地区、绿化地区、特别地区、军用地区、移民地区的地区制.值得注意的是设立了特别地区和移民地区。

城市规划的区域是距市中心半径 25 公里的范围，总面积为 1837.0 平方公里。新的城市中心接近现有市街地西南部的地区，以此为中心，半径约 10 公里的范围为市街地规划区域。市街地规划区域的外围，设立了宽为 2 公里的环状绿化地区（面积 123.4 平方公里），以控制城市范围。

第四节　外国占据城市的特征分析

外国占据的城市虽属不同国家、不同时期建造起来的，但也表现出许多共同的地方。

一、城市规划与建设体现了明确的意图

这些城市的规划都服务于这些国家当时侵略中国及殖民扩张政策的总目的：有的偏重于军事建设，有的偏重于商业贸易，有的偏重于工厂及铁路建设，也有的是综合性的。城市规划明确反应了这些建设意图。随着这些帝国主义国家对中国侵略的不同时期及不同阶段，占据者的改换，这些城市的建设方针和建设意图也有变化。

二、城市建设中的隔离和差异

在城市建设上，外国人的居住区与中国区严格分开，两个地区在建筑质量、人口密度、建筑密度、绿地标准、公用设施水平方面有显著的不同。如青岛的

德国区，在建设初期，人口密度仅 13.1 人／公顷，中国区大鲍岛附近人口密度高达 417 人／公顷。德国区下水道为分流制，中国区则为合流制。德国区道路宽，中国区道路窄。其他如哈尔滨的南岗与道外之间，均有类似情况。

三、引进外国的建筑形式

建筑形式一般是引进占据者本国的建筑形式，是中国土地上的"外国城市"。由于只有一个占据国，建筑风格还较统一。有时中途改易占据者，却反映了两个不同占据时期不同的建筑风格。早期颇多古典或仿古形式，后期则现代主义色彩更为浓厚。

四、表现出现代资本主义城市的特征

外国占据的城市，和其本国的城市一样，城市规划引进当时的资本主义城市规划的理念，商业区在城市平面图上处于突出的地位，密集的商业街、五光十色的店面装饰和广告、商场交易所、银行群成了城市新的生活中心。

城市中出现新的居住空间组织形式，如中国式的新类型的里弄住宅。居住分层现象明显，花园洋房与简陋棚户形成强烈对比。市政工程及公用事业的配置也同样反映了这种差别。

五、规划图的分析

这些规划图多表现为西方古典的形式主义及早期资本主义规划特征，与中国传统的规划手法完全不同。早期多为表现形式主义的构图，后期则多注意功能及交通问题。

从这些城市实际的建设效果来看，凡是有统一规划的城市，总比没有统一规划的城市要好一些。有过统一规划的城市，城市内各项物质要素的安排，比较合理，城市的面貌风格也具有一定的统一性。

这些城市的规划图中，在某些具体的技术上，也有值得注意的地方，如建筑物及道路充分利用及配合地形，建筑形式、色彩与地区的天然地形、环境良好的结合，道路对景的变化及城市轮廓线的处理，绿化的细部处理，市政工程中的某些技术问题等确实值得汲取。

第十二章　因近代工商业及交通运输业发展的城市

　　鸦片战争后，中国封建社会中本来已经产生和缓慢发展着的资本主义经济因素，虽然受到帝国主义侵略的排挤，但相对地比过去有较快的增长。这种生产方式的变化也必然影响到城市。这些城市有下面一些类型。

　　在清末"洋务""新政"等时期，先后开办了一些"官办"或"官督商办"的工矿企业。有些企业因原料关系，设在原来的村镇，使这些村镇很迅速地发展成为新的城市，如河北唐山、湖南锡矿山、河南焦作等地，其中以唐山为代表。有些企业设在原来已有一定基础的旧城市中，因为企业数量较多，对城市的影响较大，如江苏南通。

　　第一次世界大战前后，帝国主义对中国的经济侵略暂时无暇顾及，中国民族资本的工商业有较快的发展。这种工业比较集中和发展比较典型的城市如江苏无锡。

　　铁路建设对城市影响较大。这种影响除了由铁路路线、站场、附属工厂等本身建设引起外，还由于铁路通车后，商业、运输业的发展或工矿企业的增加所引起。例如安徽蚌埠、江苏浦口、河北石家庄、长辛店、河南郑州、江苏徐州和湖南衡阳等地。

　　此外，还有少数位于侨乡中心的市镇，在近代发展变化很大，而且也很有

特色。侨乡集中在广州附近的新会、台山、顺德等地，以及福建的泉州、厦门地区等。泉州晋江县的石狮镇就是一个典型，房屋多为多层的混凝土结构，街道铺筑水泥路面。有的城镇整条街为某一个华侨投资，建筑形式很统一，结合当地自然条件，多建成"骑楼"的形式。

以上各类城市显然与帝国主义直接占领或由"租界"发展起来的城市不同，大多分布在沿海沿江地区。这类城市建设的自发性很明显，一般都不是按计划或规划建设的。

第一节　新兴的工矿城市

近代以前，中国传统手工业已相当发达。较原始的形式为家庭手工业，特点是手工业和农业结合；较高级的是独立经营的手工业，产品服务周围乡村居民或城市市民；更高级的是服务全国各地市场的大型手工业，如制瓷业、制盐业、采煤业、冶炼业、制茶业、造纸业等，成为大型手工业工场。传统手工业的特点是手工业和商工业的区别不明显。

在 19 世纪初的半个世纪中，中国开始出现新的生产方式和经济形态。外国资本是最早的影响因素，外商在华投资最初主要集中在商业和金融，在操纵中国的对外贸易的过程中，早期为初级农产品，如生丝、茶叶。进而尝试在华设立机器缫丝厂和制茶厂，如 1861 年怡和洋行在上海创办纺丝局。后外商工业扩展到棉纺织业、制糖、制革、榨油、食品、烟草、火柴、木材加工、印刷制版等，但主要是为进出口贸易服务的工业。

"洋务运动"是近代工业化的主要力量，倡导"师夷之长技以制夷"的"中体西用"的方针。最初集中在军事工业企业，如 1861 年的"安庆内军械所"、1865 年成立的"江南制造总局"。1870 年代后，重点转移到民用工业，集中在采煤业、金属矿、冶铁业、棉纺织业以及铁路、航运等部门。民间的民族资本也是近代工业发展的动力之一，主要集中在船舶修造、缫丝、火柴、造纸、印刷等生产行业。同时，还有政府官督民办等投资形式。

中国近代工业存在机器工业和手工业并存的特点，新兴的近代工业，带来一些新的城市空间和类型的发展。

唐山

唐山是近百年来由于中国资本主义的工矿交通等企业的建立而发展起来的城市。唐山虽然不在帝国主义直接控制下，没有租界，但由于中国半殖民地半封建的社会背景，这里一些工业也曾一度为帝国主义所占有，也有专为外国人居住的地区。城市发展显现出早期资本主义城市自发、畸形发展的特点。

唐山古时本为荒场，到 1417 年才开始编屯置村，人口逐渐增多。居民除主要务农外，也从事土法采煤及陶业生产。清末统治者在"洋务""新政"的口号下，开办了一些工矿企业。1877 年李鸿章以"官督商办"的方式在此开办开平煤矿，同时修筑唐（唐山）胥（胥各庄）铁路，从此唐山开始发展起来。唐胥铁路于 1896 年通至山海关，1898 年通至天津。同时又在开平矿场之西修建唐山铁路工厂。

1900 年英国镇压义和团起义，侵入唐山，以张翼为首的官僚资本家为了自身利益，竟把开平煤矿全部产权及附属房屋等卖给英商墨林公司。英国为了掠夺资源又在唐山、古冶一带开办大量工厂。1906 年后，中国资本家开办了启新洋灰有限公司，到 1913 年前后有很大的发展。这些都促使唐山城市迅速地发展起来。最初在煤矿区附近形成广东街，建有技工及高级员司住宅，沿街则为商业及服务性建筑。1880 年又建煤矿管理处兼作民事衙门的"东局子"。这些住宅建筑多是中国传统的四合院形式，但高级员司则采用了洋式住宅。一般商店则为中国常见的前外廊式商店形式。一般矿工多居住在附近农村中，有些单身矿工则住在拥挤不堪的集体棚户"锅伙"中。

由于工矿及交通业的迅速发展，人口增加很快。在矿场工厂附近，原有几个自然村扩大相连形成城市。城市围绕矿场向外扩展。矿场西部为窑柱厂及职工住宅区，西北部为外国人（英、比为主）住宅区。城市在矿场北部广东街（今新华街）东部，沿原唐胥铁路车站附近发展。1910 年车站南移改为京奉铁路新站后，城市又沿原来工人居住区附近的道路向南发展，形成了粮食街（今建国路）。

原先唐山市区位于铁路与矿场之间。由于土地不够用，便越过铁路向东部的自然村发展，以后便形成铁路穿越和分割市区的情况（图 12-1-1、图 12-1-2）。

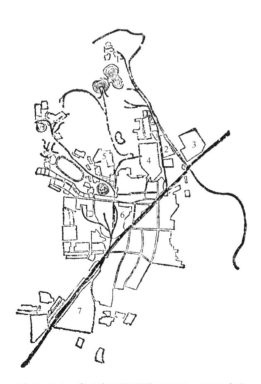

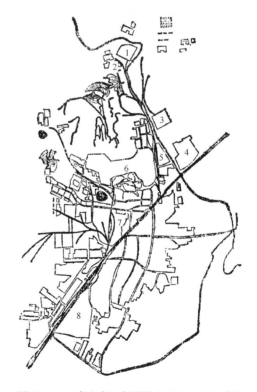

图 12-1-1　唐山市区发展图（1919～1937 年）
1—德胜窑业厂；2—启新修械厂；3—华新纺织厂；4—启新水泥厂；5—启新老厂（今唐山陶瓷厂）；6—开滦唐山矿；7—铁路工厂

图 12-1-2　唐山市区发展图（1937～1949 年）
1—唐山发电厂；2—德胜窑业厂；3—唐山钢厂；4—华新纺织厂；5—启新机械修理厂；6—启新水泥厂；7—开滦唐山矿；8—铁路工厂

唐山西北部一带地势较高，风景优美，为外国人占用作为住宅区。城市东部及东南部则是由两侧为泥土砖墙的简陋店面形成的街道，后来又逐渐改为注重装饰的"洋式"店面。这两个地区的面貌形成强烈的对比。

唐山市区的盲目发展，造成了街市包围矿厂，铁路分割市区，煤矿、工厂的煤烟笼罩着大部分市区；市内道路曲折，且多与铁路交叉，造成城市交通的复杂现象；劳动人民居住区拥挤不堪；城市建筑面貌混乱。这种现象与资本主义早期工业城市的发展状况十分类似。

第二节 因铁路修建而发展的城市

近代铁路的兴建始于 1876 年的淞沪轻便铁路，到 1894 年为止，共兴建 360 公里，还未对中国经济格局发挥改造作用。1895 年《马关条约》签订后，外国资本大量进入中国，并形成基础设施建设的投资热，铁路的修建尤其受到重视。

1895 年以后的十余年，开始了大规模的铁路建设，主要依靠外国资本和技术力量，而铁路投资对急于资本输出的外国人也具有很大的吸引力，形成各国争夺铁路投资权的热潮。在边缘地区，一般为外国直接投资，如沙俄修建的中东铁路、南满铁路，德国的胶济铁路，法国的滇越铁路，日本的安奉铁路等。在通商口岸和商业较发达的地区，多采取借款给清政府的间接投资方式，如京奉铁路（英）、京汉铁路（英、法）、粤汉铁路（英、美、法、德）、津浦铁路（英、德款）、沪宁铁路（英）等。至 1911 年，中国共修建铁路 9618.1 公里，其中以中国资本修建的只占 6.9%。

外国投资修建铁路的过程也是殖民统治深入的过程，因为铁路沿线往往成为投资者的势力范围。铁路运输网络为近代工业提供了物质条件，促进了煤矿开采、棉纺织业的发展，成为影响中国近代城市分布和发展的主要因素之一。

一、蚌埠

蚌埠是由于铁路的修筑而新发展起来的城市，位于安徽北部淮河中游，原是凤阳府属一个小镇。淮河蚌埠段设有渡口，明代蚌埠设渡成埠。

蚌埠是私盐集散地，明清曾一度繁盛，津浦铁路选线时，曾拟将站线设在离此不远的怀远县城附近，受到地方保守势力的反对。由于淮河流经蚌山山脚，河床土质坚硬，易建桥基，所以改由此经过。

1908 年津浦路通车，1912 年蚌埠淮河大桥建成，津浦铁路全线贯通，由于蚌埠位于铁路与淮河交会点上，便迅速繁荣起来，在淮河码头和火车站之间开始自然形成商业及居民住宅区，即后来的顺河街、大马路、二马路等。1914年时人口已增至 10 万人。1917 年市区铁路以西曾发生大火，将大马路、青年街、二马路、华昌街全部烧毁。重建时，拓宽了街道，市区较前整齐。1918 年建成大马路跨铁路天桥，天桥建成后铁路东部有了发展，形成几条街道。1926年北伐战争前，蚌埠人口已近 20 万人。

蚌埠的发展完全反映了铁路的主导作用。市区首先在河岸车站以西发展，以后又在铁路站线以东发展，并且成为市中心地区。铁路将城市分成两部分。市内所有主要道路建有跨线桥；其他道路都与铁路平交，正常通行受到很大的影响。淮河两岸的码头在城南较集中，沿河两岸均为仓库堆栈。

由于交通发达，商贾云集，商业和服务业迅速发展，商业带动了运输、仓储及手工业作坊和小型工业的兴起。蚌埠没有什么大工业，只有少数的面粉厂、烟叶加工厂、植物油厂等。主要经济活动为商业及转运。

1920年代末，蚌埠酝酿建市时，由当时的市政筹备处和公务局拟订城市发展规划，但仅有大体轮廓，翌年因机构撤消而规划终止。民国35年（1946年）底，再次由都市计划委员会着手制订都市计划。公务局曾宣布取缔部分沿主要街道的草房，划定顺河街、黄庄、蚌怀路、蚌寿路等处为草房建设区（图12-2-1）。

二、郑州

郑州是由于铁路的修建而扩展起来的城市，位于河南省中部，北部为黄河，西为豫西山地，东、南均为大平原。早在商代就在此建过都城，商城遗址在1949年后已进行了部分的发掘。旧城区与一般封建的县城相同，长方形，东西长而南北短，中间为"十"字路通至各城门，县衙门在城北部。铁路未修建前，一直保持自明代以来的基本形状，城市面积2.23平方公里，交通也不甚方便，只通大车，没有现代工业，商业也不发达，人口只有20000余人，是一个很普通的小城市。

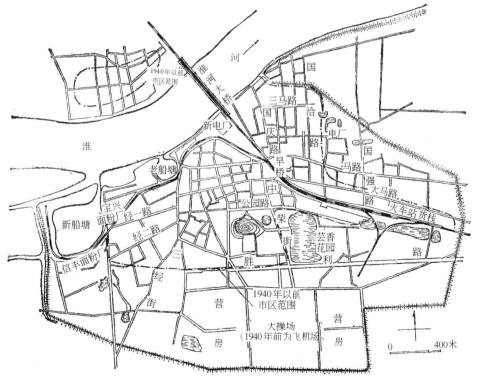

图12-2-1　蚌埠城市发展图（1940～1948年）

1905 年京汉铁路通车，站场设在城西。1909 年洛汴铁路（陇海铁路前身）又经过郑州，在城西交汇。因此，郑州便成为中国南北与东西两主要铁路干线的枢纽，成为中原地区农产品集散转运及工业品转运的中心，人口有很大的增加。最初增加的是大量的铁路工人，他们的居住区在车站与旧城之间的铁路沿线。于是，在车站与旧城西门外之间迅速地形成新市区。新区为方格形路网。商店、洋行、银行等集中在银行街、大同路、福寿街、敦睦路、德化街、二马路一带。市区迅速扩展至 5.23 平方公里。而旧城区则基本保持原来的破旧面貌。

郑州 1923 年曾开辟为商埠，在此之前，外国的宗教势力已深入郑州，美、英、意都在此建设教堂和教会学校。

1925 年郑州人口 5 万人左右，在老城区西门外至火车站一带形成新市区，城中大小 100 余条街道，其中新市区占了一半。

郑州由于在交通及商业上的重要位置，军事地位也更见重要。民国以后，各次军阀混乱时，郑州成为争夺的中心，因而也屡次受到破坏。城市工业也没有得到正常的发展，只有少数的纱厂、打蛋厂、打包厂等。抗日战争期间，市区主要街道均受到严重破坏。

三、石家庄

石家庄是由铁路的修建而发展起来的。20 世纪初这里是属获鹿县的一个人口不过百户的小村庄。据获鹿县志记载："在留营社属石家庄，有街道六、庙宇六，井泉四。"清光绪二十六年（1900 年）京汉铁路修筑至此，设一小站。光绪三十二年（1906 年）黄河大桥建成，全线通车。1903 年正太窄轨铁路（即石太铁路）建成通车，石家庄便成了京汉、正太两路的交会点，运输业就大量发展起来。由于路权尚未收回，两线设有两个车站。

正太铁路建成后，工厂逐渐增加，随之商业、手工业也日益发达。石家庄成为冀晋两省的物资集散地。至 1911 年时，面积已达 1.5 平方公里，人口约 1 万，房屋建筑沿铁路两旁及原村址向南发展。1937 年时人口增至 6 万人。

这一阶段城市主要在桥西发展，市中心在今南大街、大桥街、五一街（升平街）、民族路（同乐街）一带。桥东铁路附近的地区也逐渐发展起来。

1940 年建成跨铁路的大木桥。对石家庄进行了大规模的扩建，1941 年修建防洪堤"石宁堤"，并对上、下水道，路灯，电话等进行了基本建设。在市外修筑了长达 50 余里的围市濠，人口增加到 11 万人。市区范围西至东焦、袁家营，东至休门，北至栗村，南至大兴纱厂，大体上呈方形。

对外交通方面，先将石太铁路改为宽轨，又修石德铁路（1941 年建成通车）以便于运煤至青岛。又积极修建沧石等对外公路和石津运河，石家庄成为华北地区粮棉及矿产的集散中心，由于商业、运输业的发展，1944 年人口增加到 20 万人。

蚌埠、郑州、石家庄都是近代因铁路修建而迅速发展起来的城市（图 12—2—2）。铁路的修建，特别是几条铁路的交汇赋予这些城市区域性的交通枢纽地位，成为物资和产品的转运中心；人口迅速增加，铁路首先带来大量的铁路工人，更

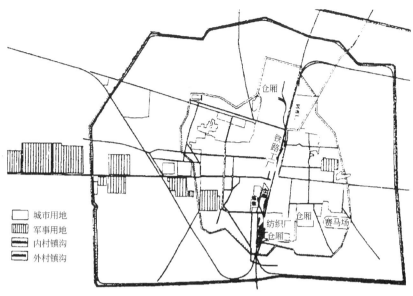

图 12-2-2 石家庄城市结构示意图（1947 年）

资料来源：《中国近现代城市的发展》，227

重要的是带来工商业以及相关的服务业的发展，使其从小镇，甚至村庄迅速发展成为大城市；这些城市的空间布局与铁路发展密切相关，铁路站点周围首先得到发展，成为铁路工人的居住区，工商业也逐渐在接近站点的主要街道上迅速发展，成为新的城市中心；铁路为城市发展带来动力，同时也为城市带来空间分割，由于经济条件限制，铁路与城市道路多为平交，城市一般偏重在铁路一侧发展，跨越铁路方便安全的交通联系成为这些城市空间发展的一个重要问题。

第三节 民族资本集中的城市

无锡、南通不曾开埠，是完全由民族资本主义发展起来的近代工业城市，成为近代城市的一种特殊类型。

一、无锡

无锡是近代发展的工业城市中民族资本最集中的城市之一，特别是在第一次世界大战前后发展最为迅速。其原因是地处富饶的长江三角洲的中心，有丰富的资源，有大运河及沪宁铁路的交通条件，又有历史悠久的商业及手工业基础，既接近大工业中心上海，有优越的技术条件；又不像上海那样受帝国主义的控制及排挤，也不像苏州等地受封建保守势力的约束。

无锡是历史悠久的商业城市，历代为江南大米的主要集散地之一，曾是"四大米市"之一。明清以来江南大米多在此集中，经大运河北运北京。清雍正元年（公元1723年），北塘的敖乾源粮行曾代理清皇室在此转运粮食，清光绪十四年（公元1888年），无锡承办漕粮，年平均在130万石以上，故早期的无锡以粮食集散转运为主要功能。当时主要米市集中于城北运河两岸的北塘一带，运河西岸多是堆栈，东岸则是米市场。清末大运河淤塞，津浦路通车后取代南北货运交通。但是，大运河南段仍旧畅通，因而无锡也并未受到严重影响。

无锡最先开办的现代工业是 1894 年的业勤纱厂，由于大宗棉花系经运河运来，而且又要接近城市商业地区，故厂址设在城郊运河沿岸。以后新建的厂也大多沿运河河岸布置，如太保墩的申新、茂新、振新等厂，周山浜漕家庄的广勤、庆丰等厂，南门外及东门外的丝厂等。各厂仓库码头也都沿河岸建造，几乎占满了全部河岸。

1906 年沪宁铁路通车，铁路线与运河平行，沿车站一带有新的发展（图 12-3-1）。

第一次世界大战前后，无锡的工业发展最为迅速，按 1932 年的统计，共有工厂 171 家（其中独资经营 71 家），包括纺织、面粉、榨油、碾米、翻砂、造纸、肥皂及印刷等轻工业，共有工人 44562 人，其中女工 32000 人。工厂虽

图 12-3-1　无锡城市结构示意图（1948 年）

多，但规模小而多分散经营，这一特点对城市的发展有明显的影响。工厂分布在旧城厢四周，与居住区混杂，大量的烟尘、废水对居民区有严重污染。

无锡的迅速发展，带来了许多矛盾，国民党当局及资本家，曾于1922～1929年两次提出城市规划的意见和方案。这些规划从内容上看都比较粗浅。1922年的商埠计划意见书中提出："……于运河两岸各做马路一条，中间横贯铁路，岸上各划土地数方里、分为九区，如'井'字形，两岸共十八区，以左岸九区为行政机关、商店和住宅，右岸九区为工厂、堆栈和船坞用地。沿土地四周筑马路，其'井'字形划为长街，各宽七八丈。左岸九区中取中区为行政、交通、教育、巡警等公共建筑，……新埠马路不仅行驶人力车、马车、汽车，并需考虑将来设置电车轨道之可能，所有新辟马路，其中心之宽，宜以五丈为标准，两边人行道之宽，每边各以一丈为标准"。1929年，国民党政府做了无锡都市计划，规划中运用了当时国外流行的分区方法及田园都市的理论（图12-3-2～图12-3-4）。

整个城市分为：①行政区：以无锡旧城厢为中心，集中各党政经济机构；②工业区：在已有工厂地区，沿运河及铁路线，交通便利；③商业区：东北以运河为界，西南经钱桥、惠山镇，城南公园之西门，在街道两旁集中银行、商场及各种商业贸易机构；④住宅区：为工人住宅区，西南两区靠近惠山及太湖风景区；⑤田园区：市区周围为田园区，再外为农业区；⑥风景区：沿湖滨一带。在市分区之外还做了干河、公园和道路规划。把城区内道路分为三等：特等、

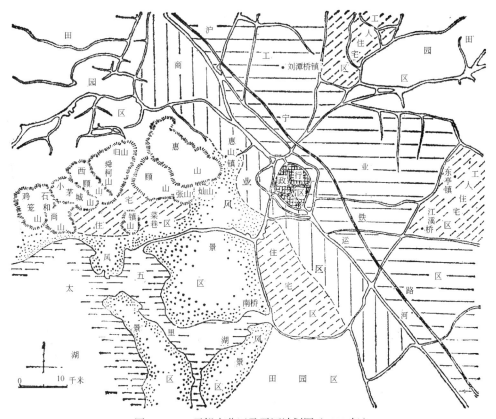

图12-3-2　无锡市分区及干河计划图（1929年）

已建未建
特等路
甲等干路
乙等干路

图 12-3-3　无锡市城区干路计划图（1926 年）

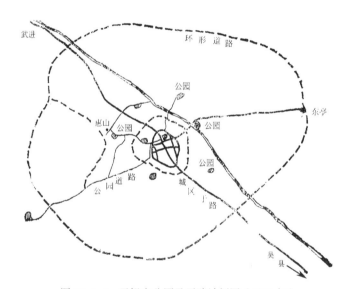

图 12-3-4　无锡市公园及干路计划图（1929 年）

甲等、乙等，道路断面为 18 米、12 米、9 米。这些规划由于脱离实际，没有
什么实际意义。

同时为避免工人长途上班而误工的损失，也在工厂附近建造成片的工房。
工房区的商店和服务行业全由资本家出资经营，例如庆丰里和丽新工房。

城市的建设量很少，只有在太湖沿岸新建了一批资本家的别墅和私人园
林，以及为其服务的桥梁、道路等。旧城内的建筑拥挤，一般街坊的建筑密度
高达 60%，个别高达 70% ～ 80%。

商业区集中在旧城北街上以及通向火车站和城北沿着运河的街道上。整个城市的结构是很混乱的，由于受河道系统的限制，形成以旧城厢为中心的环形放射道路系统。

1937 年抗日战争中，北塘一带受到严重破坏，工厂也大多倒闭。抗日战争胜利后，因政局不稳，资本家多转为从事投机商业，很少投资建设，只有在太湖边建的江南大学规模较大。

总之，无锡虽是近代发展的工业城市，但仍保留着旧封建城市的特征，街道狭窄弯曲，房屋建筑密集凌乱，没有现代化的给水排水和公共交通设施，基本上没有什么城市绿化，这些情况是与现代轻工业的发展极不相称的。

二、南通

南通是近代随本国资本主义发展而发展起来的。城市有一定的规划和建设的意图，在建筑面貌上也较完整统一。辛亥革命前，张謇的资本经营已有一定的基础。辛亥革命后，由于他的声望与地位办了许多学校，在"地方自治"的号召下，以超过一般资本家的力量来建设工业及发展城市，有点像欧洲中世纪的"城市国家"。这是中国近代城市史中一个很特殊的例子。

南通有悠久的历史。五代北周时建城。旧城重建于元代至正十九年（公元 1359 年）。明初（公元 1368 年）于东西南三门加筑瓮城，万历二十六年（公元 1598 年）为防倭寇侵袭在南门外筑新城，与旧城相连成"凸"字形。因位于江边平原，城市发展很少受地形条件限制，又因曾是州城，城市平面与一般封建行政中心的城市一样，布局很规则，以县府为中心的"十"字形街道正对各城门。明中叶以后在东西门外出现了关厢地区。清中叶时在城东及城北设置一些行政及军事机构。西门因靠近通扬运河（南通至扬州），商业较为发达。

南通位于盛产棉花的苏北平原的出口要道，与我国近代的工业中心上海只有一江之隔，因而较早受到资本主义发展的影响。1895 年。张謇作为"新政"的支持者，在提倡"实业救国"的口号下，在城西 7 公里的通扬运河右岸唐闸首先开办大生纱厂。在唐闸南面长江岸边新建了港口——天生港，与唐闸有河道相通。大生纱厂于 1898 年投入生产后，获利很大，不久又在支河两侧建广生榨油厂（1903 年）、资生铁工厂（1905 年）、复新面粉厂（1908 年），形成一个完整而独立的工业区。工厂外围面向运河的一段留有空地，建成以 2 层商店为主的商业街。支河与工厂之间空地建有仓库堆栈。工人住宅区则建于工厂附近，多系砖木结构平房。运河另一侧设有唐闸公园。

唐闸、天生港，与南通旧城形成鼎足之势，而在功能上又是一个整体（图 12-3-5、图 12-3-6）。

唐闸建成新的工业区后，南通旧城仍为政治文化的中心。因城区内已很密集，一些新的建设活动多在城外进行。城内濠河很宽，城东距新工业区又远，因此新发展地区为城西及西南的濠河两岸，以桃坞路最为集中。

桃坞路直通市区，两旁为新建的商业建筑及私人住宅和里弄住宅。城市中心地段为几个大型建筑，如总商会、更俗剧场、交易所、百货商店等。这些高大的具有外来形式的建筑，与南通旧城的低矮房屋，形成强烈的对比。

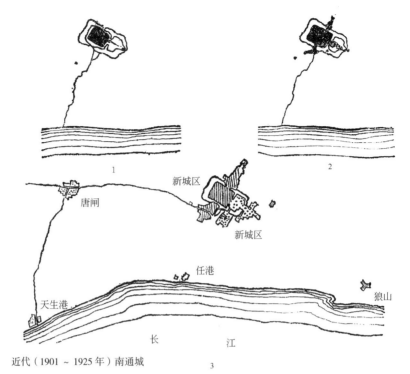

近代（1901～1925年）南通城

图 12-3-5　南通城市发展图（1929 年）

1—明清以前；2—明清时期（1866～1895 年）；3—近代南通（1895～1949 年）

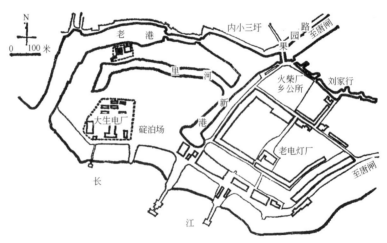

图 12-3-6　南通天生港及其附近图（1940 年）

　　除了不断增建工业、轮船航运公司、垦殖场外，1902 年张謇开始办南通师范学校、女子师范学校（1908 年）、南通医专（1911 年）、南通农科专校（1906年）、南通甲种商业学校（1911 年）、南通纺织专门学校（1913 年）、图书馆、博物苑（1905 年）等。这些单位大多集中在南濠河沿岸的东段。

　　濠河中段利用了宽阔的水面逐步修建为游憩中心，有东、南、西、北、中5 个公园（图 12-3-7）。

　　城市道路也进行了规划与修建，将全县道路分成干线与支线，成立专门的

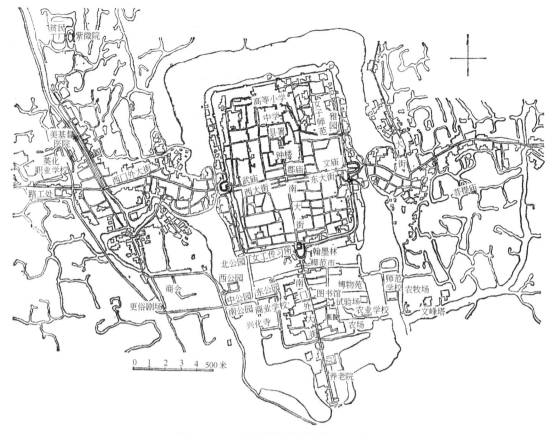

图 12-3-7　南通县城厢结构图（1917 年）

机构——路工处，测绘了全县地形，修筑了公路与沿路的桥梁。开办了全国较早的民营的公共汽车，行驶于狼山、天生港、唐闸与旧城之间。还办了许多社会福利事业，如中小学、职业学校、体育场以及所谓慈善机构养老院、习艺所、幼稚园等。

南通城市的外轮廓，自明清以来都是以城墙高塔组成的古城旧貌。自1900 年南通创办了工业及其他事业后，使整个城市的结构起了根本的改变，城市出现了新兴工业的烟囱和高大的现代建筑，城市面貌也有了很大的改变，但是新发展的地区集中在老城外面，老城的格局并没有打破（图 12-3-8 ～图 12-3-10）。

南通的发展时期为 1895 ～ 1925 年左右。第一次世界大战结束后不久，帝国主义又加强了经济侵略，外货大量倾销，南通的这些本国资本的工业企业经不起竞争、排挤，逐渐走上衰落的道路。

南通旧城区原来的范围内则变化很小。

图 12-3-8　南通城市发展侧影变化图

图 12-3-9　南通钟楼（曾繁智 1962 年绘）

图 12-3-10　南通商会大楼（曾繁智 1962 年绘）

第四节　近代的重庆

一、重庆的概况

重庆位于四川省东南，是嘉陵江与长江汇合处的山城，系鹿头山与娄山的余脉，三面环水一如半岛，形状似秋叶一片。

重庆于周武王灭纣时，封姬姓子"巴"，为巴子国。隋开皇初改称"渝"，并在隋唐期间，三度成为渝州州治。渝州由渝水而来，渝水是嘉陵江的支流。南宋孝宗十五年，升为府。一说因为其地介于顺庆、绍庆之间，故名重庆；一说是因为南宋赵惇被其父孝宗封为恭州恭王，同年二月受孝宗内禅即位，八月升恭州为府，为封恭王和即帝位的双重庆贺，定重庆为府名。

重庆自古就是兵家必争之地。优越的地理位置成为重庆在近代兴起的重要原因。重庆是四川与外部联系的一个重要的交通枢纽，因此与外部的交往和经济联系主要依赖长江水道。而重庆地处长江、嘉陵江交汇处，也就成为四川交通与航运的枢纽，使之成为四川的商业贸易中心、工业基地、金融中心。

清光绪二年（公元 1876 年），按《中英芝罘条约》，准许英国派商员。光绪十六年（公元 1890 年），《中英北京追加条约》（芝罘续约），开辟为商埠。光绪二十一年（公元 1895 年），《中日马关条约》同意重庆开商埠，1901 年又设日租界。1911～1923 年废府为县。1929 改县为市。

重庆城垣在金碧山顶，传为蜀汉都护李严所筑。明洪武初又修筑石城，周长 12 里，开九门。各门均有一定的商业码头：千厮门多棉花，南纪门多蔬菜，太平门木材较集中，临江门为煤，储奇门多药材。两江交汇处的朝天门一带原为洋行商埠集中地，商行、银行集中，最为热闹。沿江多码头，上半城多在山上。重庆原先较为冷落，成渝公路修通后，陆路交通发达，逐渐繁荣。

城内商店也多分段集中：米店集中于米亭子，棉店集中棉花街，石灰集中于石灰市，窑器集中于磁器街，家具集中在木货街，珠宝商集中于售珠市，百货集中都邮街，文具书店以天王堂街最多，旅馆多在大梁子，后来这些分工都打乱了。

重庆城市兴起较早，但开埠前仍是一座古老的封建府城。

二、内地的重要通商口岸

鸦片战争以后，外国传教士在重庆的活动十分活跃。1869 年上海英商商会派人到重庆调查商务，并提出开埠问题，1890 年 3 月中英在北京签订的《中英北京追加条约》规定重庆成为通商口岸，这是"五口通商"的半个世纪以后。重庆开埠的意义超越了四川一省的市场开拓，使英国的侵略势力从上海扩展到长江流域，成为对中国大西南的庞大侵略计划的重要步骤。

各国纷纷来重庆设立领事馆，外国洋行蜂拥而入，在南岸龙门浩和市内望龙门一带有德、法、日等国的 50 多家洋行。教堂、教会学校、教会医院也纷纷设立。

重庆开埠后清政府专门划出通远门内的一个地区作为外国使馆区，名为领事巷。1895 年《马关条约》使重庆成为日本的通商口岸，1901 年的《重庆日本商民专界条约书》规定日本在重庆府城朝天门外南岸王家沱，设立日本专管租界，这是四川的第一个租界。

开埠使重庆与国际间建立了贸易关系，大量进口棉织品、毛织品、煤油、杂货，出口蚕丝、白蜡、牛羊皮、药材等本地山货和工业原料。

重庆物产丰富，手工业和商业发达，近代民族工商业也逐渐发展起来，最早出现在火柴业，后扩展到丝纺、棉织、玻璃、矿业、航运、电灯等行业。

三、设市后的大规模建设

重庆于 1929 年 2 月公布成立市政府，而且是以特别市的规格成立，设市以后重庆城市面貌发生了巨大的变化。开辟新市区，新市区的范围自南纪门沿长江到燕喜洞、菜园坝、兜子背；自通远门至两路口、上清寺，自临江门沿嘉陵江到大溪沟、牛角沱。总面积 8 平方公里，相当于老城区的规模。设市后，新市区参照上海、天津等特别市的规格，1933 年划定市区界线，面积扩展到 93.5 平方公里，超越了半岛的范围，向长江东南岸和嘉陵江北岸扩展，形成旧城、江北、南岸三个部分，建构了城市的初步规模。

设市后的重庆城市是有规划的建设，规划的主要部分是南区干路、中区干路和北区干路，到抗战前夕，完成了南区、中区两条干路。南区干路从过街楼东口到菜园坝，中区干路从小十字到曾家岩。主要道路依据山城的特点布局，在地方军阀统治时期，财力、物力和技术力量有限，道路分段动工修建，虽然没有全部完成规划，但规模和格局已确定下来。

新市区的开辟和马路的修建使重庆的面貌发生很大的变化。各项设施和建筑随着马路的修建不断发展，新市区逐渐繁盛起来。

四、国民党当局的"临时首都"

1937 年抗日战争开始，次年国民党政府迁到重庆，并将重庆作为"临时首都"，正式定为特别市。国民党当局内迁后的重庆，集中了政治、经济、军事、文化等的各种机构。这些机构多利用原有建筑改建，或修建一些临时性的房屋，新建的建筑不多。

与此同时，原来在沿海大城市的一部分工厂（约有 1500 家工厂，10 万工人）迁来重庆。工厂数与抗日战争前相比增加 16 倍，占当时国民党当局辖区工厂数的 33%，占西南地区工厂数的一半。工厂多分布在市郊沿长江及嘉陵江两岸，如南岸龙门浩、弹子石，江北的香国寺、猫儿石、盘溪，沙坪坝地区的中渡口、小龙坎等地。当时工业虽有增加，但失业现象仍很严重，无业人口达到21.19%。

随着人口及工业的增长，市区范围也相应扩大。由于防空的需要，市区内建设很分散，扩展后的市区内不完全是建筑地带。1928 年划市区时为 8 平方公里，1933 年重划市区时为 93.5 平方公里（包括水陆面积），1940 年时扩大到 328 平方公里（图 12-4-1）。

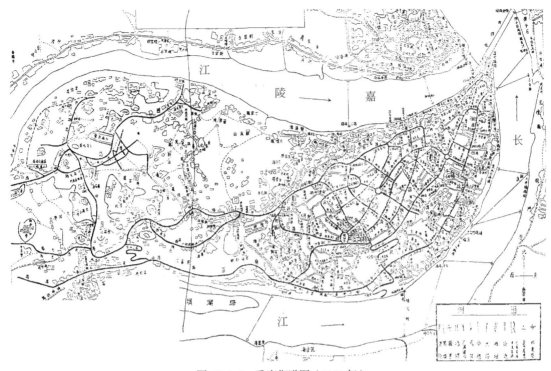

图 12-4-1　重庆街道图（1943 年）

　　早期的重庆由于其优越的地理位置，商业很发达；国民党当局内迁后，成为政治、经济、军事中心，人口猛增。1927 年商务督办时，仅 20 万人，1937年不过 28 万人，国民党当局内迁后，增为 47 万人，到抗战胜利时，已达 100万人以上。

　　人口增加，市区扩大，居住问题则更严重。大量人口仍集中在半岛部分，特别是尖端朝天门一带，如打铜街、都邮街等地区，人口密度高达 1650 人／公顷。

　　市内建筑质量较高的房屋集中在朝天门陕西街一带，有"重庆华尔街"之称。

五、"陪都十年建设计划"

　　1945 年 8 月日本无条件投降，国民党当局迁回南京，使重庆这个畸形繁荣的城市发生了剧变。"信用收缩，银根奇紧"，工厂产品销售不出去，因而工商业一落千丈，产量锐减，失业人口增加，歇业工厂比例曾达 85%。

　　国民党当局为安定人心，重新定重庆为"永久陪都"，编制了"陪都十年建设计划"。

　　计划本身问题很多，人口估算不是根据当时经济的发展计划来确定，而是依靠主观臆测。

　　道路系统规划考虑重庆山城起伏的地形，在中心地带布置了几条穿山的隧道，在江边设计了高架桥，主要道路交叉采用环岛形，道路网格局成自由式布局（图 12-4-2）。

在土地划分中，将住宅区分为高等住宅区、普通住宅区、贫民住宅区三种。高等住宅区在风景优美的歌乐山、黄角垭一带。贫民住宅区则没有作适当的安置。

计划中生硬地搬套卫星市镇规划理论。"陪都十年建设计划草案"中规划了12个卫星市和18个预备卫星市镇，这些卫星市镇的规划示意图，一律采用圆形图案，规划得非常粗糙（图12-4-3、图12-4-4）。

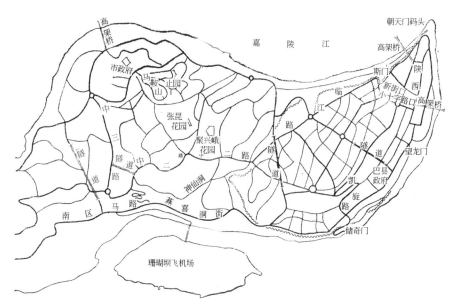

图12-4-2 "陪都十年建设计划草案"（重庆）市中心干路系统图（1946年）

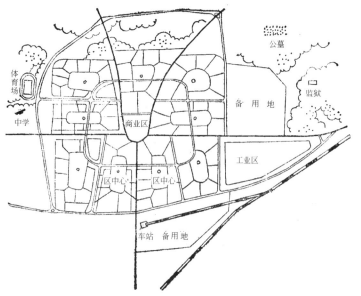

图12-4-3 "陪都十年建设计划草案"（重庆）卫星市计划图（1946年）

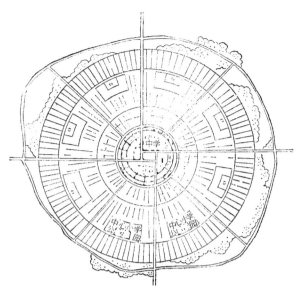

图 12-4-4　"陪都十年建设计划草案"（重庆）卫星市标准计划图（1946 年）

第十三章 变化中的传统城市

　　鸦片战争后，中国社会性质及经济结构发生很大的变化，受社会经济直接影响的城市也发生新的变化。一些直接受帝国主义侵略的城市发展较快，变化较大；一些间接受影响的封建城市发展较慢，变化较小。

　　影响旧城市变化的因素很多，综合起来，有下列方面：

　　1. 帝国主义通过不平等条约，在许多大中城市中设立"商埠区""铁路附属地"等特殊地区。这些特殊地区在格局上与旧城市的传统格局迥然不同，虽然建在旧城市近旁或城中，但在城市面貌、市政设施等许多方面与旧城市有强烈的对比，体现了城市的半殖民地半封建的特点。

　　2. 鸦片战争前，西方宗教虽已传入，但受到限制。鸦片战争后，随着帝国主义的军事、政治、经济侵略的扩大，外国宗教也大规模传入。各式教会建筑及其附属的慈善机构、学校等大量兴建，使旧城市的面貌起了不少变化。

　　3. 清末在"新政""维新"等口号下，在一些城市中建立了一些用近代技术生产的工厂及新式的学堂，也新建了一些"立宪"的"咨议局"等建筑；随着商业资本的活跃，各种钱庄、票号、会馆及戏院、旅店、菜馆等大量增加，使旧城市发生了变化。近代化交通工具的出现，特别是铁路的修建对有些城市的布局影响很大。

旧城市有不同的变化类型。有产生局部变化的封建统治中心，如北京；有因开设"商埠""铁路附属地"而引起变化的城市，如济南、沈阳、重庆、芜湖、九江、苏州、杭州、沙市、福州等，其中以济南为代表；还有一些传统的手工业及商业中心，由于经不起资本主义的入侵竞争，或因商路的改变及新交通线的开辟，其重要性为其他城市所取代，因而相对衰落，如大运河沿线的山东临清、江苏的淮阴、淮安、上海附近的嘉定、湖北的襄阳、樊城等，其中以江苏淮阴、上海嘉定为代表。

第一节　北京

北京的交通区位条件在近代发生很大变化。大运河长期是南北交通和漕运的要道，近代由于黄河改道和淤积使大运河交通受到严重阻碍。虽然清政府试图修复，但只能局部通航，很难全线贯通。自此漕运改为海运，由天津出口的海路运输逐渐代替了运河的重要地位。铁路的修建使北京在近代成为交通枢纽。在19世纪末20世纪初的十多年间，有几条北京通往各地的铁路先后建成，1896年底，京津铁路首先通车，1907年京奉铁路全线通车。1905年由北京南达汉口的京汉铁路全线通车。1906年由北京至张家口的京张铁路通车。1912年与运河大致平行的津浦铁路通车。这些铁路使北京和南北各地的交通更为便利，联系更加密切，确立了北京近代交通枢纽的地位。

直到1949年为止，北京基本上是一个典型的旧城市。但是，从北京城整个漫长的历史来说，近百年来的变化可以说是较大的。尤其是20世纪的最初30年间，北京经历了几个世纪以来空前的变化。

北京城经过辽、金、元、明、清等朝代，约一千年间一直是封建王朝统治的政治文化中心。城市的规划布局集中体现了中国古代城市规划的传统，在同时代的世界各国城市中放出异彩。近百年来，由于帝国主义的侵略及本国资本主义的发展，封建城市的旧框框已经不能与这种经济基础相适应，因而必然发生变化，这种变化表现在下列几个方面。

一、教会建筑群与使馆区的出现

清朝初年的顺治、康熙时期，天主教的建筑南堂、北堂（原在中南海附近）已在北京出现。后来教会大规模地发展起来。在西什库建的北京教区的总堂，占地极大，包括主教府、修道院、修女院、图书馆、印刷厂、医院、附属女中等，形成一个特殊的区域。在崇文门内及灯市口附近也形成两个基督教的建筑群。其他还有不少"文化""慈善"机构分布在北京的各个角落（图13-1-1）。

1858年，根据《天津条约》，帝国主义开始在北京设立使馆。1901年的《辛丑条约》将东交民巷一带划为"使馆区"，南以正阳门至崇文门附近的城墙为界，面积约为1000余亩。根据所签约章的规定，这里是专作为外国驻华使馆"住用之处"，并独由使馆管理"。实际上是北京内城的外国人居住区。周围筑高墙，并设炮垒，区内集中了美、英、法、德、日、意各国使馆，以及专门的兵营、银行、俱乐部、洋行、医院等。使馆区建筑全部为20世纪初国外流行的建筑风格，与传统建筑风格迥异（图13-1-2）。

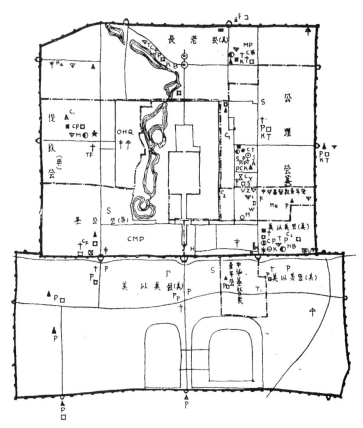

图 13-1-1　1920 年前后北京教会建筑分布图
资料来源：中国建筑简史（第二册）：41

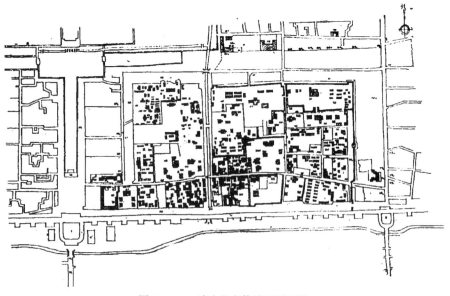

图 13-1-2　清末北京使馆区平面图
资料来源：中国建筑简史（第二册）：42

1928年北洋政府覆灭后，列强纷纷承认南京的国民政府，使节也陆续南下，东交民巷使馆区成为没有使节入驻的地区，更接近一个特殊的公共租界（图13-1-3）。

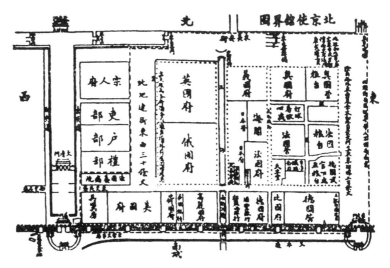

图13-1-3　北京东交民巷使馆区（1901年）
资料来源：张复合.北京近代建筑史，北京：清华大学出版社，2004

从城市建设的角度这些特殊建筑和街区的出现，为这一古都带来了建筑艺术上的近代化的发展。

二、城市功能与结构的变化

原来北京城的规模很大，但是内城大部分为封建统治的官府和帝王贵族的宫殿、宅第所占有；外城则多集中一些商业、手工业，以及劳动人民的简陋住房。整个城市的功能结构的旧框框被新兴的资本主义生产方式的工业、交通的发展所突破。

1900年以后，京奉铁路、京汉与京张（北京至张家口）铁路相继通车，并在城墙周围敷设了环城铁路，城内外建了大小十余个车站。铁路包围了城市并与主要街道成平面相交，给城市的发展与市内交通带来很大的不便。在环城铁路修建过程中，拆除了一些瓮城，如前门（正阳门）瓮城、宣武门瓮城等。

随着铁路的修建，出现了一些近代工业，并以官办的铁路工厂为代表。为修理京汉铁路的机车车辆，1900年在郊区建长辛店机车厂。1905年又建长辛店电器修缮厂、南口铁路工厂、京西煤矿等。公用事业的发展带来新的工厂，如1905年在正阳门建立的"京师华商电灯公司"，1908年在东直门外建立的"京师自来水公司"。1905年在崇文门外建立的丹凤火柴公司是华北最大的火柴工厂。1909年在清河建立浦利呢革公司（清河制呢厂），城市内也出现少数机器制造及修配、印刷、染织、食品等工业。其中较大的工业多在郊区，对城市面貌的改变影响不大。与近代工厂出现的同时，也出现了一些"锅伙""铺伙"等工人的棚户区，以及简陋的"里工宿舍"（工人固定宿舍）等新的贫民窟。

北京的皇城平民绝对不许穿行，东西城之间的交通只能经由地安门以北及前门以南绕行。明清北京被成功地规划建设成为雄伟庄严的封建都城，位于中心的皇城反映了封建专制君主的最高权威。辛亥革命后，1913 年开始拆除了大清门（中华门）内的东西千步廊及东西三座门两侧的宫墙，打通了天街（天安门大街）。北面的紫禁城与景山之间也允许穿行。

1915 年对前门进行了改造。前门位于内城南面的中央，位置重要，建有瓮城。铁路的出现加强了这里的交通枢纽作用。现代战争使这种传统的防御形式失去了原来的意义，交通流量的日增以及民国初年改造封建帝都的愿望促使政府采取了改造行动。拆除瓮城，一段城墙被推倒，开通了 4 个新城门。把天安门地区和外城直接沟通。

在前门地区形成了开敞空间，周围商业设施的聚集使这里成为北京人口密度和建筑密度最高的最繁忙的商业区，聚集了著名的百货商场、老字号、电影院、钱庄、银行、酒楼等。同时北京城其他一些地区的商业活动也蒸蒸日上，街道两旁临时搭建的货摊逐渐成为侵占街道的简易建筑，大街变成了狭小的巷子。城市商业和娱乐功能加强，而作为帝国都城的作用在日渐衰落。

1925 年,将紫禁城外东华门转北经神武门至西华门的守卫围房 732 间拆除。但总的看来，北京城的平面布局没有很大变化，仍是明清以来的面貌。

三、封建帝王禁地的开放及新类型建筑的出现

辛亥革命以前，皇城是禁地。清朝末年，动荡危机的社会背景使北京城已显破败，甚至紫禁城内的宫殿也处于萧条之中。1913 年皇宫被打开，文华及武英殿开放。1915 年皇宫乾清门以前部分也开放并作为博物馆。1925 年溥仪被迁出后，全部改为故宫博物院，其他皇家禁苑也陆续开放。北京城内有许多皇家园林，还有许多皇室祭坛和庙宇，完全是为封建帝王贵族专用。1914 年社稷坛改为中央公园，是北京的第一座近代公园。先农坛改为城南公园，以后天坛、北海、颐和园等也先后改为公共园林。北京城有了面向公众的休闲场所，近代公园逐渐代替了传统的庙会，成为城市居民喜爱的聚会场所，配备有满足人们购物、娱乐、餐饮等需求的休闲设施，但是，门票也很昂贵，一般劳动人民是很难进入的。

清朝末年为了适应其"新政""立宪"以及"洋化"生活等需求，也曾建造了一些新的建筑物，如 20 世纪初建造的海军部、陆军部、迎宾馆，1910 年建的大理院等，民国以后建的国会会场、市政公所、前门邮局、参谋本部、劝业场、新世界和若干新式住宅及娱乐场所等。这些建筑物在统治阶级崇洋思想的指导下,采用"洋式建筑",并在国内产生一定的影响,当时各省建造的咨议局、政府办公楼及官僚们的住宅大都模仿这些建筑的形式。

四、近代市政工程及公用设施的出现

近代市政工程和公用设施大多在内城统治阶层居住的地区。北京原有道路多为土路，"晴天沙深埋足，尘土扑面；阴雨污泥满道，臭气熏天"。1904 年北京开始有石渣路面，1915 年在使馆区出现第一条沥青路面，1920 年中华民

国政府驻地的中南海南门西长安街一段路面铺上了柏油，1928 年内城王府井商业区的街道也铺上了柏油。1904 ～ 1929 年的 25 年间，在商业区和统治者居住区，北京共修建了 96.7 公里的碎石路和 8.27 公路的柏油路（引自史明正《近代化的北京城》，北京大学出版社，1995 年）。

公共交通开辟得很晚，有轨电车 1924 年才通车；公共汽车直至 1935 年才开办，而且只有一二条线路。20 世纪初几乎所有重要的近代公共交通形式都被引进北京，如公共马车、电车、汽车、铁路，与传统的畜力车、人力车并行。

自来水于 1908 年以官督商办名义由德国人设立，1910 年供水。但供水范围十分有限，来自外交使馆区的自来水销售收入占 5% ～ 10%。1910 年北京城总人口已达到 76 万人，但仅有 400 多个公用水龙头（资料来源同上）。

北京城原有的下水道系统在元、明建城时即有，近百年来这方面的建设不多。但随着人口增加，为城市服务数百年的沟渠已经超负荷使用，加上固体垃圾倾倒，这一城市排水系统已遭严重破坏，至清末，已经威胁到正常的城市生活和公众健康。但近代的城市沟渠维修并没有选择代价高昂的结构性变革，只不过将一些明沟改为暗沟。后来配合自来水工程也建了一些下水道，但系统乱，覆土浅，排泄能力小。

供电方面最初也只限于颐和园及中南海等处。颐和园和使馆区分别在 1890 年和 1899 年建立了独立的发电厂。1904 年成立了京师华商电灯公司，开始发展城市供电工程。1919 年石景山发电厂兴建后，供电规模才有一定的扩大。电力供应从皇家宫廷和外交使馆区，扩展到商业区，然后扩展到少数私人住宅区。1921 年登记的用电户数为 5052 户（资料来源同上）。

近代北京城的政治变迁促进了城市环境风貌的变迁，城市建设尽管取得一些进展，但还只是一个开端。北京从一个保守的封建都城向一个现代都市的变迁过程是缓慢的，充满障碍。随着城市人口的增长和人口密度的增加，北京城面临许多难以解决的新问题。

第二节 南京

南京是历史悠久的古城，地处长江下游，东南靠近富饶的长江三角洲，北面是广大的江淮平原。东晋的政治经济文化中心南移后，南京地位更为重要。南京地势雄伟，襟山带河，便于防御，因而自东吴、东晋、南朝、南唐及明初一直为封建都城。城垣坚固，城周达 61 里，为我国古代最大的城市之一。自明初大规模的筑城，修造宫殿，开辟道路后，城市轮廓基本形成。明成祖迁都北京后，这里仍设部分中央机构。清代南京为两江总督驻地。

南京城市在近代的发展，可以分为三个阶段。第一阶段，鸦片战争后，开辟五口通商，帝国主义势力侵入，以后津浦及沪宁两铁路通车，使南京成为南北陆上交通与长江水运的交会点。这一时期主要在城北下关沿江一带，形成新的市区，集中各种洋行、银行、轮船公司、码头、仓库、火车站等；也在一些空地上密集地发展了棚户区。其间南京一度由太平天国占领，并定为国都，定名"天京"，因为时间短暂，只进行了一些军事建设，曾在紫金山西部建"天堡城"，在东山麓建"地堡城"，城内变化甚少。

第二阶段，自1927年国民党当局"定都"南京后，曾进行过"首都建设计划"，并开辟几条新的道路，在城内分散地建造行政办公机关，在山西路一带开辟为官僚等上层阶层服务的住宅区，在城东中山陵及灵谷寺一带建造道路、绿化、运动场及纪念性的建筑。

第三阶段，1937年，南京为日本帝国主义占领，曾是汪伪政权的"首都"，但没有什么建设。抗战胜利后，国民党当局回到南京，除了建造美军军官的招待所、"国民大会堂"外，还继续进行了"首都建设计划大纲"，但城市没有新的建设和变化。

一、1929年制定的"首都计划"

国民党当局在南京"建都"后，即开始着手拟定城市规划。这次规划将第一批建设工程一律以"中山"命名，如中山码头、中山路、中山桥、中山门、中山陵等，计划又一再标榜"发扬光大固有的民族文化"。

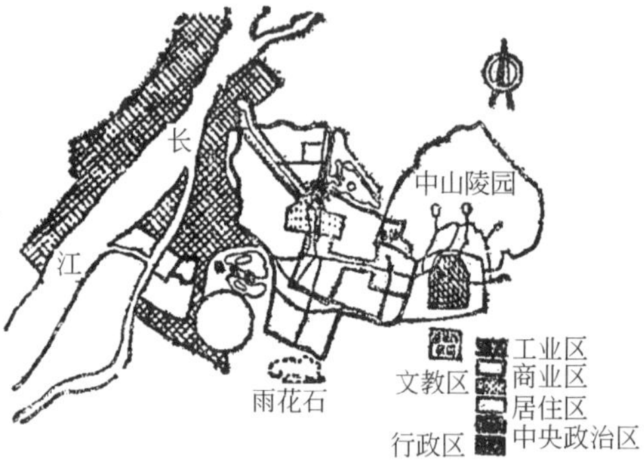

1928年2月1日成立国都设计技术专员办事处，并于1929年12月制定、公布"首都计划"（图13-2-1）。这是我国较早的一次较系统的城市规划工作，计划内容包括以下各方面。

（一）城市分区

计划将城市分为中央政治区、市行政区、工业区、商业区、文教区及住宅区（图13-2-2）。其中以中央政治区为重点，计划设在中山门外，紫金山南麓，其理由是"该区处紫金山南麓山谷

图13-2-1 "首都计划"（南京）城市结构示意图（1929年）

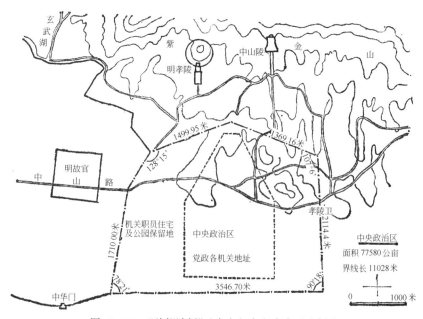

图13-2-2 "首都计划"（南京）中央政治区示意图

之间，在二陵之南，北峻而南广，有顺序开展之观，形势天然，是神圣尊严之象""因查世界新建之国都多在城外荒郊之处""于国民思想都有除旧更新之影响，有鼎新革故之意"。还有其军事上的理由："形势险要，关系军事至巨，一建炮台实具优势，军用机械厂、机场实在其南，兵营又相接近，调遣灵活"。这种离开旧城、另建新区的想法是脱离实际的，后来并没有实施。大量中央机构也分散建在旧城之内。抗日战争前拟订的计划，将行政区设在明故宫一带（图 13-2-2）。

市行政区拟设在市内鼓楼附近傅厚岗一带，取其地势较高，建筑可以显得雄伟，同时在"首都计划"中还拟了一个行政区的详细方案，全部用中国的院落式（图 13-2-3）。

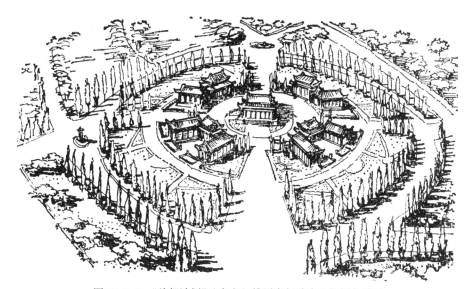

图 13-2-3 "首都计划"（南京）傅厚岗行政中心规划鸟瞰图

商业区拟设在明故宫旧址，理由是位于中央政治区与住宅区之间，交通方便；计划中明确地说明："该地现价甚低，大半是属官有，一成为商业区域，地价必倍增加，政府收入因亦大增。"

工业区拟设在江北及燕子矶一带。尽管在"首都计划"中，要把南京建成一个工业城市，要"工厂林立，百业繁荣"，实际上直到 1949 年，市区内除了有少数军事工业，如金陵兵工厂、无线电厂、船舶修理厂、被服厂及其他军需工厂与仓库外，其他工业很少。

计划中的住宅区设在旧城各处，分为四个等级，即第一、第二、第三住宅区及旧住宅区。第一住宅区为官僚等上层阶层住宅区，即山西路、颐和路一带；第二住宅区为一般公务人员住宅区；第三住宅区中又分四区，其中三区在距市区远而偏僻的市郊，一区即为下关的棚户区。至于旧住宅区则原封不动地加以保留。

（二）道路系统

计划中的道路系统，模仿当时美国一些城市的方格网加对角线的形式；在商业区内尤为明显，为了增加沿街店面，取得高额租金，道路网的密度很高，街坊面积小而零碎（图13-2-4）。西北部原有道路系统均斜向东南45°，计划不顾已有现实，生硬地将南北向道路系统插入，形成许多支离破碎的三角地带。还打算将古城墙改为"环城大道"，行驶汽车，而且成为"风景路"。事实上南京城墙高出地面6～18米，转角多为锐角，高低不平，两边砌砖或石，中间填土，不能承重。规划秦淮河沿岸为林荫道，作为城内的风景地带（图13-2-5）。

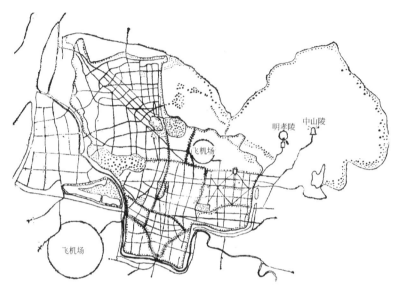

图13-2-4 "首都计划"（南京）林荫大道系统图

图13-2-5 "首都计划"（南京）秦淮河河岸林荫大道

"首都计划"虽然是我国最早的一次城市规划工作，但在内容与形式上，基本搬用当时欧美城市规划的理论及方法。由于"首都计划"的主要目的在于政治宣传，因此没有什么实际意义，在以后的建设中，基本上没有按计划进行。

二、南京的城市建设工作

（一）开辟道路

"首都计划"中唯一实现的较大工程，是由下关经挹江门、鼓楼、新街口至中山陵的道路，另一条由鼓楼通至和平门的中央路（也称子午路）的道路。道路的绿化搞得较好。但是，由于新建的道路生硬地插在原有道路系统中，拆除大批的民房；而且追求形式，笔直定线，许多地方道路高出两边地面很多。

新辟道路后，新街口建成圆形广场，成为全市的交通中心，而且周围迅速地发展成为商业中心。商业中心随着交通中心而形成，反过来由于商业中心吸引大量人流、车流，使交通问题更为严重。

（二）住宅建设

自国民党当局"建都"南京后，由于军政机关云集，人口大增，城市人口达百万以上，住宅问题日益严重。虽在"首都计划"中大谈"居住为人类生活之大端，"但实际上建造的、质量好的只有山西路、颐和路一带的官僚等上层阶层住宅区。据统计，1700户官僚及资产阶级的住宅共达69万平方米，平均每户400平方米，一般为3层，建筑密度在20%以下，宅园绿化面积达64.8%，每户均有汽车间，内部设备豪华，有冷暖气设备，还有专为这一区建造的小型污水处理站。

这里的住宅全部是西班牙式、英国式、荷兰式的花园洋房。在"首都计划"的同时，还有一个"关于贫民区住宅建设"的决议，其意图是将城市内所有贫民迁出城外，在偏僻、低洼的地区另建棚户区。因此，南京原来的大量棚户住宅不但没有减少，而且有新的增加。据1934年当局统计，当时南京有3700户，共15万人住在棚户区内。1949年时，南京留下的棚户区共达309处之多，房屋19000幢，大多集中在下关及汉西门一带。据下关3500多户棚户的统计，每户建筑面积只有10.5～12平方米，平均每人约3平方米，建筑密度在60%以上。棚户区大多地势低下，又无排水设备，下雨就受水淹。

（三）官府及商业建筑

"首都计划"中虽然将中央政治区定在中山门外，但是实际上谁也不愿意迁至荒郊，因而不得不改在中山门内明故宫一带。在这里，只建了监察院及国民党史陈列馆等。大部官府建筑仍各自为政地在城市各处修建，较多地集中在中山北路一带。

南京原来的商业中心，在城内秦淮河、夫子庙一带，以后在下关形成新的商业区。新街口开辟后，因为这里接近政权机关及住宅区，因而迅速形成新的商业中心，集中了银行、影剧院、百货公司和商场、中西餐馆等。

（四）建筑形式

南京城市建筑形式的发展、变化，可以说是中国近代建筑形式演变的一个缩影。

早期的建筑中有照搬西方古典建筑的折衷主义的形式，如中央大学的大礼堂。有西方古典巴洛克式的变种"圆明园式"，如中山北路上的原海军衙门、总统府的大门、江苏咨议局、南洋博览会等建筑。

1927年4月之后，根据"发扬国故"等文化政策，在1930年代形成复古主义的宫殿式与中西合璧的混合式的建筑思潮。一种为纯粹仿古的形式——以新材料新技术套用的古典型式，如1929年建的灵谷寺阵亡将士墓，1931年的谭延闿墓，1937年的中央博物馆（仿辽式），1937年中山陵藏经楼（仿北京雍和宫），此外还有由外国人设计的金陵大学、金陵女子文理学院等中国古典式建筑。另一种为混合式——或在新建筑形式中套用一些中国装饰及花纹，或在

洋式平面上套用中国大屋顶，如铁道部、立法院、励志社、外交部等。1930年代还大量建造当时欧美的"摩登建筑"形式，如许多官僚的住宅及中山北路的国际联欢社等。

以总统府为例，大门为西洋古典式，二门为中国衙门式，中间有一些半中半西的建筑，最后的五层大楼，完全是"摩登建筑"。形成一个各种形式建筑大杂烩的典型。

在所有的建筑中，值得重视的是建于1929年的中山陵，在建筑群体上吸取了中国传统的手法而又加以变化，造成庄严肃穆的气氛，达到一定的艺术水平。这群建筑是由当时中国年轻的建筑师吕彦直设计，并在宋庆龄主持的委员会下建造的。

（五）对外交通

在下关沿江地区，一边为铁路轮渡，另一边为军用仓库，中间全部为仓库码头所占满，使南京这一沿江城市的市区与江面完全分隔。沪宁路车站设在下关，虽接近港口，但与港口的货运联系不便。客运站设在下关，与主要市区距离过远。铁路在玄武湖旁边通过，又将市区与城北工业区分开，从风景区及市内交通角度来看，都存在缺点。更加严重的是宁芜铁路完全从市区穿过，对市内道路交通、安全及居住环境等均极不利。民用机场设在城内的明故宫，四周全为居住区，对居民干扰很大。

第三节　广州

广州是历史上著名的对外贸易港口，这座历史古城同时也是近代帝国主义入侵的重要口岸，乾隆嘉庆年间，英美商人通过广州向中国大量输入鸦片。帝国主义步步深入，并导致鸦片战争爆发。鸦片战争后，广州是清政府签订的《南京条约》中"五口通商"的口岸之一，开始向半殖民地半封建社会转化，1842年签订的《虎门条约》允许英国在通商五口岸租地建屋，永久居住。广州在与外国人的对抗和接触中，成为较早接受外来文化的城市（图13-3-1）。

一、老城区的变化

老城区最初的变化表现为教会建筑的大量兴起，出现许多传教机构所办的教会、教堂、学校、医院、青年会、布道会、图书馆等建筑。

近代开始了大规模城市建设活动，修建了西湖路、清平路等多条马路，建成了连接珠江两岸的海珠桥。1936年兴建多年的粤汉铁路通车，黄埔港开港，广州的近代交通得到较多发展。

广州城市商业繁荣，惠爱路、上九路、下九路和西壕口等处成为中心商业区，兴建扩建了一批旅馆、酒家、茶楼、商店、戏院等。

二、租界区形成

鸦片战争后，1842年签订的《虎门条约》允许英国在通商口岸租地建屋，永久居住。1845年，英国在广州设立领事馆，英商在黄埔建立船舶修理厂。

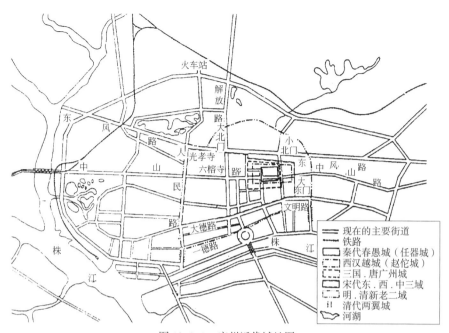

图 13-3-1　广州近代城址图
资料来源：《中国近代建筑与城市》1993：27

　　1856 年英国人进犯珠江，挑起第二次"鸦片战争"，被英帝国主义激怒的广州市民火烧外国人商馆"十三行"。历史上的"十三行"，自明代开始就是对外贸易的场所，1683 年清政府结束海禁后，成为外国商馆最为集中的地区。1858 年《天津条约》签订后，侵略者要求在广州恢复被烧毁的商馆，最后英国人选定沙面。沙面只是江中一个小岛，河水涨时会淹没大部分陆地，英当局利用清政府的赔偿金，填土筑岸，修建道路，种植树木，建造公园，同时，划分地块租借给其他外国人获取税金。英国和法国的地域成为规模最大的外国人聚居区，从此沙面成为广州的一个特别地区。

　　沙面兴建时有比较完整统一的规划，以一条贯通东西的主干道辅以几条纵向的次干道将用地划分成若干分区，每个分区又划分成若干小区。建有警察局、领事馆、教堂、学校、银行、洋行等，还有俱乐部、旅馆等公共建筑，以及很多小住宅（图 13-3-2）。

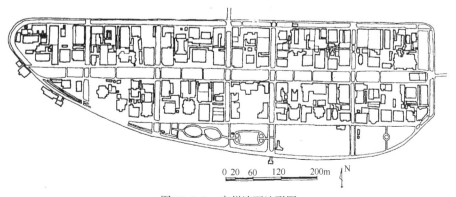

0　20　60　120　　200m　　N

图 13-3-2　广州沙面地形图
资料来源：《中国近代建筑与城市》1993：30

三、近代工商业兴起

广州的洋务运动与民族工业差不多同时出现。1872 年南海人陈启源创办中国第一家机器缫丝厂，继而广州地区的缫丝工业有较快发展。1873 年创办了广州机器局。1887 年后张之洞先后奏准设立了官办的机器缫丝局、织布局、铁厂和广东钱局。1890 年民族资本创办了广州电灯公司。辛亥革命后新型工业增加，包括缫丝、织布、毛织、火柴、印刷、食品、玻璃、水泥、造纸、造船、电气等工业，广州发展成为轻工业都会。

1936 年，粤汉铁路全线通车，密切了广州与内地的交通运输，广九铁路到达香港，广州的政治、经济地位日趋重要。1938 年起广州成为日本帝国主义的重要战略基地。1947 年国民党当局设为"直辖市"，当时广州市区面积已达 36 平方公里，但国民党当局后来没有进行什么建设。

第四节 济南

济南为黄河下游古老的城市之一，因建于古济水的南岸而得名。济南老城始建于汉，至明清形成完整的城市布局。晋永嘉年间（公元 307 ～ 312 年）以来，一直是山东地区的封建统治中心。明洪武元年（公元 1368 年）山东行中书省即建于此。洪武年间开始改建城垣，将元代土城墙改为砖石城墙。清康熙五年（公元 1666 年）山东巡抚以明代旧德王府为基础建巡抚衙门，并以此为中心扩建城市。清咸丰十一年（公元 1861 年）环城修建土圩子，周长 40 余里，面积 25 平方公里。清同治四年（公元 1865 年）修筑石砌圩墙，形成具有内外城之分的城市布局形态。

济南老城东西门不正对，南北轴线止于城墙，不与南门直通，布政司在西，按察司在东，道、府、县、盐运使等衙署和庙宇布置在围绕中心的地区。城垣方正，是中国一般典型的封建府城的布局模式。

早在 1650 年西班牙教士就在济南将军庙街创建天主教堂，后在反洋教运动中被中国人民拆除。后来意大利教士于 1841 年来到济南，又以恢复"原有产业"的名义，用近似跑马圈地的办法，将高都司巷东若干贫民住宅以及其北部若干湖田圈为己有，迫使中国居民迁出该区。外国人在清政府的庇护下，在老城区形成西方教会建筑的修建高潮，在济南将军庙街陈家楼等处大兴土木，建居住建筑、"圣堂"、医院、慈善机构、书局等，形成"洋楼街"，高大体量的教会建筑与老城区的低矮民房形成强烈对比，逐步改变了济南城市面貌。

促使济南近百年来城市发生显著变化的最主要因素，还是在 1904 年胶济铁路通车以后，清政府自动将济南开为商埠。津浦线通车后，这种变化更大。

一、商埠区的建立

德帝国主义占据青岛及 1904 年胶济铁路通车后，把济南、周村、潍县三地自动辟为商埠。这种商埠区实际就是变相的租界。商埠区内成立商埠局，下设工程处等机构，因而开始了商埠规划（图 13-4-1）。

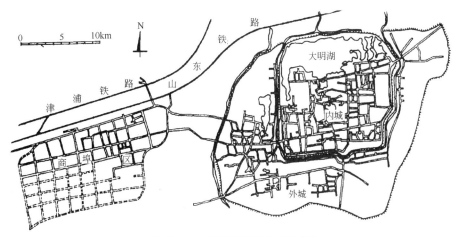

图 13-4-1 济南城市图（1904 年）
资料来源：《中国近代建筑与城市》：333

商埠规划的范围只包括纬一路以西，纬十路以东，胶济铁路以南，经七路以北的一个小区域，面积约 2 平方公里。对原有旧城市的改造和其他地区规划都未作考虑。商埠规划沿胶济铁路由北向南依次平行排列着经一路至经七路，纬一路至纬十路由东向西与之垂直排列。为满足资本主义商业的要求，增加临街商店面积，道路网密集（间距在 200 米之内），街坊面积约 3～4 公顷，沿街为商业店铺，街坊内布置居住建筑。规划将市内最优越的地区让与帝国主义者建领事馆、教堂、商店、银行及住宅等。如位于经二路上的德国领事馆和德华银行，地段优越，绿树成荫，均为德国风格的装饰精细富丽的建筑。

济南开埠后的几年间，德、日、英、美等国在此建设多处银行、教会、医院、学校，期间大量商业资本也汇聚济南，商埠区内由铁路车站至经二路、纬四路、纬五路沿街一带形成办公、商业区，与济南老城的西关商业中心相连的普利街、馆驿街、经一路形成车站附近的商业服务中心。

商埠区虽然是济南的一个新区，但由于设于旧城近旁，与旧城在交通线上有一定的联系，如经一路通向迎仙桥门，经七路通杆石桥门。商埠区的建立与发展也影响了济南城的发展与变化。

1912 年津浦铁路全线通车，黄河铁路桥建成，济南成为南北交通枢纽。工商业日趋发达，城市人口剧增。原来的旧商埠界线自然向外扩展，居住需求压力增加。商埠边缘大量出现棚户区，商埠区内出现一批近代里弄住宅。

二、"洋务"运动与新兴工商业发展的影响

清末"洋务"运动对济南城市功能结构影响很大。期间发展起来的山东"机器局"至 1901 年已经成为具有炮厂、枪子厂、翻砂厂、熟铁厂、轧钢厂、火药厂、电料厂、木工厂等的完备的军工厂。尽管建筑简陋、布局零乱，但这些工厂的出现超越了传统的手工业作坊，促进了济南北郊工业区的形成和城市发展。清光绪二十八年（1902 年）由农工商务局创办的"工艺局"在趵突

泉一带建设钢铁、花边、织布、木器、洋车等厂。清光绪三十一年（1905年）在老城曲水亭街设济南电灯房，后在东流水开设济南电灯有限公司。济南近代工业逐渐发展起来，如纺织厂、面粉厂、制药厂、颜料厂、机械厂等。大部分厂房分布在老城区，在外国资本的压迫下，发展较为缓慢。

"洋务"运动刺激了民族工商业的发展，城市规模迅速发展，城市形成商业繁荣的局面。

1901年清政府宣布废除科举，把全国各地书院改为学堂，后在济南建立高等学堂，接着陆续建立优级师范学校、法政学校、陆军小学、图书馆等，以求引进西方教育和文化科学技术，公共图书馆也是在这一时期被介绍到国内来。1908年在大明湖南建筑咨议局，以及1878年建立的新城机械厂等建筑，给济南城增加了新的内容。

第一次世界大战期间，日本帝国主义乘机代替了德帝国主义的统治。1931年"九一八"事变爆发，"振兴实业，提倡国货"的浪潮，又刺激了民族工商业的发展，中国民族工商业的商品虽然受到日本商品压制，但也有一些发展，如济南电灯公司、鲁丰纱厂（内有军阀资本）都是在此时开办的。至于商店、货栈及出口贸易的行业更为活跃，形成了上千的中小工商业建筑群。这些建筑门面很简陋，但却改变了大部分街道的面貌。日本帝国主义占领期间，为了军事侵略的目的，于1937年合并胶济、津浦铁路济南站，原胶济铁路济南站改为路局机关，原津浦铁路济南站改为西线汇轨站，改变了两条铁路各自为政的局面。建设了铁路宿舍和附属公共建筑，在经七路以南开辟南郊新市区，作为日本人聚居区。

三、市政工程与建筑

商埠区的规划除考虑街道网布置外，很少考虑给水排水等工程设施及建筑面貌，因而城市卫生条件极差。

在道路布局上，经路平行于胶济铁路并与纬路垂直，这样避免了斜角、锐角和交叉点过多的现象，道路平坦，有适当的排水坡度。道路与旧城区和对外交通路线联系等方面，处理得比较合理。但路网密集，路面质量较低，多为碎石路与泥土路，人行道也多未铺砌，唯经一路用花岗石铺砌。

除铁道部门自行装设给水专用系统外，济南市直至1934～1936年才开始创办自来水系统。排水系统也没有统一的规划，只在路旁留有土明沟或砖砌方涵；唯有经一路两侧设有标准的雨水进口装置，砌有砖拱形暗沟，设备比较齐全。

与其他城市一样，帝国主义修建的教堂、领事馆、银行、车站、洋行及住宅等全部采用西方建筑形式，位于城市的主要地区。洪家楼与陈家楼两座典型的高直式教堂、欧洲近代别墅式的德华银行、文艺复兴式样的胶济铁路南车站和中西合璧的高等学堂等，形形色色的西方建筑风格与原有济南旧建筑掺杂在一起，使济南城市面貌由一个封建古城变为半封建半殖民地的城市。

第五节 相对衰落的城市

　　鸦片战争以后，随着帝国主义的经济侵略与国内资本主义经济的逐步发展，带来了新的生产技术与现代化交通运输事业，使一些过去在封建社会中由于地处交通要道或以手工业生产发展而繁荣的城市，遭到了明显的排挤。在近百年中，与其他新兴城市相比较，成为相对衰落的城市，如大运河沿线的淮阴、淮安以及上海嘉定等都是比较典型的例子。

一、淮阴

　　淮阴位于江苏北部，古代中国南北主要交通线——大运河的沿岸，远在隋唐时代就已成为我国经济繁荣的"淮、扬、苏、杭"四大城市之一。元以后虽然历代封建统治阶级多在北方建都，但是南方却一向为其经济命脉的所在地。大米、手工业品，以及一些主要经济作物等都必须由南方运往京都。当时南北的主要货运路线只有大运河，因此作为运河沿岸重镇的淮阴早就得到发展。南宋至清咸丰五年（1855年）的六七百年间，黄河也因改道而流经此处入海，淮阴成为大运河、黄河、淮河三大河流的集中地，历代南北交通要道。

　　明代漕运复兴，淮阴修建船闸、船厂，逐步代替了淮安城的漕船转运入黄功能，发展成为繁荣的市镇。

　　特别是清代大运河分段通航，所有南北航运都要在淮阴调换车船，因此商旅云集。县北六里淮河渡口附近的王营镇就有十余家大旅馆。清代漕运总督及淮扬道尹设此，又有南北各省会馆。城市十分繁荣，人口多达50余万。淮阴市的手工业与商业较发达，有四个大造船厂及其他作坊，与淮安市只相距30里，其中的河下镇、板闸镇几乎把这两个城市连成一片。两淮城市扼漕运、盐运、河工、榷关、邮驿之机杼，与扬州、苏州、杭州并称运河线上的"四大都市"。两淮城市的繁华，带来人文荟萃。淮安是府治所在，地位比较重要，市内有较多的统治阶级及地主的大型四合院建筑，商业、手工业则不如淮阴发达（图13-5-1）。

　　由于城市发展条件的根本改变，淮阴在近代开始逐渐出现迅速衰落的势头。淮阴的衰落主要有以下几个原因：

　　1. 帝国主义以先进、价廉的海轮运输代替了落后的运河运输。从此，中国沿海南北货运几乎都采取了海路运输，给大运河的交通运输带来很大的打击。

　　2. 1911年津浦铁路通车后，中国南北陆上运输几乎以铁路运输代替了大部分的水路运输。距县城几十公里的津浦铁路沿线繁忙了起来。大运河的运输量因此而减少，作为运河沿线重镇的淮阴城自然也就失去了原有的经济地位。

　　3. 清咸丰五年（公元1855年）黄河改道，仍回原河道由山东境内入海，同时淮河也因黄河流经时期河床升高而不从淮阴城经过了，这样原来作为三河交汇的淮阴城，改变了原有的交通条件和城市状况。

　　由于以上原因，淮阴城市的地位一落千丈，商业衰退，人口减少，建筑破烂不堪，街景萧条，从具有全国影响的运河转运枢纽口岸和工商重镇衰落成为

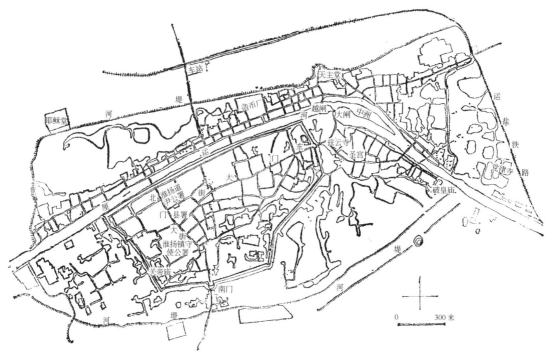

图 13-5-1　淮阴县城厢图（1927年）

淮北一个普通农产品集散中心，而成为近代衰落城市的典型。

二、襄樊

襄樊由位于汉江两岸的襄阳和樊城组成，南岸为襄阳府城，北岸为樊城，历代主要作为商贸和交通要埠，城市的政治、文化职能主要集中在南岸的襄阳。

襄樊由于地处汉水两岸，因重要的区位条件，历代为商贸和交通要埠，商业和手工业繁荣。秦开始修筑以咸阳为中心的辐射全国的水路交通网，汉在此基础上扩展和延伸，秦汉时期的南路干线即从长安东南出武关，经南阳盆地，自襄阳下汉水至江陵，通长江，并由荆州溯湘水下漓水、郁水至番禺。东晋南朝时，襄阳已经成为"南船北马"的水陆转运中心和南北通商贸易的据点。襄阳与京口、江陵、成都、番禺等地均成为南方重要商业都会。襄樊在近代资本主义经济萌芽的初期仍得到迅速发展，成为中原的重要手工业和商业城市。

城市的政治、文化职能集中在襄阳，襄阳的城市布局比较方整。与之相比，樊城的空间布局较少受到礼制规范的影响，成为典型的商业主导型城市。城市空间沿江带形生长，有两条主要的东西横街，其中沿江横街为前街，主要为码头、商市和会馆等；后街主要为瓷器商、茶叶商集中地（图13-5-2）。

京汉铁路的修建以及交通方式的改变是襄樊逐渐衰落的主要原因，铁路成为近代最具有活力的交通方式，逐渐取代了内河运输而占据主导地位，铁路的迅速发展使沿线城市如郑州逐渐发展起来，襄樊这个水运时代的商业和手工业城市逐渐衰落。

鹿角门

定中门

水星台

点将台

火星观

江

汉

无人城

文
庙

街、巷及建筑区　名胜古迹、坑　公路及土路　湖泊及河流　城墙

图 13-5-2　襄樊城市图（1949 年）

　　从以上城市的兴起与衰落的情况可以明显地看出，封建经济城市的兴起，往往是由于具备重要的交通地位、兴盛的手工业、商业及封建统治中心等因素。故一旦这些条件有了变化，或因交通路线改造，或因政治中心迁移以及经不起资本主义工商业竞争的影响，城市就逐渐衰落下去。

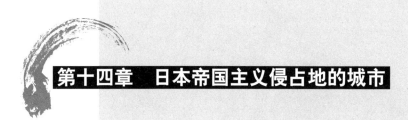

第十四章　日本帝国主义侵占地的城市

第一节　概况

日本侵占地的城市按其性质可分为：殖民地城市与半殖民地城市。具体地说，包括台湾、日租界、关东州租借地、满铁附属地、东北沦陷时期城市以及"七七"事变后所占领的中国部分城市（表14-1-1）。

从总体上看，在外国侵略者进行的城市建设中，日本侵占地规模最大、范围最广，其城市建设活动也是最多和最完整的。既有城市局部地区的规划（租界、

日本在中国的侵占地一览表　　　　　　　　　　表14-1-1

	侵占地名称	侵占时间（年）	侵占地性质	最高行政机构
日本侵占地	台湾	1895～1945	殖民地城市	总督府
	关东州	1905～1945	殖民地城市	关东厅
	满铁附属地	1905～1931	半殖民地城市	满铁
	东北沦陷时期城市	1931～1945	半殖民地城市	东北沦陷时期伪政权
	占领城市	1937～1945	半殖民地城市	伪政权

满铁附属地），也有整个城市甚至一个地区的规划（关东州、东北沦陷时期）；既有新城开发规划，也有旧城改造或城市扩建规划。对中国近代城市建设影响较大。在所有的殖民地中，只有日本侵占地制定过具有近代意义的城市规划，并且按照规划进行了部分甚至全部的建设，形成了侵占地城市的骨架，对目前的城市规划仍具有很大的影响力。对日本来说，侵占地城市规划是日本第一次向中国"输出"近代城市规划技术；对中国来说，这一部分具有近代意义的城市规划实践是日本"强行转运"而来的。

日本侵占地的城市建设，大致可分为三个时期：

一、1895 年《马关条约》至 1931 年"九一八"事变

1895 年甲午中日战争之后，日本帝国主义迫使清政府签订《马关条约》，强占台湾、澎湖，导入了东京式的市区改造建设。

1905 年日俄战争结束后，日本帝国主义根据《朴茨茅斯条约》取代了帝俄在东北的势力，强占了大连、旅顺等城市，无偿获取了南满铁路及其沿线站场的经营权，并通过"铁路附属地""新市街"等建设，控制和发展了东北南部的许多大中小城市，除了大连外，营口、鞍山、辽阳、沈阳、抚顺、丹东、四平、公主岭、长春等建设尚局限于"满铁附属地"内，其规划多以车站、停车场为中心配置放射形干道和矩形道路网，一般是站前商业、居住区，站后铁路工业、粮栈区，与其旁的中国旧城区布局迥然不同。

1914 年日本帝国主义利用第一次世界大战的机会占领了青岛，设立银行、工厂等，使青岛的城市功能发生了很大变化，直至 1919 年《巴黎和约》之后的 1922 年，青岛才由北洋军阀政府接收。

从《马关条约》至 1915 年的 20 年间，日本又通过《公立文凭》及《中日会议东三省事宜条约》取得在中国 13 个通商口岸开辟租界的侵略权益，如苏州、杭州、天津、汉口、重庆等日租界，是唯一在中国开辟租界的亚洲国家。

这一时期，虽然日本帝国主义除了在台湾、大连地区有整体建设外，其他仍是局部的建设，但却为以后占领整个东北、扩张华北，创造了条件。

二、1931 年"九一八"事变至 1937 年"卢沟桥事变"

"九一八"事变后，日本帝国主义军事占领了整个东北三省，而且进一步控制内蒙古和华北大部分地区，以及整个东北地区。为了将东北建成扩大侵略的根据地，他们进行了大规模的建设，制定长远规划，将长春建成政治文化中心，沈阳为工业城市、大连为最大港口；又新建一些军事城镇，如牡丹江、佳木斯等。在 1932～1935 年间制定了一系列的城市规划，首先进行的是三大重要城市：新京（长春）、奉天（沈阳）与哈尔滨；其次是军事上的战略重点城市（国境城市、铁路分支点、终点）：图们、佳木斯、牡丹江等；最后是地方重要城市（"伪县署"所在地，矿工业城市）（图 14-1-1），至 1937 年 1 月制定了规划方案的城市有 23 个，实施城市建设的有 39 个，其中以长春规模为最大。

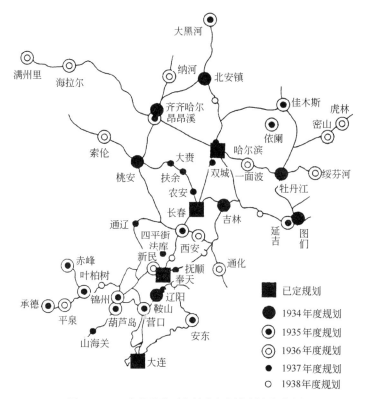

图 14-1-1　东北沦陷时期城市规划的制定年代图

三、1937 年"卢沟桥事变"至 1945 年日本投降

"卢沟桥事变"以后日本帝国主义大举全面进攻，仅仅 3 个月内，华北华中大部分城镇沦陷，至 1942 年，我国东部地区大部分城市被占领，其中包括南京、上海、广州、武汉、北京、天津、太原、福州、杭州、徐州、苏州等。许多古老美丽的城市遭受到侵略者的严重破坏。在日本帝国主义占领地区，他们最关心的是加强军事占领，大规模地掠夺战略物质。在华北企图将天津的塘沽及青岛两地作为其物质输出的最大港口。对天津，计划扩大市区，包括塘沽在内，扩建天津东站以东的郊区；在太平洋战争爆发前，修建了一条绕越英法租界的道路。对青岛，也拟定了"青岛母市计划"，计划扩大市区、扩建港口等。这些计划都只实现了极少部分。在华中地区唯一的建设就是建造了掠夺大冶铁矿的黄石港，增加了一些机械化的起运码头。这些建设反映出侵略的目的。

特别是日本帝国主义 1941 年 12 月 8 日发动了太平洋战争后，为了要把东北及华北变成"大东亚圣战的兵站基地"，实现其"大东亚共荣圈"的更大侵略野心，加强了对我敌后根据地的"扫荡"，实行残酷的"三光政策"。大批城镇及村庄被烧毁，造成大量"无人区"。在东北地区抗日联军的根据地附近实行"并村""并屯"。由于战争扩大，经济面临崩溃，仅有的一些城市建设工作也几乎全部停止。

第二节　日本殖民时期的台湾城市

一、基础建设调查（1895～1908年）

最初，尚无殖民统治经验的日本，面对第一个殖民地及具有5000年文化传统的台湾居民，首先采取了"安抚"政策，即表面上"尊重"台湾原有风俗习惯。表现在物质建设上，1896年台湾总督府陆续实行重大基础调查，如户口、土地、旧有习惯、林野等调查与整治，统一度量衡及货币以及港口、铁路、公路的交通建设等。

虽然在这一时期未有城市规划活动，但以1908年台湾南北纵贯铁路的通车为代表的一系列物质建设，不仅奠定了台湾近代城市发展的基础，而且也促进了台湾城市规划制度体系的确立和发展。

二、城市改造规划（1900～1935年）

改造原有的台湾城市为日本人心目中的"理想殖民城市"，体现了其统治政策由"安抚"走向"同化"。

台北市区改造规划的出发点是为了改善卫生状况，规划内容主要是以街道以及河流、港湾等交通设施为基础的既有城市的改造规划，具体来说，包括街路、广场、公园、排水路、学校用地、官公署用地、火葬场、墓地、公园绿地、铁路、防风林等内容。只有小部分城市为了将来发展需要而制定了预定规划，大部分的规划范围仅限于已有的市区，还不能称之为近代的综合城市规划。

这种城市改造规划是一种目标单纯、手段直接的规划手法，没有为了城市未来整体发展预先规划的概念。主要内容无非是道路的扩宽、取直、新建，改善上下水道以及预留殖民统治所需之土地等。这种方式并未尊重原有城市的文脉及传统。拆除原有城市兼防御功能及象征意义的城墙，传统建筑、庙宇全部或部分地遭到破坏，代之而来的则是所谓大正型、昭和型建筑立面，是日本人心目中的西方式方格状道路加圆环交通岛的"新式"城市结构和空间。

三、城市规划制度的确立（1921～1945年）

1919年日本国内制定了《城市规划法》和《市街地建筑物法》。

《台湾城市规划令》是以日本《城市规划法》《市街地建筑物法》《耕地整理法》《朝鲜市街地规划令》等作为母法，结合台湾的特殊情况而制定的。《台湾城市规划令》主要包括城市规划的概念、城市规划建设的执行者及费用负担者、城市规划范围、城市规划建设的财源、土地的征用、调查测量、土地分区与地区制度、建筑物的控制等主要内容。

1936年12月30日公布的《台湾城市规划令施行规则》，则对规划令做了详细的条文说明，其中在建筑线、建筑的基地、建筑高度、建筑基地内的空地比这四个方面的建筑形态控制，支配了1945年以前台湾城市（镇）的形式。

至1945年日本战败，依照《台湾城市规划令》进行了包括台北、高雄在内的大约50余个市镇的规划。

第三节　日本东北占领区的城市

综观日本帝国主义在中国东北的殖民统治演变，大致可分为两大阶段："九一八"事变之前（1904.2～1931.9）与"九一八"事变之后（1931.12～1943.12）；六个时期：军事占领的军政署时期（1904.2～1906.8）、军政统治的居留民会时期（1906.9～1907.10）、满铁的地方部时期（1907.10～1931.12）、关东军的特务部时期（1931.12～1934.12）、满铁的经济调查会时期（1935.1～1937.12）与东北沦陷时期（1938.4～1945.8）。

城市规划与建设作为日本统治东北的重要手段，在东北的近代城市形成以及城市建设中，扮演了非常重要的"角色"。以下，就长春、沈阳、牡丹江、鞍山四个城市的规划与建设加以叙述。

一、东北沦陷期"新京"（长春）的规划和建设

"九一八"之前，长春是俄国北满铁路与日本南满铁路的分界城市，是由四个行政体分别管辖的四个市区组成的一个畸形城市；"九一八"之后，长春又成为东北沦陷期的"首都"城市。

1931 年前的四个街区分别为：①长春厅（府）管辖的长春旧城；②沙俄铁路管理局管辖的中东铁路附属地——宽城子市区，沙俄在这里建设了长春近代时期第一座火车站（俗称"老毛子站区"），拉开了长春近代城市规划与建设的序幕；③日本满铁公司管辖的南满洲铁路附属地，位于宽城子附属地与旧城之间；④长春商埠局管辖的长春商埠地，位于满铁附属地与旧城之间，这是长春城市形成史上有规划开发的第四个市区，也是为了与满铁附属地抗争而由中国人自己规划建设的市区（图 14-3-1）。

（一）满铁长春附属地

1907 年 7 月，加藤与之吉主持了满铁长春附属地的实测，第二年完成了第一期 120 万坪（396 公顷）用地的规划方案。

在用地分区规划上，分为居住、商业、工业、粮栈、住商混合、公园、公共设施及其他用地。市区由铁路分南北两部分，北部及南部东五条以东为粮栈用地，其他均为商业、居住和混合用地等。

道路系统及其街区划分。道路网形式为矩形，并配置四条放射斜路，构成以长春车站为中心的放射矩形道路格局。道路宽度分为 6 等，最宽的 36 米，最窄的也有 11 米，并且 8 米以上的要设人行道。此外，还根据用地性质，确定道路宽度，如商业区为 36～11 米，居住区为 14.5 和 11 米两种，粮栈区为 14.5～25.5 米。街区内小路为 5.5～2.7 米，从车站向南延伸的主干道（长春大街，后改为中央通）为 36 米，穿过市区商业区的东斜街（后改为日本桥通）为 27 米，联系南北市区的道路为 25.5 米，东五条街由于马车交通频繁，计划拓宽至 36 米。

街区一般规划为 109 米 ×218 米的标准长方形地块，斜坡地或有溪流的地方，街区的形状略有变化。

在车站前设置半径 91 米的圆形大广场，其他重要地段也设有数个广场。

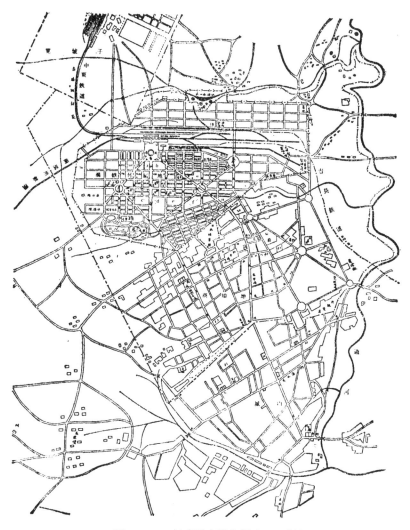

图 14-3-1　长春城市结构图（1932 年）

这种在组织交通的同时设置广场并在其周围配置大型公共建筑，创造出优美的城市景观的规划手法，是满铁附属地的一般模式。

长春附属地设有东西两个公园。东公园是在保留原有树林的基础上发展起来的，但随着其周围建设区的扩大，用地被银行、剧院所占用，公园面积不断减少。西公园（今胜利公园）是利用自然地形（溪流、坡地）设计而成的规模较大的公园。

（二）东北沦陷期初期

"九一八"事变时，长春的人口只有 13 万人，在东北地区属于中等规模的城市；地域范围包括长春旧城、商埠地、满铁附属地与（俄）北满铁路宽城子附属地。"九一八"事变后，日军占领了整个东北，制定了分离东北、建立东北沦陷期的殖民政策。这样，长春被确定为"首都"，并改长春为"新京"。选定长春为"首都"，而不是当时的政治中心城市——奉天，也不是北满重镇、大城市——哈尔滨，更不是古都吉林，其主要理由有以下几点：①奉天、哈尔

滨在"九一八"事变前都曾分别是中国东北的政治中心，不能忽视其已有的政治影响力；②在地理区位上，奉天与哈尔滨都不居中，一个偏南，一个偏北；吉林虽然是古都，但由于远离南满铁路和中东铁路，交通上不方便；③由于长春是地方城市，所以容易用较低的地价，收买土地，实施城市规划；④在政治宣传方面，长春作为新建城市，更有利于日本的殖民统治。

新京不仅仅是东北沦陷期的一个重要城市，也是当时的政治、行政、经济、文化教育等中心，其城市规划不是单纯的一般城市总体规划，而是作为"首都"的城市规划。

1932 年时的人口为 174800 人，规划至 1937 年为 50 万人。1940 年 10 月人口调查时，已达 534000 人。1942 年 2 月又将规划人口定为 100 万人。

1932 年 12 月，确定 200 平方公里为城市规划范围（即国都建设规划范围或特别市政范围），其中 100 平方公里为近郊农村，另外，100 平方公里作为城市建设的区域（相当于市区规划范围）。在这 100 平方公里的城市建设范围内，除去满铁附属地、北满铁路宽城子附属地、商埠地（外国人居住经商区）、伪特别市公署管辖的旧城（中国人居住地）四个城区（21 平方公里），实际的建设规划范围为 79 平方公里。100 平方公里的城市建设范围之外是绿地带，南北约 21 公里、东西约 17 公里的范围。第一个 5 年的近期建设范围为 21.4 平方公里。

规划设置城市中心及若干个次城市中心：从顺天广场沿顺天大街至安民广场为政治、行政中心，大同广场周围为经济中心，盛京广场为市民中心，新设新京南站作为交通中心，由车站设若干主要干道联系以上各个中心，以后又将南岭作为文化教育中心。

（三）东北沦陷期"首都"新京的规划建设

1. 道路交通与绿化系统

（1）道路与广场

新京的道路网规划综合采用了放射式、环状以及矩形格网等各种道路模式的长处，形成了集放射环状与矩形格网于一体的综合式道路网。与巴黎、大连一样，干线道路（最大宽度 60 米）采用多中心式放射环状布局，在各个主要交叉口设置大广场，一定程度上起到分散城市中心的功能。大同广场的直径（含道路）长达 300 米，安民广场也有 244 米，中央部分作为公园。即使在当时的欧美，这样大规模的并兼作公园的交通岛，也是少见的。

新京的道路规划，一方面利用广场与放射状道路追求城市的向心性和对景，另一方面又从交通组织着眼，以直线相交的交叉口为道路规划原则，尽量避免满铁附属地以及美国的城市那种锐角交叉的道路形式。所以，为形成放射状城市格局而配置的主干道所围绕的区域内的道路网，均为矩形格网，有利于土地的出让与建筑用地的划分。

道路依功能设置主干道（宽度 26 ~ 60 米）、次干道（10 ~ 18 米）与支路（4 ~ 5 米）三种。并且，宽度 10 米以上的道路设置人行道；宽度 26 米以上的主要道路中央设置绿化分隔带；公园内以及与公园相连的道路设置公园路；最小宽度的道路为 4 米的建筑背后通路，城市的电信、电话、电气、煤气以及上下水道，全部敷设于背后通路，以防止将来这些基础设施的反复施工影响主要干道；考虑到城市景观，电杆及架空线等道路设施禁止设于主干道，尽可能设于地下或设于背后通路。由于主干道上无电杆、架空线，所以无需修剪行道树，以形成绿的"隧道"。

（2）公园绿地

将新市区用地内的小河流、低洼地全部规划为公园绿地。这样，穿过市区的几条伊通河支流全部成为带状公园、人工湖。此外，沿伊通河与环状道路也规划为绿地带，使环状绿地带与插入市区内的楔状绿地共同构成理想的公园绿地系统。可以说，这是当时日本内务省理想的公园绿地规划概念，首先在东北沦陷期城市规划中的具体应用。

据 1940 年统计，公园绿地总面积高达 10.8 平方公里、人均 31 平方米，具有较高的绿化水平。

2. 行政中心与文化中心

（1）南岭"国立"文化地区的规划与建设

1938 年春，特别市在新京城市规划与建设的完善和深化过程中，将南岭广场周围规划为文化、教育、体育中心，即所谓"文化的都市"，其内容主要为"国立"综合运动场的改造、动植物园、协和广场以及大学的设置等。

在运动场以西、原规划为宫廷用地处，建成动植物园。

从 1940 年起，在协和广场以南规划建设"国立"新京文教中心——文化都心。该地区为整个新京城市规划图式的起点，是直达新京车站、新京南站和孟家屯车站三大干道的交会点，与政治都心安民广场、经济都心大同广场有机联系在一起。

（2）沦陷期宫廷的规划建设

经过军方、满铁、建设局的多次审议与研究，确定在距离市区最近的杏花村，建设伪政府临时宫殿，距离市区较远的南岭和大房身作为宫廷的备用地，先作为绿地保留。实际上，最后杏花村成为宫廷的真正用地，至战争结束宫殿也未完工。1942 年废止了大房身的宫殿规划，将南岭规划为文化的都心，宫殿规划采用"国都建设局"宫殿正门朝南的方案。

"伪宫廷"的设计与施工由宫廷营造科担任，1938 年 9 月开工。用地形态为"南方北圆"（寓意天园地方），面积为 51.2 公顷，分三大部分：南部正门外大广场（顺天广场）、中部以政殿为中心的内廷和北部 20 公顷的宫苑。

3. 居住区的规划建设

新京，是当时最先引入邻里单位居住区规划理论的城市。居住区的标准为 6000 人、1500 户、1.7 平方公里，住宅用地占 60%，区内以及至干线道路的交通距离为 7～10 分钟，至地铁的最大距离为 15～20 分钟，小学校规模为 18 班或 24 班，住宅分 5 级。公共设施分为两级：第一级为学校、主妇会馆、保健院、供销合作社、公共绿地、综合运动场、住宅管理事务所、区公署、派出所、邮电局等，集中布置于中央广场周围；第二级为幼儿园、小运动场、管理所、污物处理所等。这主要是日本人居住区规划标准，对改善中国人的居住环境没有一点帮助，进一步反映了殖民地城市规划的本性。

二、奉天（沈阳）的城市规划和建设

1896 年，沙皇俄国依仗不平等条约，在沈阳古城西部开始修建铁路和火车站。1905 年，日本帝国主义取代了沙俄，开始规划建设"满铁附属地"。

1931 年前的沈阳城市，由三部分组成：日本控制的满铁附属地、清政府被迫开放的商埠地以及张作霖管辖区（图 14-3-2）。

东北沦陷后，长春被日本帝国主义定为"首都"，作为政治城市进行规划，而奉天则被作为经济城市、工商业大城市进行规划建设。

（一）满铁奉天附属地

满铁奉天附属地在 1907 年进行的第一期规划，1920 年又进行了第二期规划。

在附属地规划性质上，日本是把奉天作为满洲经济产业中心、国际城市及未来满洲"中央政府"和满洲的大交通中心来设想与规划建设的。

附属地的规划布局结构，是以车站为中心，由"平行、垂直、斜线"道路网组成的放射形格网式的巴洛克式形态。

在用地分区规划上，附属地分为工业用地（铁西）、商业用地（铁路以东）、公共设施用地（大广场附近）、住宅与商业混合用地（南北、三角地、圆形广场）、军用地（市区北部的兵营及练兵场）。

在道路系统规划上，是以矩形格网与放射形干道为骨架的，五条放射形干道相交的"奉天驿"成为视线的焦点和中心对景，今沈阳大街成为东西轴线，中央大街成为南北轴线。在两条轴线与放射路的交会处，设置圆形广场，形成平面构图中心。通过在广场周围设置银行、公司、医院、邮局、警署等大型公共建筑，更加突出了城市景观的节点性和对景性。

在城市设施规划上，公园绿化是以南部的千代田公园（今中山公园）、北部的春日公园为主，辅以三角地与街心绿化。附属地内的道路、上下水、煤气等设施比较齐全，是沈阳市最早建设现代城市基础设施的地区。

（二）东北沦陷时期的奉天

1934 年时奉天市的人口为 484670 人，规划人口规模至 1943 年为 100 万人，至 1953 年达到 150 万人。根据 1940 年 10 月 1 日的调查，人口为 1078004 人，

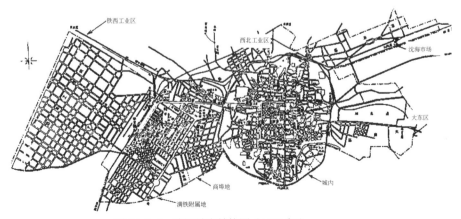

图 14-3-2 沈阳城市结构图（1937 年）

从而可知实际的人口增长率比规划的偏快。

1936 年 3 月，奉天市的面积为 63 平方公里，其中包括满铁附属地 8 平方公里和"伪市公署"管辖的 55 平方公里。1933 年 7 月，决定以小西边门为中心的 400 平方公里区域作为城市规划范围（图 14-3-3）。

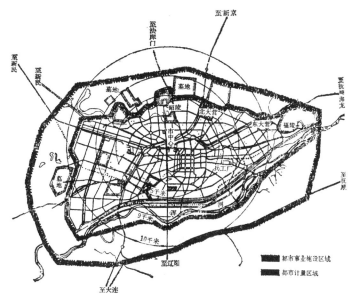

图 14-3-3　奉天城市规划范围图

以奉天车站以西 3 公里的小西边门为中心，规划放射形道路、4 条环状道路以及联系道路，作为城市的主干道；主干线与辅助干线一起构成道路网；道路宽度，最大的 80 米，最小的 10 米，40 米以上的设绿化带并区分快慢车道。

兴建铁西工业区规划是奉天城市规划的重点，是体现奉天作为工业中心城市经济纲要的重要项目。功能分区以"南宅北厂"为基本原则，南为住宅区、北为工厂区；道路网为方格网形式。

三、鞍山的规划与建设

鞍山是由于铁矿开采和金属冶炼的发展而诞生和成长起来的一个新兴的工业城市。

1909 年，日本帝国主义势力开始侵入鞍山。同年 8 月，满铁地质研究所非法窥探铁石山矿区，1913 年制定炼钢厂计划，1916 年强制收买工厂用地，并制定"满铁附属地市街规划"，开始建设铁路、车站、工厂和城市。1937 年以后，在附属地规划的基础上，日本帝国主义又制定了"鞍山都邑计画"。今天的鞍山市城市格局，基本是日本统治时期留下的，尤其是城市选址、道路系统、工业布局等方面。

（一）满铁鞍山附属地

1916 年 4 月，日本假借中日合办振兴铁矿无限公司名义，攫取了鞍山铁矿开采权，1917 年设立"鞍山制铁所"，并着手整体编制炼钢厂计划和附属地市街规划，这也是鞍山城市发展史上的第一个规划。

在规划方针上，将鞍山建成一个铁矿产量百万吨、人口规模15万的工业城市。铁路以东为满铁职员住宅地与日本人住宅地、铁路以西为中国人住宅与商业区、西北部为工业用地、日本人商业区设于以车站为中心的铁路东西两侧、公园用地位于东部丘陵区域。主干道大宫通36米，铁路以西为棋盘式道路网，铁路以东是以圆形中央广场为中心的放射矩形道路网；在公园设施方面，设有朝日山公园、车站前公园、中央广场、山林绿地以及5个儿童公园等。

至1919年，经过两年的建设，鞍山的城市格局基本形成。

（二）鞍山都邑计画

鞍山都邑计划（1938年）是在满铁附属地规划的基础上发展和完善起来的，其主导思想是要建立一个以钢铁工业为主体的重工业城市，并以此作为掠夺铁矿资源的基地。

规划城市人口规模在15年后为42万人，39年后为50万人。

规划范围分三个层圈，外圈为大鞍山规划区域，面积485平方公里，东至七岭子和部分千山风景区，南至长岭子，西至双龙台，北至三家子；内圈为市区建设和发展预留用地，面积123平方公里；中圈位于内、外圈之间，为宽1公里的环状绿地带，防止市区建设用地无限制扩张以及外圈建设对城区的干扰。

规划中把城市规划范围的道路网干线作为第一系统；将连接车站、军事区、公共建筑与商业区的干道作为第二系统。整个市区是以矩形格网为主、加上放射形道路、辅以支路的放射形矩形道路网。干道宽为50米、40米，支路宽为30米、20米、17米、12米、8米等，广场多为圆形。

这个规划从1939年5月开始实施第一期建设，至1945年日本投降，鞍山市已初具规模，建成区已达28.5平方公里，人口为32万人（图14-3-4）。

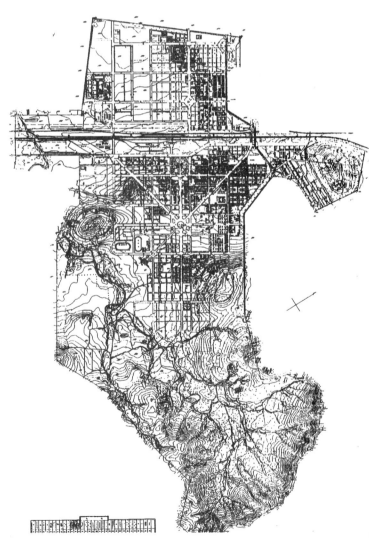

图14-3-4　鞍山附属地平面示意图（1939年）

第十五章　近代的中西部城市

近代中国广大的中西部城镇，一直处于落后的状态。抗日战争开始后，工业生产力重新配置，改变了以口岸和外国租界为基地的发展，具有独立发展的意义。由于一些工业、机关、学校的内迁，军事公路的修筑，人口的增加等因素，促使这些城镇发生一些变化，如国民党政府的"陪都"重庆、军政中心西安等。但总体说来，当时中西部城市的变化较小，可以分为以下几种类型：

1. 内迁工业集中的城镇，如抗战初期的湘西芷江、邵阳，陕西宝鸡等。

2. 由于交通发展而引起变化的城镇，如陕西凤县双石铺，甘肃兰州、天水，云南昆明、腾冲等。

3. 内迁学校及文化机构集中的一些城镇，也引起了城市的变化。陕西成固原是汉中的一个小城市，抗日战争时由于有大量内迁学校集中于此，如西北联大、西北工学院、西北师范学院等，形成西北的"文化城"；重庆的沙坪坝集中了重庆大学、中央大学、中央工专、南开中学等；成都的华西坝，除原有华西大学外，集中了齐鲁大学、光华大学等；四川宜宾的李庄原是长江边的一个小镇，抗日战争后期同济大学迁此，又集中了中国营造学社、中央研究院历史语言研究所等单位，促使这些地区发生很大的变化。这些城镇的学校建筑都极为简陋，或是临时性的棚屋，或是利用祠堂庙宇改建。城镇人口构成主要是

学生及教职员。

4. 由于军事工业及军事资源的开采而发展的城镇，如四川泸州曾是兵工厂的集中地，甘肃玉门的老君庙是石油开采地。

5. 由于进口物资的停止，一些手工业城镇有所发展，如四川内江的制糖中心，在抗日战争期间的产糖量占全四川省的 44%；自贡市的盐业在 1939 年后也有所发展。

第一节　抗战时期的城市

一、内迁工业对城镇影响

抗战初期，内迁工厂极少，"沪战三月内迁的工厂不过 112 家，连同无锡、南京、镇江各地迁出的工厂不过二百余家。这些工厂指定迁入武汉、长沙、重庆、梧州、南昌、株洲、昆明等地，但事实上各厂家一时都集中于武汉"（《中国近代工业史资料》，87 页）。后来，日军进攻武汉，又不得不第二次迁厂。

内迁工厂集中在四川、陕西、湖南、广西等基地，以重庆最多。湘西各地也因内迁工厂集中，人口曾一度激增。例如，衡阳人口由 10 万人增至 50 万人；沅陵、辰溪、芷江等偏僻县城也都激增至十余万人；兰田小城镇，由于工厂、机关学校的迁入，激增至 3 万人。

内迁工厂系暂时性建筑，房屋均很简陋。考虑防空需要，工厂的分布极为分散。城镇人口激增使居住问题成为当时最严重的问题。但是，城镇几乎没有新建住宅，只搭建了一些临时性棚房，居住条件恶化，不少难民无容身之所，露宿街头。

这些古老而偏僻的城镇，由于内迁工厂等因素也确实引起了城镇性质、规模、结构的许多变化。直到抗日战争后，这些工厂再次迁移，城镇中曾经出现的人口增加、商业繁荣的现象也就随之消失。

二、宝鸡的发展

抗日战争时期，受交通影响而发展起来的城市可以宝鸡为代表（图 15-1-1）。

宝鸡原为陕西西部的一个小县城，在其北面有凤翔府（今凤翔），南面有凤州（今凤县），地位都比宝鸡重要。由于宝鸡位于陕西关中平原西端，其西即为渭水峡谷，是古代入陕南、四川的驿道及入甘肃的要道，所以商业具有一定的规模。旧城距渭河仅一里，位于渭河第二台地上，沿着黄土塬崖根东西向发展，为长方形小城。城周围二里七分，有东、西、南三门。城北之城为风匣城，城市人口只有六七千人。

抗日战争前，川陕公路以此为起点通车。由于其南面为长途的陡峻山路，汽车多在宝鸡停留修配，因此建有汽车修配工业，后来陇海铁路通此，遂成为川陕重要物资的转运中心。

抗日战争开始，陇海铁路、川陕公路成为当时的主要交通干线，不久川陕

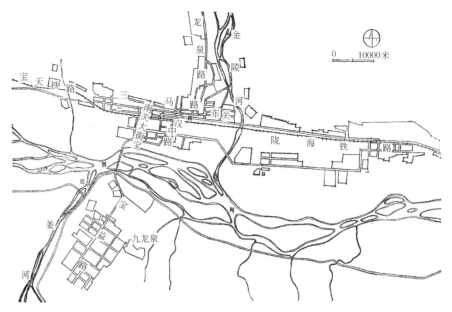

图 15-1-1　宝鸡城市结构图（1945 年左右）

公路上的双石铺（距宝鸡南 100 多公里）又修筑通往甘肃的公路。先后修建的主要公路有西宝北线、西宝南线、宝平公路和宝汉公路，公路和铁路的修建，使宝鸡成为名副其实的大西北交通枢纽，城市因此而得到发展。

通过陇海铁路从河南和武汉内迁的工厂多在宝鸡设厂，其中主要是无锡荣氏系统申新纱厂及福新面粉厂。由于宝鸡附近地段地势狭窄，内迁工厂集中在东面五公里的十里铺，形成一个工业区。因此，十里铺人口增长较多，建有工厂管理机构及资本家住的质量较好的住宅，许多工人住在附近黄土上开挖的窑洞内。在渭河南岸的一些地区，也曾有零星的发展。

抗日战争后，宝鸡人口增加很快，1949 年前曾达 11 万人，成为初具规模的近代工贸城市。新发展的地区在东关一带，建有大批旅馆、饭馆、转运行、商店、银行、金店、银楼等，店铺也很多，房屋都很简陋，往往在旧式街铺前面建假面墙。在渭河第一台地的河滩上建了大片临时房屋，集中了数万由河南等省来的，逃避"水、旱、蝗、汤（恩伯）"的难民。旧城内则仍保持平房、土屋的本来面貌。

由于军事上的原因，国民党政府一再下令修通宝天铁路，但进度极慢，直至 1945 年抗战胜利前夕才通车。和其他抗战时期兴盛一时的城市一样，这些"繁荣"的因素多是暂时的。

第二节　革命根据地城市

一、革命根据地城镇建设概况

中国共产党领导的中国人民革命的特点之一就是建立革命根据地，以武装的革命对付武装的反革命，因此在革命未在全国取得胜利之前，已有在党领导

下的城镇建设工作。尽管在长期的战争年代里，环境条件差，无法进行大的建设活动，但却代表了城镇建设的新方向。

1927年10月在井岗山首先开辟了革命根据地，革命政府规定将一些地主的房屋祠堂以及庙宇等改为农会、苏维埃政府、学校、革命团体的办公用房。

在陕甘宁边区，尽管在极端艰苦的斗争环境中，政府还是很注意城市建设及人民生活条件的改善，边区的中心城市延安进行了许多改建、新建工作。

解放战争时期，革命中心逐渐从农村转入城市，提出了"把城市看作是人民革命战争取得最后胜利决不可少的力量""防止破坏城市、工商业……即使某些城市在占领后，还可能同敌人反复争夺也不应加以破坏"（见中共中央东北局关于保护新收复的城市的指示，1948.6.10）的政策。在敌占区城市里，在中国共产党地下组织的领导下组织了工人、学生护厂、护校。这就使建筑和公用设施得到了很好的保护，在解放以后生产能得到较快的恢复和发展。

二、红色故都瑞金

从1931年至1934年，瑞金是红色的都城。

瑞金北面的叶坪是当时的政治中心，第一次工农兵苏维埃代表大会就是在叶坪的谢氏宗祠召开的。这里是一个丛林密盖古木参天的村庄，一边为山，一边为绵江，江的西面又是山，这个村庄位于两山夹着的一块平地上。村中的谢氏宗祠是1931～1933年4月间工农政府的总办公厅。谢氏宗祠的一组建筑群中有毛主席的办公室和人民委员部办公室等。北面是一组纪念建筑，如"博生堡""公略亭""烈士纪念塔和纪念亭"等，造型朴素、大方庄严。总体布置有明显的轴线来突出主要建筑（1934年红军北上抗日后被破坏，1949年后已修复）。在布局上有明显的分区，卫生院学校在中心区之西，远离公路。整个建筑布局密切结合了地形。

沙洲坝在瑞金城西北，是1933年4月～1934年临时中央政府的所在地，第二次中华苏维埃工农兵代表大会曾在此召开。为迎接大会召开而建造的"中央大礼堂"规模较大，在整体布局上有较明确的分区，北面是人民委员会及其所属各部，南面为革命军事委员会及其所属各部，中心为大礼堂及政治保卫部，西面为文化区，党校总部也在其中。

三、革命圣地延安

从1937年1月～1947年3月延安始终是中国共产党领导全国人民进行抗日战争、解放战争的革命圣地，是陕甘宁边区的首府，政治、经济、文化中心（图15-2-1）。

延安已有2000余年的历史。城建于唐代天宝年间，是一座不大的山城，位于三川交汇点，位置十分重要。延水绕城流过，城市全长3.5公里，城墙开南、北、大东和小东四门，为古时防卫北方游牧民族入侵的重要城塞。城市有南北大街贯通南北二门，街中有钟楼一座，四条次街与南北大街成"十"字交叉，形成整个城市的道路骨架。建筑大多是年久失修的砖瓦平房，1937年又遭日机的轰炸，成了一片瓦砾。

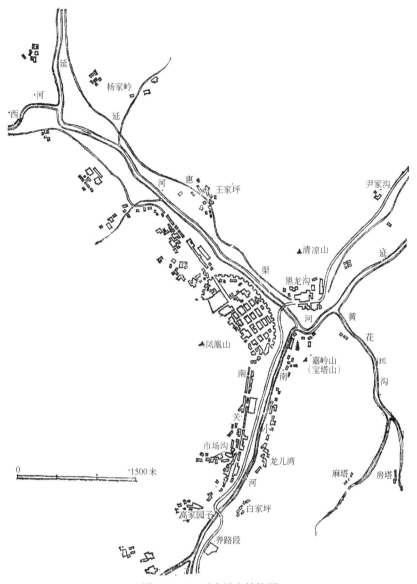

图 15-2-1 延安城市结构图

1937 年陕甘宁边区成立后，设立延安市，人口由 3000 余人达到 1943 年的 14000 余人（不包括机关、干部、部队、学生）。在"自己动手，自用自建"的方针下，配合生产、文教的需要，根据防空要求，对城市进行了改建和扩建工作，新建了一些住宅，并在南门外开辟了市场。1940 年后，城市建设工作有新的发展，各种类型和规模较大的建筑不断出现，如边区银行、政府办公、公园等，改善了居住与卫生条件，大力兴建公路、桥梁，几次大修和扩建东关机场。

1942 年制定了城市建设规划，建设了安置农民的新村、抗属毛纺新村、皇庙沟的难民新村等，开辟新市场，修筑城东至新市场的车道，增建学校校舍，扩大民众教育馆及俱乐部，进行城市绿化，兴建公共卫生设施及改善城市环境卫生等。同时加强了城市管理工作，审定各种工程质量标准，加强修筑的检查及取缔不合格建筑。

1943年建立了东市场，兴建大众戏院、大众合作社等，开始了整饰市容的工作——拓宽和平整南北市场干道与排水沟，种植行道树。因此，1946年人口由1943年的1.4万人增至3万余人。当时，已形成完整的商业、文化及工业区。同年3月，延安第二届参议会通过了"重建旧城"的提案、"建立革命纪念公园"方案，开始进行各项建设工程。

新市场是一个综合性的市场，因防空的关系选择在群山环抱的南关孤魂沟里，结合地形顺着沟的东西向发展，有明确的分区，其中有商业文娱、铁业生产等部分。沟谷中部为市场主要部分，有两条平行的街道东西贯通全区。头道街为主要街道，全长达1公里，为6.5米宽的碎石路，两旁设私营商店、合作社、银行和三星饭店等。1943年修建了大戏院，由此形成了市场的繁荣商业区和文娱中心。二道街为次要街巷，与头道街平行，两旁多为铁匠铺，形成了铁业生产区，又称"铁匠区"。

市场后沟与北门外西沟相通，大多为机关驻地及粮食局、财政厅、被服厂等。后山为占地较大的马号和大量窑洞，市场两旁山坡上分布着大量住宅、商店和客店等。由于很好地利用了沟谷与山坡地形，取得了良好的建筑艺术效果。

杨家岭在延安北川，1938年前是一个偏僻的小自然村，人口不到50人。1938年11月日机轰炸延安，党中央和毛主席移居于此，开始修建土窑洞200余孔和部分接口石窑，其中有中央大礼堂和中央办公厅两座大型建筑物。总平面划分为两大部分：进门为中央大礼堂，后沟山坡为中央办公厅和居住部分，其他居住窑洞多沿等高线自由布置（图15-2-2）。

枣园这组建筑在延安西川，原为军阀高双成的庄园，只有少数房屋，中央社会部设在此地。于1941～1946年开始修建，特别是1943年中央书记处迁此后，建设速度很快，共修窑洞40孔、平房85间。这些建筑背山面水，在山前平地上修建了礼堂、办公室、医务所、浴室、图书馆和伙房等，沿河又设休养所。这些建筑采取分散布置，和自然地形相结合，形成不同的院落空间。

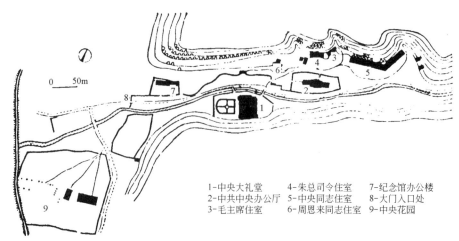

1-中央大礼堂	4-朱总司令住室	7-纪念馆办公楼
2-中共中央办公厅	5-中央同志住室	8-大门入口处
3-毛主席住室	6-周恩来同志住室	9-中央花园

图15-2-2 延安杨家岭中共中央驻地总平面

王家坪建筑群，在 1937 ～ l947 年为八路军司令部，除各种窑洞 140 孔、平房 200 余间外，其中有大型的八路军大礼堂、食堂等，建筑格调统一。在东南方培植了桃林公园。

为纪念革命先烈的英雄事迹，在延安修建了许多陵园、纪念碑、纪念塔等，如志丹陵、子长陵、三边西北革命烈士塔、延安阵亡将士纪念碑等。

公路工程有很大发展，大小公路不下十条，如其中的郎米路、定延路、定庆路和清靖路四条，联系了各地较大的市镇和地区。这些道路都是全民动手修建的。这些道路的修筑，繁荣了边区的经济，也促进了延安的发展。

当时建立的较大的工厂有火柴、陶瓷、酿酒、纺织、印染、农具加工工厂和延长等大小 26 个煤矿。工厂特点是规模小而简单，群众自己动手，因陋就简利用旧房，因而克服了建设中的许多困难。

1948 年，陕北专署成立了延安修建委员会，开始着手进行延安市的初步规划。延安市继承了勤俭建设的传统，并向新的城市建设方向发展。

第十六章　中国近代城市建设中的若干问题

前述各章已按近代不同时期，对不同类型的城市做了较详细地叙述，现就近代城市建设中几个方面的问题加以剖析：近代的区域发展，近代城市的工业布局，对外交通对城市结构与布置的影响，市政工程与公用设施，城市建筑面貌，规划工作剖析等。

第一节　近代的区域发展与城市布局

中国古代是封建的农业社会，由于地理条件的差异，西北部与东南部在经济状况上存在着差异。地理学家胡焕庸教授将云南腾冲与黑龙江佳木斯连接成一条线，线西北大致为年雨量400毫米以下，不适宜农业生产，人口密度低，城镇也少。线东南则多为较发达的地区，城镇多，人口密度高，经济水平也较高。也可以说中国西北与东南的发展差异古已有之。

鸦片战争后中国开始了工业化及进入近代社会，由于是由帝国主义的洋枪大炮打开了封建帝国闭关自守的大门，军事及经济的侵入是从东部沿海开始，在不平等的《南京条约》中开辟上海、宁波、广州、福州、厦门五口通商，后来列强又抢占了沿海一些港口，如香港、大连、青岛、广州湾、威海等。中国进入近代社会及工业化是从东部沿海地区开始的，这就使东南部与西北部原已存在的经济发展的不平衡更加扩大，即使在东部地区、沿海、沿江河、沿铁路的地带也较发达，而在一些交通不便的山区则仍然处在农业社会。

中国的海岸线很长，古代也曾经有一些港口贸易城市，如广州、泉州、宁波（明州），但自明代起为防倭寇侵袭，沿海修筑海防的卫、所，清初又实行海禁，所以沿海城市很少，这与欧洲有很大的不同，城市的布局是内向型的。进入近代后，这种状况开始发生变化，一些港口城市，包括完全由帝国主义新建及由租界发展的大城市，如大连、青岛、天津、上海、汉口等，城市布局也开始向外向型发展。

中国古代的城市是各级政府的所在地，按等级分为都府州县，在沿长江、南北大运河、水陆交通要道也有一些商业都会，形成长江、运河两条城市带，其交会点是以扬州、苏州为中心的长江三角洲地区。近代以后由于海运及铁路的发展，形成沿海、沿长江、珠江、津沪铁路、京广铁路、中东铁路等交通干线的城市带，津沪线取代了京杭大运河的地位，而使原来沿运河的商业城市如临清、济宁、淮阴、扬州等趋向衰落。

中国近代没有对区域开发及发展进行过研究。

中国民主革命的先行者孙中山先生，借鉴西方资本主义国家工业化及区域发展经验，较早地提出过建设铁路网，建设北方、东方、南方三大港的设想，还提出"以港带路、以路带工"的理念，但由于帝国主义的侵略，军阀混战，也无法实现。

第二节　近代城市的工业布局

封建社会留下来的城市大多是封建统治阶级集中居住的消费性城市，城市中只有一些小型的手工作坊，没有使用机械动力的大工厂。封建社会内部资本主义因素的增长虽然在明清以后在江南一些城市中出现，但由于当时的生产技术、生产方式基本上没有多大变化，手工业生产都与家庭结合，分布城市各处，对旧的城市结构布局并没有产生很大的影响。不像欧洲，在产业革命后，由于生产力增长及生产方式的变化造成对旧城市的冲击。中国的大工业生产是近百年来，在少数城市中逐渐发展的。

半殖民地半封建时的中国，现代工业在国民经济中的比重很低。1949年时，工业在国民经济中的比重不到10%，加之地区经济发展的不平衡，少量的近代工业大多集中在东北地区及沿海、沿江地区。而其中一半以上又集中在上海、汉口、广州、青岛、无锡、天津等少数城市中。

由于半殖民地半封建经济的脆弱性及对帝国主义的依赖性，中国在近代没有形成较完整的工业体系。重工业极少，多数是小型、分散的轻工业，只在少数城市，如上海、抚顺、鞍山等，设了一些较大型的重工业，但从整体看对城市结构布局没有发生多大的影响。

工业布局总的说来有两种情况：①离开旧城，形成新的城市或独立的工人镇；②在旧城内或近郊建设。

一、在新的地点建设工业

（一）因开发新矿山形成新的市镇

这类城镇有河北唐山、井陉，山西大同、阳泉，河南焦作，山东枣庄、贾汪，京西门头沟，江西萍乡安源镇，湖南锡矿山，云南固旧，辽宁抚顺、北票、阜新、黑龙江双鸭山等。其中也有一些城镇除了采矿外，还新建了其他类型的企业，因而发展成较大的综合性工业城镇，如唐山最先建煤矿，以后又发展陶瓷、水泥、修理工业机车等。

矿业城镇多位于铁路沿线与铁路附近，或距铁路干线较远而另设支线，也有个别未建铁路线。城镇多着重于工厂和生产设备的建设，工人住宅围绕工业企业自发形成，房屋简陋，公共建筑及公用设施很少，工人大多为失去土地的农民，生活居住条件比较差。由于矿区地形较复杂，城镇平面极不规则，往往沿着道路呈带形伸展。

这些企业多是外国资本家和本国资本家办的，没有统一的或长远的建设计划，所以城镇建设混乱，甚至阻碍了矿区的进一步开发。以抚顺为例，日本在矿坑北沿胜利矿建设的两对竖井，使东西长达10余公里的露天矿坑发展成葫芦形，而且在矿坑北沿建了二条大街及许多平房，妨碍了矿区进一步开采。直到1949年后才彻底改造。

（二）在大城市外围独立设厂并形成工人居住地区

一些大城市，在交通、技术、劳动力等方面具有有利条件，便于建厂。但市区内建筑密集，土地昂贵，因而只好在城市外围单独建厂，如北京近代新建的几个较大型的工业企业——长辛店机车厂、清河制呢厂等均如此。一般情况是，离开城市单独设厂，往往形成独立的工人住宅区。

二、在旧城内或近郊建设工业

在旧城内部或市郊分散建工厂的情况比独立设厂更为普遍。有以下几种情况。

（一）形成工厂较集中的工业区

这种情况多出现在工业集中的大城市中，如上海先后在沪东杨树浦、沪西曹家渡及沪南区形成三处较集中的工业区。沪东主要由原来公共租界内外国资本家办的工厂形成，沪南则以清末的官办江南制造局为主，沪西由日商及中国民族资本家办的工厂形成。这三处工业区在形成之初，都在当时建成区的边缘，水运交通方便，形成后不久，在其内部及周围发展了居住区，工厂与居住犬牙交错。这些工业区内的工厂，不是按协作要求集中，没有专业分工，因而形成工业区之间的大量货流，加重了市区交通负担。

沈阳也有几处工厂较集中的工业区，如铁西工业区，为日本帝国主义占领沈阳后形成。沈海工业区为张作霖统治时期形成。铁西区是当时国内最大最完整的工业区，有铁路支线引入，区内也没有住宅混杂。但是，这些工业区是在特定的历史条件下形成的，缺乏从城市整体考虑，造成了城市布局的复杂与混乱。

（二）分散在市内建设

这种情况在近代城市中最普遍，中国近代工业多为小型、分散及轻工业类型，因而受用地、货运方面限制较少，可以在市内分散建设。有的就将住宅改建为工厂，这些对城市布局影响不大。

在一些已有较集中的工业区的大城市中，也有大量的工厂分散在城市住宅区内，如上海在 1948 年时，大多数小厂仍设在居住区的里弄内，并有许多严重污染的工厂。

这种在市区内分散设厂的方法，减少了市内集中的劳动客流。与国外同规模的城市相比，劳动客流小很多。

（三）在旧城城郊分散设厂

在一些交通便利，工商业已有一定基础的城市中，由于条件有利，近代新增的工业也较多。同时由于建成区内建筑、人口密度高，空地少，地价高，除一些小型工厂及作坊可以在市内分散设置外，新建较大规模的工厂，特别时需要与铁路与水运取得较直接联系的工厂，多在城市近郊设厂，这些城市有青岛、无锡、广州等。这些城市多以旧城区为核心，向外沿河道或对外交通道路呈不规则的辐射状发展。

抗战时期，内地一些迁建工厂，因防空要求，多在城郊分散设厂。

第三节 对外交通对城市布局的影响

在古代城市，所谓对外交通，实际上就是市内道路的延伸。近代运输工具的出现，改变了这种情况，其中以铁路对城市的结构及布局影响最大，因为铁路站场、线路占地大，铁路选线及站场布置的技术要求高，铁路经过已有城市，往往对其有较大的影响。

一、铁路对城市结构布局的影响

（一）先修建铁路后出现城市

这多出现在铁路的重要站点或枢纽上。修建铁路时并未考虑到发展城市，但铁路建成后，人口聚居，商业兴起，开办了工厂，因而发展成为城市。这些城市大多自发形成，布局也多不合理。例如蚌埠、津浦路车站在淮河岸朝东设置，在站东先发展了一块市区，不久后站西也形成了市区，成为城市的主要部分,造成铁路分割城市。又如哈尔滨,铁路在南岗区边缘,帝俄做了南岗区规划,主要布置了铁路附属用房及铁路职工住宅区。以后逐渐在车站与松花江之间的低洼地上发展了新市区，该区受洪水威胁很大。市区被铁路分割为南岗、道里、道外三区。

（二）先在城郊修建铁路，城市发展后，铁路穿越及分割或包围市区

有的城市，在修建铁路时，市区范围不大，铁路尽量接近城市，但未考虑城市可能发展的方向。铁路建成后，市区进一步扩大，形成铁路分割、穿越城市的不合理状况。如上海 1906 年修建沪宁路及北火车站时，尽量接近租界建成区的边缘，以后闸北区迅速发展，使铁路站场完全夹在市区之中。又如，淞

沪铁路原来也在城市外围，以后虹口及北四川路一带的发展，也成为穿越市区状态。

（三）由于人为原因，铁路修建得不合理，造成市区的混乱

天津原来已有铁路车站，北洋军阀时期为了与租界竞争，新设北站，并发展大经路地区，使铁路站线运行不便，对市区的分割更为严重。

沈阳原来主要站为南满铁路的西站，张作霖统治时期新建沈海铁路及新北站，也产生了与天津类似的情况。

（四）铁路插入旧城区内

北京修筑铁路时，旧城区范围很大，为接近城市中心地区，铁路线及客运站伸入市中心的前门外。因为站场占地很大，分割了原来的城市交通线。铁路客运站的设置，也改变了城内的交通吸引点，影响了整个城市的道路功能，使城市平面布局有了较大的改变。

（五）铁路在城郊通过，在站场与旧城区之间发展了新区，或使紧靠车站部分的城区繁荣起来。

如郑州，在京汉铁路修建后，车站与西门外联成一片，形成新市区，取代了旧城区，成为新的城市生活中心。陇海铁路修筑后，铁路与城南也联成一片。在这些新发展的地区中，有些是铁路所属机构或铁路职工住宅，还有大量为客运、货运服务的旅馆、饭店、商店、仓库等。

开封的南关外、西安的北门外、南京的下关区等，都是类似的情况。这些新发展地区的城市格局与旧城区有明显的不同。

在以上五种不同类型的城市中，共同性的问题为：铁路通过市区部分，由于噪声、烟尘、安全等干扰，对居住或其他设施造成不利的影响，在铁路附近不宜建造生活用房的地带，往往形成了大量的贫民窟及棚户区。

铁路车站，大多是客货混合，很少有单独的货站，更少有专业货站。因此车站附近人、货流的交通混杂、拥挤。大部分城市没有编组场，甚至一些枢纽站也缺乏符合最低技术要求的编组场，编组工作有的就在客货站中进行，不仅影响列车正常运行，而且有时长时间阻隔市内正常交通。

有些大城市采用伸入城市内部的尽端式车站，接近城市中心，方便旅客。但由于尽端式车站通过能力小，使客运发展受到很大的限制。如北京、上海、南京等车站，1949年后，由于客运量的迅速增加，这种矛盾就更为严重。

铁路与港口的联系，除少数城市如青岛、大连外，其余都不方便。铁路与工业区之间也缺少直接联系。

二、港口对城市的影响

近代的港口城市有两类，一类是地理位置好，港湾条件优越，由于帝国主义的侵略，在这里建立现代化的港口，发展成为新城市，如青岛、大连、广州湾（湛江）等。另一类在历史上是港口城市，大多在入海河道旁，如上海、天津、福州、宁波等，这些港口原来已有一定的基础，近代增修了可以停泊大型船只的码头，在这些城市的港口中，码头、仓库占满了河道的岸线，并全为外国资本家及本国资本家私有，岸线的使用很不经济合理。港口码头缺乏足够的仓库用地，与铁路缺乏联系，装卸设备也很落后。这类港口虽近海，实为河口港，船体大型化后很难进港，往往趁涨潮进港，吞吐量受到很大限制。

三、远程公路对城市的影响

在铁路及河运较发达的地区，远程公路在城市对外交通中的作用不大，因而对城市的影响也不大。在我国西南、西北地区一些中小城市中，公路是主要的对外交通，公路的修建对城市的发展及布局有较大的影响。

公路大多紧靠市区或在城郊通过，因而在公路汽车站附近，发展成一块为公路客货运服务的新区。接近公路车站的旧城街道也新建许多为客运服务的建筑。

西北、西南地区，在一些重要公路的交叉点上，也形成一些新的城镇，如甘肃华家岭、陕西凤县的双石铺等。这些市镇的主要街道，就是公路中的一段，在街道两旁修建了许多房屋，形成夹街的市镇。在许多小城市中，公路往往利用原有市镇中的大路，穿越整个市镇，对市镇居民带来了不安宁、不安全的影响。

四、飞机场对城市的影响

中国近代城市中，民用航空很不发达，还未能起对外交通的作用。机场的设置对城市生活影响甚微。在一些设有机场的城市中，多数为军用性质，有的机场就在城市近旁，如上海的江湾机场，限制了上海向东北方向的发展，并造成对居民的噪声干扰。

第四节　近代城市建设中的市政工程及公用设施

在近代城市中出现了一些现代的市政工程及公用设施，但发展很不平衡，技术水准低，项目少，供应范围小，经营管理差。

一般公用设施与市政工程多为私人开办，以营利为目的。如上海五家水厂，全为英、法外国资本家及本国资本家所经营，发电厂、电车公司、煤气厂等也是私人经营。

由于为营利目的，容易得到利润的，开设的较多，如电灯厂最多，自来水厂次之。无收入或获利较少的，则很少开办，如下水道及污水处理厂等。

近代城市中的公共交通也有建设，在上海、天津、北京等少数城市中设有轨电车，公共汽车开办得很晚，无轨电车只有上海才有，设备也都很陈旧。

近代许多城市都拓宽了原有狭窄的道路，较普遍的为碎石等低级路面。许多城市拆除城墙，修筑环城道路，但这样做市内交通并没有显著改善，而且破坏了旧城风貌。

市政工程及公用设施由于多为私营，缺乏统一管理，因此互相矛盾、混乱，这种情况在几个帝国主义共占的由租界发展的城市尤为严重。如上海英法租界间电压也不一致。管线的敷设，为迁就已形成的不合理的事实，造成了更不合理的状况。在帝国主义独占的城市中，如青岛、大连等各种管线系统则较为合理。

第五节　近代城市建筑面貌

中国封建社会留下来的旧建筑，虽然有各种不同功能、不同类型，但大致上都采用传统的低层木构架、大屋顶的院落组合形式。一般城市中除了少数体量较大的官府、庙宇，或较高的城楼、塔以外，绝大多数为密集的、形式较简单的居住院落。这些建筑有浓厚的地方色彩，但体型的差异不大。沿着城市内狭窄的街道两旁，是一些密集的商店，建筑形式多古老。近百年以来，由于社会经济的变化及思想意识上的影响，出现一些新的建筑类型，也出现一些外国的建筑形式，城市建筑面貌起了很大的变化。

根据城市建筑面貌的变化情况，可以将城市分为以下类型。

1. 一个帝国主义独占下建设的城市，多采用其本国的、当时的建筑形式，建筑面貌与风格比较统一，如青岛、大连、哈尔滨、广州湾（湛江）等。由于这些城市也变换过占据者，因此也可以在城市中看到不同国家占据时期的不同建筑面貌。

2. 几个帝国主义共占租界的城市，有着各个国家不同时期的建筑形式，如上海、天津、汉口等。上海就号称"万国建筑博览会"，也出现中西合璧的建筑，中国建筑的传统形式居次要的地位。

3. 城市大部分地区的建筑采用中国传统形式，但在少部分地区（如租界、商埠、使馆区、教会区等）的建筑则是外国形式，或建筑的局部采用外国形式，如北京、济南、广州、沈阳等地。

4. 城市大部分地区采用中国传统的建筑形式，但是城市内主要的商业大街，都经过改建，出现了一些采用非中非西的繁琐装饰的店面。

5. 城市的建筑多采用传统的形式，如内地的许多中小城市。

近代，在中国城市中出现的形形色色的建筑形式受各种社会及历史因素支配。

一、西方古典建筑形式的传播

1. 随着帝国主义对中国的侵略，传入了流行西方的欧洲古典式建筑形式。商埠、租借地和租界内，建造的使馆、洋行、工部局、银行、教堂、学校、花园住宅，大都采用了这种形式。

2. 建筑师从外国学习归国，通过创作活动，传播了外国建筑形式。在中国人使用的建筑中也采用了外国的建筑形式，如清末民国初年建造的大理院、陆军部、国会、咨议局、银行、高等学校等。

上述两种情况都是移植当时欧美盛行的建筑形式，采用最多的为当时最流行的代表资本主义早期的折衷主义形式。其中，有些教堂完全按高直或文艺复兴式建修，有些住宅完全为当时英国、法国等盛行的形式。这不仅传入了外国的建筑形式，也同时传入了古典形式主义的设计思想与创作方法，对中国近代建筑的影响颇深。

二、装饰店面的商业街

装饰店面的商业街在清末产生，南方从广州、北方从北京开始，以后在全国各个城市盛行。

这种店面的出现，反映中国半殖民地半封建社会中，商业资本的进一步发展与资本主义自由竞争的加剧。由于商店内部布局的变化，出入商店的人流较多，加之橱窗的广告作用，要求店面互相标新立异，以招徕顾客，旧的商店形式已不能适应要求；因此，多在老式房子前面，加修一个装饰的立面，有的应用一些中国传统的盘龙、狮子、寿星等形式，有的拼凑一些外国的花纹及线条，异常繁琐。中国的传统建筑自明清以来，没有能够用新材料、新技术突破旧的传统形式，而是随着手工业及工艺美术技术的进一步发展，在建筑上转向于细部装饰。在南方一些木刻、石刻较发达的地区，则更为明显，其结果使建筑向繁琐装饰的方向发展。这种情况与近代资本主义追求表面形式的要求相结合，因而影响面很广。圆明园的一组巴洛克式建筑，早在 18 世纪即已建造，但当时只能满足帝王的猎奇思想，不可能推广。鸦片战争后，将巴洛克式的轮廓与线条与中国传统的建筑装饰相结合，形成"圆明园式"，这是较省钱又仿效外国建筑的非中非西的形式，因而得到广泛流行，对当时一些城市的街道面貌影响颇大。

三、宫殿式与混合式

在 1930 年代，曾出现复古主义的宫殿式与中西合璧的混合式的建筑思想，当时它的影响面只限于一些大城市，特别是在南京、上海。这一建筑思潮对以后的建筑影响是非常重要的。

从形式及创作思想来看有以下一些类型。

（一）宫殿式

1. 完全抄袭模仿中国宫殿等古建筑的形式，不顾及新建筑的功能要求，以新材料、新结构套用古典型式，如 1934 年建的南京"中央博物馆"、中山陵藏经楼，1929 年的南京灵谷寺阵亡将士墓及纪念塔。

2. 按古典建筑的严格比例法式，在一定程度上结合建筑功能要求，有所变化，如 1928～1931 年建的广州中山纪念堂、1934 年的北京图书馆、1935 年的上海市政府大楼、1936 年的南京国民党党史陈列馆等。

3. 虽然采用一定的宫殿典型比例手法，但不重视梁架斗栱的表现和完整的宫殿造型，体型则采用西方的建筑平面结合新的功能要求，外形加上宫殿式屋顶和局部装饰，或局部采用一些地方民间建筑的装饰与手法。这类建筑大部分出自外国建筑师之手，他们对中国传统的法式比例了解不多，任意加以拼凑，所以设计中往往混杂宫殿、民间、南方、北方各种手法，是集仿主义的创作方法，如 1926 年的南京金陵大学、1929～1935 年的武汉大学、1921～1925 年的北京协和医院，还有北京辅仁大学教学楼以及一些中国风格的教堂建筑等。

（二）中西合璧的混合式

1. 按照新功能的要求，吸取外国建筑的布置手法，突出部分中国古典宫殿式的形式，但摆脱严谨的法式与繁琐的装饰，在有些部分采取平屋顶，如 1935 年的上海新市区图书馆及博物馆、体育场，1933～1934 年的青岛水族馆等。

2. 基本上采用近代建筑的造型，只在局部加上一些中国传统的建筑装饰，如 1933 年南京国民党外交部、1933 年北京交通银行、1932 年北京仁立地毯公司、1932 年上海八仙桥青年会、1935 年南京国民党国民大会堂及 1936 年上海中国银行等。

（三）殖民地的"复兴式"及"兴亚式"

主要指日本帝国主义在台湾及东北城市中建造的一些政府及军事机构，其建筑特征是在近代建筑中运用一些日本古代建筑的细部和装饰，这是来源于日本统治集团的官方建筑思想。这种形式在中国的运用，反映了日本帝国主义的侵略，是"大东亚共荣圈""东亚复兴"等侵略思想在建筑上的反映，在建筑形式上表现了形式主义、复古主义和拼凑集仿的特点，如东北长春的日伪"皇宫"及"八大部"建筑。

以上这些"宫殿式""混合式"等建筑形式的出现，是由于社会的变化、大量的各种外国建筑类型和形式在中国的移植，而中国传统的建筑与类型，已远不能适应社会生活的要求。中国建筑界掀起了探索创作中国"民族形式"的建筑思潮，有意识地将西方建筑形式与中国形式相结合，促进了中国近代建筑的发展。这些"宫殿式""混合式"建筑产生的社会条件、历史背景却十分复杂，可分述如下：

1. 1927 年以后国民党政府提倡"发扬国故"，反映到建筑上便提倡采用中国固有的形式。

2. 帝国主义的文化侵略，反映到教会建筑上，以及教会办的学校及医院等，则是利用中国的旧有建筑形式，目的是便于其宗教文化的传播。

3. "五四"运动后的新文化运动对建筑艺术的直接影响不大，但也得到一些反映，部分中国建筑师感到西方建筑泛滥，在全国人民反帝爱国思想的影响下，一些具有爱国主义思想的建筑师有一些可贵的创作活动。这些建筑多出现在北京、南京、上海等大城市，而且数量不多，对整个城市的建筑面貌影响不大，由于采用了中国传统建筑的形式，与城市其他建筑在形式上也比较调和。

（四）西方近代新建筑的出现

从 1927～1937 年的十年间，是国民党统治区内建筑活动比较多的时期，其中又以上海、南京等地较为集中。

当时生产水平虽低，但出现了国家垄断资本、官僚资本与国家政权机构相结合的状况，财富空前集中，在南京及上海建设了各种银行、办公楼及高级住宅。此外，在 1930 年代，资本主义世界范围内爆发的经济危机已经渡过，帝国主义的经济侵略活动又卷土重来，在上海等地修造了大量的建筑。

在第一次世界大战以前，西方资本主义国家的多数建筑已逐渐由折衷主义和集仿主义转为"现代建筑运动"，突破旧形式的束缚。因此在 1930 年代前后，"现代建筑运动"通过外国建筑师或中国留学生传入中国，如南京的国际联欢社，上海的国际饭店、大光明电影院、大上海电影院、美琪电影院、沙逊大楼、大通银行、河滨大楼、茂名公寓、毕卡地公寓及私人住宅，广州的爱群大厦等。在青岛及东北一些城市，也由日本人设计建造了一些受现代建筑运动影响的建筑，如大连车站等。

这类建筑在体形、比例、装饰等方面已完全摆脱了各种古典形式。这类建筑只在少数大城市中出现。但是，在一些其他城市中，由于新建街道，也修建了一些与过去繁琐装饰店面不同的，各种几何形体装饰的店面，而且影响面很广。如抗战时期，有些内地城市的建筑物用极简陋的材料，做成线条简单的立面。这种形式也成为一些营造厂的新法式。有时整段街道都是这种形式，形成单调的统一。

1945 年后，在南京、上海等地也有个别的建筑活动，如南京的美军招待所 AB 大楼、馥记大楼，上海的浙江兴业银行等，在设计思想与设计形式，较之 1930 年代更具有新建筑的明显特征。

第六节 中国近代的一些城市规划图评析

中国古代城市中，有不少是在有规划意图下建设的，例如隋唐长安、元大都等，都曾经在世界城市规划史上放出异彩，在国内外产生深远的影响。但是作为有明确的研究对象和范围，有系统的理论和完整的工作方法的城市规划学科，则是在近代才有的。1949 年前，我国的城市规划工作很落后，在数千个不同规模的城镇中，只有很少一部分进行过城市规划，而按规划进行建设的城市则更少。1949 年后，在一些城市的建设过程中，认真地研究和分析 1949 年前的一些城市规划意图，无疑对制定这些城市的规划工作有一定的现实意义。

中国近代的一些城市规划图，按其制定的历史背景、制定的过程及对城市建设的实际影响，有以下几种不同情况。

（一）有明确的规划意图和较完整的规划图纸，城市大部分或局部地区按照城市规划图建设

这类城市都是由一个帝国主义国家独占的新建城市，如青岛（德国）、大连（俄国）、长春（日本）。

这些城市的规划多从当时占据者的意图出发，有长远的打算，运用了该国已盛行的城市规划的方法。规划的主要内容是对城市进行用地分区，安排对外交通，布置道路系统及市政管线系统。有的城市基本上是按城市规划图建成的，如青岛。有的是部分按城市规划图建成的，由于客观情况的变化而中止，如大连。有的城市当占据者改易时，往往引起城市的性质及规划意图的改变，于是又重新制定城市规划图，如大连。

这些城市的位置，完全是按占据者当时的意图确定的，城市全部新建。例如，青岛及大连，由于地理位置优越、港湾条件好，在原来偏僻的渔村基础上发展了起来，城市建设中极少涉及原有城市的改建问题。

（二）只对城市部分地区制定规划图，局部地区按规划进行了一些建设

这类城市的部分规划地区多是帝国主义占据的"租界"，如上海、天津、汉口的租界，济南的"商埠区"，沈阳、长春的"铁路附属地"。

这些城市的部分规划地区只是进行简单的路网划分，定出建筑"红线"，制定一些用地及建筑管理办法等。

由于规划只限于部分地区，没有整个城市的长远打算，因此与城市其他部

分没有良好联系。相邻的、属于不同帝国主义国家的租界，建设与规划各自为政，租界的布局与原来旧城的布局不协调。

（三）城市规划图及资料虽然比较系统和完整，但对实际的城市建设作用不大，基本上没有实施

这类情况包括1929年颁布的南京"首都规划"，1927～1929年制定的"大上海都市计划"及1946～1949年的"上海都市计划总图（一、二、三稿）"，1946年的重庆"陪都计划"等；还包括日本帝国主义侵略我国期间制定的一些城市规划图，如"大青岛母市计划""上海都市建设计划""北平特别市规划""大同都市计划""佳木斯都市计划"等。

这些城市的规划图由于缺乏实现这些规划的经济实力和具体措施，结果流于一纸空文，但对规划学科的引进及传播也起了一定作用。

（四）属于粗制滥造的一些城市规划图，大多凭主观臆想，缺乏科学根据及资料，图纸很不完全，没有任何实际意义

这类城市的规划图有1928～1930年的无锡规划图、烟台规划图、重庆"陪都计划"中的卫星城镇规划图等。

从城市规划图所依据的规划理论、规划思想、规划图的构图形式、规划方法等方面，可以归纳为以下几种类型。

一、帝俄占据时期制定的大连及哈尔滨城市规划图

帝俄在占据旅顺、大连后，于1900年制定了城市规划图。1896年帝俄依据"中俄密约"铺设"东清铁路"（后称中东铁路），占据了哈尔滨，作为"铁路附属地"，1900年制定了"南岗区计划"。这两个城市的规划采用了圆形广场及对称的放射路形式，这是当时帝俄最盛行的一种规划手法，与当时以帝俄首都彼得堡为代表的规划图极为相似，也是渊源于路易十四时代法国巴黎规划图，具有明显的形式主义色彩。例如，大连市中心的尼古拉广场极似巴黎的凯旋门广场及明星广场，十条放射路中，一半以上没有明确的目的性，完全服从于形式构图的要求。哈尔滨的南岗区规划、马家沟规划也相类似，形式主义更为明显。

二、德帝国主义占据时期制定的青岛市规划

德帝国主义占据青岛期间，在1898年及1910年，先后两次制定城市规划图，对城市进行了用地分区，重点解决港口与铁路的布置。港口设在胶州湾内，可以避免海浪直接冲击，减少港口的工程建设费用，并使铁路及其编组站与港口有直接联系。港口与铁路均在城市一侧，不妨碍城市的发展，不分割城市，而且以尽端式的客运站深入市内接近市中心区及海滩。对道路及给水排水等市政工程作了全面的安排，道路网采用方格形，但配合地形的起伏，不很规则。在市中心的"提督府"一带，背靠观海山，面对海湾，有数条道路由此向外放射，一些高耸的教堂设在小山顶，并成为道路的对景。这些都是欧洲一些中世纪城市典型的规划手法。

青岛市规划的主要内容与当时欧洲大陆的一些城市相类似。19世纪后半

期，欧洲一些城市发展较快，城市的主要矛盾是由工业区及铁路、港口的修建而引起的，因此较多的是从工程技术方面解决城市功能分区及铁路、港口问题。道路系统一般采用方格网，局部地区采用建筑群广场的布置手法，道路没有明确的功能分类及分级。

三、日本帝国主义占领时期制定的一些东北地区城市的规划

东北地区长春、大连、佳木斯等城市都在日本帝国主义侵占时期制定过城市规划。在规划中采用小街坊和方格网、对角线及圆广场相结合的道路系统。

其中，以日本关东军和"伪满洲国国都建设局"于1932年共同制定的长春市规划比较完整。城市用地按功能进行分区，重工业区设在旧城东北，轻工业区在旧城北，学校区及运动场在旧城东南。道路系统采用方格网加对角线的形式；道路按性质分工，宽度较大，有很宽的绿化带，有轨电车不设在主要干道上。市际公路不穿越市区，在外围绕越。道路系统中还设有几个很大的环形广场，有多条放射路，也表现一定的形式主义倾向。

在"日伪"侵占北京、上海期间做的规划也有其合理部分，如北京避开旧城，在西郊建新城区，上海考虑港口位置等。

这类城市规划图与当时日本的一些城市规划图颇相类似，其影响可以溯自美国的纽约、芝加哥、费城等的规划。当时，美国一些城市发展很快，许多城市并无全面的规划，仅由测量师把城市用地划分成小方格的地段，出售给私人建造房屋，小方格可以增加沿街的出租空间，有的大城市还增加了对角线的直达道路。

四、国民党当局在1930年前后制定的南京与上海的城市规划图

1928～1929年国民党当局制定的南京"首都计划"中一再提出要"学习欧美先进技术""发扬光大固有的文化""宜尽量采用中国固有之形式，凡古代宫殿之优点务当一一施用"，将城市分为行政区，商业区，一、二、三等住宅区。商业区完全采用方格网对角线的道路系统及密集的小街坊。在政治区则采用中轴线对称的布局，在傅后岗市中心则采用宫殿式建筑群。

1929年做出的上海新市区及中心区规划，即"大上海都市计划"的内容是避开租界地区，在江湾翔殷路一带建新市区，在吴淞建港口，在虬江口沿黄浦江建新码头。新区内分行政区、商业区、住宅区。道路网采用小方格与放射路相结合，中心的行政区是中轴线对称的严整布局，建有一组有大屋顶的市政府、图书馆、博物馆的建筑群。

当时上海人口已达300万人以上，市区人口和建筑密度均极高，需要在建成区以外开辟新的市区。从上海的地理及交通条件看，在吴淞或虬江口一带新建港区也是可取的，但是国民党当局的出发点还是不敢触动"租界"。在当时建筑界正是盛行"中西合璧"的思潮，一方面搬用美国早期的功能主义的做法，另一方面又试图结合中国古代城市及建筑群的传统手法。但是有些建筑却是当时的建筑家们抵制崇洋的爱国主义思想的反映。

五、1946～1949 年"上海都市计划总图一、二、三稿"

第一次世界大战后，现代建筑运动在欧洲发生较大的影响，在规划方面也提出了相应的理论，其中包括勒·柯布西耶《明日之城市》一书中提出的理论，以及 1934 年国际现代建筑协会在雅典制定的"城市计划大纲"等。在 1936 年前后，上海建造了一批受此影响的"摩登建筑"，但对当时的城市规划工作没有很大的影响。到第二次世界大战后，欧美在卫星城市、邻里单位、有机疏散等方面的城市规划理论已较成熟，而且在英国等地已有一些新城建设的实践经验。1946 年以后，这些新的理论和经验由一些回国的技术人员带到中国来，而且集中应用在"上海都市计划总图一、二、三稿"中。

对于上海的这个规划总图，国民党当局并没有实现这些规划的力量。而一些参加规划设计的技术人员尽管他们也想发挥技术专长，收集了许多资料，做出了详尽的图纸文件，但由于闭门作图，实际上无法解决当时上海城市存在的种种矛盾。

中国近代城市中的建筑活动，多是个别地、分散地进行的，极少成片成群有规划地修建，一些规划也仅停留在粗糙的总体规划阶段。中国近代也出现了不少极好的个体建筑设计或个别优秀的建筑组群设计（如南京中山陵），但没有成片实现的详细规划。对于历史上留下来的旧城，大多数规划采取一律抹煞或逃避的态度，对旧城的改造规划未进行实际的工作。

这些城市规划工作由于参加人员的纯技术观点，使本来将社会科学、工程技术、建筑艺术融为一体的相互结合的城市规划科学，只停留在工程技术范围内，而具有片面性。

这些城市规划和设计，大部分没有实现，但作为规划理论与规划方法的研究，还是应该加以认真的总结和评析，取得有益的借鉴。这些规划中介绍及应用了不同时期国外的一些规划理论和经验，如 1946～1949 年上海都市计划总图一、二、三稿中的卫星城镇，分区疏散布局，注意城市交通问题，道路按功能性质分类，城市快速干道，用"邻里单位"组织住宅区等，尽管在运用中未能很好地结合当时中国的实际，但从国内外的经验证明，当时这些理论是适应现代城市发展的，起了一定的传播教育的作用，至今仍然有重要的参考价值。

再如青岛规划中，关于用地分区，城市布局充分利用地形，注意城市轮廓造成丰富的城市风貌，以及合理的工程措施等，都是比较成功和符合科学的。

下篇

现代部分

第十七章　中国现代城市规划建设的历程

1949～2000 年的半个世纪，是中国探索和推进现代化进程的重要历史时期，这一时期的中国城市规划和建设，表现为一个曲折前进的过程。概括起来，大致可以分为两个主要时期，1949～1978 年，城市规划和建设进入中华人民共和国成立后的起步和初创时期，随着社会发展背景表现为曲折和波动的过程；1978 年以后，城市建设迅速恢复和发展，特别是 1990 年代以后，城市化进程加快，新的城市和区域空间现象产生，中国特色的城市规划体系在应对新情况、新挑战中逐渐形成和发展。

第一节　城市建设起步和规划初创（1949～1978 年）

综合考虑中国现代经济、政治的实际发展与城市规划和建设的历程，起步和初创时期还可进一步划分为三个阶段：城市建设恢复（1949～1952年）；重点工业城市建设（1953～1957年）；城市规划和建设的波动和停滞（1958～1978年）。

一、城市建设恢复（1949–1952年）

1949年时，大多数城市工业基础薄弱、市政设施不足、居住条件恶劣；许多城镇还没有现代工业与设施。城市化程度很低，城市建设百废待兴。

1. 城市经济恢复与建设改善

随着社会主义新制度的建立，中央提出"必须用极大的努力去学会管理城市和建设城市""城市建设为生产服务，为劳动人民生活服务"，这成为制定当时城市建设方针的思想基础。重点放在恢复与发展生产上，城市建设恢复，城市成为生产和经济活动的中心（表17–1–1）。

城市建设主要是恢复、扩建和新建一些工业企业；整治城市环境，初步改变城市的环境面貌；维修、改建和新建住宅，改善劳动人民的居住条件；整修城市道路，增设公共交通，改善供水、供电等设施。

由于国家经济能力所限，较为重点的城市建设主要是一些大城市的棚户区改造与工人新村建设，如上海的肇嘉浜、北京的龙须沟、天津的墙子河等。

经济恢复时期的城市规划与建设过程一览表　　　　表17–1–1

时间	内容	备注
1949/10/21	政务院财政经济委员会成立，委计划局下设基建处，主管全国的基本建设和城市建设	
1950/7	政务院发出《关于保护古文物建筑的指示》	
1950/11/22	政务院发布《城市郊区土地改革条例》	
1952/4	中财委聘请苏联城市规划专家穆欣来华工作	同年10月转聘到建工部
1952/8/7	中央人民政府建筑工程部成立	
1952/9/1～9	中财委召开城市建设座谈会，对城市进行了分类，提出了有重点地进行城市建设的方针，要求39个城市成立建设委员会	以工业城市为目标
1953/3	建工部城市建设局成立，设立城市规划处	
1953/5	国家计委成立基本建设办公室，下设城市建设、设计、施工三个组	

2. 城市建设管理机构建立

1949年在政务院财经委员会计划局下设立基本建设处，主管全国的基本建设和城市建设工作，随后各城市相继调整或成立了城市建设管理机构，如北京的都市计划委员会、重庆的都市建设计划委员会、成都的市政建设计划委员会、济南的城市建设计划委员会等，还建立了公用局、市政局或建设局，一些中小城市也都成立了城市建设局，分管城市各项市政设施的建设和管理。1952年8月，中央政府成立建筑工程部，主管全国建筑工程和城市规划及建设工作，并专设城市建设处。

1952年9月，建工部召开全国第一次城市建设座谈会（也是中国近现代城市规划史上的第一次），会议提出城市建设要根据国家的长期计划，针对不同城市有计划有步骤地进行新建或改建，加强规划设计工作和统一领导，克服盲目性，以适应大规模经济建设的需要。

会议决定：第一，从中央到地方建立健全城市建设管理机构：①中央在建筑工程部内成立城市建设局；②各大区的财委（计委）的基本建设处管理城市建设工作；③各城市建立健全城市建设机构；④在 39 个城市设置城市建设委员会，委员会下设两个常设机构：一是规划设计机构；二是监督检查机构。第二，各城市都要开展城市规划。为有计划有步骤地进行城市建设，首先要制定城市远景发展的总体规划。总体规划的内容要求，参照苏联专家帮助草拟的《编制城市规划设计程序（初稿）》进行。第三，划定城市建设范围。城市建设计划列入国家经济计划，将城市建设项目定为 11 种：调查研究、道路、自来水、下水道、公园绿地、电车、公共汽车、防洪排水、桥梁、轮渡、煤气等。第四，对城市分类。国家经济建设集中力量发展工业，而且以发展重工业为主。把全国城市按性质与工业建设比重分为四类：重工业城市、工业比重较大的改建城市、工业比重不大的旧城市、一般城市（表 17-1-2）。

重点建设的城市分类一览表（1952 年）　　　　表 17-1-2

类　别	城市性质与工业比重	城市
第一类	重工业城市（8 个）	北京、包头、西安、大同、齐齐哈尔、大冶、兰州、成都
第二类	工业比重较大的改建城市（14 个）	吉林、鞍山、抚顺、本溪、沈阳、哈尔滨、太原、武汉、石家庄、邯郸、郑州、洛阳、湛江、乌鲁木齐
第三类	工业比重不大的旧城市（17 个）	天津、唐山、大连、长春、佳木斯、上海、青岛、南京、杭州、济南、重庆、昆明、内江、贵阳、广州、湘潭、襄樊
第四类	一般城市	上述 39 个重点城市以外的城市，以维持为主

3. 城市化进程起步

1949 年全国城市人口仅为 5765 万人，城市化水平为 10.6%。随着国民经济的恢复和发展，城市建设全面展开，大量农村人口进入城市就业、定居。经过 3 年的调整、恢复与发展，至 1952 年全国设市城市为 160 个。城市人口规模和分布都有很大变化，为"一五"时期打下了基础，开始步入了一个以工业城市为目标进行规划建设的新阶段。城市化水平也逐步增长，1950 年为 11.2%，1952 年为 12.5%。

二、"一五"时期重点工业城市建设（1953 ~ 1957 年）

1953 ~ 1957 年是第一个国民经济"五年计划"时期，迫于当时的国际形势，我国以苏联援助的"156 个重点工程"为中心，进行了大规模的工业布局和建设，对全国城镇发展产生重要影响。

1. 重点工业城市布局和建设

1954 年在对全国各类城镇建设条件调查、分析和评价的基础上，国家计委先后批准了"一五"计划的全部重点建设项目城镇选择和厂址选点方案。除了采掘工业项目以外，主要布局在区域条件和原有设施条件较好的大中城市，包括东北的沈阳、长春、抚顺、哈尔滨、鞍山、齐齐哈尔，华北的北京、太原、石家庄、包头，华中的武汉、洛阳，西北的西安、兰州，西南的成都等。

集中建设的重点工业项目为城市发展带来了动力，在工业建设的同时，改善城市的设施条件，促进了这些城市的发展。大规模集中的工业布局以及新建工业和原有城市的关系等问题，带来建立城市规划体系的需要。1953 年，中共中央指示重要的工业城市规划工作必须加紧进行，迅速拟订城市总体规划草案；1954 年全国城市建设会议要求"完全新建的城市与工业建设项目较多的城市，应在 1954 年完成城市总体规划设计"。建工部城市建设局设立城市规划处，调集规划技术人员，聘请苏联城市规划专家来华指导。重点城市的规划，一般由国家和地方城市规划设计部门组成工作组，在苏联专家指导下进行编制。北京和全国省会城市也逐步建立和加强了城市规划机构，参照重点城市的做法开展城市规划工作。至 1957 年，全国共计 150 多个城市编制了规划，其中国家审批的有太原、兰州、西安、洛阳等 15 个城市（图 17-1-1）。

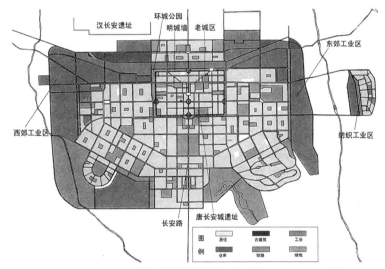

图 17-1-1 西安城市总体规划结构示意图（1953～1972 年）
资料来源：李百浩，等．中国现代新兴工业城市规划的历史研究．城市规划学刊，2006（4）．

总的看来，这一时期的城市规划与建设工作奠定了中国现代城市规划与建设事业的开创性基础；确立了以工业化为理论基础、以建设社会主义为目标的城市规划学科，以及与之相应的规划建设机构；设置城市规划专业，积累和培养城市规划专业队伍。随着大规模工业建设及手工业和工商业的社会主义改造而进行的城市建设，是中国历史上前所未有的。

2．"苏联模式"城市规划引入

当时由于缺乏建设经验，各行各业学习苏联，城市规划也不例外，从规划理论、规划程序、规划方法以及技术标准等都全面学习苏联。

"苏联模式"的规划方式，认为城市规划是国民经济计划的具体化和延续，即国民经济计划——区域规划——城市规划。实际上，苏联当时的城市规划原理，就是把社会主义城市特征归结为生产性，其职能是工业生产，城市从属于工业，认为社会主义城市及其规划最主要的优越性是生产的计划性和土地国有化。

引进苏联的城市规划模式，主要通过以下几种途径：

①聘请苏联城市规划或市政专家来华工作。从1952年起，建工部先后聘请穆欣、巴拉金、萨里舍夫为苏联城市规划组组长，有的与建工部城市设计院一起制定规划，尤其是"一五"期间重点建设的城市无一不是苏联专家参与制定的；有的讲课、作报告，培训了一大批中国规划技术人员；有的参与制订中国最初的城市规划标准；指导部分城市的规划制订工作。苏联专家参与规划的城市主要有：沈阳（1952年）、兰州（1953～1954年）、上海（1953年）、郑州（1953年）、包头（1955年）、乌鲁木齐（1958年）、武汉（1953年）、南宁（1958年）、保定（1957年）、桂林（1958年）等城市，洛阳、湘潭、兰州、湛江和北京等城市的规划都有苏联专家参与指导。②翻译出版苏联城市规划书籍。③借用苏联标准和苏联专家参与制定中国城市规划法规，中华人民共和国成立初期的城市规划编制办法，沿用的是一整套苏联的编制程序和方法。1956年中国第一个城市规划技术性法规——《城市规划编制暂行办法》（下称《暂行办法》）的编制与修订，也是当时的国家建设委员会顾问、苏联专家组组长、城市规划专家克拉夫秋克参与完成的。该《暂行办法》影响着相当长时期的中国城市规划与建设，有的内容一直影响至今。

3. 城市规划学科初步形成

1952年，全国高校进行院系调整，同济大学新成立建筑系。由于大规模经济建设的需要，金经昌、冯纪忠两先生提出设立中国近现代史上第一个城市规划专业，从此开始了中国本土的城市规划专业人才的培养。依托高校原有的建筑学基础优势，清华大学、南京工学院（东南大学）、天津大学、重庆建筑工程学院（重庆大学）、哈尔滨建筑工程学院（哈尔滨工业大学）、西安冶金建筑学院（西安建筑科技大学）和华南理工大学等也成为开设城市规划专业或专门化最早的院校。采用了一些苏联的教材，如列甫琴柯的《城市规划技术经济指标和计算》，很多规划名词与概念都来源于该书，如基本人口、服务人口、被抚养人口、公建分类及千人指标、详细规划、修建设计、居住小区等。

城市规划除受苏联的影响外，还有来自德国的城市规划专家的参与，1958年10月同济大学的金经昌、董鉴泓及德国魏玛大学雷台尔教授到合肥，经实地调查，提出一个风扇形结构的总体布局方案，明确将绿地从3个方向楔入城市，联结原护城河形成绿环。该方案布局强调环境、生态、交通与功能，与当时全国盛行的苏联模式的环形放射路、轴线对称等思路完全不同（图17-1-2）。

4. 第一部现代城市规划技术性法规颁布施行

自1953年开始以工业项目为核心的大规模建设，城市规划编制办法就沿用苏联的一套做法，编制程序与方法比较繁琐复杂、工作量大。经过两年左右的实践，无论从内容上、进度上都难以完全适应当时城市建设发展的实际情况。因此，国家建委决定组织力量，从实际出发，总结出一套比较符合当时我国城市各项建设实际需要的城市规划编制程序、内容与方法。

1952年9月，建工部提出了《中华人民共和国编制城市规划设计与修建设计程序草案》，是最早的城市规划编制办法。规定城市规划编制过程分为城

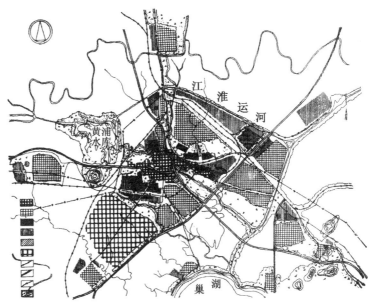

图 17-1-2　雷台尔教授建议的合肥规划方案示意图
资料来源：同济大学城市规划专业纪念文集．

市规划、建设规划、详细规划、修建设计等 4 个步骤，草案虽未正式颁布，却是"一五"初期编制城市规划的主要依据。

1955 年，国家建委组织力量和苏联专家共同研究苏联城市规划编制办法，总结分析前两年编制西安、兰州、包头、洛阳等城市规划的内容与方法，初步拟订了《城市规划编制审批办法》的大纲草稿。1956 年正式颁布施行《城市规划编制暂行办法》（下称《暂行办法》），从而成为中国现代城市规划史上第一个技术性法规。

《暂行办法》分"总则""规划设计基础资料""规划设计阶段""初步规划""总体规划""详细规划""规划设计文件的编订""协议""审查和批准""勘测设计机构和城市规划委托机关的责任"等 10 章 44 条 1 附件。规定：城市规划应按"初步规划、总体规划、详细规划" 3 个阶段进行；在开展总体规划尚不具备条件的城市，可以先搞初步规划，初步规划与总体规划是同一性质规划。

《暂行办法》在"一五"期间，指导全国 150 多个城市完成了初步规划或总体规划的编制工作，包括由国家审批的重要城市的规划，如太原、兰州、西安、洛阳、石家庄（图 17-1-3）、湛江、包头、成都、大同、郑州、哈尔滨、吉林、沈阳、邯郸、抚顺等。这些城市的规划建设效果对全国起了较好的影响。《暂行办法》施行了 24 年，在相当长的时期内，是我国编制城市规划的唯一指导性法规，对统一城市规划设计程序与方法，便利城市规划工作的进行起到了良好作用。

1953 ～ 1957 年成功地执行了发展国民经济的第一个"五年计划"。其建设的突出特点是，按照社会主义有可能把有限的资金尽最大可能集中起来使用的原则，由国家来统一安排建设计划；针对 1949 年前中国许多工业行业都是

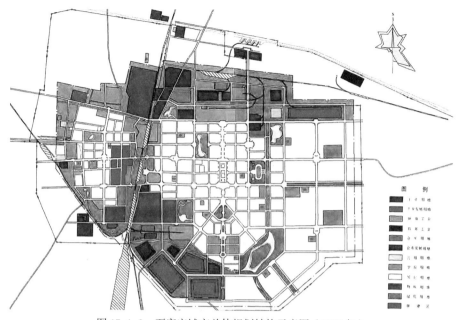

图 17-1-3　石家庄城市总体规划结构示意图（1955 年）
资料来源：李百浩，等．2006

空白的特点，计划优先安排这些空白工业项目；把多数建设项目安排在内地，改变原有工业生产集中在沿海的布局。因此，"一五"期间共安排大中型工业建设项目 825 项，其中包括苏联援建的 156 项。

通过一批重点工业城市的规划建设，奠定了我国现代城市规划的基础。引入苏联的城市规划方法。包括与计划经济体制相适应的一整套城市规划理论，使初期的中国现代城市规划与建设具有严格的计划经济体制特征。城市规划编制过程分为总体规划（分初步规划和总体规划两步）和详细规划两阶段；生活居住区分为居住区、小区、住宅组三级；采用居住面积、建筑密度、人口密度、用地定额等一套指标。这一时期城市规划重视城市各项基础资料的搜集和分析，重视原有城市基础的利用和改造；采用一整套的规划定额指标，对建设标准进行控制；讲求构图和城市建设艺术，城市总图常常布置众多广场和强调对称式轴线的干道系统；城市规划的制订基本上是在苏联专家的指导下，由国家统一完成。

三、城市规划的波动与停滞（1958 ～ 1978 年）

由于政策的变化与动荡，城市发展也随之波动。

1958 ～ 1960 年的快速工业化带来城市化水平的迅速增长。在"大跃进、人民公社化、大炼钢铁"的政策影响下，农村劳动力过多过快地大量涌进城市。1960 年城市人口达到 13073 万人，城市化水平达到 19.3%。新设城市 33 个，新设置建制镇 175 个。

1961 ～ 1965 进入年工业调整时期，出现第一次城市水平的下降。为了扭转"大跃进"的失误，国家对工业进行调整，紧缩城市经济，大量精简城市人口，动员 2000 多万城市人口返回农村。同时提高建制镇标准，使城市数量由 1961 年的 208 个压缩到 1965 年 171 个，城市化水平由 19.7% 降到 16.8%。

1966 ～ 1977 年出现第二次城市化水平的下降，工业化停滞。经历了长达十年的"文化大革命"，1950 年代初期生育高峰时出生的大批青年、上千万知识分子和机关干部及其家庭被下放到农村，城市人口的机械迁出量大增，累计达 3000 多万人，而迁入迁回城市受到严格控制。

1. "大跃进"的城市规划

1958 年 5 月，迅速掀起了"大跃进"运动和人民公社化运动。建工部提出了"用城市建设的大跃进来适应工业建设的大跃进"。许多城市为适应工业发展的需要，迅速编制、修订城市规划，使城市规划与建设也出现了"大跃进"形式。城市人口骤增，城市数量迅速增多；城市和农村工业遍地开花，一些大城市规划建设了大量卫星城。

1957 年 7 月，建工部在青岛召开城市规划工作座谈会，会议介绍了"先粗后细、粗细结合"的快速规划做法。之后，许多县城和一些建制镇，为了安排"大跃进"中上马的工业建设项目，采用"快速规划"，编制城镇建设规划，有的仅用几天时间，就绘制出规划图纸。

在"大跃进"的过程中，许多大中小城市都对"一五"期间编制的城市规划进行了修订，出现城市规模大、建设标准高等问题。

1959 年 5 月，建工部新设区域规划处，至 1960 年全国有 39 个专区编制了区域规划。1960 年 10 月，在桂林市召开第二次城市规划工作座谈会，提出"要在十年到十五年左右的时间内，把我国的城市基本建设或改建成为社会主义的现代化的新城市"，根据人民公社的组织形式和发展前途来编制城市规划，提倡以体现工、农、商、学、兵"五位一体"为原则的"人民公社规划"。

受这种所谓"快速规划""人民公社规划"的影响，工业建设盲目冒进，各城市不切实际地扩大城市规模，并借国庆十周年之际，大规模地改建旧城。

2. 城市规划的停滞

1959 ～ 1961 年是三年困难时期，1960 年中央计划会议宣布了"三年不搞城市规划"的决策，规划机构撤并、人员下放，城市规划事业大为削弱，许多城市又进入无规划的混乱建设状况。

1961 年 1 月，国家提出"调整、巩固、充实、提高"的八字方针，做出了调整城市工业项目、压缩城市人口、撤消部分市镇建制等决策。这样，城市规划工作又一次受到挫折。

1964 年，内地建设实行"靠山、分散、隐蔽"的"三线"建设方针，在城市建设上坚持的是"不要城市、不要规划"（山、散、洞）的理念。新建城市仅有攀枝花、十堰等少数山区工矿城市。

1966 年开始的"文化大革命"，使城市规划及建设被迫处于停滞甚至中断状态。1967 年国家停止执行北京城市总体规划。从 1966 年至 1971 年，"三线"建设进入高峰时期。新建设的工厂很多被安排在山沟和山洞里。

第二节　城市建设的全面恢复和快速发展（1979～2000年）

1978年改革开放后，国家大规模恢复建设，经济社会发生了深刻的变化，实现了持续稳定的快速发展。城市规划也步入了崭新的阶段。

这一时期城市人口增长迅速。1953年第一次人口普查时城市化水平为13.26%，而1982、1990、2000年的第三、四、五次人口普查显示，城市化水平分别为20.60%、26.23%和36.09%。1950年50万人口以上的大城市为13个，1980、1990和2000年分别增长为45个、59个和93个；20万至50万人口的中等城市则从22个，分别增长为70个、117个和218个。

1980年代改革开放的初期，从农村改革到城市改革，在不断的探索和推进过程中，自下而上地形成以乡镇企业和小城镇建设为基础的大规模城镇化进程；1990年代后，社会主义市场经济逐步确立，小城镇、大城市及开发区的全面迅速发展，使城市发展进入一个全新的历史时期。

一、1980年代的改革和恢复

1. 农村和城市改革推进小城镇发展

中国的改革开放是从农村起步的，1978～1984年，城乡集市贸易的进一步开放和乡镇企业的迅速崛起促进了小城镇的发展，农民开始进入小城镇，2000多万"上山下乡"的知识青年及其家属陆续返城，以及高考的全面恢复和迅速发展，多种因素促成城市人口迅速增加。中国的城镇化改变了多年徘徊甚至下降的趋势。

为满足迅速增长的需求和偿还城市建设的历史欠账，各地城市维护和建设费不断提高。1980年代中后期，农村改革试点的成功推动了国民经济迅速恢复和发展，1984年开始的城市体制改革促进了城市经济的快速发展和市政基础设施建设，中国的城镇化建设进入了又一个新的阶段。

农业家庭联产承包责任制使农村出现大量过剩劳动力，在城乡二元结构的背景下，却无法顺利向非农业领域转移，一些地区创造出了"离土不离乡，进厂不进城"的就地城镇化模式。大量乡镇企业的发展，不仅解决了农村剩余劳动力的转移问题，也增加了农民收入和社会财富，为乡村社会经济发展作出了贡献，也成为小城镇迅速兴起的经济基础。为"小城镇，大战略"作为主流思想的提出提供了实践支撑。

1980年全国城市规划工作会议确定了"控制大城市规模，合理发展中等城市，积极发展小城市"的方针。1983～1992年全国建制镇增加了11571个，是小城镇集中发展的时期。

当社会经济发展到一定阶段，小城镇聚集效益低、规模经济不明显的弱点也显露出来，同时，乡镇企业布点分散、技术水平低等带来的污染及治理高成本，使这一模式的进一步持续推进面临挑战。

2. 城市规划工作全面恢复

1978年3月，国务院召开了第三次全国城市工作会议，制定了一系列城市规划及其建设的方针、政策，解决了一些关键问题，强调城市在国民经济中的重要地位和作用，指出控制大城市规模，多发展小城镇；认真编制和修订城市总体规划、近期规划和详细规划等。

1979年起，国家建委起草了《中华人民共和国城市规划法草案》《关于发展小城镇的意见》《关于城镇建设用地综合开发的试行办法》《关于征收城镇土地使用费的意见》等文件，开始着手全面开展城市规划工作准备。

1980年10月，国家建委召开全国城市规划工作会议，批判了不要城市规划和忽视城市建设的错误，讨论通过了《城市规划法草案》，要求全国各城市在1982年底以前完成城市总体规划和详细规划的编制。这次会议在现代中国的城市规划的发展历程中，占有重要的地位。

1980年12月，国家建委正式颁布《城市规划编制审批暂行办法》和《城市规划定额指标暂行规定》，使全国制定城市规划拥有了新的技术性法规。与1956年制定的《城市规划编制暂行办法》相比，在城市规划理论和方法上都有很大的变化，城市规划的概念已不被认为是固定不变的设计蓝图，而是城市发展的指导原则；明确政府制定规划的责任；强调城市规划的审批与公众参与等。

3．城市规划实践广泛展开

城市总体规划的编制与审批工作和近期建设详细规划工作在全国城镇普遍展开。

总体规划全面推开，截至1986年，全国有96%的设市城市和85%的县镇编制完成了城市总体规划。其中，80%的城市规划得到审查批准。国务院批复了北京、上海、天津、沈阳、广州等38个主要城市的总体规划。第二轮城市规划的编制与审批，表明了中国城市重新进入了有规划并基本依据规划进行建设的新阶段。

城市规划编制的内容在深度、广度上也有重大发展。从1983年开始，在桂林、广州、上海等地开展了类似国外区划的控制性详细规划。经过十几年的实践探索和完善，正式成为1991年颁布的《城市规划编制办法》中一个编制层次。

1986年开始的全国住宅小区试点工作使小区规划和旧城改造等详细规划逐渐深入，对改善人们的居住状况和居住环境起到重要的指导作用。

历史文化名城保护工作逐步展开。1982年，国家公布了第一批24个历史文化名城，1983年召开了历史文化名城规划与保护座谈会，1986年又公布了38个第二批历史文化名城，推动了历史文化名城的保护规划工作，也使城市改造工作开始步入正确轨道。

区域性经济和城镇布局规划得到开展。1983年开始，开展了上海经济区区域城镇规划工作，接着又开展了长江中下游城镇规划，城市规划的领域得到进一步拓展。1985～1986年全国城镇布局规划纲要编制形成，《2000年全国城镇布局发展要点》对全国城镇布局起到主要的指导作用。与此同时，各省市、自治区的区域城镇体系规划和市域县域规划也陆续展开。

4．第一部《城市规划法》制订完成

《城市规划编制审批暂行办法》和《城市规划定额指标的暂行规定》为城

市规划的制定，提供了规范性依据和技术性法规，1984 年国务院颁布的《城市规划条例》是现代中国的第一个城市规划基本法规，成为 1989 年《城市规划法》的基础。

《城市规划条例》从城市分类标准，到城市规划的任务、方针、政策，从城市规划的编制和审批程序，到实施管理与有关部门的责任和义务，都做出了较详细的规定，并授权各省市制定各自的地方法规、细则和实施办法。北京市发布了《北京市城市建设规划管理暂行办法》，天津市公布了《城市建设规划管理暂行办法》，湖北省颁布了《城市建设规划管理条例（试行）》等。

1989 年 12 月 26 日，全国人大通过了具有国家法律地位的《城市规划法》，成为我国第一部现代城市规划法。《城市规划法》共分 6 章 46 条，其内容组成为：①总则：规划法的使用范围、有关定义、机构等规定；②城市规划的制定：城市规划编制的组织、原则，编制城市规划的阶段、要求、审批和修改等；③城市新区开发和旧区改建：新区、旧区规划原则、部分重点设施的布点原则；④城市规划的实施：城市规划的公布、"一书两证"、有关的开发控制；⑤法律责任；⑥附则。

二、1990 年代的探索和快速发展

1. 城市建设的全面快速发展

1990 年代，中国经济建设进入一个新的加速发展阶段。1992 年 10 月，十四大确定了建立社会主义市场经济体制的改革目标，市场发挥资源配置的基础作用逐步增强，中国经济整体上保持快速稳定的发展。城市化进程以前所未有的速度推进。以城市现代化建设、小城镇发展和建立经济开发区和工业园区为标志，城市建设全面快速发展。

（1）小城镇发展持续受到关注

城市化政策的调整主要体现在由过去的城乡分割、限制人口流动转为放松管制，允许农民进入城市就业，鼓励农民迁入小城镇。

1993 年 10 月，建设部的全国农村建设工作会议，提出了 20 世纪末中国小城镇建设发展目标，随后经国务院同意颁发的《关于加强小城镇建设的若干意见》、《小城镇综合改革试点指导意见》（1995 年 4 月）、《小城镇户籍管理制度改革试点方案》（1997 年 6 月）等，从政策上对小城镇户籍管理制度、农村人口在小城镇就业和居住进行了适当改革和调整。1998 年的十五届三中全会《中共中央关于农业和农村工作若干重大问题的决定》，指出"发展小城镇，是带动农村经济和社会发展的一个大战略"。小城镇户籍管理制度改革的实施范围，是县级市市区、县人民政府驻地镇及其他建制镇，在小城镇和县级市，城乡分割制度已经初步废除，有些地方还采取鼓励农民到小城镇居住和创业的政策。

小城镇迅速发展，一些地方的小城镇已经成长为中小城市，成为农村生产、服务、文化、教育和信息中心，对带动农村发展发挥着重要作用，目前，小城镇的格局基本形成。

（2）各类开发区使城市迅速扩张

城市新区、开发区和新城等形式的跨越式的空间和结构扩张，成为城镇发

展的突出特征。经济全球化和全球制造业转移在这一时期深刻影响了中国城市空间布局和结构，带来巨大的发展机遇和压力，反映在空间上就是形成巨大的产业空间需求。上海浦东新区、苏州工业园区等城市新区的规划建设，改变了原有城市的空间结构。同时，城市的经济技术开发区成为城市规模和结构扩展的主要形式，如上海闵行开发区、虹桥经济技术开发区、北京亦庄开发区、天津塘沽经济技术开发区，苏州、大连、广州、青岛等城市，也规划和建设了类似的开发区。一些中小城市也规划建设了不同形式的开发区，如江苏昆山的开发区，建设规模超过 10 平方公里。

（3）大城市和区域中心城市成为发展的重点

虽然国家政策一直强调"防止盲目扩大城市规模"，但实际情况是各类大中城市的规模扩张、城市建设加速、城市经济活跃，在国民经济中的地位日益增强，上海、北京、深圳、广州等超大城市率先起动，各地大中城市蓬勃发展，迅速成为区域经济发展的龙头。大城市人口规模大，综合实力强，具有综合优势。

国家"十五"计划在"实施城镇化战略,促进城乡共同进步"一节中提出，要"形成合理的城镇体系，推进城镇化要遵循客观规律，与经济发展水平和市场发育程度相适应、循序渐进、走符合我国国情、大中小城市和小城镇协调发展的多样化城镇化道路，逐步形成合力的城镇体系。有重点地发展小城镇、积极发展中小城市、完善区域中心城市功能、发挥大城市的辐射带动作用、引导城镇密集区有序发展"。城镇化政策逐渐调整，更接近社会经济发展的客观实际。

2. 新一轮城市规划的探索

为适应新形势的需要，城市规划改革也进入适应经济发展新形势、克服发展中新问题的新一轮城市总体规划的修编过程中。

至 1990 年代末，全国第三轮设市城市总体规划编制工作基本结束，这一轮规划具有探索性，寻找一些新的方向，把整体性、复杂性、多层次性、连续性、经济性等多种观念兼顾融合。

整体性是城市规划高度战略化的决策依据。新一轮规划都是依据各地国民经济和社会发展"九五"计划和 2010 年经济发展纲要开展的，不少城市在规划之前还先后做了城市发展战略研究。如武汉选定以"两通起飞（交通、流通）"为战略突破口，以求取得全面的主动。西安、兰州抓住开发大西北的战略方向，发挥其位置的优势。上海的战略目标定位是"一个龙头、三个中心"，更加明确了上海经济对全国甚至全球经济的重要作用。

复杂性要求在新的城市规划观念中加强全局谋划，正确处理好城市与乡村、产业结构与高新技术发展、经济效益与社会公益、资源和环境与可持续发展等关系。深圳市根据建设特区的经验，把握世界经济发展潮流趋势，城市性质定为"现代产业协调发展的综合性经济特区，与香港经济功能互补的国际性城市"，反映了城市新发展阶段的复杂性。

多层次性指市与区域的空间层次结构布局。把"城市—区域"作为一个完整的区域经济综合体来考虑。探索各种各样的"城市—区域"格局，如各种

类型的巨型经济区概念、大都市连绵带概念、大都市区概念、城市群概念和郊区化概念。

连续性是传统城市文化与现代城市文化的整合。中国城市的国际化趋势已越来越明显但历史文化名城和历史街区的保护同时得到了加强。重视历史文脉，崇尚结合自然，提高城市综合环境质量水平，从而保证城市文化和历史的连续性。例如，西安、洛阳、开封、苏州、平遥等城市的历史文化名城建设中，都取得了一些有效的规划处理方法。

经济性指城市规划在市场经济条件下研究城市宏观经济效率与效益的一种思维走向。通过城市的总体供给与需求关系，探讨城市发展的方向。由于城市政府掌握着资源的供给，市场控制着需求，城市发展成为政府与市场、供给与需求等方面互相作用的结果。

新一轮城市总体规划修订前，都对原总体规划实施情况进行了评估总结，明确了修订重点，并进行了专题调查。普遍运用市场经济理论和规律，探索城市规划的新思路、新方法。规划期限近期到 2000 年，远期一般到 2010～2020 年，远景规划一般到 2030 年以后。此外，总体规划都对重要基础设施工程做了具体安排，运用法规文件格式，加强了城市规划文本的法律规定性，有的还运用了遥感、计算机等新技术作为手段。

纵观改革开放后 20 年我国城市化，呈现很多新特点和新趋势。在城市化的主体上，推动主体由一元向多元转变。改革开放以前，我国的城市化主体为政府，为一元的"自上型城市化"；1980 年代的农村改革，出现了乡村地区非农化和城镇化的二元的"自下型城市化"；1990 年代的城市改革，外资与内资对推动城市化发挥了越来越大的作用，出现了"外联型"与"内联型"城市化等。

在城市化发展战略上，国家发展战略重点由内地向沿海转移，改变了城市化空间格局。城市化发展趋势呈现出东部快于中西部，南方快于北方的态势。

在城市化制度上，一系列制度由计划向市场化转变。如户籍制度的松动，城市土地实行有偿使用制度，住宅货币化制度等。市镇设置标准的下降和设市设镇模式的变化，使市镇数量迅猛增加。

在城镇体系和形态上，小城镇在城市体系中的地位提高，大城市人口的实际增长率大幅度回升；大城市开始了郊区化过程；开始出现大城市区和城市连绵区，如珠江三角洲地区、长江三角洲地区和京津唐地区等。

在城市化内涵上，随着世界经济的全球化和社会的国际化、知识化的发展，中国的部分大城市开始走向国际化，中小城市开始步入现代化；城市内部的社会化在扩大；城市化除了数量的增长外，还呈现出质的变化，如人口素质提高、中产阶层形成等。

中国取得了持续高速的经济增长，实现了大规模的城市化，推动了经济和社会发展，但带来的一系列问题也不断得到反思，相应的政策调整也不断深入。城市新区和开发区规划在 1994 年前后进入高潮期，也带来对城市发展规模预测过大、在土地开发和房地产业发展中速度过快等问题。在随后的国民经济宏观调控时期，一些城市随意调整城市规划，盲目扩大城市规模，擅自设置开发区等问题引起了有关部门的重视。1996 年 5 月，国务院颁发了《关于加强城市规划工作的通知》，要求城市规划工作要从我国人多地少、耕地资源更少的国情出发，实事求是地确定城市总体发展目标、方向和规模，依据"严格控制大城市规模，合力发展中等城市和小城市"的方针，科学合理地做好城市规划编制工作。规定非农业人口 50 万以上的大城市总体规划，原由省人民政府审批，改为由省、自治区人民政府审查同意后报国务院审批。

　　1980 年代，城市规划的设计和管理工作得到全面恢复，主要标志是全国 324 个设市城市在 1985 年制定完成了第二轮的总体规划；1949 年后充满坎坷的规划工作和经验有了法定的总结，标志是 1989 年 12 月 26 日经全国人大常委会讨论通过《城市规划法》。1990 年代全面探索了具有时代特点更符合中国国情的新一轮总体规划。城市规划从恢复、转折到迅速发展，短短 20 年，走过一个突破、探索和完善的过程。

第十八章 中国现代城市规划建设的前期实践

第一节 新兴工业城市的规划与建设

中国第一个"五年计划"的建设方针是优先发展重工业，在东北、华北以及西北地区建设大型工业项目。这些地区重工业基地的基本格局、各种相关设施已有一定基础，利于以此为基础重新建设；便于得到苏联在机械设备方面的援助；当时中国与美国处于严峻的敌对关系，工业城市建设不得不以内陆地区为布局目标。1952年中国开始了重点工业城市的发展规划和建设。1952年9月与1954年6月，分别召开两次城市建设会议，确定重点建设的工业城市，以工业城市的建设为基础的中国现代城市规划开始发展。

第一批工业城市分为重工业城市（北京、包头），工业较多、作为改造重点的城市（吉林、武汉），工业较少的城市（大连、广州）和其他中小城市。1954年又分为工业重点项目布局较多的城市（包头、武汉）；局部进行城市建设的城市（沈阳，上海）、只在局部地区进行城市建设的城市（济南、长沙），重要建设项目很少的城市和其他一般城市等（表18-1-1）。

这一时期规划建设的兰州、石家庄、郑州、洛阳、合肥、西宁、大庆、攀枝花等城市，是中国第一代工业城市，是根据国家计划的安排，依托经济不发

		1952年第一次城市建设座谈会		1954年第一次城市建设会议
第一类	重工业城市（8个）	● 东北：齐齐哈尔 ● 华北：北京、大同 ● 西北：包头、西安 ● 西南：成都 ● 华中：大冶	工业重点项目布局较多的城市（8个）	● 西北：包头、兰州、西安 ● 华北：太原、大同、（北京） ● 华中：武汉、洛阳、西南 ● 西南：成都
第二类	工业较多、作为改造重点的城市（14个）	● 东北：吉林、鞍山、抚顺、本溪、沈阳、哈尔滨 ● 华北：石家庄、邯郸 ● 西北：乌鲁木齐 ● 华中：郑州、洛阳、武汉 ● 华南：湛江	局部进行城市建设的城市（21个）	● 东北：鞍山、沈阳、吉林、长春、哈尔滨、抚顺、富拉尔基、本溪、大连、佳木斯、鹤岗 ● 华北：石家庄、天津、邯郸、青岛 ● 华东：上海 ● 华中：郑州、株洲 ● 华南：广州、湛江 ● 西南：重庆
第三类	工业较少的城市（16个）	● 东北：大连、长春、佳木斯 ● 华北：天津、唐山、青岛、济南 ● 华南：广州 ● 西南：昆明、贵阳、内江	市内建设若干个新工厂，只在局部地区进行城市建设的城市（14个）	● 西北：呼和浩特、张家口、西宁、银川、宝鸡 ● 华北：济南、唐山 ● 华东：杭州、南京 ● 华中：长沙、南昌 ● 华南：南宁 ● 西南：贵阳、昆明
第四类	其他中小城市		重要建设项目很少的城市和其他一般城市	

资料来源：《当代中国的城市建设》，北京：中国社会科学出版社，1990：37、43

达的老城市，或者平地起家，进行了大规模的工业建设发展起来的。

兰州在几万人的小城基础上，在地形复杂和空间资源极为有限的条件下发展起来；洛阳是著名历史文化古都，在作为重要工业城市的建设中，考虑了两者的关系；包头是塞北小城，依托矿产资源和国家集中投资，迅速成长。

在规划停滞时期只有两个城市制定了较系统的总体规划。一个是由于"三线建设"而制定的攀枝花钢铁基地总体规划；另一个是由于地震重建的新唐山总体规划。在当时的条件下，两个城市也都以工业发展和工业生产恢复为规划和建设主题。

一、兰州

兰州是"一五"时期重点建设的新型工业城市。兰州老城规模很小，只有4万多人口。自1953年开始，在苏联专家的帮助下完成了总体规划。

兰州市区范围东西长达60公里，黄河贯穿全市，南北两岸群山连绵，地形相当复杂。城市主要由9个河谷平原组成，南岸有东市区、七里河区、西固区、新城区及古城川区；北岸有盐场区、沙井驿区和柴家川区。

规划利用黄河沿岸地势，建设配套完善的七里河、西固、安宁和老城等4区，构成的带形城市形态十分独特，既有分隔又联系紧密。

兰州的城市规划注重了功能分区和工业生产协作，并为大型工业的布局保证了发展条件。各城市分区有自己的主要功能并相对集中，其中东市区包括旧城及黄河滩地，面积40平方公里左右，是全省政治、经济、文化和科学的中心；

七里河区以机械制造业为主，设有铁路枢纽站；西固区是兰州最大的石油、化工工业区，城市水源地和热电站也在这里；盐场区位于东市区对面，以医药工业和皮毛工业为主；沙井驿区是砖瓦建筑材料工业基地；古城川区为钢铁冶炼工业区；新城区及柴家川区为工业发展备用地。西固区的热电厂设在炼油厂、橡胶厂和肥料厂的中间地带，使热电输送线路缩短。规划保证了西固炼油厂的几次扩大，橡胶厂和肥料厂合并为兰州化工厂后的再扩大。

城市道路和交通运输系统建立。天兰、兰新铁路横贯东西，1949年后5年就新建桥梁32座，使南北两岸联系起来。城市道路按不同性质和交通量来分工。形成一个完整的道路系统。各大型工业企业之间有环形专用铁路线相互联系。兰州市的主要道路有从东港镇到西柳沟横贯全市的东西干道，长33公里，宽30～50米；自七里河广场向西北跨过黄河大桥的林荫大道，长10公里，宽40～52公里；东市区南北向50米宽的车站广场至雁滩林荫道；自省中心建筑群向皋兰山主峰的90米宽的主轴线公园大路；自省中心广场向两侧辐射的42米宽的放射路，一条到火车站广场，一条至五泉山公园，形成东市区道路网的主要结构。

兰州建成了很多公共建筑，如办公大楼、大医院、饭店、剧院、工人文化宫、博物馆、体育场和学校等。进行详细规划，新建居住区；在居住街坊布置服务设施，如商店、浴室、小学和托儿所等。

城市规划考虑了公园和绿化，充分保留和利用原有的绿地，并绿化城市周围的山地和川地，结合滩地和河湖绿化，形成系统（图18-1-1、图18-1-2）。

市政建设也相应发展，如排洪及河堤工程、道路桥梁工程、给水工程、电力电信及管线等工程。

由于石油化工企业产生的"三废"，使兰州污染严重，特别是兰州自然条件不利，逆温层加剧了大气污染。同时，由于用地紧张，发展压力大，很多规划控制的绿化隔离带被占用，也成为工业污染加重的原因。

二、洛阳

洛阳作为"一五"期间工业发展重点城市，国家的156项工程在洛阳安排了5项，洛阳轴承厂、拖拉机厂等一批重型工业企业在此建设。

洛阳是文化古都，规划避开老城区周围的著名遗迹地区，另在涧西建设新工业城，使保护古迹和建设工业各得其所。确定新工业区和住宅区在市区

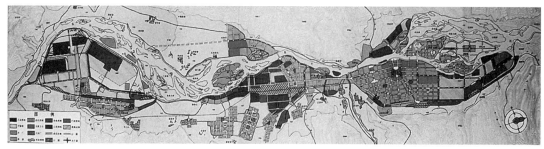

图18-1-1　兰州市"一五"时期城市规划图

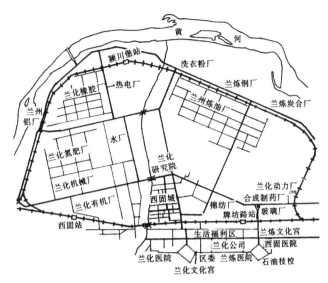

图 18-1-2　兰州市西固工业区规划

资料来源：任震英，浓寿贤. 兰州市西固工业区规划与实施、城市规划，1981（1）.

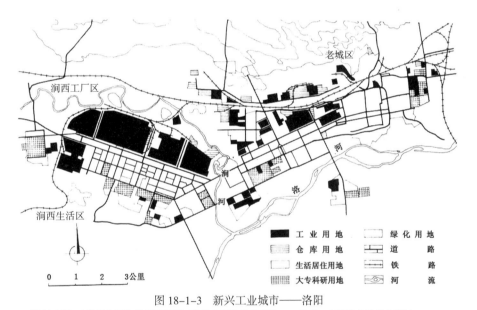

图 18-1-3　新兴工业城市——洛阳

资料来源：《当代中国》丛书编辑部. 当代中国的城市建设 [M]. 北京：中国社会科学出版社，1990.

西部的涧河以西发展，建设涧西区。并于 1954 年编制了城市总体规划和涧西工业区总体规划，同样也受到苏联规划的影响。国家在筹建工厂的同时，协助地方进行城市建设。1956 年又安排了 4 个工厂，加上焦枝铁路的通车，使洛阳从中国著名的古都成为第一个拖拉机生产基地和重要的机械工业城市（图 18-1-3）。

三、包头

包头在 1949 年前是一个仅 8 万人口的小城市，是塞北交通要道和皮毛集散地。包头新市区建在老城区以西约 14 公里处。

335

包头市城市总体规划于 1955 年获国务院批准。新市区的建设基本上是按照总体规划要求进行，从 1953 年到 1960 年，城市人口增长了 49 万人，在人口和建设量激增、投资大量集中、各项建设齐头并进的复杂环境下，规划对新区组织生产、安排生活、处理好城市各项建设的关系起到良好的指导作用。

包头新城区选址在旧区以西的大青山以南、黄河以北的平原地带，工程地质优良、地势平坦开阔，距离铁矿、煤矿都不远，临近水源，适于布置发电、炼焦、炼铁和炼钢等工业项目，又有铁路联通全国。

综合比较地形地质、水文气象、内外交通、环境卫生、水源和人防等方面因素，确定包钢厂址在昆都仑河以西，机械工业布局在距离包钢东北约 10 公里处。在昆都仑河以东设立包头行政和生活区，形成文化、教育、医疗等配套较完整的居住区昆都仑区。在其东侧建设了一个以地方工业为主的青山区。各工业区有自己相应的生活区，工业区内有统一铁路专用线及市政公用设施。工业区和居住区之间布置了防护隔离带。

包头的规划脱开旧城建新城，新城是建设的重点。这种新城和老城分区布局的规划结构，减少了城市污染的影响，但也形成较大的运输和通勤压力（图 18-1-4）。

总的来说，处于起步和探索阶段的这一时期的城市规划，在初期的工业城市建设过程中，主要受苏联规划的影响，并在短时期内规划建设了一批新兴工业城市。在西安、洛阳、兰州、沈阳的规划中，经过比较分析，从现状实际情况出发，因地制宜，新区配套建设，旧区填空补齐、由内向外，逐步发展，使城市建设取得了较好的成效。如西安为保护老城，将新工业区布置在东郊和西郊；沈阳在原有基础上扩建三个工业区，新建一个工业区，使新区和旧区互相

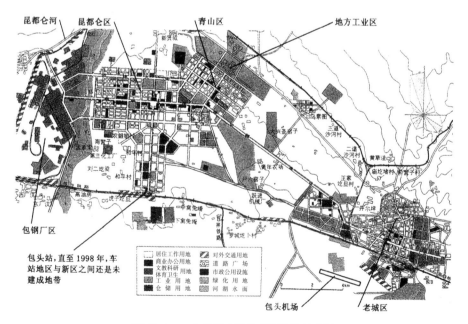

图 18-1-4　包头城市总体规划结构示意图

资料来源：汪德华. 中国城市规划史纲 [M]. 南京：东南大学出版社，2005.

依托，形成整体。沈阳 1956 年制定的总体规划，确定的新火车站位置、迁移机场、新体育中心、市区水系绿地规划等项内容，一直到 1980 年代仍在发挥作用，并顺利实现。

四、"三线"城市攀枝花

1960 年代初，因中央提出"三年不搞城市规划"，所以直到 1976 年唐山震后重建规划之前，全国的城市规划编制工作基本处于停顿状态，只有攀枝花市是因为"三线建设"而唯一进行规划的城市。攀枝花的城市规划，也是在特殊的时期、特殊的地理环境中，特殊的规划思想指导下，编制的一个比较具有特色的城市规划。

基于对国际形势的估计，1964 年我国提出"三线"建设方针，并要沿海的一些重要企业往内地搬家。所谓"三线"的范围，是指战略纵深地带，位于我国腹地，离海岸线最近在 700 公里以上，距西面国土边界上千公里，加之四面天然屏障，在准备打仗的特定形势下，成为较理想的战略后方。

国家经济委员会召开全国搬迁工作会议，提出对搬迁项目要实行"大分散，小集中"的原则；少数国防尖端项目，要按照"分散、靠山、隐蔽"的原则建设。"不建集中的城市"，建"干打垒"房屋，其影响不仅仅在"三线"建设，而是涉及全国所有的城市。

反映在城市与经济建设上，其内容就是不采用大城市集中的形式，而将小城市建设分散到各地。"三线"建设的城镇主要有以下几类：第一种为集中建设的城市，如攀枝花是有 30 万人口的新兴工业城市。第二种是工业靠近原有城镇布置，促进原有城镇的改造和发展。第三种是工厂进山、进沟分散布置，形成许多小工业点和工人镇。

攀枝花市位于四川省西南部的金沙江河谷地带，是 1960 年代开始建设的一个冶金工业城市。1965 年 3 月命名为"攀枝花特区"，对外则称"渡口市"。1965 年编制的攀枝花工业区总体规划，规划城市人口远期规模为 12 万人。

选址曾做过多方案比较，最后选址在渡口，因为渡口地区蕴藏着丰富的钒钛磁铁矿，还有优质的煤矿和大量的石灰石等冶金辅助原材料矿，附近有丰富的水利资源。

攀枝花的工业布局，主要考虑了接近资源，方便企业之间的协作，充分结合地形，采取多种运输方式的可能等因素。如钢铁厂布置于背靠大山、面临金沙江的弄弄坪；选矿厂建在铁矿山脚下，距钢厂仅 9 公里；洗煤厂选在煤矿附近，距钢厂 10 公里；水泥厂接近石灰石矿。各个工厂和原料、燃料基地之间用一条铁路连接起来，生产协作方便，运输量减少，大大降低了生产费用和产品成本（图 18-1-5）。

根据资源分布生产协作关系和用地条件，采取组团式的布局形式，沿金沙江两岸，按产业性质，规划了 5 片用地，形成 33 公里长的带状组团式城市，组团之间有自然山水或人工绿化隔离，有利于分期实施。

重视农业发展。规划保留了成片耕地，工业和生活用地充分利用荒地，预留坡度较缓、用地比较完整的炳草岗作为国营农场。

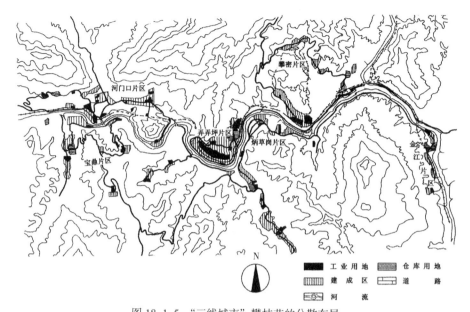

图 18-1-5 "三线城市"攀枝花的分散布局
资料来源：《当代中国》丛书编辑部.当代中国的城市建设[M].北京：中国社会科学出版社，1990.

不搞集中城市。规划中强调了不建宽马路、大广场，不建楼堂馆所等，因此总体规划实际上称为"工业区总体规划"。

民用建筑采取低标准。在 1964 年"工业学大庆"的背景下，规划强调民用建筑向大庆学习，搞"干打垒"、一二层土木石结构。

在当时否定城市规划的环境中，攀枝花建设初期由几十个专业设计员与城市规划部门共同完成规划设计任务，创造性地取得了规划与计划、规划与设计、规划与管理相结合的经验。

五、唐山重建规划

唐山地处环渤海湾中心地带，在开滦煤矿基础上发展起来，是一座具有百年历史的沿海重工业城市。陶瓷、煤炭、水泥等是城市发展的主要产业。地震前的唐山城市格局由主城区和距其东部 25 公里的东矿区两个片区组成，人口 80 万左右。

1976 年 7 月 28 日的大地震，唐山瞬间变为废墟，倒塌和遭严重破坏的生产性建筑达 80%，生活建筑达 94%。震后，国务院联合工作组和来自北京、上海、天津、河北、唐山等 14 个省、市有关单位的专家和工程技术人员先后抵达唐山灾区调查研究，参与唐山重建规划。1976 版的《河北省唐山市总体规划》的编制工作随即展开。

震后唐山发展的总目标确定为将新唐山建设成为科技发达、经济繁荣、生活方便、环境优美的社会主义现代化城市。重建规划的指导原则确定为备战备荒为人民；集中发展小城镇，限制发展大城市；工农结合，城乡统一；有利生产，方便生活，先生产后生活；搬迁原有严重污染企业及位于压煤区和采空区的企业和建筑。

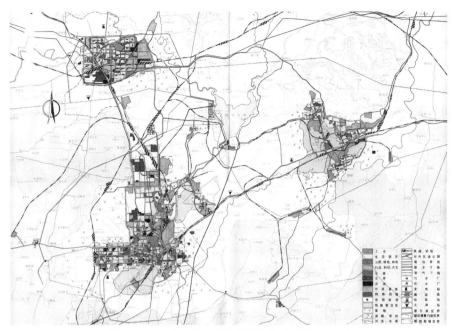

图 18-1-6　唐山城市总体规划结构示意图（1976）

资料来源：沈清基，马继武．唐山地震灾后重建规划：回顾、分析及思考[J]．城市规划学刊，2008（4）．

当时城市选址有两种意见，一是原地重建；二是异地重建。原地重建可以保留唐山的产业体系以及社会经济文化特色；减少搬迁征地费用，节约土地资源；有利于城市原有基础设施的利用；展示唐山重新耸立的决心。而异地重建则可有效避开地震活动断裂带；空出压煤区。

规划两者兼顾，按三区进行城市布局，除在老城区安全地带原地重建并适当向西、北发展外，将机械、纺织、水泥等工业及相应生活设施迁至主城区北部 25 公里的丰润县城东侧建设新区。形成老市区、东矿区、丰润新区三区鼎立发展的布局结构。规划还保留了 7 处地震遗迹，供研究、考察（图 18-1-6）。

参与唐山重建规划设计的人员来自全国各地，先后有 3000 名设计人员参与城市重建的规划和设计，重建规划过程体现了不同设计思想和风格的交流与融合。

震后规划建设力求解决以前存在的大部分城市问题，使城市设施水平有了很大提升。城市规模也有了跨越式的发展。总体规划应用了"有机分散"的思想，形成组团式布局结构；也应用了区域规划思想，考虑了唐山与北京、天津、燕山山脉的空间关系，具有区域规划的视角。

第二节　政治中心北京的城市规划与建设

一、新首都的最初构想

北平和平解放后，中国人民政治协商会议第一届全体会议通过决议定都北平，改北平为北京，古都北京开启了历史发展的新纪元。

新首都成为北京城市规划的重中之重。北京人民政府就提出了"服务于人民大众，服务于生产，服务于中央人民政府"的城市建设方针。1949 年 5 月，重组后的北京都市计划委员会着手研究首都的城市规划，随后又邀请苏联专家协助研究。

研究在一些问题上取得了一致：①城市性质除了政治中心外，还应包括文化、科学、艺术等，也是一个大工业城市，符合"将消费的城市变成生产的城市"的方针；②当时北京城市人口规模为 130 万人，中国专家建议人口限制在400 万人左右，苏联专家预计 15 ～ 20 年内将增长到 260 万人；③城市布局上都采用由市中心向城外的放射环状道路系统。东南部沿通惠河两岸布置工业区，西山为风景休养区，西北郊布置高教区，与风景休养区毗邻，住宅区应与工作区接近，其他还有商业区等。

在首都规划的核心问题行政中心区选址上，却产生了严重分歧，形成了"城内派"与"城外派"两种意见。

"城内派"主要以苏联专家为代表，主张行政中心设于旧城区内。其理由为：经济，可以利用原有城市设施；美观，充分发挥原有的文物价值；方便，其他各区环绕在旧城四周，与行政中心区联系紧密。

"城外派"主要以部分中国专家为代表，主张新建行政中心，即设于旧城西郊的月坛至公主坟之间地段。其理由为：旧城规划布局系统完整，是中国古代都城规划的典范，庞大的工作中心区会破坏历史文化环境的完整性；旧城密度高，用地不允许；在西郊另辟新区，新旧两全，既表现中国传统的民族特征，又创造满足现代需要的时代精神。这就是中国现代城市规划史上著名的"梁陈方案"（图 18-2-1）。

由于行政中心位置的分歧，直至 1952 年底尚未确定正式的城市规划方案，但是实际建设还是按"城内派"的思想进行。

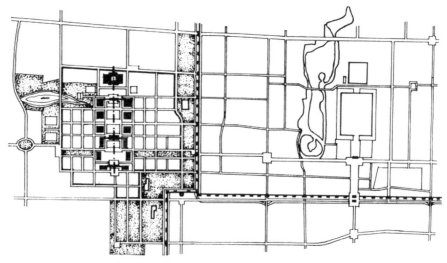

图 18-2-1　梁陈方案——新行政中心与旧城的关系
资料来源：建国以来的北京城市建设资料

二、总体规划初步方案阶段

1953 年和 1957 年,先后两次通过了《改建与扩建北京市规划方案》和《北京城市建设总体规划初步方案》。"一五"期间的城市建设,大体上是按照这两个草案的结构进行的,北京的城市结构布局和道路骨架系统在这个时期初步形成。

1953 年都市计划委员会提出了甲、乙两个方案。规划年限 20 年,人口规模 450 万人,用地规模 500 平方公里。

两个方案都提出适当分散工厂区,住宅区靠近工作区并与中心区接近,保证生活方便和中心区繁荣;道路系统采取棋盘式与环路、放射路相结合的方式;城市绿化采取结合河湖系统和城市主干道,楔入中心区,互相交错联系形成系统。

甲方案的特点是铁路在地下穿过中心区,总站设在前门外;基本保留原有棋盘式格局的前提下,分别从中心区的东北、东南、西北、西南插入四条放射斜线;保留部分城墙;中央行政区适当分散布置。乙方案的特点是铁路不穿入中心区,总站设于永定门外;完全保留中心区原有棋盘式格局;城墙或全部保留,或全部拆除,只保留城楼;集中布置中央行政区。

聘请苏联专家进一步指导修改以上两个方案,综合提出了《改建与扩建北京市规划草案的要点》,提出了城市建设总方针以及重要规划原则:①以旧城中心区作为中央行政中心;②首都应是全国的政治、经济、文化中心,特别要成为全国的工业基地和科学技术中心;③在改扩建首都时,既要保留和发展合乎人民需要的风格和优点,又要打破旧格局,改造和拆除那些妨碍城市发展和不适于人民需要的部分,使首都成为适应集体主义生活方式的社会主义城市;④对于古代建筑物,不能一概否定,也不能一概肯定;⑤改造道路系统,不应受现状所限制;⑥要有步骤地改变北京缺水、干燥、多风沙的自然条件,为工业发展创造条件。

1954 年 10 月,国家计委对上述"规划草案"提出了四点意见:不赞成北京作为强大的工业基地;人口规模偏大,以 400 万人为适合;各项建设指标偏高、偏大、偏多,如道路红线过宽,既不经济,也不易实现;不设置独立的文教区。为此,北京市委对规划草案进行局部修改(图 18-2-2),并制定了第一期(1954 ~ 1957 年)城市建设计划和 1954 年建设用地计划。这一时期的城市建设,就是按照"计划要点"执行的,具体表现为:有计划建设工业区;大力兴建高等院校和科研机构;适应政治中心需要,建设办公楼和使馆区;成街成片建设住宅区;建成一批商业、文体卫设施和旅馆等;完成了若干市政骨干工程的建设。

三、总体规划方案趋于完善

在曾参加过莫斯科规划与改建的苏联专家指导下,1955 年 4 月成立都市规划委员会。1957 年春拟订完成《北京城市建设总体规划初步方案》(图 18-2-3),基本规划思想与 1953 年的是一致的,但内容更加具体,主要有以下特点:

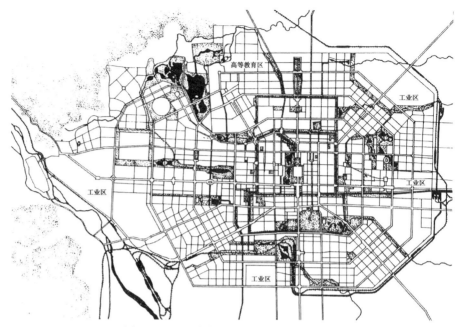

图 18-2-2　北京市规划草图（1954 年修正）
资料来源：《建国以来的北京城市建设资料》卷一．

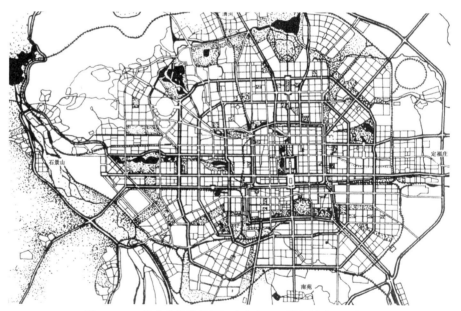

图 18-2-3　北京市总体规划初步方案 – 远景规划（1957 年）
资料来源：《建国以来的北京城市建设资料》卷一．

　　第一，把北京建成现代化工业基地的思想更加突出；第二，提出解决水源的远景设想；第三，强调加快旧城区改建的速度；第四，建筑层数和标准规定得更加明确；第五，强调统一建设，规划提出了六个统一：统一规划、统一设计、统一投资、统一建设、统一分配、统一管理。此外，规划还对历史建筑提出了"保护、拆除、迁移、改建"的方针，首次引入苏联的"居住小区"的居住区规划原理,以 30 ～ 60 公顷的"小区"作为组织城市居民生活的基本单位,特别是在道路系统规划上,提出了在市区设 4 个环路,外围设 3 个公路环,从中心区向外放射 18 条主要干道,至 1982 年仍维持这个道路规划设想。

1954 年和 1957 年这两个总体规划方案,是逐步趋于完善的两个方案。目前北京的道路结构、铁路枢纽等城市基础设施与城市布局,都是先后按照这两个方案建设的。

四、规划方案的重大修改

1958 年正是"大跃进"和农村人民公社化运动高潮。北京市委决定对北京城市建设总体规划初步方案作若干重大修改:在规划的指导方针上,提出"要考虑到将来共产主义时代的需要",城市建设要为首都工业化、公社工业化、农业工厂化服务。在城市布局上,提出了分散集团式的布局形式,将市区划分为几十个分散的"集团","集团"内既有工业也有农业,"集团"与"集团"之间为成片的菜地、农田、林木等,围绕市区形成大小不等的城镇和居民点。在工业发展上,提出了控制市区、发展远郊区的设想。在居住区组织上,新住宅区一律按人民公社化的原则进行建设(图 18-2-4)。

1958 ～ 1960 年也是北京城市建设的重要阶段。完成了天安门广场的改扩建工程(图 18-2-5),并新建了一批大型公共建筑;建设了著名的国庆十大建筑(人民大会堂、中国革命和中国历史博物馆、中国人民革命军事博物馆、民族文化宫、

图 18-2-4 分散集团式的北京市总体规划方案(1959.9)
资料来源:《建国以来的北京城市建设资料》卷一.

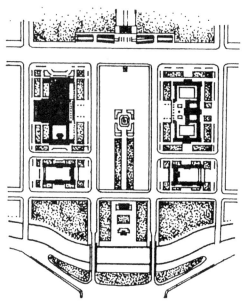

图 18-2-5　天安门广场改造规划
资料来源：《建国以来的北京城市建设资料》

民族饭店、工人体育场、全国农业展览馆、北京火车站、华侨大厦、钓鱼台国宾馆）；市区工业大发展，工业区遍布全市，办起了众多的街道工厂；完成了一批市政骨干工程，如打通东西长安街，建立了集中供热和煤气供应系统等。

五、总体规划方案暂停执行

"文革"期间，城市建设遭到严重挫折和损失，规划中断，见缝插针建设，城市布局陷于混乱，生态环境遭到破坏，违章建筑、违章占地、破坏文物古迹现象严重等。

1971年6月召开北京城市建设会议，提出重新拟制首都城市建设总体规划。1972年12月恢复北京城市规划管理局，于1973年10月草拟了总体规划方案，提出今后不再在北京建设"三废"危害大、占地多、用水多的工厂和事业单位；调整工业，发展建设小城镇；加快旧城改建；解决交通市政公用设施。

从1949年至改革开放前，北京的城市规划与建设是中国现代城市规划发展过程的一个缩影，比较明显地体现出苏联社会主义规划理论以及莫斯科规划的影响。既有有益的探索，也走过一些弯路，特别是在历史文化的保护与新市区的建设发展方面，留下争议和遗憾。

第三节　上海的城市改造、工业区和卫星城建设

上海在半封建半殖民地时期，形成繁华与简陋、现代与落后共存的城市形象，租界内是所谓的"文明"世界，高楼林立，车水马龙，有现代化的城市设施和文化福利设施；而租界外则缺乏或没有公共设施，人口密度大，棚户简屋密集分布。

1949 年后，城市改造逐步展开。上海城市建设也以工业城市为建设目标，工业布局和相应的工人新村建设对城市空间形态产生主导作用。

上海的工业生产和城镇建设的发展经历了几个主要的发展时期：1949～1952 年国民经济恢复时期，上海工业企业和城市建设主要是市区原有基础的利用和改造；1953～1957 年第一个五年计划时期，辟建了一些近郊工业区，包括北新泾、彭浦、周家渡、庆宁寺、吴淞、五角场、桃浦、漕河泾、长桥、高桥等；1958～1962 年第二个五年计划时期，先后建设了闵行、吴泾、嘉定、安亭、松江等卫星城镇；1960 年代在莘庄、周浦等一些县城集镇进行了分散建设；在第四和第五个五年计划时期，分别建设了金山的上海石油化工总厂和吴淞的上海宝山钢铁总厂。

一、城市改造

1960 年代开始，以街坊为单位的旧房改造规划积极展开，1962 年改造蕃瓜弄，1972 年改造明园村，1975 年改造漕溪路西侧街坊等。棚户简屋和危房改造规划的特点是：成街成坊，通盘改造；拆除重建，保持居住功能；搞好配套建设，形成优美环境。

闸北区是上海开始城市改造的重点地区之一。闸北位于上海市北部，南临苏州河，为铁路上海站所在地，过去是租界的外围。1932 年，经历"一·二八"和"八一三"战役，原有建筑大部分毁掉，形成棚户区。因为这里是上海受战争破坏最多，棚户最集中的地区，而道路、水、电等市政设施有一定基础，因此被选为改造的重点。改建的主要任务是保证生产、合理调整用地。

改建规划对原有中小型工业和手工业进行适当集中，形成生产型街坊，并考虑发展余地，将有害工业迁出。沿苏州河的部分棚户拆除，辟作港埠区和滨河公园。铁路站场附近棚户辟作仓库、堆场和停车场。结合棚户改建对部分干道加以拓宽取直，天目路、广肇路（今天目西路）、天潼路和曲阜路改建扩通，对中山北路也加以扩宽。闸北的城市改建有重点地全面推进，有代表性的是天目路和西藏北路的沿街改造和蕃瓜弄的街坊改造。

天目路和西藏北路是火车站至市中心的唯一通道，从原来的小路扩建成为主干道。蕃瓜弄是典型的棚户区，也是成片改造的典型案例。整个街坊全部拆除重新兴建，按地形和道路采取行列式布置，并满足良好的朝向。沿街底层作商店，街坊内有小学，与共和新路和铁路之间留有绿化带，将原来的跑马厅改建为中心广场。

二、工业区规划

1949 年后上海面临恢复和发展经济的重任，发展工业生产成为城市的首要任务。城市由"消费型城市"向"生产型城市"转化。在市区外围的近郊建设工业区，开辟吴淞—蕴藻浜工业区（钢铁冶金工业）、漕河泾工业区（精密仪器工业）、彭浦工业区（机电工业）、长桥工业区（化工工业）、吴泾工业区（化学工业）、桃浦工业区（化工工业）、北新泾工业区（化工为主综合工业）等一批工业区，上海逐步成为全国最大的工业基地。

三、工人新村建设

1950 年代开始，上海根据市政建设方针，首先解决产业工人的居住问题。在市区边缘规划住宅基地，建造"工人新村"。布局的指导思想是按照工业分布的状况，本着职工就近生产、就近生活的要求统筹安排住宅新村的建设。

先后在普陀、杨浦、长宁和徐汇区的工业区附近，规划了 9 个住房建设基地（俗称"两万户"），规划用地 127.8 公顷，建筑面积 60 万平方米。针对当时普陀区和杨浦区工人集中、居住条件十分困难的状况，首先在普陀工业区附近规划兴建上海第一个工人新村——曹杨新村。接着在沪东和沪西等工业区附近兴建两万户工人住宅，编制了沪西的曹杨、宜川、甘泉新村和沪东的鞍山、控江等新村规划。至 1958 年底，有近 60 万工人和家属搬进新居。

上海新建了第一个完整的工人居住区——曹杨新村（图 18-2-6）。曹杨新村总规划占地面积 94.63 公顷，规划设计以"环境宽敞，房屋建筑简单朴素、

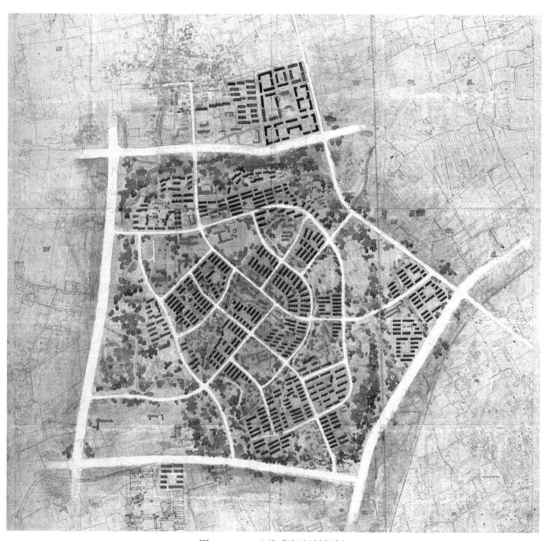

图 18-2-6　上海曹杨新村规划

资料来源：上海市城市规划设计研究院.上海城市规划演进.2007.

实用美观，居住不宽不挤，附带建造必需的公共建筑"为原则，空间布局尽量结合地形，保留原有浜河水面等景观自然，道路沿河规划，建筑沿着道路和河流走向排列，空间富于变化。

为配合近郊工业区的开辟和卫星城镇的建立，城市建设的重点转向近郊和卫星城镇。在市区建设了东风新村、彭浦新村和天山新村等。

这一时期住宅新村的规划特点是紧靠近郊工业区，方便这些工业区职工就近居住，就地生活；距市中心较远，交通条件较差，公共服务设施需要新建，配套不足。对市区居民缺少吸引力，但对工业的发展和城市布局调整发挥了积极的作用。

四、卫星城建设

1956～1967年，上海在全国最早开始规划建设卫星城。为分散一部分工业企业，减少市区人口过分集中，1957年上海的城市建设和规划确定在上海周围建立卫星城镇。1959年再次明确"逐步改造旧市区，严格控制近郊工业区建设规模，有计划地发展卫星城镇"的发展方向。在市区周围先后建设了闵行、吴泾、嘉定、安亭、松江等人口规模超过20万人的卫星城，1972年和1978年又发展了金山卫石油化工和宝山钢铁两大工业卫星城。

卫星城镇规划和建设明确是为解决工业建设的合理分布，使工业点和居民点相对分散，避免大城市无限制膨胀，逐步疏散城市人口，并可支援农业生产，带动县乡经济繁荣。

卫星城镇的布局和规划，按照工业类型大分散小集中，大致按冶金、机电、化工和轻纺等类型划分，工业紧凑发展；与中心城市保持一定的距离，既避免将来发展与中心城连成一片，又在生产和生活上与中心城有一定的关系，不能过远；规模适当，并有较完备的公共福利设施。

闵行是上海辟建的第一个卫星城。位于上海市南，黄浦江上游，距人民广场32公里。这里地形平坦，标高略高于历史最高洪水水位。在黄浦江沿线交通便利，有基本的公共服务设施。闵行卫星城规划面积21.7平方公里，人口15万～20万人，城镇性质是以发电站成套设备工业为主，照顾男女劳动力平衡就业的需要，也安排少量轻纺工业。黄浦江部分岸线和沙港两侧岸线规划为公共码头区，经济合理地使用岸线。生活区以旧镇为基础。城镇中心选址于沪杭公路以西，集中安排文化、商业、服务以及大型体育场等公共设施。

吴泾、嘉定和安亭卫星城的规划人口规模都为10万～15万人，吴泾工业区以化学工业为主；嘉定以科研机构和大专院校为主，适当安排与科研有关的精密无害工业；安亭以机电工业为主。松江是以轻工业为主的综合性工业卫星城，人口规模30万人。

金山卫星城是1970年代根据石化部建设30万吨乙烯大型工程选址建设规划的较为完整的卫星城，位于杭州湾北岸，在金山卫老城的基础上，以填海造地为主要手段，在纬二路以西、铁路金卫支线以南按照石油化工生产特点进行布局，占地7.06平方公里，人口规模4.2万人。后扩建成为全国最大的石油、化工基地，生活配套设施完整，对全国的卫星城规划和建设起到示范和促进作用。

宝山钢铁厂是 1977 年由于冶金工业部决定在沿海地区建设一个大型钢铁基地而建设的，规划范围南至蕴藻浜，北至长江，西至蕴川路，南北长 20 公里，东西宽 3 ~ 7 公里，规划区域面积 80 平方公里，规划了宝山、月浦和果园 3 个居住区。

上海郊区卫星城在很长时间里，一直存在规模过小，工业结构单一，生活服务设施配套不全，与中心城区联系不便等问题，缺乏足够的内聚力和吸引力，人口不能达到预想规模，发展较慢。1980 年代后随着中心城实现功能转型和提升，城市功能和空间得到有效疏解、得到转变，并为卫星城以后的全面发展打下了基础。1986 年国务院批准的《上海市城市总体规划》明确了"中心城——卫星城——郊县小城镇——农村集镇" 4 个层次构成的城镇体系。上海城市发展方向确定为努力建设和改造中心城，充实和发展卫星城，有步骤地开发"两翼"，有计划地建设郊县小城镇。

第十九章　改革开放后中国城市规划建设的全面发展

　　改革开放为城市规划的复兴带来转机，1980 年的全国城市规划会议总结历史经验，研究讨论城市建设方针和《城市规划法》草案，形成《全国城市规划工作会议纪要》，城市规划与建设得到不断恢复和发展。1984 年的《城市规划条例》、1989 年的《城市规划法》以及注册城市规划师执业资格制度的施行，使我国城市规划体系开始逐步完善，城市建设走向有法可依的新阶段。

　　1980 年国务院批转的《全国城市规划工作会议纪要》提出："控制大城市规模，合理发展中等城市，积极发展小城市是我国城市发展的基本方针"。1983 年起建设部组织有关部门先后开展上海经济区、长江沿江地区城镇体系的规划，各省、自治区、直辖市也陆续扩展省域、市域和县域城镇体系规划。1985 年开展全国城镇体系规划纲要编制，对促进全国城镇体系的合理布局起到指导作用。

　　城市规划实践全面展开，至 1980 年代末几乎所有的城市和县城都编制了城市总体规划，镇和集镇也有初步的轮廓性规划。1990 年代后，城市化从沿海向内地全面展开，大中小城镇建设投资扩张成为新一轮经济高速增长的主导因素，小城镇建设、新城发展、各种工业区和开发区建设等规划实践，促进了城市规划理论和实践的发展。

全国及各省市均设立了城市规划设计院，城市建设管理机构逐步建立完善。城市规划与城市建设学科得到突飞猛进的发展，高等院校城市规划专业恢复招生，中国城市规划设计院恢复建制，《城市规划》《城市规划汇刊》复刊，各类专业人才得以全面培养。在城市建设方面，无论是住宅还是城市基础设施、城市面貌、历史文化保护、环境保护、小城镇建设、新城开发与旧城再开发等各个领域，取得了显著成就。

第一节　特区城市和沿海开放城市的规划与建设

经济特区和沿海开放城市的设立，带动了一批新兴城市的发展，并在沿海地区形成全面开放的区域发展格局。

1979 年"经济特区"的设立成为中国改革开放和现代化建设的窗口和试验场。经济特区是国家在国内划定一定范围，在对外经济活动中采取较国内其他地区更加开放和灵活的特殊政策的特定地区。首先设立的是深圳、珠海、汕头、厦门等 4 个经济特区，1988 年国家批准设立海南特区。

经济特区城市位于沿海地区，原有发展基础较弱，或是受限于国防战略的限制发展地区，在 1949 年后的几十年中发展缓慢或滞后。设立"经济特区"后，以减免关税等优惠措施为手段，通过创造良好的投资环境，鼓励外商投资，引进先进技术和科学管理方法，以其实验性和示范性带动国家经济的发展。经济特区实行特殊的经济政策、灵活的经济措施和特殊的经济管理体制，并以外向型经济为发展目标。受益于优惠的政策，经济特区城市迅速发展起来。

沿海开放城市是沿海地区对外开放、并在对外经济活动中实行经济特区的某些特殊政策的一系列港口城市，是经济特区的延伸。1984 年国家进一步开放天津、上海、大连、秦皇岛、烟台、青岛、连云港、南通、宁波、温州、福州、广州、湛江和北海 14 个沿海城市，之后在 12 个沿海开放城市建立了 14 个经济技术开发区。1985 年国务院把珠江三角洲、长江三角洲和闽南厦漳泉三角地区辟为沿海开放地区。1988 年又增辟辽东半岛和山东半岛。形成以点带面，从沿海向内地，不断扩大的整体开放格局。

改革开放前沿城市在短时间内面临巨大的发展压力和全新的发展问题，传统的规划理论和方法难以适应发展需要，这些城市的规划成为一个不断探索和创新的过程，为形成适应中国城市发展特色和需要的城市规划理论积累了经验基础。其中深圳城市总体规划、上海浦东新区开发等，成为新兴城市和新区发展成就的突出案例。

一、深圳

深圳原是一个人口在 2 万左右南接香港新界的边陲小镇。成立特区后经济和建设高速发展，建设了大规模的基础设施。发展初期，发展方向和总体规划不断调整。1979 年编制"出口加工区规划"；1980 年选择罗湖、蛇口和沙头角进行小区式开发；1981 年中央明确指示要把深圳经济特区建设成为以工业为主，兼营商农牧住宅旅游等多功能的综合性城市；1982 年提出"深圳经济特区社会经济发展大纲"及"总体规划图"，确定以组团式为城市建设总体规划的基本布局（图 19-1-1）。

1984 年全面展开编制第一个全面系统的规划"深圳经济特区总体规划"，1986 年完成，城市性质确定为"发展外向型工业、工贸并举，兼营旅游、房地产等事业，建设以工业为重点的综合性经济特区"。规划利用自然地形狭长的特点，结合自然山川，依山就势，确立了"带状组团式"的空间发展结构，形成盐田和沙头角、罗湖和上步、伏天、沙河和南头 5 个组团，组团之间以自然山川和规划的绿带为分隔，组团内部都具有独立完善的设施。规划 2000 年人口规模 80 万人，暂住人口 30 万人，城市建设用地规模为 123 平方公里。1986 年"深圳经济特区总体规划"以其先进的理念和广泛的公众参与，在当时产生重要影响，这一规划有效地指导了特区建设，为深圳改革开放初期的高速发展提供了有力的支撑。

至 1990 年代，特区发展势头迅猛，规划根据发展形势将宝安和龙岗划入规划范围，总体规划不断深化充实，发展为全区域的发展策略。1996 年，深圳完成了总体规划的修编。城市发展目标提升为集区域性金融中心、信息中心、商贸中心、运输中心为一体的现代化国际性城市和旅游胜地。城市性质定位为"现代产业协调发展的综合性经济特区，华南地区主要的经济中心城市，现代化的国际性城市"。规划从全市整体角度出发，将原有的"带状组团式布局"

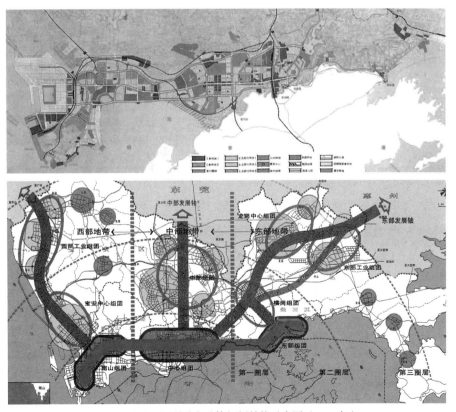

图 19-1-1　深圳城市总体规划结构示意图（1986 年）

发展成为"网状组团式布局"，以特区为中心，向西、东、中放射 3 条发展轴，形成梯度推进的组团集合布局结构，推动了特区以外地区的城市建设。

这一版总体规划将整个城市地区作为一个整体，从城市整体角度综合平衡各项社会经济要素，形成市域范围内的生产、生活及环境地域分工协调体系。规划对城市建设用地以及农业保护用地、生态保护用地等非建设用地在空间上进行明确的划定，从而较好地保证城市建设与周围资源环境的合理保护利用和相互协调。

深圳在规划建设一个新兴城市的同时，也探索着规划体系和制度的创新。深圳的城市规划与建设，不断摸索建立适应市场的新机制；建立合理的城市结构，引导城市的持续发展；提高规划目标标准，保持适度超前，满足不同时期经济建设的需求；注重目标策略的研究，为建设高质量的城市确定长远的战略目标与对策。1989 年开始在全部建设用地范围开展分区规划；开展适应市场经济发展的控制性详细规划的编制。1990 年试行、1997 年正式颁布的"深圳城市规划标准与准则"作为城市规划编制和管理的主要技术依据，进一步强化以法定图则为核心的规划法制化建设，在全国具有开创和创新意义。1995 ~ 1998 年，制定"深圳市城市规划条例"，提出规划改革的构想，建立总体规划、次区域规划、分区规划、法定图则和详细蓝图的规划体系，加强以法定图则为核心的规划立法工作，强化以规划委员会为核心的规划决策体系，明确公众参与作为规划民主化建设和规划监督机制建立的重要性。深圳城市规划在适应市场经济环境、促进城市规划管理决策民主化方面进行了积极的探索。

深圳已发展成为一个特大城市，先后获得了"国家园林城市""国家环保模范城市"和"联合国人居奖"，1999 年又获得国际建协"艾伯克隆比爵士（城市规划／国土开发）荣誉奖"。

二、大连

大连城市经过近代和 1950 年代的建设，在大连湾南岸形成中心城区，在大连湾的西部和北部发展了造船、钢铁和化工等工业，在周水子一带也建设了部分工业和住宅区。

改革开放后作为沿海开放城市，大连城市空间有很大的拓展和调整。中心城区进行了全面保护，大连湾沿海岸向北和向南延伸。

在中心城区延伸整合的同时，大连在更大的沿海区域内形成了组合城区，在大连湾的东部大窑湾兴建面积为 30 平方公里的新区，建有大窑湾输油码头和新港区，大窑湾新港区向西与金州区共同组成大连北部的新城区。

大连也从深入大连湾的一个半岛扩展到环绕大连湾的沿海城市。

三、青岛

青岛成为沿海开放城市后得到迅速发展，1980 年代的城市总体规划突出经济开发区的建设，开发区主要确定在胶州湾南岸的黄岛地区，规划范围达 40 平方公里，开发区包括深水港区、石油码头、发电厂区和南部的旅游度假区。

中心城区分为 3 个组团，南组团以发展风景旅游为主；中组团以居住区改造和建设为主；北组团逐步完善楼山后工业区的配套建设。黄岛发展成为以港口、旅游、外贸加工为主的城乡结合型新区。黄岛与青岛中心市区的交通主要靠公路、轮渡和环胶州湾的快速公路。由于两区联系不便，青岛老城区周边的开发压力一直很难疏解。

1989 年青岛市对城市总体规划进行调整和补充，在原有的 3 个组团基础上，又增加了东西两个组团，提出了"中心城市、城市环、城市群"的布局结构，即以老城区、崂山区和黄岛区的城区为核心，与沿胶州湾近郊城镇形成城市群布局结构；在崂山区开发建设高科技工业园区，在黄岛建设新经济区，成为城市的新发展空间；在老城区和高科技园区之间预留城市行政公建用地。

1995 年修编的总体规划，行政区域进一步扩大，规划区面积达 1946.22 平方公里。城镇发展战略是继续完善"一个中心五个次中心"的城镇群发展格局，充分发挥中心城市的吸引辐射作用，强化次中心城市的分工协作职能，相对集中发展重点城镇。城市总体布局以胶州湾东岸为主城，西岸为辅城，环胶州湾沿线为发展组团，形成"两点一环"的发展态势，主城和辅城规划为城市集中发展的区域，环胶州湾的 6 个发展组团规划为城市适度分散发展的区域。规划远期 2010 年城市人口 310 万人，城市建设用地 266 平方公里。

四、宁波

宁波历史上就是我国对外贸易的重要港口，随着沿海开放城市的设立和建设，港口开发与老城发展结合，形成组团状的城市形态。

1984 年开始编制的宁波城市总体规划将城市性质确定为华东地区重要的工业城市和我国重要对外贸易口岸，浙江省的经济中心，确立以港口为核心的区域性城市地位。全市人口由 1984 年末的 484 万人发展到远期 585 万人，其中市区人口 100 万人，市区城市建设用地由 1984 年的 18.67 平方公里发展到103.52 平方公里。

城市用地结构以老城区为中心，与镇海发展区和北仑开发区共同组成有机的整体，生产生活相对独立，共同形成组合型大城市。城市空间发展趋势是由三江口向甬江下游出海口和滨海地区发展。老城区原则上不再安排大中型工业建设项目，新建项目主要集中在镇海和北仑地区。

宁波港具有自然条件优势，规划的宁波港由老港区、镇海港区和北仑港区组成，规划江海岸线总计 54.25 公里。宁波城市功能和空间布局的调整，为现代化港口城市的发展创造了条件，并成为整个长三角地区的一个重要口岸。

第二节　新区开发与城市快速发展

继经济特区和沿海开放城市之后，1990 年代后国家又设立 27 个高新技术产业开发区，享有某些类似特区和经济技术开发的优惠政策。全方位对外开放新格局开始呈现，国家先后做出了沿边、沿江开放以及上海浦东作为全国重点开发区的重要举措。

　　1992 年 6 月国务院决定进一步开放长江三角洲和沿长江地区的 28 个城市和 8 个地区，在全国形成沿海、沿边和沿江全方位、多元化、分层次的开放格局。特区与开发区的设立，促进了全国范围内的新兴城市和城市新区的形成与发展。城市新区和开发区建设的形式主要有经济技术、高新技术产业、边境经济合作、旅游度假、保税、外商成片开发等几种类型。这一时期的新区建设不仅类型较多而且具有明显的层次性，包括国家级——省级——地市级——县级——乡镇级，在规模、等级上呈现明显的梯度。

　　设立特区、经济技术开发区在吸引外资、发展外向型工业和贸易、引进国外先进技术和管理经验、促进地方经济发展，以及解决劳动就业等方面都取得了很大的成绩和效益。

　　这些地区的城市在新的发展背景下，城市经济和空间结构都产生了重大调整和飞跃，城市新区和开发区建设成为普遍的空间拓展方式。1990 年代后，城市空间和功能发展普遍进入新的时期，无论大城市还是中小城市，各种形式的新区和开发区建设十分普遍，而且规模都较大，在短时间内快速发展起来，为城市带来普遍的城市规模、功能和结构的突破，而且各种形式的城市群以及区域整体发展受到日益广泛的关注。

一、浦东新区

　　1980 年代初，浦东城市化地区主要集中在黄浦江沿岸面积约 39 平方公里的范围，有杨思、洋泾、庆宁寺和高桥等县属城镇和工业区，布局比较混乱。1984 年的"上海市城市总体规划"对浦东沿江地区进行了规划；1989 年的"浦东新区总体规划初步方案"将人口规模从 90 万人提高到 150 万人，用地规模由 63 平方公里扩大到 150 平方公里。

　　1992 年，"开发浦东、振兴上海、进而带动长江流域乃至全国经济的发展"明确了浦东和上海发展的战略方向，再造中国最大的经济中心和重塑远东最大的金融经济贸易中心，成为举世瞩目的重点工程。当年完成的"浦东新区总体规划"规划目标是按照面向 21 世纪、面向现代化和建设社会主义现代化国际城市的战略思想，把浦东新区建设成有合理的发展布局结构、先进的综合交通网络、完善的城市基础设施、现代的信息系统以及良好的生态环境的现代化新区。通过新区开发，带动浦西的改造和发展，为加强与完善上海作为全国经济中心城市的功能，为把上海建设成为国际经济中心、金融中心和贸易中心奠定基础。

　　功能定位为一个集现代中心商务区、自由贸易区（保税区）、出口加工区、高科技园区、旅游开发区以及海港、航空港、铁路枢纽于一体，适应现代城市生活，协调城乡发展，面向 21 世纪的现代化新区。规划浦东新区人口规模 300 万～350 万人，集中城市化用地控制在 200～240 平方公里。新区的规划结构采取轴向开发、组团布局、滚动发展和经济功能集聚、社会生活多中心、用地布局开敞的城市模式（图 19-2-1）。

　　轴向开发指南北向城市发展轴和东西向经济中心功能轴。在黄浦江已形成的南北城市发展轴基础上，向纵深发展，相对集中，滚动发展，形成沿杨高路和张杨路的开发走廊。东西向经济中心功能轴作为外滩的延伸，以陆家嘴为浦东新区的起点，经中心商务区、金融贸易区、张杨路购物中心、行政管理中心、文化博物中心、旅游开发中心，到张江高科技园区，并在远期延伸至浦东国际航空港。

5个功能重点不同、相对独立的具有综合功能的分区形成浦东新区总体的组团布局结构。在处理好越江交通的基础上，陆家嘴金融贸易区与浦西外滩共同组成上海的中心商务区，是城市的经济核心；外高桥以港口、自由贸易、能源、修造船和石油化工为主；庆宁寺以金桥出口加工区为主；张江开发建设科研、教学和高新技术产业结合的高科技园区；周家渡调整发展传统加工业。每

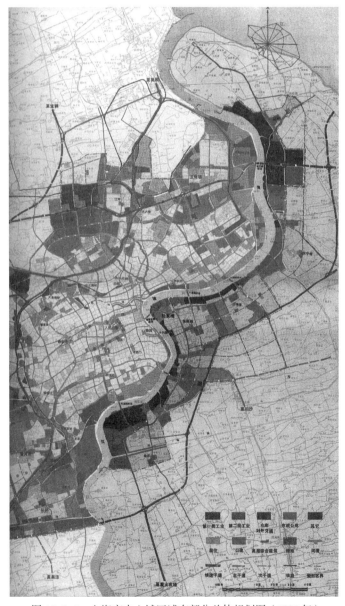

图 19-2-1　上海市中心城区浦东部分总体规划图（1984 年）

资料来源：上海市城市规划设计研究院.上海城市规划演进.2007.

个分区综合开发，合理安排经济发展和社会生活，生态环境和绿化设施良好，分区之间规划大面积的生态绿色空间，结合文化娱乐、体育运动、旅游开发等活动进行综合开发。

浦东新区规划注重城乡协调，农业向现代化城郊型农业体系发展，乡镇工业适当集中布局，并建立起适应新区发展的经济管理和行政管理体制。

浦东新区建设成效显著，为上海迈向国际化大都市发挥了积极的推动作用，特别是陆家嘴地区、张江地区和外高桥等功能区的成功开发，使浦东成为吸引人才和发展经济的重要增长极。多条越江大桥、隧道的建设已经使浦东浦西成为联系紧密的整体，形成了新的上海城市空间结构。

二、苏州新区

1980 年代初期，苏州仍保持以古城为中心的空间形态。1990 年代后，随着高新技术产业开发区和新加坡工业园区的开发建设，城市规模和空间结构发生巨大变化。

苏州新区在 1980 年代苏州城市总体规划时确定，并与古城保护相结合，形成"全面保护古城风貌，发展西部新区建设"的规划方针。1990 年代后，以建设面向 21 世纪的现代化新都市为战略构想，在此基础上在京杭大运河两岸地区，规划形成新的经济增长点和城市发展空间，面积 26 平方公里。1992年 11 月国务院批准苏州新区首期开发 6.8 平方公里为国家高新技术产业开发区。苏州新区以经济建设为中心，适应对外开放吸引外资的需要，同时发展综合功能，成为相对独立的功能区。规划人口 30 万人。按照功能结构分为高新技术产业先导区、综合功能区、高技术产业区；以及扩大范围内的高新技术产业、生活居住综合区和科技孵化区。

同时，吴县新市区在城市南部大规模兴建，规划总面积 20 平方公里。与苏州中心古城区相连，也成为苏州城市发展不可分割的一部分。

1990 年代初，苏州东部的新加坡工业园区（后称苏州工业园区）的开发又一次突破城市规模和结构，规划总面积达到 70 平方公里，规划居住人口 60万人，规划目标是与现有城市相结合，成为高效率的城市实体，提供良好的居住和商业环境。苏州工业园区的规划包括不同时期的整体概念规划、各分区总体规划和分区详细指导规划。规划注重分区和分期结合，分三期实行滚动开发，但在各阶段注重各分区的平衡发展。

苏州新加坡工业区中工业区、居住区和商业区分区明确。工业区集中分布在园区的东部和北部，处于园区的外围，靠近国道和高速公路、铁路，以及娄江和吴淞江等水道。其中高科技工业布置在与居住区相邻的地带，一般工业布置在外围。居住区主要集中在园区中心，临面积近 60 公顷的金鸡湖，居住区内充分考虑了生活配套设施及不同强度和标准的居住类型。商业区主要位于居住区的核心地带，提供各种综合性的商业活动，是整合各分区的园区中心。园区内有 3 条主干道直接联系上海，包括 310 国道、机场一级公路和沪宁高速公路，园区内部道路以环形路网组织，保留规划了集中的绿地和水面等自然环境，园区内分区明晰，注重生态环境的保护和恢复建设。

1996 年苏州编制新一轮总体规划，对以上新崛起的各个空间组团加以整合，形成中心古城区、西部经济技术开发区、东部苏州工业园区以及南部吴县市区等 4 个组成部分。苏州城市成为跨越式发展的典型案例，在短短的 20 年时间里，从一座历史文化古城，迅速发展成为新兴现代化经济中心城市（图 19-2-2）。

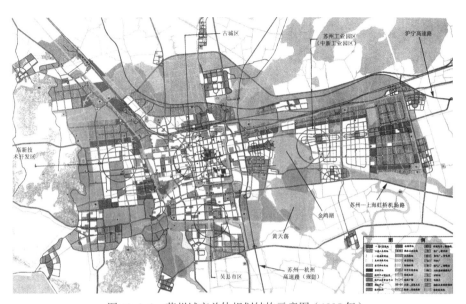

图 19-2-2 苏州城市总体规划结构示意图（1995 年）
资料来源：汪德华.中国城市规划史纲.南京：东南大学出版社，2005.

三、武汉

武汉作为华中地区的中心城市之一，城市的地域地位以及城市的集聚效应都得到大幅度发展，城市经济增长加速了城市规模的扩展，城市从单纯的生活向综合性区域中心城市转变。

1982 年"武汉市城市总体规划"充分利用武汉三镇的自然地形特点，规划向武昌重点倾斜，达到三镇均衡发展、各成体系的形态。由于工业的持续发展和城市道路的修建，当时的城市形态更多的是以轴状发展为主导，以旧城为核心，沿城市主干道向外轴状延伸，同时以各工业组团为核心逐渐生长。汉口受地势和防洪要求限制，武昌受诸多湖泊制约，三镇沿着自然地形可利用的建设用地逐步向外拓展。

1984 年武汉成为经济体制综合改革试点城市之一，行政区划也随之调整。1988 年的总体规划继续强化三镇鼎立的特点，强化和明确三镇各自的功能，提出中心城、卫星城、县城关镇、县辖镇、集镇 5 个层次的城镇网络。规划新建长江二桥，形成城市内环，建设沌口的武汉经济技术开发区和关山的东湖高新技术开发区，对城市空间在汉阳西南方向和武昌东南方向的拓展起到决定性作用。同时还确定了武汉新机场的选址，城市空间格局框架基本确立。

1990 年代，武汉相继被批准为对外开放城市、开放港口，城市进入新的重要发展阶段。1996 年代，总体规划确定主城空间为"两个核心区、10 个中心片区、10个综合组团"的"多中心组团式"结构，充分发挥武汉滨水城市的特点，规划江北、江南两个核心区。在武汉城市外围重点建设阳逻、北湖、纸坊、金口、蔡甸、宋家岗、常福7个卫星镇。汉阳的武汉经济技术开发区和武昌东湖的高新技术产业开发区成为建设热点，带动城市向西南、向东拓展（图19-2-3）。

图19-2-3　武汉市城市总体规划结构示意图（1996—2020年）
资料来源：城市规划，1999（4）.

四、张家港

张家港是随着改革开放和区域环境变化迅速发展起来的现代化的新兴城市。1960～1970年代，县城杨舍镇规模很小，1980年代，随着港口开发，城市建设步伐加快。市域范围内城镇和人口密集，乡镇工业发展迅猛。1986年成立张家港市，城市空间结构向杨舍和港区双核结构方向演变。

港口和经济技术开发区建设为城市带来全新的发展，张家港经济开发区1993年批准成立，批准面积为4.62平方公里。江苏省分别于2001年和2003年批准设立江苏扬子江国际化学工业园与江苏扬子江国际冶金工业园，这两个园区均为张家港经济开发区的特色产业园。园区规划总面积扩大至35平方公里。

张家港城市总体规划以城乡现代化为目标，从区域网络出发建立主城和小城镇协调发展的空间规划体系。主城以杨舍和港区为重点，强化杨舍的行政经济文化中心职能；突出港区港口和保税区的优势，完善港口的集疏运系统。一般城镇企业向集团化、高新技术的方向发展，在城镇群体层次反映职能的综合性。

第三节　城市更新与居住环境改善

一、城市更新的背景

城市更新在 1949 年后一直是我国城市普遍面临的问题。1980 年前大部分城市对旧区采取"充分利用，逐步改造"的方针。一般理解的旧城主要是指历史上形成、现今需要维护和改造的地区。由于总的思想一直是充分利用旧城，依靠国家投资、资金匮乏、改造速度缓慢、标准低、管理方面条块分割、设施配套不全，因此一直处于艰难的状态。实际上大多数旧区只有零星的改善和改造，见缝插针，旧城建设量不断增加，在一定程度上加剧了环境质量的恶化，旧城处于高强度使用、勉强维持的状况。城市长期积累起住房紧张、交通拥挤和环境恶化等问题，被称为"城市病"。

自 1990 年代以来，旧城更新改造无论在规模和速度、内容和方法上均呈现新的态势。受经济发展环境和趋势影响，很多城市均面临经济结构和产业结构调整的发展战略要求，大部分城市旧城区难以满足发展要求，改造迫在眉睫；城市中以传统工业为主导的经济格局被以金融、商贸、服务、信息传播业等为主的第三产业取代。房地产开发成为旧城更新的主要动力。

1990 年代后，大规模新区建设为旧城区更新改造创造了有利条件，使旧城区有可能重新进行功能定位，转移工业并疏解中心区过密的人口。开始了有史以来最大的旧城区改造。1992 ~ 1994 年，上海拆迁居民 21 万户，拆迁住宅 85916 万平方米。1996 ~ 2000 年，北京市投入资金 240 亿 ~ 300 亿元，拆除危旧房屋 500 万平方米，动迁居民 12 万 ~ 15 万户。1994 年，天津市的 6 个区拆除房屋 12312 万平方米，是 1987 ~ 1992 年平均拆房量的 411 倍。

经济体制由计划经济体制向市场经济体制转变、经济增长方式由粗放型向集约型转变，成为我国大城市旧城更新深刻的社会经济背景。旧城更新成为城市产业结构调整和空间结构调整的有效手段。旧城更新成为 1990 年代规划界的重要研究领域，也是城市诸矛盾的综合体现，既有历史问题长期积累，也有现实经济、社会、环境问题具体反映的大城市更新无论在动力机制、建设规模还是规划编制上都表现新问题新特征。

二、城市更新的方式

1990 年代以前，我国的旧城更新一般采用"既要积极，又要稳妥"的政策，无论是规划，还是实施，大都带有某些探索、研究、试验的性质，规模较小。1990 年代以来，旧城改造更新已不再局限于危旧房改造或基础设施建设的单一方面，而进入了综合处理旧城区物质老化、功能调整、用地结构转化等旧城改造更新的更高层面。1994 年 5 月，在南京召开了"城市更新与改造国际研讨会"。1995 年 10 月中国城市规划学会在西安召开了"旧城更新学术研讨会"，并成立了城市更新学术委员会。

控制性详细规划由于其易与规划管理相结合，强化了规划对城市发展的控制，便于指导土地开发，很快推广开来，广泛应用于旧城更新规划中，一些城

市先后完成了覆盖全旧城的控规。

从改造的形式和内容上看，主要有以下几种情况：

结合原有工业的技术改造。工业是国家建设的重点，工业用地的调整、改建和扩建，为城市用地功能的局部调整和空间改造提供机遇。

结合城市道路系统的改造。道路交通问题是当时很多城市迫切需要解决的问题之一，很多城市对城市道路系统和交通设施进行积极地改建、扩建和新建，结合这一过程，对沿街房屋、市政设施、工程管线和环境绿化等进行统一规划，整体改造。

结合重点工程项目的建设。结合重点工程综合安排配套项目的改建和扩建，是带动旧城改造的有效途径之一，实现"建设一点，改造一片"。

结合破旧、危险房屋和棚户区的改建。这类地区危房棚户集中，市政公用设施简陋，交通拥塞和环境问题最为严重，因此是城市改造的重点。

其他形式还有结合传统商业、文化娱乐地区的改建；结合城市水系和环境的整治；结合旧城区街道和建筑的维修；结合文物建筑的保护等。

旧城改造的建设方式，一般有三类：一是全部拆除，重新建设；二是局部修复、改建与添建，改善环境；三是以保护规划为依据，保护历史文化。

这一时期的旧城改造，其特点主要有：第一，旧城改造的性质由过去的福利型转为效益型，旧城改造在经济观念上由单纯的投入型转为产出型，从而使经济效益不可避免地成为旧城改造的主要目标之一；第二，旧城改造的对象由过去以居住环境为主，转向以城市机能更新为主，完善道路交通等基础设施、发展第三产业成为旧城改建的主要动因；第三，随着城市土地有偿使用的转化，土地的投资价值凸显，旧城改造的投资由过去单纯依靠国家，转变为多渠道的投资参与，旧城改造成为经济效益开发的热点。

在实际过程中，也暴露出不少问题：第一，改造方式单一，多采用推倒重建的方式进行旧城改造，拆迁规模过大、速度过快，削弱了中心区持续发展的弹性；第二，城市更新为争取较高的经济效益，一方面，采取较高的改造标准，不能为各收入阶层创造经济适宜的住宅，社区生活失去往日的多样性，另一方面，突破规划控制，造成开发强度大、容量高、密度大，为城市交通、基础设施带来压力，将矛盾转嫁给未改造地区；第三，对于历史文化名城或一般城市中的历史地段的文化价值认识不够，使许多传统风貌、景观特色遭到破坏，城市千篇一律。

三、居住区建设和居住环境改善

居住问题一直是城市建设的重要方面。1950年代初期，"工人新村"是现代意义的居住小区的开始，小区规划很多是照搬苏联的经验，形成"居住区、小区和组团"三级结构形式，多层单元式住宅以周边式或行列式进行组合，配以标准的公共服务设施。这种形式在以后得到不断改进，特别是1970年代，随着高层建筑的发展，多层与高层结合，空间变化较为多样。随着旧区改造的深入，建设了更多设施较为完善的住宅区。居住区规划和住宅建设主要是遵照计划和标准实施，设计以居住指标为中心，以福利待遇为主要分配形式。

1980 年代，小区规划建设进入一个新的时期，逐步形成统一规划、设计、开发、施工和管理的模式，建设了一批环境协调、设施齐全、生活方便的新型住宅小区。1985 年，建设部决定在全国开展城市住宅小区试点工作，后又开展小康型住宅试点，对规划设计和建设质量的全面提高发挥了很大的推动作用。第一批试点小区只有 3 个，1990 年代的第二、三批试点小区共有 49 个，分布在 23 个省市自治区。小区规划关注各种标准和指标之外的生活需求等方面，在建筑形式上探索传统性和地方性，带来新的设计观念和实践。如常州红梅新村、上海康乐小区、无锡芦庄小区、苏州三元小区、成都棕北小区、洛阳华侨新村等。

1990 年后，随着旧区改造的深入和城市新区的扩展，居住区规划和住宅建设又有更广泛的发展和创新。北京的菊儿胡同、苏州的桐芳巷小区在旧区改造和传统风貌创新上做出很有影响的探索。上海的三林苑、古北小区，合肥的琥珀山庄、北京恩济里等，在整体居住环境、内部交通和活动空间组织等方面，都有精心的规划和设计。小区布局形式及空间利用运用新的思路和方法，更多地考虑满足居民日益增长的生活多样化需求，最大程度地结合地形，精心考虑绿化配置，通过多方面的综合考虑提高居住环境质量。规划建设目标被概括为"造价不高水平高、标准不高质量高、面积不大功能全、占地不多环境美"，突出了规划和施工的水平和质量。

这一时期是城市土地开发进入市场经济的转型时期，也是住房分配制度改革实施的时期，小区规划和建设适应这一过程，在发挥土地潜在价值、创造多样性居住环境等方面，进入前所未有的繁荣和探索阶段。

第四节　历史文化名城保护

一、历史文化名城的类型

改革开放以后，随着经济的发展以及空前的城市开发建设，我国的历史文化遗产保护工作进入到一个严峻的新时期，保护的中心渐渐从文物建筑向历史街区、乃至整个历史城市扩展，形成了由"文物古迹——历史文化保护区——历史文化名城"所构成的较为完善的中国历史文化名城保护框架。

1982 年国家颁布"关于保护我国历史文化名城的指示的通知"，公布了首批 24 个国家级历史文化名城，创立了我国历史文化名城保护制度。1983 年，建设部发布《关于加强历史文化名城规划工作的通知》，1984 年成立"历史文化名城保护规划学术委员会"，1986 年公布第二批 38 个国家级历史文化名城，1991 年起开始制定《历史文化名城保护条例》，1994 年公布第三批 37 个国家级历史文化名城，并制定了《历史文化名城保护规划编制要求》，成立"历史文化名城保护专家委员会"。这一系列的制度与组织，奠定了名城保护的地位和重要性，明确了名城概念、保护内容，制定了保护的相应制度、原则和技术标准。此外，各省市也公布了本地的省级名城。

从国家级历史文化名城的性质、特点来看，可分为以下 7 大类：

古都类型——以都城时代的历史遗存、古都的风貌和风景名胜为特点的城市，如北京、西安、洛阳、开封、安阳（图 19-4-1）等。

传统城市风貌类型——具有完整地保留了某个时期或几个时期沉淀下来的完整的建筑群体的城市，如平遥、韩城、镇远、榆林等。

风景名胜类型——拥有独特的自然环境，而使城市富于特色和魅力，如承德、桂林、镇江、苏州、绍兴等。

民族文化及地方特色类型——同一民族由于地域差异、历史变迁而显示出的地方特色或不同民族的独特个性，而成为城市风貌主体的城市，如泉州、拉萨、丽江、喀什等。

近代史迹类型——以反映历史的某一事件或某个阶段的建筑物或建筑群为其显著特色的城市，如遵义、上海、延安、重庆等。

特殊职能类型——城市中的某种职能在历史上占有极突出的地位，并且在某种程度上成为这些城市的特征，如自贡以"盐城"而著称，景德镇有"瓷都"之称，亳州则是"药都"，有的是边防城市、手工业城市等。

一般古迹类型——以分散在城市各处的文物古迹作为历史传统体现的主要方式的城市，如长沙、济南、吉林、襄樊等。

从名城的现状和保护角度来看，可分为 4 种情形：风貌格局完整，要全面保护；风貌、格局、空间等尚有保护之处；整体格局风貌已不存在，但尚有保存的历史地段；难以找到一处值得保护的历史街区。

以上的分类仅是从主要特点着眼的，而名城往往包含着多种特点。如杭州是七大古都之一，而西湖又是国家级风景区，因而将杭州归为古都类，但有时也列入风景名胜类（表 19-4-1）。

中国历史文化名城类型一览表（截至 1994 年）   表 19-4-1

城市类型	主要城市	次要城市
古都	北京、西安、洛阳、开封、南京、杭州、安阳	咸阳、邯郸、福州、重庆、大同
传统城市风貌	平遥、韩城、榆林、镇远、阆中、荆州、商丘、祁县	大理、丽江、苏州
风景名胜	承德、桂林、扬州、苏州、绍兴、镇江、常熟、敦煌、曲阜、都江堰、乐山、天水、邹城、昆明	杭州、西安、北京、南京、大理、青岛
民族文化及地方特色	拉萨、日喀则、大理、丽江、喀什、江孜、银川、呼和浩特、建水、潮州、福州、巍山、同仁	
近代史迹	上海、天津、武汉、延安、遵义、重庆、哈尔滨、青岛、长沙、南昌	广州
特殊职能	泉州、广州、宁波（海外交通）、景德镇（瓷都）、自贡（井盐）、寿县（水防）、亳州（药都）、大同、武威、张掖（边防）	榆林、阆中（边防）、佛山（古代冶炼和陶瓷）
一般古迹	徐州、济南、长沙、成都、吉林、沈阳、郑州、淮安、保定、襄樊、宜宾、正定、肇庆、漳州、临淄、邯郸、衢州、赣州、聊城、泸州、南阳、咸阳、钟祥、岳阳、雷州、新绛、代县、汉中、佛山、临海、浚县、随州、柳州、琼山、集安、梅州	

二、历史文化名城保护实践

中国历史文化名城的数量之多、范围之广、规模之大、内涵之深、保护之复杂，是独一无二的；在保护内容上，除保护文物古迹、历史街区外，还强调保存整体风貌格局以及传统文化，涉及自然环境、城市形态、建筑实体等城市历史文化的物质层面以及语言、文字、生活方式、文化观念等城市历史文化的非物质层面；实施从整体上全面保护的方法，具有其先进性；中国的历史文化名城是一个与行政范围有关的政策概念，既赋予名城荣誉，也赋予保护名城的责任。

1997 年，我国的历史文化名城平遥（图 19-4-1）、丽江作为完整的城市，首次被列入世界文化遗产，同期我国被列入世界文化遗产的还有苏州园林，标志着中国历史文化名城的保护工作已经得到世界的肯定。

1. 平遥古城的保护

平遥是山西票号的发祥地，店铺钱庄林立，成为清朝中叶后的中国最大的金融中心，因为当年票号林立、商业店铺发达，形成现在尚存的规模大、形态完整的商号店铺和大量保存完好的四合院民居建筑。

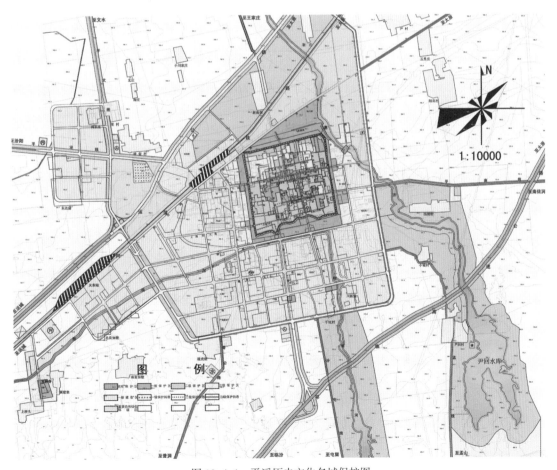

图 19-4-1　平遥历史文化名城保护图

资料来源：同济大学国家历史文化名城研究中心．山西省城乡规划设计研究院，2000.

平遥完整的明清风貌留存至 1980 年代，在改革开放初期，面临发展经济和城市建设及基础设施落后的矛盾，古城面临改造的压力。1981 年，同济大学师生劝阻了拆城门城墙和拓宽街道，制定了保护老城另辟新区的规划，使这一城市风貌得以完整地保存下来，并极大地促进了当地的旅游业等相关产业的发展。随着保护观念的更新、保护工作取得广泛的认同，规划和管理工作也不断深入。平遥的历史文化名城保护以文物古迹和城市风貌的全面保护为核心，将恢复地方商业活力，发展旅游及第三产业，与维持城市个性特征结合，进行了多层次的保护工作，从城市结构和风貌、到街区院落，以及建筑结构，进行原真性的恢复和保护。在健全古城保护管理机构、城市基础设施改善、城市宜人空间尺度的保护以及旅游开发与居民生活的协调等方面，也进行了积极的规划探索。

2. 丽江古城的保护

丽江位于川滇藏交界地区，独特的自然景观和历史文化遗产塑造了丽江独特的城市形象和文化意境。丽江古城有 700 余年的历史，规划布局沿河、靠山、依水展开，充分利用自然，水巷、街道和院落紧密结合，山水、树木和建筑融为一体，兼有水乡之灵，山城之势，营造了"天人合一"的居住环境。

1983 年，丽江开始编制古城保护规划，对古城基础设施建设维护、古城修复项目的审批，民居、街道、桥梁、水系、古树名木保护，古城环境保护，环境卫生、绿化和市容管理等都做出明确规定。1986 年，成为国务院颁布的第二批国家级历史文化名城。

1994 年后，丽江的旅游业迅速发展，1996 年大地震后，将震后恢复重建与全面整治、改造古城基础设施结合，同时拆除了不协调的建筑，通过旅游业带动古城发展。1997 年，丽江成为中国第一个以原住民生活空间作为主体内容的世界文化遗产地，进一步提升了丽江的城市地位和旅游业发展。

古城保护划分了绝对保护区和严格控制区，明确文物建筑和重点保护桥梁，确定主要景观节点。古城内的水系是古城风貌的重要核心之一。在城市整体的范围强化生态城市和景观城市的保护要求，以组团式发展协调古城与新区之间的关系，使城市周边的大部分田园村落得以保存，并组织到城市整体结构中。

古城保护规划还注重历史文化和社会生活的整体保护，提倡在大研古城和一些地方村镇保存具有地方特色的传习活动。注重社会生活体系的构筑和保障，以及社会生活等规划内容，促进人与自然、传统与现代新的和谐，促进民族文化与生态和经济的协调发展（图 19-4-2）。

3. 江南水乡城镇的保护

江南水乡城镇从明清时期开始形成鼎盛时期，"小桥、流水、人家"的城镇格局、独特的建筑艺术、繁荣的经济网络和文化传统，使其具有重要影响和价值。1999 年，风貌保存完好的江南水乡六镇列入联合国教科文组织世界遗产预备清单，包括周庄、同里、用直、乌镇、南浔和西塘。

周庄位于淀山湖、澄湖、白蚬湖和南湖之间，1980 年代开始的农村经济迅速发展使很多古镇受到巨大冲击，传统水乡风貌迅速消失了。周庄相对不便捷的交通条件和经济发展起步较晚，现在成为水乡风貌保存最为完整的古镇之

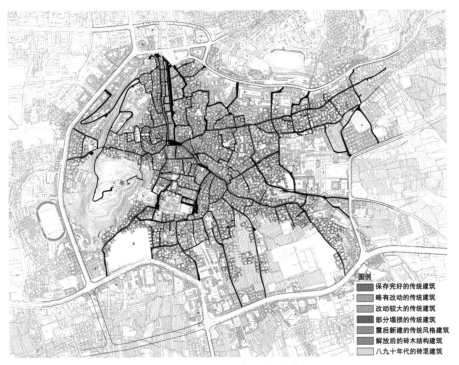

图例
保存完好的传统建筑
略有改动的传统建筑
改动较大的传统建筑
部分塌损的传统建筑
震后新建的传统风格建筑
解放后的砖木结构建筑
八九十年代的砖混建筑

图 19-4-2　丽江古城保护规划
资料来源：上海同济城市规划设计研究院，2005.

一。1985 年的周庄镇保护规划明确了"保护古镇、建设新区、发展经济、开辟旅游"的决策，将全镇划分为 3 个区：老城区为传统街区的商业中心；新区为行政中心；急水港以北地段为工业区。限制机动车进入老城区。古镇保护在风貌整治上，从建筑整治、空间整治和绿化整治入手；在保护和更新模式上分为保留、保护、改善和更新等几种方式。2000 年，周庄古镇荣获联合国人居中心迪拜国际改善居住环境最佳范例奖。

同里是苏州近郊大镇，明清时期曾是发达的米市和油坊集中地；甪直也是苏州郊区重要城镇和繁盛的水乡镇市；南浔是江浙重镇，19 世纪成为全国最大的生丝集散地，商业兴旺，富商云集；乌镇历史悠久，农桑商工各业发达，文人辈出，是浙北水乡重镇；西塘在清代后形成现在的古镇格局。

这些城镇保存了完好的江南水乡城镇风貌，城镇空间格局一般都是湖荡环列，河港交叉，临水成街，依水筑屋。古镇内的街道一般分为两级，沿河并行为街，与河垂直为巷，沿街多为商业，巷和更小的备弄是居住街坊的分隔，形成宁静的居住环境。街巷都以石板或卵石铺成，粉墙黛瓦，水乡风情浓郁。

江南水乡城镇保护规划以保护和整治历史环境、挖掘文化内涵和改善居民生活为目标，强调古镇空间格局、天际轮廓线的保护，传统文化的集成和传统经济的发展，是历史环境的整体保护。保持古镇的原真性，改善居民生活，完善基础设施，保护生态环境。对文物保护单位、重要历史建筑和风貌建筑采用"不改变原状"的修缮方式，即保持原环境、原结构、原材料和原工艺，以"修旧如旧"的方法，使修缮的建筑与原有建筑相协调，保持城镇整体风貌。

历史文化城镇一般都有很好的发展基础和优势条件，在经济快速发展的背景下，也普遍受到巨大的改造和开发的压力。但历史文化保护的意识、观念在不断发展，保护规划的方法、技术和措施也不断更新。

第五节　大都市地区和城镇密集地区的发展

大都市地区和城镇密集地区是以一个或几个特大城市为核心，有多个不同等级的城市相对集聚，城市之间保持密切联系的城市空间布局形态。一般是经济和人口密集的地区，区位条件、经济基础都比较优越。在中国经济和管理体制转型中，城市之间的水平关系取代了垂直关系，迎来了区域范围城镇的整体发展。

1990年代开始的经济体制改革、国际制造业中心的转移以及国内经济的持续快速发展，促进了城镇密集地区的发展和成熟。中国城市经过经济体制转型，不再单纯作为工业生产的中心，城市多元化的功能逐步显现出来。大城市作为区域的发展中心，推动了区域一体化的进程。1980年代沿海地区乡镇企业和小城镇的迅猛发展，从更宏观的区域层面来看，成为大都市地区形成过程中的一部分，成功发展的小城镇绝大多数都分布在某个核心城市周围或某几个大城市共同影响的地区。长江三角洲地区、珠江三角洲地区、京津冀和环渤海等大都市地区和城镇密集地区迅速发展，在经济总量和外向型经济方面在全国占有主要地位，成为相对成熟的城镇密集地区。

辽中南、关中地区、山东半岛、闽东南、江汉地区、中原地区、成都地区和重庆地区等地的人口和产业聚集加速，作为城镇密集地区正在走向成熟。

1990年代末开始的全国范围的高速公路的大规模集中建设，为这些城镇密集地区更加紧密的横向联系创造了有利的条件和基础。

在这一背景下，城市规划需要更多地关注区域发展的背景和区域关系，区域规划在城市规划中的地位和作用更加明显。

一、城镇群的发展及规划

1. 珠江三角洲城镇群

珠江三角洲地区，包括广州、深圳、珠海、佛山、东莞、中山、江门、惠州市区、惠东县、博罗县、肇庆市区、高要市、四会市等，总人口4230万人，总面积41698平方公里，包括城市建设用地、建制镇建设用地和村庄建设用地在内的建设用地总面积为6640平方公里。

珠江三角洲地区，以广州和深圳为核心，利用比邻港澳的优势，外向型经济加速发展，充分发挥了对区域经济的带动作用。而中心城市的发展，客观上也要求周边区域提供相应的配套，同时，中心城市有限的环境承载力及其产业升级的发展趋势，促进了周边区域的城市化，周边小城镇获得了前所未有的发展机遇，这种双向的经济联系促进了相互之间的紧密联系，促进了城镇密集地区的形成。

珠江三角洲地区作为改革开放的前沿，创造了经济发展的奇迹，广东省生产总值由 1978 年的 185 亿元增加到 2003 年的 13626 亿元,人口规模也迅速扩张,特别是乡镇工业发达的城镇,形成以外来人口为主的发展模式,城镇规模几倍甚至几十倍地扩张,因而资源和环境问题特别突出,这一地区也最早迎来了区域协调发展的问题。在 1990 年代初即开始城镇群协调发展的研究,并在 2003 年编制完成《三角洲城镇群协调发展规划(2004~2020)》,规划确定了发展目标和规模,按照 6500 万人控制,建设用地总面积控制在 9300 平方公里以内。

城镇群规划划分为三大都市区,中部都市区包括广州、佛山和肇庆三市,成为珠三角辐射能力最强的综合服务中心和国际竞争力最强的产业中心之一;东岸都市区包括深圳、东莞和惠州三市,提高生态环境质量和资源利用效率,成为具有国际影响力的现代制造业基地和生产服务中心;西岸都市区包括珠海、中山和江门三市,提高城镇产业的集聚和扩散功能,成为珠江三角洲加快发展的重点地区。

总体空间布局规划以发展轴带为主线,以多层次的中心城市和集群化的产业聚集区为节点,形成不同类型、规模的城镇和产业区向"点轴"集聚,三大都市区扇面拓展,形成"一脊三带五轴"的发展轴带体系。规划进一步明确了空间支撑体系、政策区划和空间管治、城市空间协调规划以及保障措施等。

2. 长江三角洲城镇群

长江三角洲地区在发展初期就形成了区域性的密切的经济联系,以上海强大的工业为基础,产生了以乡镇企业为主的"苏南模式"和以民营经济为主的"温州模式"等,区域整体发展水平较好。随着交通等基础设施的改善,城市之间联系日益密切,资源在区域范围内实现优化配置,城镇密集地区的历史发展基础最优越,发展较为成熟。

长江三角洲地区包括上海市、江苏省沿江下游地区和浙江省的杭州湾沿岸地区,这一地区因地理接近,在自然、社会、经济、文化因素相互作用下,历史地形成了具有共同特征的区域。

在近现代工业革命之前,长江三角洲已表现出城镇密集地区的基本特征,人口、城镇及经济活动的空间集聚是在以农业经济为基础的历史上形成的,并在近代工业化过程中保持着一定的延续性和渐进性,这一占全国国土 1% 的面积上,集中了全国 5% 的人口。

自 1980 年代以来进入设市(镇)数量的快速增长时期,人口与城镇密集的特征更加明显。众多小城镇在农业基础上,面对人口与耕地的压力和自身发展的需要,产生了职能转化的强大内在动力,这种职能转化改变了小城镇的传统空间形态,整体上表现出工业用地的迅速扩展以及对以公路为主的交通发展的依赖。以铁路、水运、公路运输为主的综合运输的发展过程对城市及区域空间形态的增长起着直接的影响,这一地区开始全面城镇化的增长阶段。

1990 年后,随着浦东开发开放以及经济全球化和制造业转移等背景影响,上海、苏州等中心城市形成大规模的产业和空间结构的转型,城市规模迅速扩展,同时,区域性基础设施建设形成高潮,交通、通信等支撑系统建设加快,从早期的沪杭、沪宁高速公路开始,迅速形成覆盖整个区域范围的高速公路网络,大型港口、机场的建设集中,带来新一轮的区域整体高速发展。

针对这一跨省市的区域规划很早就开始了探索和研究，1982 年国务院决定成立上海经济区，国家"六五"计划曾正式明确"编制以上海为中心的长江三角洲的经济区规划"。经济区城镇布局从 1984 年 3 月开始，当时的范围是上海和江苏的苏、锡、常、通，浙江的杭、嘉、湖、绍、甬 10 个市及所属 57 个县，1984 年 10 月，国务院又把范围扩大到沪、苏、浙、皖、赣四省一市。成立了"上海经济区城镇布局规划编制组"，并于 1986 年形成了《上海经济区城镇布局纲要 1985～2000》，纲要着重于远期发展目标，对人口发展趋势、城镇规模等级体系、城镇空间分布和职能分工作了长远规划。1991 年《长江三角洲地区产业结构和布局》是这一规划的深入和发展，以长江三角洲为研究对象，包括上海、宁、镇、扬、苏、锡、常、通、杭、嘉、湖、宁、绍、甬 14 个市及 74 个县（1991 年），以产业结构和布局等现实问题为研究对象。分析了国际国内宏观背景，对产业结构、基础设施、企业联合、外向型经济等进行综合分析，并对整体、南北两翼和各个城市进行了多层次的同类分析。这项研究是作为"八五"计划和 10 年规划的基础，是以产业和经济发展规划为主的。

清华大学、同济大学、东南大学三校参加的国家自然科学基金"八五"重点研究项目"发达地区城市化进程中建筑环境的保护与发展研究"进行了另外一个角度的研究，从现实矛盾分析出发，对土地资源日益紧张、农业发展面临挑战、环境污染全面扩散、生态环境破坏严重以及城乡规划滞后等问题深刻关注，提出了可持续发展战略、区域整体化与城乡协调发展。

1990 年代末，沪宁、沪杭高速公路建成通车，大大缩短了主要中心城市之间的时空距离。此后形成的密集的网络状快速交通网络，使这一地区的整体性更为突出。

进入 21 世纪，区域范围的工业区、开发区和各种园区全面扩张，城市建设开发与生态环境保护的矛盾日益突出，《长江三角洲城镇群规划(2007～2020)》编制形成，进一步扩展了长江三角洲的范围，包括上海市和江苏省、浙江省及安徽省三省一市。规划以建设具有国际竞争力的世界级城市群和承载国家综合实力的核心区域为目标，以落实国家空间政策《全国城镇体系规划》为背景，提出长三角区域范围的城镇、生态、资源保障、地域文化与旅游休闲等功能体系构建，产业发展空间的结构调整，资源利用与生态环境保护，城市与乡村统筹发展，重大基础设施系统建设以及社会服务和保障体系建设等空间政策。

3. 京津冀地区

京津冀地区包括北京、天津、唐山、保定、廊坊等城市，人口 4000 多万人，土地面积 70000 平方公里左右。改革开放后这一地区经济持续快速发展，"九五"期间北京市的国民生产总值增长了 75%，天津市平均增速也超过 10%。但区域经济整体实力不强，尚未形成如珠江三角洲、长江三角洲具有强大辐射作用的经济中心，区域核心城市与周边地区联系以及区域交通和环境等问题逐渐突出。

北京依托自身的政治和文化中心地位，充分利用亚运会和一些国际会议举办的契机，优化中心城市功能，远郊的怀柔、通州等区县得到很大发展。天津通过海河改造、滨海新区建设等带动了全市域的城市化发展。河北的廊坊市利用区位优势也取得较大发展。铁路和高速公路等交通基础设施的建设，推动了京津冀城镇密集地区的逐步形成。

1982～1984年，国际计委组织进行了京津唐国土规划研究，1985年开始了环渤海经济研究，形成涵盖辽东半岛、山东半岛和京津冀地区的环渤海经济区经济发展规划纲要。1990年代，由京津冀城市科学研究会提交的"建议组织编制京津冀区域建设发展规划"的报告得到批准，并在2000年左右形成"京津冀城乡空间发展规划研究"成果。城乡空间发展区域布局为"三地带、三轴、两绿心"，即北部和西部山区地带、中部的平原地带和东南的滨海地带；京石、京沈和京津唐轴线；以盘山国家风景名胜区和白洋淀国家公园为主体的绿心。

城镇密集地区的形成和发展，推动了资源的优化配置，加快了国民经济发展，增强了区域乃至国家的国际竞争力，已经成为经济社会发展的引擎、对外开放的前沿阵地和参与国际竞争的主体。

二、区域规划的发展

中国的区域规划随着区域化的进程的推进而不断发展。区域发展的环境和背景发生了变化，区域规划的内容和重点也要发生变化，区域规划涉及计划、国土和规划等多个部门，形成不同类型和角度的区域规划。

中国区域规划的发展和演变大致经历了以下几个阶段，1950～1960年代，以工业和生产力布局为核心的区域规划；1980年代至1990年代初开始引进国土规划；1990年代中后期展开的城镇体系规划以及2000年前后开展的大都市地区及城镇群规划。

早期的区域规划是在"一五"（1956～1960年）期间从苏联引进，在联合选厂的基础上发展起来的。为更好地安排大批苏联援建的工业项目，在1956年中国国务院《关于加强新工业区和新工业城市建设工作几个问题的决定》中提出要搞区域规划。国家建设委员会公布了《区域规划编制和审批暂行办法（草案）》，曾在茂名、个旧、兰州、包头等地区进行了区域规划，主要由建筑和工程技术的专业力量承担。

1978年改革开放后，参照西欧和日本特别重视国土整治工作的做法，提出"搞好我国的国土整治"的决定，并提出国土规划可分为全国和地区的不同层次，地区性国土规划也就是区域规划。1980年代初在京津唐等十多个地区开展了地区性国土规划的试点。1985～1987年编制了《全国国土总体规划纲要》，将全国划分东、中、西三大经济地带，将沿海和沿长江作为一级开发轴线，把沿海的长三角、珠三角、京津唐、辽中南、山东半岛、闽东南，以及长江中游的武汉周围和上游的重庆宜昌一带均列为综合开发的重点地区。与此同时，在许多省区都开展了全省和地市一级的国土规划。但在传统的计划经济体制下，只重视发展规划，对国土空间规划的重要性缺乏认识，《全国国土总体规划纲要》难以发挥应有的作用。

至 1990 年代，城市规划需要从较大的区域范围分析该城市在不同层次区域城镇体系中的地位和作用，已成为全国城市规划界的共识。在缺乏以区域规划为依据的情况下，就要求先编制城镇体系规划。1984 年颁布的《城市规划条例》首次提出直辖市和市的总体规划应当把行政区域作为一个整体，合理布置城镇体系。1989 年全国人大常委会通过的《中华人民共和国城市规划法》正式将城镇体系规划纳入编制城市规划不可缺少的重要环节。城镇体系规划的主要内容是在分析预测区域城镇化发展速度与水平的基础上，论证城镇体系的规模结构、职能结构与空间结构的演变趋向，以及与空间结构密切相关的基础设施建设布局，为区域范围内各城市的发展进行定位。1990 年代中期以后几乎在全国各省都开展了具有上述区域规划性质的城镇体系规划。

2000 年前后，城镇体系规划在统筹城乡、区域、经济与社会、人与自然等方面进一步深化，并根据发展需要，一些地区编制了城市群规划，以及跨行政区范围的地区性规划，成为区域规划的演变和发展。

纵观改革开放后的中国城市发展，不仅是空间规模、空间结构形成了迅速发展和新的转型，城市的职能和经济结构也发生了深刻的变化。难得的历史机遇与政策指引，以及强烈的发展需求，共同促成的发展速度和规模举世瞩目。城市经济、产业结构、基础设施等方面日益完善，城市的发展观念和发展能力日益综合，城市的区域性职能作用也日益强大。

城市经济充满活力。不断深入的改革使城市经济实现了跨越式的发展，综合实力得到极大增强，空间上由沿海、沿江、沿边城市到全面开放，经济体制改革逐渐从局部和单项领域逐步深入和扩展。改革开放初期，国家重点实施了沿海开放政策，从 14 个沿海城市开放，到特区设立、海南开放、浦东新区开发，以及在部分城市推行的改革试点，激发了城市活力，推动了经济发展。地方和企业获得了经济发展的自主权，国家放开了过去计划管制的许多产品与领域，下放了一些国有企业，统购统销的模式被打破，经济运行和城市居民生活发生了巨大变化。进入 1990 年代，实现了更高幅度的经济增长。探索并基本实现了社会主义市场经济体制，建立适应市场经济要求、产权清晰、权责明确、政企分开、管理科学的现代企业制度；培育和发展了市场体系，发展生产要素市场；国家宏观调控体系、收入分配制度、社会保障制度相应进行了改革和完善，促进了经济发展和社会稳定。城市经济实现年均 11.03% 的增长速度，2001 年，全国地级以上城市市区的国内生产总值已达 55056.98 亿元。

城市产业结构不断优化。在改革开放初期，城市工业由以重工业为主导向有限发展轻工业转化，第三产业增长迅速。按照可比价格计算，1979 ~ 1990 年，第一、二、三产业的年均增长速度分别为 6.2%、9.4% 和 12.3%。在市场经济初期，第二产业基本稳定在 50% 左右，第三产业的迅速增长使其比重达到 40% 左右，并展示出持续增长的势头。一些大城市在实现现代化和国际化的进程中，生产服务业与生活服务业并行发展，旅游业、金融业、物流业、文化创意产业、休闲娱乐业、房地产业等与现代生产和现代生活相关的产业发展加速，日益成为现代城市的主导产业，形成新的城市产业结构和现代化形象。高新技术产业、创意产业和现代服务业等新型功能得到孕育发展。

城市职能日益强大。随着经济全球化的推进和改革的不断深化，传统的城市条块分割体制被打破，过去以行政为主的计划发展模式已经不再适应市场竞争的需要。社会生产和建设中的资本关系重新恢复，包括劳动力、土地、技术、房地产等生产要素和经济条件进入市场，使城市经济发展进入良性循环，城市的自我扩张能力和辐射功能大大增强。城市也在广大的区域尺度考虑产业、人口与资源的配置。城市间竞争优势的表现也不再是简单的行政权力的抗衡，而是对最有价值的生产要素的共享，促进了城镇密集地区和城镇群的发展，城市间形成组团状的聚集状态发展，提升城市价值和区域竞争力。

城市发展观念提升。城市发展水平的判断从以国内生产总值、城市财政收入等简单的经济总量衡量，越来越强调城市发展的内涵和质量，注重城市人文与文化建设，注重城市经济和社会全面协调发展和可持续发展。

进入 21 世纪，中国城市发展进入新的发展阶段，传统的城市规划编制和管理办法难以有效应对快速扩张的城市和不断发展变化的国内国际经济环境，很多城市根据实际发展需要，编制战略规划和概念规划，如广州、杭州等城市，规划研究的范围超越行政区划，在更大的空间范围谋求新的整体发展框架，与城镇群规划类似，成为城市规划面对新发展条件和环境的区域探索。

相比西方发达国家 200 年的城市化历史而言，中国在短短的几十年里，城市发展虽然经历多次大起大落，曲折坎坷，而就在改革开放后的几十年时间里，城市化进程、城市发展的速度和质量、城市规划的理论和实践都取得了新的创新和突破。

图　录

主要参考文献

[1] （宋）孟元老，等 . 东京梦华录（外四种）[M]. 北京：文化艺术出版社，1998.

[2] 曹洪涛，刘金声 . 中国近现代城市的发展 [M]. 北京：中国城市出版社，1998.

[3] 戴均良 . 中国城市发展史 [M]. 哈尔滨：黑龙江人民出版社，1992.

[4] 樊树志 . 国史概要（第二版）[M]. 上海：复旦大学出版社，2000.

[5] 范祥雍校注 . 洛阳伽蓝记校注（新一版）[M]. 上海：上海古籍出版社，1999.

[6] 郭德维 . 楚都纪南城复原研究 [M]. 北京：文物出版社，1999.

[7] 贺业钜 . 中国古代城市规划史 [M]. 北京：中国建筑工业出版社，1996.

[8] 建筑工程部建筑科学研究院，建筑理论及历史研究室，中国建筑史编辑委员会 . 中国建筑简史（第二册）. 中国近代建筑简史 [M]. 北京：中国工业出版社，1962.

[9] 李洁萍 . 中国古代都城概况 [M]. 哈尔滨：黑龙江人民出版社，1981.

[10] 马正林 . 中国历史城市地理 [M]. 济南：山东教育出版社，1999.

[11] 潘谷西 . 中国建筑史（第四版）[M]. 北京：中国建筑工业出版社，2001.

[12] 施坚雅 . 中华帝国晚期的城市 [M]. 叶光庭，等译 . 北京：中华书局，2000.

[13] 天津城市科学研究会，天津社会科学院历史研究会 . 城市史研究 [M]. 天津：天津教育出版社，1990.

[14] 田昌五，石兴邦 . 中国原始文化论集 [M]. 北京：文物出版社，1989.

[15] 王震中 . 中国文明起源的比较研究 [M]. 西安：陕西人民出版社，1994.

[16] 杨秉德 . 中国近代城市与建筑 [M]. 北京：中国建筑工业出版社，1993.

[17] 叶晓军 . 中国都城历史图录 [M]. 兰州：兰州大学出版社，1987.

[18] 郑时龄 . 上海近代建筑风格 [M]. 上海：上海教育出版社，1999.

[19] 周长山 . 汉代城市研究 [M]. 北京：人民出版社，2001.

[20] 邹逸麟 . 中国历史人文地理 [M]. 北京：科学出版社，2001.

[21] 张钦楠 . 中国古代建筑师 [M]. 北京：三联书店，2008.

[22] 侯幼彬，李婉贞 . 中国古代建筑历史图说 [M]. 北京：中国建筑工业出版社，2007.

[23] 各相关城市的地方志和文史资料 .

[24] 石田赖房 . 日本近代都市计画の百年 [M]. 东京：自治体研究社，1986.

[25] 越泽明 . 中国东北都市计画史 [M]. 台湾：大佳出版社，1986.

[26] 佐藤昌 . 满洲造园史 [M]. 东京：日本造园修景协会，1985.

[27] 汤士安 . 东北城市规划史 [M]. 沈阳：辽宁大学出版社，1995.

[28] 中国社科院近代史研究所 [M]. 日本侵华七十年史 . 北京：中国社科出版社，1992.

[29] 伊藤钾太郎 . 关东州州计画と关东州州计画令施行规则に就て [J]. 满洲建筑杂志，1940（20）3.

[30] 关东州州计画と满洲国国土计画 [J]. 都市问题，1942（30）3.

[31] 南满洲铁道株式会社，满铁附属地经营沿革全史（上、中、下）[M]. 1939.

[32] 黄世孟 . 日据时期台湾都市计画范型之研究 [M]. 中国台北：台湾大学，1988.

[33] 早川透.台湾に於ける都市計画の过去及び将来 [J].区画整理，1937（3）4.

[34] 赵晓雷.新中国经济理论史 [M].上海：上海财经大学出版社，1999.

[35] 包宗华.中国城市化道路与城市建设 [M].北京：中国城市出版社，1995.

[36] 中国城市规划学会，五十年回眸——新中国的城市规划 [M].北京：商务印书馆，1999.

[37] 《当代中国》丛书编辑部，当代中国的城市建设 [M].北京：中国社会科学出版社，1990.

[38] 王景慧等.历史文化名城保护理论与规划 [M].上海：同济大学出版社，1999.

[39] 全国城市规划执业制度管理委员会，城市规划原理（全国注册城市规划执业考试指定用书之一）[M].北京：中国建筑工业出版社，2000.

[40] 北京建设史书编辑委员会.建国以来的北京城市建设资料（城市规划卷）[M].1987.

[41] 汪德华.中国城市规划史纲 [M].南京：东南大学出版社，2005.

[42] 董鉴泓.对城市规划工作的一些反思 [J].城市规划汇刊，1989[1].

[43] 上海市城市规划设计研究院.上海城市规划演进.同济大学出版社，2007.

[44] 任震英，沈寿贤.兰州市西固工业区规划与实施 [J].城市规划，1981（1）.

[45] 李百浩，彭秀涛，黄立.中国现代新兴工业城市规划的历史研究——以苏联援助的 156 项重点工程为中心 [J].城市规划学刊，2006（4）.

[46] 胡序威.中国区域规划的演变与展望 [J].地理学报，2006（6）.

[47] 中国城市规划学会，等.新中国城市规划建设 60 年 [M].北京：中国建筑工业出版社，2009.

[48] 邵辛生.上海浦东新区总体规划初探城市规划 [J].1992（6）.

[49] 吴良储.发达地区城市化进程中建筑环境的保护与发展 [J].北京：中国建筑工业出版社，1999.

编后记

本书是按照城乡规划专业的《城市建设史》教学要求编写的。

本书在 1961 年完成初稿，由董鉴泓主编，1963 年及 1964 年先后经过修改补充完成二稿。1980 年适应当时编写高等教育应急教材的要求，在二稿的基础上完成高等学校试用教材《中国城市建设史》，由董鉴泓主编，阮仪三参与资料调查收集工作及改编修订。1982 年由中国建筑工业出版社出版。

1987 年根据几年的教学实践，又补充近年来的一些研究成果，由董鉴泓主编完成第二版。

中国台湾明文书局未与本人联系以《中国城市建设发展史》书名于 1984 年翻印出版，1988 年再版。

本书（第二版）1992 年 3 月获建设部高校优秀教材一等奖。1992 年 11 月获国家教委第二届普通高校教材全国优秀奖。2007 年被评为国家级"十一五"规划教材，2008 年入选国家级精品教材。2011 年被评为住房和城乡建设部"十二五"规划教材。2016 年被评为住房和城乡建设部"十三五"规划教材。为全国高等学校城乡规划专业指导委员会规划推荐教材。

《中国城市建设史》2004 年完成第三版，除原有的古代部分及近代部分，新增现代部分，对部分章节作了调整，增加了一些资料和实例，调整一些文字和插图。

《中国城市建设史》（第三版）由董鉴泓主编、参加修订工作的有同济城市规划系王雅娟、陆希刚、张冠增及华南理工大学田银生，新增现代部分由东南大学李百浩编写。

《中国城市建设史》（第四版）缩减了一些内容，修改一些文字，使更符教材的要求，由董鉴泓著，下篇现代部分由王雅娟重编。

董鉴泓